2014—2015

作物学

学科发展报告

REPORT ON ADVANCES
IN CROP SCIENCE

中国科学技术协会　主编
中国作物学会　编著

中国科学技术出版社
·北　京·

图书在版编目（CIP）数据

2014—2015 作物学学科发展报告 / 中国科学技术协会主编；中国作物学会编著 . —北京：中国科学技术出版社，2016.2

（中国科协学科发展研究系列报告）

ISBN 978-7-5046-7095-3

Ⅰ. ① 2… Ⅱ. ①中… ②中… Ⅲ. ①作物—学科发展—研究报告—中国— 2014—2015 Ⅳ. ① S5-12

中国版本图书馆 CIP 数据核字（2016）第 025843 号

策划编辑	吕建华　许　慧
责任编辑	符晓静
装帧设计	中文天地
责任校对	刘洪岩
责任印制	张建农

出　　版	中国科学技术出版社
发　　行	科学普及出版社发行部
地　　址	北京市海淀区中关村南大街16号
邮　　编	100081
发行电话	010-62103130
传　　真	010-62179148
网　　址	http：//www.cspbooks.com.cn

开　　本	787mm × 1092mm　1/16
字　　数	398千字
印　　张	18
版　　次	2016年4月第1版
印　　次	2016年4月第1次印刷
印　　刷	北京盛通印刷股份有限公司
书　　号	ISBN 978-7-5046-7095-3 / S · 593
定　　价	72.00元

2014—2015 作物学学科发展报告

首席科学家 翟虎渠

专 家 组

组 长 万建民 赵 明

咨询委员会 程顺和 赵振东 刘 旭 于振文 戴景瑞

成 员 （按姓氏笔画排序）

丁广洲 刁现民 万建民 马 玮 马龙彪
马代夫 马有志 王天宇 王光明 王建华
王维成 王源超 王曙明 毛树春 方平平
尹燕枰 邓祖湖 石 瑛 白 晨 朱德峰
后 猛 刘志远 刘丽君 刘录祥 关凤芝
汤继华 安玉麟 孙 健 孙 群 孙君灵
孙厚俊 杜雄明 李 强 李少昆 李亚兵
李红侠 李建生 李洪民 李润枝 李新海
李德芳 杨 明 杨 骥 吴 斌 吴存祥
邱丽娟 何中虎 何秀荣 张 京 张宝贤
张宗文 张洪程 张海洋 陈连江 陈绍江
陈晓光 陈海涛 陈继康 陈婷婷 范术丽

›››› 序

党的十八届五中全会提出要发挥科技创新在全面创新中的引领作用，推动战略前沿领域创新突破，为经济社会发展提供持久动力。国家“十三五”规划也对科技创新进行了战略部署。

要在科技创新中赢得先机，明确科技发展的重点领域和方向，培育具有竞争新优势的战略支点和突破口十分重要。从2006年开始，中国科协所属全国学会发挥自身优势，聚集全国高质量学术资源和优秀人才队伍，持续开展学科发展研究，通过对相关学科在发展态势、学术影响、代表性成果、国际合作、人才队伍建设等方面的最新进展的梳理和分析以及与国外相关学科的比较，总结学科研究热点与重要进展，提出各学科领域的发展趋势和发展策略，引导学科结构优化调整，推动完善学科布局，促进学科交叉融合和均衡发展。至2013年，共有104个全国学会开展了186项学科发展研究，编辑出版系列学科发展报告186卷，先后有1.8万名专家学者参与了学科发展研讨，有7000余位专家执笔撰写学科发展报告。学科发展研究逐步得到国内外科学界的广泛关注，得到国家有关决策部门的高度重视，为国家超前规划科技创新战略布局、抢占科技发展制高点提供了重要参考。

2014年，中国科协组织33个全国学会，分别就其相关学科或领域的发展状况进行系统研究，编写了33卷学科发展报告（2014—2015）以及1卷学科发展报告综合卷。从本次出版的学科发展报告可以看出，近几年来，我国在基础研究、应用研究和交叉学科研究方面取得了突出性的科研成果，国家科研投入不断增加，科研队伍不断优化和成长，学科结构正在逐步改善，学科的国际合作与交流加强，科技实力和水平不断提升。同时本次学科发展报告也揭示出我国学科发展存在一些问题，包括基础研究薄弱，缺乏重大原创性科研成果；公众理解科学程度不够，给科学决策和学科建设带来负面影响；科研成果转化存在体制机制障碍，创新资源配置碎片化和效率不高；学科制度的设计不能很好地满足学科多样性发展的需求；等等。急切需要从人才、经费、制度、平台、机制等多方面采取措施加以改善，以推动学科建设和科学研究的持续发展。

中国科协所属全国学会是我国科技团体的中坚力量，学科类别齐全，学术资源丰富，汇聚了跨学科、跨行业、跨地域的高层次科技人才。近年来，中国科协通过组织全国学会开展学科发展研究，逐步形成了相对稳定的研究、编撰和服务管理团队，具有开展学科发展研究的组织和人才优势。2014—2015 学科发展研究报告凝聚着 1200 多位专家学者的心血。在这里我衷心感谢各有关学会的大力支持，衷心感谢各学科专家的积极参与，衷心感谢付出辛勤劳动的全体人员！同时希望中国科协及其所属全国学会紧紧围绕科技创新要求和国家经济社会发展需要，坚持不懈地开展学科研究，继续提高学科发展报告的质量，建立起我国学科发展研究的支撑体系，出成果、出思想、出人才，为我国科技创新夯实基础。

2016 年 3 月

›››› 前言

作物生产是农业发展的基础，维系着人类最基本的生活需求，直接关系到国计民生和社会经济的发展。作为农业科学的核心科学之一，作物学科在保障国家粮食安全和农产品有效供给、提高农业效益、发展现代农业、实现农业增效和农民增收方面发挥着重要的作用。2012 年以来，我国作物科学取得了重要的新进展和新成果，提出了重大的新见解与新观点，创新了关键的新方法与新技术，在近年作物生产能力和国际竞争力持续提高中发挥了重要作用。目前我国正处于落实确保粮食安全与调整结构的关键时期，总结近几年作物学取得的新成就和谋划新发展意义重大。

本报告是在 2007—2008 年、2009—2010 年、2011—2012 年作物学学科发展研究的基础上进行的，是近年作物学学科发展研究进展与成果的体现。本报告主要回顾、总结和科学客观地评价本学科近年的新进展、新成果、新见解、新观点、新方法和新技术以及在学科的学术建制、人才培养、基础研究平台等方面的进展；阐述本学科取得的最新进展和重大科技成果及其在促进农业可持续发展、保障国家粮食安全、生态安全和增加农民收入等方面的应用成效和贡献；深入研究分析本学科的发展现状、动态和趋势以及我国作物学学科与国际水平的比较，立足于我国现代农业发展和国家粮食安全、食物安全、生态安全、增加农民收入对作物学学科发展的战略需求及其研究方向；立足全国，跟踪国际本学科发展前沿，展望本学科 2016—2020 年的发展前景和目标，提出本学科在我国未来的发展趋势、研究方向和重点任务。

2014 年，中国作物学会申请并承担了“2014—2015 作物学学科发展报告”研究课题。学会按照中国科协的要求和指示，认真组织实施了报告的编制工作，成立了以翟虎渠理事长为首席科学家，万建民副理事长、赵明副秘书长为专家组组长的编写组。在编制工作中，始终抓好督促检查，定期汇总平衡研究和总结工作，最终形成了《2014—2015 作物学学科发展报告》。本报告包括两个主要的二级学科作物遗传育种学和作物栽培学专题报告以及水稻、玉米、小麦、大豆、大麦、燕麦荞麦、油料、粟类等作物研究专题报告共 17 个专题报告，基本覆盖了作物科技发展的主要领域，重点突出、综合性强，对学科发展有重要的参考价值。

在本课题研究及实施过程中，课题组得到了中国科学技术协会学会学术部的大力支持和指导，得到了中国作物学会各专业委员会（分会）、中国农业科学院作物科学研究所及相关研究所、中国农业大学及相关农业院校等单位的大力支持。本报告也是课题组专家、编写组成员、审稿专家、工作人员共同努力、团结协作的成果。在此表示衷心的感谢。

虽然本报告经过两次讨论、修改，仍难免存在不足和纰漏之处，为使之更臻完善，敬请广大读者批评指正。

中国作物学会

2015 年 10 月

>>>> 目录

综合报告

专题报告

ABSTRACTS IN ENGLISH

综合报告

作物学发展研究

一、引言

中央一号文件连续12年关注“三农”（农业、农村、农民）问题，强调了“三农”问题在中国的社会主义现代化时期“重中之重”的地位。尤其是我国经济进入新常态的情况下，一号文件依然锁定“三农”问题。2015年中央一号文件指出，中国要强，农业必须强。做强农业，必须尽快从主要追求产量和依赖资源消耗的粗放经营转到数量质量效益并重、注重提高竞争力、注重农业科技创新、注重可持续的集约发展上来，走产出高效、产品安全、资源节约、环境友好的现代农业发展道路[1]。党的十八大也明确指出“加快发展现代农业，增强农业综合生产能力，确保国家粮食安全和重要农产品有效供给”的方针大策。

作物生产是农业发展的基础，维系着人类最基本的生活需求，直接关系到国计民生和社会经济的发展。近年来，中国粮食连年增产，其中作物科技进步对粮食增产发挥了决定性作用。如实施粮食丰产科技工程、大规模开展“粮食高产创建活动”等涉及作物育种、栽培、资源利用等多学科的农业科技项目，这些农业、作物学相关研究与科技创新直接推动了我国粮食单产水平的稳步提高。作物科技创新对提高农业生产水平和保障粮食安全发挥了不可替代的作用，为保障粮食安全提供了强有力的支撑。因此，坚持作物科技创新、转变农业发展方式、提高农业产出与效益，是实现农业增效和农民增收、保障粮食安全、促进我国现代农业发展最根本的出路。

作物学学科是农业科学的核心科学之一，作物学学科发展为农业科技的发展保驾护航。作物学学科发展的核心任务是不断深入探索，揭示农作物生长发育、产量与品质形成规律和作物重要性状遗传规律及其与生态环境、生产条件之间的关系；研究作物遗传改良方法、技术，培育优良新品种，创新集成作物高产、优质、高效、生态、安全栽培技术体系，良种良法配套应用，全面促进我国现代农业可持续发展。作物学学科发展与科技进步能为保障国家粮食安全和农产品有效供给，保障生态安全、增加农民收入，提供可靠的技术支撑和储备[2]。

近年来，我国作物学科与技术领域，认真贯彻“自主创新、重点跨越、支撑发展、引领未来”的科技发展指导方针，不断深化科技体制改革，实行“开放、流动、联合、竞争”运行机制，创造了促进作物学学科持续稳定发展和创新的和谐环境。在国家“973”“863”、科技支撑计划、国家自然科学基金和省部有关作物科技的重大计划项目支持下，我国作物学学科立足自主创新，同时注重建立与其他学科的大协作，鼓励学术创新，树立良好的科学道德和学风，培养高水平领军人才和作物科技创新团队，攻克了多项科技难题，取得了重要的新进展和一批重大科技成果。目前，中国已与世界贸易组织、联合国粮食及农业组织、世界粮食计划署、国际农业发展基金会、国际农业研究磋商小组等国际涉农组织建立了广泛而深入的合作关系，并积极参与国际领域的重大涉农政策和规则的修订，为中国农业“走出去”创造了良好的外部发展环境，不断提升了我国的国际影响力。[3] 作物科技创新在保障我国粮食安全和农产品有效供给、维护生态安全、促进农民增收等方面起到了重大作用。

《2014—2015 作物学学科发展研究报告》是在 2007—2008 年、2009—2010 年、2011—2012 年作物学学科发展研究的基础上进行的，是近年作物学学科发展研究进展与成果的体现。本报告主要回顾、总结和科学客观地评价本学科近年的新进展、新成果、新见解、新观点、新方法和新技术，以及在学科的学术建制、人才培养、基础研究平台等方面的进展；阐述本学科取得的最新进展和重大科技成果及其促进农业可持续发展、保障国家粮食安全、生态安全和增加农民收入等方面的应用成效和贡献；深入研究分析本学科的发展现状、动态和趋势以及我国作物学学科与国际水平的比较，立足于我国现代农业发展和国家粮食安全、食物安全、生态安全、增加农民收入对作物学学科发展的战略需求及其研究方向；立足全国，跟踪国际本学科发展前沿，展望本学科 2016—2020 年的发展前景和目标，提出本学科在我国未来的发展趋势、研究方向和重点任务。本学科发展综合报告的内容，包括两个主要的二级学科作物遗传育种学和作物栽培与生理学，以及水稻、玉米、小麦、大豆、大麦、燕麦、荞麦、粟类、种子、麻类、甘蔗、甜菜、马铃薯、甘薯等作物科技发展的动态，重大新进展和科技成果，国内外发展水平比较，未来 5 年（2016—2020 年）的发展趋势与研究方向等。

2014 年，我国农业科技创新的主体力量——国家农业科技创新联盟成立，这是我国实现农业创新驱动、深化农业科技体制改革的重要举措，将为加快农业科技进步注入创新活力，为推进农业现代化提供有力支撑。2015 年，科技部会同财政部等有关部门启动了“主要农作物育种重点专项实施方案”，实施全产业链育种科技攻关，重点突破基因挖掘、品种设计和良种繁育核心技术，创造有重大应用前景的新种质，培育和应用一批具有市场竞争力的突破性重大新品种，提升育种自主创新能力。2014—2015 年我国作物学科领域的一系列重要举措，为我国作物学科“十三五”建设奠定了良好的发展基础。

目前，我国作物科技快速发展，在基础和前沿技术研究、共性关键技术研发、重大新品种培育、粮食丰产增效等方面取得了显著成效。但整体研究水平与发达国家还存在一定差距，科技转化及指导粮食生产稳步增产增效能力仍需进一步加强。因此，要继续加快作物学科建设与发展，提高科技创新与成果转化能力，开展重大基础性研究与关键前沿科学技术创新，推动中国作物生产可持续发展，为保障农产品有效供给，尤其是保障粮食安全做出重大贡献。

二、作物学学科近年的研究进展

（一）回顾、总结和科学评价近年作物学学科发展

2012 年以来，我国作物科学在作物遗传育种与作物栽培领域获得多项突破性进展，在本学科的基础研究和应用研究方面取得了重要的进展和一批重大科技成果，并取得了良好的经济效益与社会效益，对国家粮食安全和农业可持续发展做出了突出贡献，并推动了作物学科的发展进步。在党中央和国务院高度重视下，在国家“973”“863”、科技支撑计划、国家科技重大专项和自然科学基金等国家科技计划支持下，近年来我国在作物优良品种选育、遗传育种技术和作物高产优质高效栽培技术等方面取得一系列重大的新进展。2012—2014 年共获得国家级科技奖励 31 项，其中获得国家科技进步奖 18 项、获得国家自然科学奖 3 项、国家技术发明奖 10 项，并获得一大批省部级成果奖。

1. 作物遗传育种研究进展突出

近年来，我国作物遗传育种学科在学科建设、人才队伍、基础研究、平台条件建设方面都取得长足进步和全面发展，围绕作物遗传育种开展前沿基础、新品种选育与种质创制，学科已发展成为遗传学、基因组学、种质资源、育种学和生物信息学等多学科相融合的现代学科体系。在作物育种技术、种质资源收集、优良新品种选育以及作物遗传机制理论研究等方面不断取得新进展，为我国种业发展提供了有力的科技支撑。

（1）作物育种研究与技术取得新突破。通过分子育种与常规育种技术有机结合，在作物遗传基础理论研究、杂种优势利用、细胞工程、转基因技术、分子标记辅助选择育种、全基因组选择等技术方面均取得不同程度新突破，围绕各作物需求与育种问题，形成了主要作物的特色育种技术体系。

遗传基础研究取得丰硕成果：完成了小麦 D 基因组、陆地棉、二倍体雷蒙德氏棉、亚洲棉、甘蓝、油菜、黄瓜、芝麻、谷子等作物基因组的深度测序，构建了序列框架图；在水稻、玉米、大豆、黄瓜、番茄等作物上，通过重测序或简化基因组测序，解决了与进化、选择、重要性状形成相关的一批重要科学问题，其结果发表在 *Nature*、*Nature Genetics*、*Nature Biotechnology*、*PNAS* 等顶尖杂志上。精细定位和克隆一批重要性状基因，其中水稻 200 余个、小麦 100 多个，其中得到功能验证的重要性状基因数超过 80 个。

转基因育种领域：2015 年，转基因抗虫水稻华恢 1 号和 Bt 汕优 63、高植酸酶玉米 BVLA43010 再次获得由农业部颁发的农业转基因生物安全证书（生产应用）、具备了产

业化条件。抗虫玉米 BT-799、IE034、双抗 12-5，转人血清白蛋白水稻，抗除草剂玉米 CC-2 等已进入或完成生产性试验。

分子标记育种领域：2013 年至今，我国作物育种工作者已开发抗稻瘟病、白叶枯病、条纹叶枯病等，玉米茎腐病、丝黑穗病等，小麦籽粒重、半矮秆、条锈病等，大豆抗花叶病毒病、灰斑病等重要性状优异新基因和分子标记 300 余个。

细胞工程与诱变育种领域：将单倍体诱导、航天诱变育种与常规育种、杂种优势利用相结合，在玉米、水稻、小麦、棉花、蔬菜等作物上创制了优质特异新种质 210 份。

杂种优势利用领域：我国主要农作物杂种优势研究与应用总体处于国际领先，特别在杂种优势大面积利用和杂交种育种体系创制方面，水稻、油菜、棉花、小麦最为突出。

（2）农作物种质资源及其数据库研究进一步深化。近年来，品种选育工作得到了广泛重视，不断加大种质资源信息系统的研制与构建，在农作物种质资源数据采集、数据库和信息系统建设等方面取得了显著的成绩，为农业生产和科学研究提供了大量的优良种质信息[4]。截至目前，我国已建成 1 座长期库、1 座复份库、11 座中期库、43 个种质圃、169 个原生境保护点以及种质资源信息库等，形成了布局合理、分工明确、职能清晰的国家作物种质资源保护体系。

在水稻品种资源基础研究领域，分子生物学技术得以广泛应用，中国栽培稻起源研究取得突破性进展，遗传多样性与品种演化规律日益清晰，通过关联分析手段鉴定新基因的方法逐步建立并快速应用，完善了一些水稻重要性状的评价技术，并筛选出一批抗（耐）性优异栽培稻资源。开展了玉米产量、抗病虫害、耐逆境、籽粒品质等相关性状的表型鉴定，筛选出 1000 余份不同类型的优异种质，并将其广泛应用于育种实践。谷子种质资源研究也取得了突破性进展，理清了我国谷子在野生种、农家品种和育成品种三个层次种质资源的遗传本底。燕麦、荞麦种质资源收集和保护工作也成效显著，从四川、甘肃、宁夏、青海等省（区）收集燕麦、荞麦资源超 200 份。

（3）作物新品种选育工作获得一系列优质品种。2012—2014 年，通过国家和省级审定的水稻、小麦、玉米、大豆、棉花、小宗作物新品种达 1100 余个，培育并推广了一批突破性新品种，有效支撑了我国种业和现代农业发展。水稻新品种“Y 两优 1 号”和“Y 两优 2 号”2014 年度累计推广超过 1000 万亩；2014 年，“周麦 28”“扬麦 21”和“扬麦 23”等小麦新品种通过黄淮南片和长江中下游国家审定。新育成玉米新品种超过 800 个，部分品种已获得大面积推广应用，推动了新一轮品种更新换代。此外，2012—2014 年，我国共审定大豆品种 339 个，其中通过国家审定大豆品种 37 个，省市审定品种 302 个。

2. 作物栽培学重要研究进展

长期以来，我国的作物栽培科学工作者针对传统作物栽培学存在的“理论缺少系统性、技术缺乏普适性”问题，考虑到当前作物栽培学的发展热点和研究进展，着眼于对作物栽培学一般规律与关键技术的综合和提炼，构建作物栽培学总论的基本框架和内容体系，即：作物生长发育与产品形成规律、作物与环境关系、作物栽培管理技术三大模块，着力增强作物栽培学基本理论和关键技术的一般规律性和普遍适用性。作物栽培学科以解决制约作物生产的关键科学问题为目标，利用作物栽培学、生理学、生态学和植物营养学等多学科理论和方法，深入生产一线，结合粮食生产中的问题，相继攻克了一批科技难关，解决了农民生产中的实际问题，进行关键技术创新集成与推广应用，取得了大量科技成果并大面积应用于粮食田间生产，在保障我国粮食安全和促进农业可持续发展上发挥了直接作用，并逐步形成了中国特色的作物栽培学科。[5]

（1）作物栽培学基础研究水平大幅度提高，逐步迈入国际前沿。中国农业生产与粮食安全的根本出路是依靠实现粮食作物单产的不断提高。粮食单产的提高，尤其需要发挥栽培技术的作用，以充分挖掘品种和产量潜力。

近年来，国家农业部、科技部、自然科学基金委员会都高度重视和加强了对作物栽培学科的项目支持，作物栽培研究队伍显著扩大，研究水平不断提升，并在研究领域、研究水平、技术手段上更加先进、全面、系统。以作物产量形成的理论基础研究为标志，我国的作物栽培学取得了大量重要成果[6]。凌启鸿教授等在水稻器官建成规律研究的长期积累的基础上，构建了“水稻生育进程叶龄模式的栽培理论与技术体系”。曹显祖和朱庆森教授系统研究了长江中下游水稻品种的源库特征及高产主要限制因子，形成了“水稻品种源库类型划分及其栽培对策”的科研成果。余松烈院士等在揭示黄河中下游小麦产量形成规律的基础上，创建了“冬小麦精播高产栽培技术”。董树亭教授在明确高产玉米生长发育规律及其栽培调控的生理基础上，建立了“黄淮海平原玉米高产栽培理论与技术”。李召虎、段留生教授等研究在阐明棉花产量形成的激素调控机理基础上，形成了“棉花化学控制栽培技术体系的建立与应用”科研成果以及“基于胺鲜酯的玉米大豆新调节剂研制与应用”成果，获国家技术发明二等奖。围绕着密植高产挖潜，赵明研究员团队构建了玉米冠层耕层协调优化理论体系，创新了深松、化控关键技术，集成了高产高效技术模式，形成了“玉米冠层耕层优化高产技术体系研究与应用”成果。

目前，作物栽培学现已发展为多个研究方向：作物产量形成与调控；作物品质形成与调控；资源高效利用的栽培理论与方法；作物抗逆栽培理论与方法；作物栽培的环境效应等作物栽培学的其他研究领域。作物栽培学家的关注重点是以实现作物高产高效为目标的作物产量形成与调控研究及作物抗逆栽培理论与方法研究。近年来，水肥过度使用产生的土壤和水体环境问题也成为新关注点，并且随着生活水平的提高，优质农产品的需求日益迫切，同时以家庭农场为主的新型适度规模经营农业主体的发展成为新的农业发展方向，作物栽培学家适应社会与新的生产需求，加强了作物高效栽培和优质栽培的理论与技术研究，以发展高产、高效、环境友好农业为目标。此外，精确农业、农业信息化和农产品安全等热点问题，也逐渐成为作物栽培学的研究方向。

（2）作物栽培关键技术及理论创新研究取得重大突破。2012—2014 年，作物栽培技术取得了新的重要研究进展，超高产纪录不断刷新，作物栽培理论创新研究及关键技术创新取得重大突破，为我国作物增产增收提升了集成技术的整体水平，提供了持续增产的技术支撑与储备。

高产栽培理论与技术创新取得多项进展。扬州大学针对江淮中下游地区水稻生长发育特点，建立了水稻“精苗稳前–控蘖优中–大穗强后”超高产栽培模式，并创建了“精确选用优良品种–精确培育壮秧–精确定量栽插–精确定量施肥–精确定量灌溉”的水稻栽培技术体系。小麦高产超高产栽培理论与技术研究方面，山东农业大学、河南农业大学系统阐明了多穗型和大穗型小麦品种的产量形成规律，结合小麦超高产实践，提出实现小麦超高产共性技术和重穗型品种实施“窄行密植匀播”、多穗型品种实施“氮肥后移”等关键技术。玉米高产栽培技术方面，山东农业大学、吉林省农科院等提出通过“扩库、限源、增效”，提高根系活力、延缓根系衰老，平衡硫、氮、磷营养，延长花后群体光合高值持续期，挖掘玉米高产潜力的栽培理论和“促、稳、促”超高产调控技术。2015 年，由中国农科院主持的国家农业科技创新联盟第一个落地项目——“小麦–玉米周年绿色增产增效技术模式研究与示范”工作取得圆满成功，10 万亩[①] 小麦–玉米核心示范田全年亩产 1517.5 千克，其中小麦 657.2 千克、玉米 860.3 千克，超过“吨半粮”的攻关目标，周年小麦–玉米增收 1200 元以上，实现了绿色增产增效。

机械化、轻简化栽培技术创新，农机农艺有效融合。随着以家庭农场为核心的新型农业经营主体的发展，适度规模经营成为农业发展的新趋势，也促使机械化、轻简化栽培技术的发展，以满足新的生产形势的需要。2013 年全国水稻机械化种植水平 20% 以上，其中东北垦区水平最高，已基本实现全程机械化，以毯苗机插为主。南方稻区，形成了毯苗机插、钵苗机插（摆）、机械直播等多套机械化高产栽培方式与技术。近年来，针对不同小麦主产区区域特点，研究形成了多种本土化的小麦机械化栽培技术。针对玉米种植机械化难题，在玉米机械精量播种和育苗机械移栽方面取得了突破，并建立玉米机械精量播种施肥重镇压技术、机械播种覆膜高产高效栽培技术、免耕覆盖机械播种综合配套技术等多种配套栽培技术。

以作物高产高效为目标，提高了作物肥水高效利用。我国肥料用量大和肥料利用效率低。小麦、水稻和玉米的氮肥农学效率分别为 $10.4kg \cdot kg^{-1}$、$8.0kg \cdot kg^{-1}$ 和 $9.8kg \cdot kg^{-1}$，氮肥利用率分别为 28.3%、28.2% 和 26.1%，远低于国际平均水平。改进作物施肥技术，提高肥料利用效率成为研究重点。在作物营养吸收利用与 N、P、K 等肥料运筹管理上做了大量研究，取得重要进展，为作物高产高效栽培提供了技术支撑。

因地制宜发展合理耕作栽培技术，实现了耕层优化。农田保护性耕作与高产高效栽培相结合，在我国不同农区建立适用的保护性耕作技术模式，如东北平原春玉米区耐老化地膜常年覆盖微集雨保护性耕作新模式；东北西部灌溉区玉米深松保护性耕作技术模式、玉米旋耕保护性耕作技术模式；黄淮海小麦主产区黄淮海水浇地麦区：深松深耕机条播技术模式、少免耕沟播技术模式等。

---

① 1 亩≈ 667 平方米，全书同。

集成区域作物周年高产高效栽培模式与配套技术模式，并大范围推广应用。建立了进一步挖掘资源内涵两（多）熟制协调高产高效理论与技术体系，有效地提高了资源利用率和作物周年产量。

（二）作物学学科学术建制、研究平台建设、人才培养方面取得重要进展

“十二五”期间，作物学学科学术建制日趋完善，研究机构健全，人才队伍不断成长，试验研究条件进一步改善，国际合作与交流进一步加强，基础研究平台建设取得重要进展。

1. 学术建制

作物学学科已发展成为国家一级学科，形成了作物遗传与育种学、作物种质资源学、作物栽培学、作物生理学、作物生态学、作物分子生物学和作物信息学等二级分支学科，相互交融配套发展成为门类齐全的现代作物学学科体系。

我国农业高等院校由原来的农学系发展成立了作物科技学院或以作物学科为核心的生物科技学院，作物遗传与育种学、作物栽培与耕作学被评为重点学科。从而在学科专业设置上保障和发展了作物学学科。全国农业科研院所将作物学科研究作为其主体，均设置了专门的作物科学研究机构，国家和各省、市、地、县农业科研机构中相关的作物遗传育种研究所、室、系建设稳定持续发展。近年来，作物学科在我国作物生产与产业发展中的重大而不可替代的作用日益突出，保障国家粮食安全、生态安全和现代农业可持续发展对作物栽培科技的需求日益凸显，国家高度重视作物栽培科学与技术的发展，从学术建制上加强了作物栽培学科，并从国家层面对作物栽培相关项目进行支持资助。

2. 人才培养与学科队伍建设

党中央、国务院一贯高度重视科技人才培养和队伍建设，组织实施了多项人才培养专项计划，教育部、科技部、农业部启动实施了国家“农业高层次科技创新人才专项计划”等一系列人才培养计划。在《国家中长期科学与技术发展规划纲要》《国家粮食安全中长期规划纲要》《农业及粮食科技发展规划》中，都把人才培养和创新团队建设列为重要内容。进入“十二五”以来，进一步加大了国家各类人才计划对农业及粮食科技创新人才的支持力度以及人才队伍建设的投入力度，通过人、财、物的综合配套，加强了杰出人才的引进和交流、高层次创新人才慷选和培养、创新团队培育，并在科研条件建设、重大项目立项、重大成果跟踪、国际合作与交流和研究生培养等方面重点倾斜，使我国作物学科人才培养和队伍建设取得了长足的发展。

3. 研究平台建设

科学与技术基础研究平台是决定科技发展能力的重要条件。近年来，我国从农业科技的公益性、多学科、多部门、区域化等特点出发，根据社会经济发展对农业科技的重大需求，遵循加强投入、完善功能、合理布局、避免重复的原则，优先加强了已有涉农领域的国家和部省级重点实验室、工程技术中心、野外基地（台站）的建设，进一步改善了研

究基础条件与设施，完善了管理运行机制，切实发挥了科技平台功能和作用。至 2014 年，已建设有关作物学科的国家重点实验室 8 个，分别是中国水稻所的“水稻生物学国家重点实验室”、中国农业大学的“植物生理学与生物化学国家重点实验室”、南京农业大学的“作物遗传与种质创新国家重点实验室”、华中农业大学的“作物遗传改良国家重点实验室”、山东农业大学的“作物生物学国家重点实验室”、华南热作两院共建的“热带作物生物技术国家重点实验室”、西北农林科技大学的“旱区作物逆境生物学国家重点实验室”、山东冠丰种业科技有限公司的“主要农作物种质创新国家重点实验室”。农业部建设的第五轮 132 个农业部重点开放实验室中，作物学学科领域的重点开放实验室有 49 个，包括作物种质资源重点开放实验室 7 个，作物生物技术与遗传改良重点开放实验室 22 个，作物生理生态与栽培重点开放实验室 15 个。农业部已建设 22 个重要农业的国家品种改良中心及一批改良分中心，区域作物高产、优质、高效技术创新中心。2010—2011 年，通过农业部重点实验室评审，确定了由 33 个综合性重点实验室、183 个专业性（区域性）重点实验室和 251 个农业科学观测实验站组成的 30 个农业部重点实验室“农业部作物生理生态与耕作学科群”，是全国首个以作物学科为主的综合学科群。作物科学基础研究平台建设，为作物学科发展创造了良好的基础条件，对提升作物学学科发展水平，全面开展作物科研研究，培养作物学科创新人才和培育创新团队提供了重要条件。

（三）2012—2014 年作物学科重大成果介绍

近年来，作物学科领域荣获国家级奖励 30 余项，研究进展取得累累硕果。2012 年作物学科获国家级科学技术进步一等奖 1 项、二等奖 4 项，国家自然科学奖二等奖 1 项，国家技术发明奖二等奖 3 项。2013 年作物学科领域获国家级科学技术进步特等奖 1 项、一等奖 1 项、二等奖 5 项，国家自然科学奖二等奖 1 项，国家技术发明奖二等奖 4 项。2014 年作物学科领域获国家级科学技术进步二等奖 6 项，国家自然科学奖二等奖 1 项，国家技术发明奖二等奖 3 项。

重大成果 1：广适高产优质大豆新品种中黄 13 的选育与应用

所获奖项：2012 年度国家科学技术进步奖一等奖

成果内容：对该区南北跨度大，生态条件复杂，品种适应范围窄、单产低、品质差等突出问题，开展广适高产优质大豆新品种选育与应用研究，取得重要进展和显著成效。建立了广适高产大豆育种技术体系，创制广适新种质 6 份。培育出广适高产优质大豆新品种中黄 13，实现了大豆育种新突破。建立了中黄 13 育繁推一体化推广模式，实现了大面积应用。2007 年以来年种植面积连续 5 年居全国首位，已累计推广 5000 多万亩。

重大成果 2：杂交水稻恢复系的广适强优势优异种质明恢 63

所获奖项：2012 年度国家科学技术进步奖二等奖

成果内容：水稻恢复系明恢 63 是我国人工制恢研究中第一个取得突出成效的优良

恢复系，是我国杂交水稻组合配制中应用最广、持续应用时间最长、效益最显著的恢复系，是国内恢复系选育中遗传贡献最大的亲本。1990—2010年，以明恢63为主体亲本选育的新恢复系达543个，配组的杂交水稻品种通过省级以上审定达922个，其中国家级审定达164个，累计推广13.0926亿亩。

重大成果3：优质早籼高效育种技术研创及新品种选育应用

所获奖项：2012年度国家科学技术进步奖二等奖

成果内容：该成果针对长江中下游稻区早稻籽粒灌浆成熟期特殊生态条件和高温逼熟等导致稻米品质差的技术难题，从稻米品质温度钝感材料发掘入手，结合品质快速鉴定技术，培育了“中鉴100”“中鉴99-38”“湘早籼31号”“中优早5号”等一批优质早籼品种，累计推广应用8175.2万亩，实现农民增收18.26亿元，多家企业以其为主要原料进行产业化开发，带动了稻米加工企业的发展，创造了显著的社会经济效益。

重大成果4：抗除草剂谷子新种质的创制与利用

所获奖项：2012年度国家科学技术进步奖二等奖

成果内容：本项目综合采用远缘杂交、快速回交等技术，成功地将存在于谷子近缘野生种细胞核中的抗除草剂“拿捕净”和“氟乐灵”的基因转移到栽培谷子中，在世界上第一次创制出抗性基因表达完全、遗传稳定、达到实用水平的单抗或复抗三类不同除草剂的谷子新种质。2001—2011年已累计推广1319万亩，增产谷子76万吨，实现经济效益27亿元。

重大成果5：超高产稳产多抗广适小麦新品种济麦22的选育与应用

所获奖项：2012年度国家科学技术进步奖二等奖

成果内容：针对遗传基础狭窄的问题，利用阶梯杂交聚合优异基因，丰富遗传基础，创造优异亲本，培育突破性品种。济麦22作为农业部主导品种，在黄淮麦区大面积推广，促进了小麦大面积均衡增产，累计推广1.17亿亩，新增效益88.37亿元。

重大成果6：两系法杂交水稻技术研究与应用

所获奖项：2013年度国家科学技术进步奖特等奖

成果内容：两系法杂交水稻是继三系法杂交水稻之后的又一重大创新，相对三系杂交水稻筛选出优良稻种提高了20倍，将水稻亩产量由700千克提高到988千克，为我国粮食安全做出重大贡献。发掘不育系水稻的光温反应规律，提出控制条件和自然条件相结合鉴定“光温敏不育系”的技术，制定了不育系的农业部行业标准，并利用叶色标记辅助“光温敏不育系”的育种选育技术。现两系法杂交水稻技术已被推广到美国，并比当地主栽品种增产20%以上。

重大成果7：矮秆高产多抗广适小麦新品种矮抗58选育及应用

所获奖项：2013年度国家科学技术进步奖一等奖

成果内容：针对我国黄淮麦区小麦生产普遍存在的倒伏、冻害、旱害、病害等突出问题。建立了小麦多性状聚合育种技术；育成矮秆高产、多抗广适、优质中筋小麦突破性品种“矮抗58”；建立了“矮抗58”繁育、示范、推广一体化新模式，已成为黄淮麦区推广面积最快的小麦品种，截至 2013 年 8 月，累计种植面积达 2.3 亿亩，增产小麦 86.7 亿千克，增效 170 多亿元，创造了巨大的经济效益和社会效益。

重大成果 8：棉花种植创新及强优势杂交棉新品种选育与应用

所获奖项：2013 年度国家科学技术进步奖二等奖

成果内容：获得了具有高效再生和高频转化效率的陆地棉种质“YZ—1”，并获得了转基因方法专利；从雷蒙地棉、克劳茨基棉等野生棉细胞获得再生植株；从克劳茨基棉等野生棉原生质体再生植株；通过集合远缘杂交、细胞工程和常规育种技术，培育出“华杂棉 1 号”“华杂棉 2 号”“华惠 103”“华杂棉 4 号”和“华杂棉 H318”等一批早熟、高产、优质及多抗的棉花新品系，其累计推广应用过千万亩。

重大成果 9：长江中游东南部双季稻丰产高效关键技术与应用

所获奖项：2013 年度国家科学技术进步奖二等奖

成果内容：创新形成了双季稻前期早发与精确定苗关键技术，建立了双季稻盘旱育秧抛栽基本苗公式；突破了双季稻中期控蘖壮秆关键技术，研发出控蘖效果显著的水稻复合控蘖剂和不同熟期品种壮秆的肥料运筹技术；研发出能显著减缓功能叶衰老的水稻防早衰剂，提出了双季稻“前防后治”防早衰综合技术；揭示了双季超级稻超高产栽培产量形成机理；创建了双季稻“早蘖壮秆强源”、“三高一保”两项栽培技术模式。该技术成果在江西及周边省份总计推广 9241.4 万亩，新增粮食 634.6 万吨，新增经济效益 111.8 亿元，为江西连续 10 年粮食增产做出了贡献，对促进长江中游东南部双季稻生产、保障国家粮食安全起到了重大作用。

重大成果 10：辽单系列玉米种质与育种技术创新及应用

所获奖项：2013 年度国家科学技术进步奖二等奖

成果内容：培育出辽单 565 等 27 个新玉米品种，研制出“玉米早熟矮秆耐密增产技术”和“三比空密疏密增产技术”，被农业部作为主推技术大面积推广。2010—2012 年成果累计推广 5658.19 万亩，新增粮食 27.2 亿千克，新增经济效益 33.65 亿元。

重大成果 11：滨海盐碱地棉花丰产栽培技术体系的创建与应用

所获奖项：2013 年度国家科学技术进步奖二等奖

成果内容：针对滨海盐碱地植棉存在成苗难、熟相差、肥效低、用工多等难题，创建以诱导根区盐分差异分布促进棉花成苗的技术为核心，按盐碱程度分类施肥、调控熟相实现正常成熟和农艺农机结合实现轻简管理为关键内容的滨海盐碱地棉花丰产栽培技术体系，在含盐量 0.7% 以下的滨海盐碱地能一播全苗，攻克了成苗难、产量低等难题，增产 10% ~ 30%，省工 20% 以上，连续 7 年列为农业部的主推技术，累计推广 5643 万亩，新增经济效益 110 亿元，为提升棉花产能、缓解粮棉争地矛盾做出了重要贡献。

重大成果 12：保护性耕作技术

所获奖项：2013 年度国家科学技术进步奖二等奖

成果内容：保护性耕作技术对促进我国农业可持续发展，有效解决我国农业生产面临的水资源短缺、生产成本高、农民增产增收难、秸秆焚烧、水土流失、农田扬尘等问题有重大意义。国家对保护性耕作技术高度重视，自 2005 年开始，中央一号文件连续 8 年要求推广保护性耕作技术，国务院将此项技术列为我国防沙治沙的五大技术之一，农业部将此项技术列为十大主推农机技术。保护性耕作技术直接影响到耕作能否持续发展。《保护性耕作技术》自 2006 年 9 月出版后，很快就成为我国农业部和多个省市县农业部门的培训教材，已 18 次印刷，累计印数 42.2 万册。

重大成果 13：优质强筋高产小麦新品种郑麦 366 的选育及应用

所获奖项：2014 年度国家科学技术进步奖二等奖

成果内容：郑麦 366 于 2005 年通过国家品种审定，并获植物新品种权，是优质、强筋、高产、抗病、半冬性、矮秆小麦新品种。2010 年以来连续被农业部推介为全国小麦主导品种，为当前我国种植面积最大的优质强筋小麦品种。2013 年，郑麦 366 占达标品种种植面积的 51.8%。截至 2013 年夏收，全国累计收获 7062 万亩，增产小麦 23.38 亿千克，社会经济效益达 101.98 亿元。

重大成果 14：小麦种质资源重要育种性状的评价与创新利用

所获奖项：2014 年度国家科学技术进步奖二等奖

成果内容：针对小麦种质资源研究与育种需求相对脱节的问题，以"九五"以来国家科技攻关（支撑）项目为依托，成功研制重要性状鉴定新技术 12 项，鉴定出具有 2 个以上重要育种性状的优异种质 687 份；创制新种质 112 份，发掘新基因 67 个，并建立了紧密连锁分子标记；创建种质资源高效利用技术体系，育成新品种 38 个，累计种植面积 1.64 亿亩，增加社会经济效益 90.2 亿元，开辟了作物种质资源与育种紧密结合、协调发展的新模式。

重大成果 15：豫综 5 号和黄金群玉米种质创制与应用

所获奖项：2014 年度国家科学技术进步奖二等奖

成果内容：针对玉米种质资源狭窄、育种方法单一、品种同质化严重等制约我国玉米生产发展的核心问题，将我国地方特异种质和外来优异种质有效聚合，创制了高产优质、多抗广适的"豫综 5 号"和"黄金群"两个群体；从优异种质中培育出优良玉米自交系 18 个和高产优质、广适多抗的新品种 15 个，育成的品种累计推广 8444.1 万亩，增加社会经济效益 72.8 亿元，为我国玉米产业的可持续发展和保障国家粮食安全做出了重要贡献。

重大成果 16：超级稻高产栽培关键技术及区域化集成应用

所获奖项：2014 年度国家科学技术进步奖二等奖

成果内容：该成果为我国超级稻品种大面积推广提供生产技术，集成了与稻区和种植方式相适应的超级稻高产栽培技术 17 套，制作了农业部认定的超级稻品种栽培技术规程，编制了品种栽培模式图 100 多份，制订生产技术地方标准 8 个，建立了我国主要稻区超级稻高产栽培技术体系，为超级稻大面积推广及水稻高产创建提供了重要技术支撑。2011—2013 年本成果应用面积达 11891 万亩，亩增产 59.7 千克，增产稻谷 640.0 万吨，实现增产增效 116.5 亿元，为保障国家粮食安全做出了重要贡献。

重大成果 17：花生品质生理生态与标准化优质栽培技术体系

所获奖项：2014 年获国家科学技术进步奖二等奖

成果内容：针对花生栽培理论研究薄弱、品质评价指标和标准化优质栽培技术缺乏、区域专业化生产水平低等突出问题，揭示了花生品质形成的酶学和细胞学机理，创建了品质调控关键技术；创建了花生品质评价指标体系，首次完成了中国花生品质区划；率先建立了花生标准化优质栽培技术体系。2009—2013 年项目技术在山东、河北、湖南等 10 省（区）累计推广 6523.6 万亩，增效 91.6 亿元，经济和社会效益显著。

重大成果 18：非耕地工业油料植物高产新品种选育及高值化利用技术

所获奖项：2014 年度国家科学技术进步奖二等奖

成果内容：湖南省林业科学院等 7 家单位联合完成，针对我国非耕地发展工业油料植物存在优良品种缺乏、加工技术和装备落后、产业效益低等难题，在蓖麻等工业油料植物的新品种选育、高产栽培和油料加工技术方面取得突破性成果，实现了非耕地油料植物的大面积种植和规模化加工利用，产生了显著的社会、经济和生态效益。

重大成果 19：水稻复杂数量性状的分子遗传调控机理

所获奖项：2012 年度国家自然科学科学奖二等奖

成果内容：项目以我国最主要的粮食作物水稻作为研究对象，结合农业生产领域的迫切需求，开展了水稻耐盐、产量等数量性状的分子遗传调控机理研究，取得了一系列创新性的成果，为作物分子育种研究奠定了基础。该项目成功克隆了植物抗逆研究领域的第一个数量性状基因 SKC1，阐明了通过调控钠离子运输提高水稻耐盐性的分子机制；首次克隆了控制水稻籽粒粒宽和粒重的主效数量性状基因 GW2，揭示了影响水稻产量性状的遗传基础；克隆了决定水稻株型从野生稻的匍匐生长到直立生长的关键基因 PROG1，揭示了野生稻人工驯化过程中株型改变这一标志性驯化事件的分子调控机理。

重大成果 20：水稻质量抗性和数量抗性的基因基础与调控机理

所获奖项：2013 年度国家自然科学科学奖二等奖

成果内容：以水稻的两种重要病害——白叶枯病和稻瘟病为对象，研究抗病的分子机理。揭示了新的质量抗性调控分子机理，丰富发展了植物–病原互作理论；揭示了质量抗性转换的分子机理，为高效利用抗病主效基因改良农作物奠定了理论和技术基础；揭示了数量抗性基因调控的分子机理，为阐明数量抗性的本质迈出了关键性一步；鉴定并精细定位了多个有应用前景的抗病主效基因，为水稻抗性改良提供了遗传基础。

重大成果 21：水稻重要生理性状的调控机理与分子育种应用基础

所获奖项：2014 年度国家自然科学科学奖二等奖

成果内容：属于农业领域的基础和应用基础研究。主要进行水稻籽粒灌浆、节间发育（株高）和抗性调控的机制研究，揭示了水稻籽粒灌浆复杂生理性状的调控与驯化机制，为促进禾本科作物籽粒灌浆、提高产量潜力奠定了基础；阐明了水稻节间伸长调控的生理与分子机制，建立了一个 GA 代谢与性状调控新通路；系统开展水稻抗病生理与分子机制研究，在广谱抗病基因发掘上有重要突破，促进了水稻分子育种理论与技术的研究和应用。

重大成果 22：水稻两用核不育系 C815S 选育及种子生产新技术

所获奖项：2012 年度国家技术发明奖二等奖

成果内容：该项目用安献零 S 作母本，培矮 64S 作父本杂交，通过自然气候条件和人工低温对育性的增压选择，经过 5 年 10 代的定向培育，于 2002 年育成具有不育起点温度低、理想株型、优质、广亲和、高异率、配合力强的两用核不育系 C815S，2004 年通过湖南省农作物品种审定委员会审定。已选配出 C 两优 396、C 两优 87、C 两优 343、C 两优 755、C 两优 1102 等一批超级杂交稻新组合，通过湖南省审定或在国家和省区试中表现突出，该不育系的育成，是优质超级稻选育的重大突破。该技术将对我国优质超级稻选育、提高粮食产量起到积极作用。

重大成果 23：小麦 – 簇毛麦远缘新种质创制及应用

所获奖项：2012 年度国家技术发明奖二等奖

成果内容：为将小麦亲缘物种簇毛麦 (Haynaldia villosa,2n=14,VV) 的抗病、抗逆、优质等多种优异基因导入栽培小麦，运用远缘杂交、染色体工程和分子生物学技术，以“染色体组→染色体→染色体臂→染色体区段→目标基因”的技术路线，成功将簇毛麦优异基因，特别是抗病基因转移到栽培小麦，对小麦白粉病和条锈病抗源更新贡献突出。

重大成果 24：基于胺鲜酯的玉米大豆新调节剂研制与应用

所获奖项：2012 年度国家技术发明奖二等奖

成果内容：该项目为农业领域大田栽培技术成果。针对我国玉米大豆倒伏减产问题和调节剂研发应用难题，研究揭示了胺鲜酯与甲哌鎓、乙烯利的互补效应和作用机制，发明了玉米调节剂（有效成分为胺鲜酯、乙烯利）、大豆调节剂（有效成分为胺鲜酯、甲哌鎓）配方和制备工艺，研制的新产品获农药登记，防倒、增产效果稳定，安全性高。项目获发明专利授权 3 项，2 个产品获国家重点新产品证书。项目实现了胺鲜酯在大田作物上应用的技术突破，促进作物增产增收增效。

重大成果 25：水稻胚乳细胞生物反应器及其应用

所获奖项：2013 年度国家技术发明奖二等奖

成果内容：该发明可用于大规模生产重组人血清白蛋白，以解决我国人血清白蛋白因血浆缺乏造成的市场短缺和存在安全隐患等问题；与测绘遥感重点实验室合作的 Fabio Rocca 教授（意大利籍）获国际科学技术合作奖，Rocca 教授是欧洲空间局雷达遥感领域首席科学家、中国科技部 – 欧洲空间局对地观测领域“龙”计划合作项目“地形量测”主题欧方负责人，一直致力于雷达干涉测量技术和先进雷达遥感技术在中国的应用与推广。

重大成果 26：水稻抗旱基因资源挖掘和节水抗旱稻创制

所获奖项：2013 年度国家技术发明奖二等奖

成果内容：提出了“节水抗旱稻”的学术思想和育种策略，并在实践中获得成功，克隆出 7 个重要抗旱基因，育成了世界首例旱稻不育系和杂交节水抗旱稻，已开始大面积推广。获国家发明专利 10 项，植物新品种权 2 项；审定品种 10 个。“节水抗旱稻”种植较普通水稻种植的水田减少甲烷排放 86.7%，节约水资源 50%，大幅度减少面源污染，具有重大的生态效益。

重大成果 27：高产高油酸花生种质创制和新品种培育

所获奖项：2013 年度国家科学技术发明二等奖

成果内容：该项研究育成 2 个高油酸花生新品种花育 19 号和花育 23 号、1 个超高油酸花生新品种花育 32 号。该项目育成审（鉴）定花生新品种 14 个，获得国家授权专利 28 项（其中发明专利 23 项），获计算机软件著作权 8 项，制定行业标准 3 项，主编著作 1 部，发表科技论文 67 篇。

重大成果 28：油菜联合收割机关键技术与装备

所获奖项：2013 年度国家技术发明二等奖

成果内容：该项目在油菜脱粒、清选、割台和智能化核心技术方面取得原创性突破，解决了油菜机械化联合收获难题，团队研发出具有自主知识产权、适合我国长江流域冬油菜收获的联合收割机系列产品，综合技术居国际先进水平，其中切纵流低损伤脱粒和非光滑仿生清选筛关键技术达国际领先水平。从 2008 年起，该成果已被常发锋陵、江苏沃得、星光农机等国内主要油菜联合收割机企业采用。据统计，近三年累计销售油菜联合收割机产品 13360 台，新增销售收入 12.69 亿元、利税 2.78 亿元，全国市场占有率 35% 以上。

重大成果 29：水稻籼粳杂种优势利用相关基因挖掘与新品种培育

所获奖项：2014 年度国家技术发明奖二等奖

成果内容：经系统研究，发现水稻籼粳亚种间杂种具有强大的杂种优势，比一般籼型亚种内杂种增产 15% ~ 30%。主要发掘出水稻广亲和、早熟和显性矮秆基因，开发相应分子标记和分子聚合育种技术；解决了籼粳杂种半不育、籼粳杂种超亲晚熟等问题；同时，克隆了控制株型关键基因 APC / CTE，并明确其作用机理；成功培育籼粳交高产水稻新品种。

重大成果 30：油菜高含油量聚合育种技术及应用

所获奖项：2014 年度国家技术发明二等奖

成果内容：建立了数量大、基因型变异广泛的含油量研究群体，首次证明母体基因型对种子含油量影响效应最大（达 86%），鉴定出 5 种含油量调控途径、4 个含油量达 50% 以上的高油资源和 6 个拥有自主知识产权的含油量调控新基因，为高油聚合育种提供了新思路、新基因和新亲本资源。

重大成果 31：花生低温压榨制油与饼粕蛋白高值化利用关键技术及装备创制

所获奖项：2014 年度国家技术发明二等奖

成果内容：该成果发明的低温冷榨新技术、新工艺、新装备显著提高了花生油营养品质与感官品质，避免了饼粕蛋白中热敏性氨基酸损失，显著提高了蛋白生物效价，为改善营养健康提供了重要保障。首次实现伴球蛋白、浓缩蛋白在肉制品中的应用，有效解决了花生饼粕蛋白综合利用率低、不能用于肉制品加工的技术瓶颈，填补了国内空白。率先在国内建立了具有显著降血压功效的花生短肽生产线，极大提高了花生蛋白附加值。

三、作物学学科国内外研究进展比较

（一）国际作物学学科发展现状、前沿和趋势

进入 21 世纪以来，生物技术、信息技术等新技术向作物学领域不断渗透和交融，促进了作物科学的迅速发展。以作物学为基础研究与重大关键技术的重大突破和创新成为推动我国农业发展的重要推动力。但是，随着气候、生态条件变化和社会快速发展，如何应对全球气候变化也对作物育种、栽培、植保等提出了新的挑战。国内外作物科学的发展现状、前沿和趋势呈现出以下特点。

1. 作物生产的可持续发展成为现代作物科学发展的目标

农业是经济社会发展的基础，农业发展可持续的首要目标和核心问题是满足人类的基本需求，与经济社会的全面持续发展并存。作物生产作为农业生产的核心和主体，也是社会得以生存和发展的基础。伴随着气候环境变化、能源短缺及资源退化的共同影响，以可持续方式满足未来的粮食需求也面临着更为严峻的挑战。国际粮食政策研究所（IFPRI）推测，2010—2050 年，小麦实际价格将上涨 59%，稻米上涨 78%，玉米上涨 106%。研究给出的结论是，不断上涨的价格反映了由人口增加、收入增长及生产率降低带给“世界粮食系统无尽的潜在压力”。为实现作物生产可持续集约化目标，粮农组织支持在农业管理中使用生态系统方法。国际农业知识与科技促进发展评估（IAASTD）也呼吁，现有的农业实践活动需要向既能极大促进生产力提高，又能同时加强生态系统服务的可持续农业生产方式转变。

为实现可持续的作物生产，育种策略需要作出变革，以实现节约资源和保护环境。重视农业生产的可持续发展，意味着减少资源投入，包括大幅减少化肥、农药、灌溉用水、劳动力及其他资源。这就要求新培育的作物品种除了产量和品质优良之外，还需具备多种生物胁迫的抗性——包括抗主要病虫害以及非生物胁迫抗性，如干旱、盐碱、极端温度等不利条件。为了降低化肥消耗，新培育的品种应具有高效养分吸收利用效率。实现上述育种目标的典型代表就是由中国科学家打造的“绿色超级稻”[8]，旨在培育“少打农药、少施化肥、节水抗旱、优质高产”的水稻新品种[9]。绿色超级稻具有以下特性：在不同的

水稻区域对主要病虫害具有抗性，高效利用土壤氮和磷等营养元素，耐干旱等多种逆境。2020 年我国争取建成“资源节约型、环境友好型”的农业体系。

应对全球气候变化对作物栽培提出了新的挑战，要求作物栽培技术与现代化的科学技术与作物生产相结合，将基础理论知识和应用实践经验相结合，将作物栽培与其他学科相结合，将新时期的作物栽培与生态环境的保护相结合。针对气候变化对作物种植制度和布局的影响，在分析和预测农业气候资源条件变化的基础上，调整作物的种植模式，改进作物的品种布局，提高复种指数。针对气候变化对农业旱涝及病虫害等气候灾害的影响，开展农业气候灾害预测，建立农业灾害监测与预警系统，特别是建立干旱、洪涝、低温灾害、重大植物病虫害等防空减灾体系，并建立农业灾害保险机制等，同时开展研发生物农药有效靶标技术，物理与生态调控技术以及化学防治技术等，有效规避农业气候灾害风险[10]。此外，通过加强农业基础设施建设，提高作物抗旱、抗涝等能力，以增强应对气候变化的适应能力和防御灾害能力，如推广膜下滴灌等节水灌溉技术、地膜和秸秆覆盖技术，可以提高地温、减少土壤水分蒸发及增加土壤有机质。

2. 作物学科现代高新科学技术研究与应用取得突破性进展

进入 21 世纪以来，以新一代测序技术为标志，伴随着芯片、计算机等技术的进步，基础生物学在结构基因组学、比较基因组学、功能基因组学及衍生的各种组学（如转录组学、蛋白组学、代谢组学、表达组学等）和生物信息学等方面获得了快速发展。基础生物学的发展为作物学研究提供了新的手段，作物遗传育种学与植物基因组学、分子生物学、生态学等学科的交叉渗透更加明显，促进了该领域迅速发展壮大[11]。基础生物学研究取得了一个又一个突破，并呈现出新的特点。就粮食作物而言，水稻、玉米、谷子、高粱、大豆等均已完成全基因组测序。

以转基因技术为核心的生物技术的兴起是现代农业科学领域最伟大的事件。转基因植物（又称遗传修饰植物）问世已超过 30 年，实现规模化应用也已近 20 年，转基因作物种类、种植面积、加工食物种类和应用人群迅速扩大。据国际农业生物技术服务组织（ISAAA）统计，2014 年全球转基因作物种植面积已达到 1.815 亿 hm^2，与产业化发展之初的 1996 年相比，19 年间面积增长了 106 倍，堪称农业科技发展史上的奇迹[12]。转基因作物的研发和大规模应用对作物育种、种业和作物生产都产生了巨大影响。截至目前，在转基因技术的应用过程中，可以从抗虫性、耐寒性、耐旱性等多个角度出发，进行农作物种子的基因设计[13]。

随着生物科学的发展，世界各国对“生物种质资源主权”的争夺已成为 21 世纪的焦点。谁拥有先进的生物科学技术，并独占和高效利用生物遗传资源，谁就拥有生存和发展的主动权，谁就可能为 21 世纪生物经济的发展和人类的生存做出巨大的贡献。现阶段农业生物新技术的发展，主要以培育动植物新品种为重中之重，优质、高产、抗逆性新品种的育成，是以关键性动植物遗传资源的发掘和利用为基础的。各国非常注重品种选育工作，而种质资源是品种选育的基础，世界各国陆续加大种质资源信息系统的研制与构建，其尤为突出的表现在种质资源信息平台建设，如相关国际组织、发达国家和一些发展中国家已纷纷建立了各自相应的信息化平台。

我国作物杂种优势利用技术居于国际领先地位。杂种优势利用是大幅度提高作物产量、增强抗逆性和改善品质的有效途径，特别是基因组技术的应用为作物杂种优势利用的基础研究提供了新的手段。随着世界人口的持续增长，对粮食需求的不断增加，以作物杂种优势研究和利用为基础的作物育种技术仍将是未来促进作物增产、推动农业发展、保障粮食安全的重要手段。长期以来，世界各国在农作物杂种优势利用方面取得了较大进展，近年来在小麦、棉花、谷子、大豆、亚麻等农作物杂种优势研究与利用方面也取得了重大突破；以袁隆平为代表的我国科学家在水稻、玉米、油菜等主要农作物杂种优势利用方面也取得了举世瞩目的成就。

（二）我国作物学学科发展水平与国际水平对比分析

在国家科技计划的持续支持下，我国作物科技快速发展，在基础和前沿技术研究、共性关键技术研发、重大新品种培育等方面取得显著成效，但与发达国家还有很大差距。

1. 作物遗传育种学研究的主要差距

（1）种质资源和基因资源比较分析。发达国家都建立了较完善的种质资源管理与研发体系。美国拥有全球最完善的国家植物种质资源体系（NPGS），由美国农业部农业研究局负责管理，该体系涵盖收集、检疫、保存、鉴定、种质创新等分工明确的 27 个机构，运行经费由联邦政府拨付。联合国粮农组织 2004 年颁布了《粮食和农业植物遗传资源国际条约》，其目标是推动以政府为主导的种质资源安全保护和利用，促进种质资源的保护、获取和利益分享。方便获取种质资源，并公平合理的分享由此产生的商业利益已经成为国际发展新趋势。同时，“一个基因可以造就一个产业”的现实激励着大多数国家积极开展种质资源的深度鉴定，申请新基因的知识产权保护。近年来，我国逐步开始重视种质资源多年多点异地重复鉴定，以提高试验数据的准确性，但大规模的精准鉴定和综合评价工作尚未全面展开，能满足未来育种需求的优异资源匮乏。我国种质资源和基因资源挖掘广度和深度不够，原创性种质不足和具有重要利用价值的基因较少。以往对重要性状基因的分子标记发掘几乎都是基于单个材料的独立研究，缺乏规模化基因型精准鉴定技术平台，种质资源鉴定和新基因发掘效率较低。

（2）育种新技术创新和应用方面。基础研究整体相对薄弱，重要性状形成机制解析不深入。近年来，我国在基因组测序领域投入了大量人力、财力，取得了举世瞩目的研究成果，在主要农作物重要性状形成的遗传解析与分子机理研究方面取得了重要进展，特别是在水稻上发表了一系列很有影响力的高水平论文，但相对而言其他作物的类似研究还很薄弱。同时，大多数生命科学成果尚未形成指导育种实践的理论和技术，新理论研究与育种脱节的问题至今没有有效解决。目前我国大部分育种单位还使用传统育种技术，而现有分子标记开发速度较慢，可供育种利用的有用标记较少，商业化实用化的分子育种技术还没有物化的产品，分子育种技术手段普及度不够。同时，在高通量分子标记开发与检测、高效双单倍体育种、品种网络化筛选、育种信息化技术等领域，与国际水平还存在较大差距，特别是基因组编辑、全基因组选择、分子设计等新型育种技术研发方面起步晚、投入少。

（3）商业化育种方面比较分析。目前，跨国种业公司在商业化育种方面，已形成了数字化、程序性和永久性的种子材料收集、管理和利用体系，建立了拥有高通量的分子育种创新平台，实现了规模化、工厂化的“实验室—人工气候室—智能温室—田间”流水线式的操作流程，具备了高效“研发—产品—生产加工—销售—服务”产业发展运行体系。中国由于受体制的限制，仍存在科研与生产脱节，育种方法、技术和模式相对落后，科研经费依靠国家投入，成果转化速度慢，科研、生产、推广和销售相对分离的情况，在商业化育种方面没有取得实质性突破。分析限制因素如下：首先，新育种方法与技术难以应用。在育种的新技术、新方法如分子标记辅助育种、品种与环境互作及气候环境分类、杂种优势预测、双单倍体育种、转基因育种等都已经在国外商业化育种得到了广泛应用。我国在研究和应用这些新技术选育玉米自交系和杂交种方面还存在很大的差距，而经验育种阻碍了对新技术的采用，不利于新技术与常规育种方法的结合。其次，种质资源难以共享。我国从事育种的单位较多，技术力量雄厚，但规模小且分散，力量不能整合，种质资源难以交流共享，在整体上降低了育种效率，形成不了核心竞争力。此外，商业化育种的基础支撑条件建设不到位。硬件系统方面，先锋公司几十年前就已经实现了机械化、电子化，从 Almaco 的 cone 式播种机、到 SRES 的 mounted 式真空精量播种机，从 2 行、4 行到 8 行，效率越来越高，而我国育种家还处在较原始的管理状态。软件系统方面，先锋公司有专业软件工程师研制开发出成熟的各种先进、实用的育种资料分析与试验数据统计分析软件系统，确保育种研发的程序化和标准化，而我国育种家是以经验为核心的定向选择，基本上没有专业分析软件用于育种[14]。

我国农作物育种缺乏统一布局和资源的有效整合，造成上下一般粗和低水平重复现象，育成品种遗传基础狭窄、同质化问题严重。特别是应对农业生产方式变革的应对措施不足，当前育种目标与生产需求出现脱节；针对土壤重金属污染问题的新品种选育研究尚属空白；光温水肥等资源高效利用的作物育种研究在各国已普遍开展，但在我国才刚刚起步。跨国公司拥有全球育种鉴定体系，在全球布局育种研发中心或试验站，开展大规模育种材料筛选和品种适应性试验。我国高通量、规模化农作物育种技术体系以及网络化品种测试体系尚未建立。此外，我国农作物育种科研育种单位和人员数量虽然众多，但一般摊子较小，小团队作战，低水平的重复研究偏多，难以取得突破性进展。

2. 作物栽培学研究的主要差距

（1）作物栽培理论与技术方面。保障粮食安全，关键要提高单产，迫切需要在作物新品种选育和超高产栽培理论与技术上取得重要突破。由于生产条件和栽培技术等原因，作物良种的增产潜力也未被充分挖掘，现实作物产量与高产纪录差距悬殊。例如，我国水稻、玉米的全国平均单产仅达到高产纪录的 30% ~ 35%，我国主要作物平均单产仅相当于世界同类作物最高单产国家水平的 40% ~ 60%。国内外大量研究和生产实践表明，农作物新品种对单产提高的贡献率在诸项农业技术中占 30% 以上，作物栽培管理对提高作物产量和品质的贡献率达 30% ~ 40%。国内外研究机构围绕作物高产、优质、高效、抗逆的作物生理生态机制开展了大量而卓有成效的研究。例如，日本东京大学、德国霍恩海姆大学等在环境友好型作物高产、氮高效利用机制、作物水分胁迫生理、作物耐盐胁迫机制、分子生理等方面取得了大量研究成果。我国作物生理学家，在以水分胁迫为中心的逆境生态生理、作物水分代谢及逆境胁迫反应（补偿）机制，作物逆境适应性和御逆机制，逆境与作物生长发育、产量、品质的关系及机制等方面进行了大量研究，为抗逆育种和抗逆栽培提供了理论与技术支撑。

（2）作物栽培学基础研究方面。一是作物栽培学基础研究的资助渠道少，经费严重不足。近年来国家虽然加大了农业科技的投入，实施了国外农业先进技术引进计划（“948”计划）、科技入户行动计划、农业科技行业计划、农业科技支撑计划、科技成果转化基金等粮食科技项目。但这些项目主要资助农业先进技术的引进、集成与示范，资助作物栽培学基础研究的较少。近几年来，分子生物学和生物技术的发展，推动了作物遗传育种学和生理学的快速发展。相对于分子生物学的研究方法，作物栽培基础研究方法仍以传统的经典方法为主，大多基于现象的观察和相关的分析。这些研究方法难以得到其他学科特别是分子生物学专家的认可，这可能也是造成作物栽培学基础研究经费不足的一个原因。二是作物栽培学基础研究队伍有待进一步扩大。不仅从事作物学基础研究的队伍偏小，而且该领域内的科研骨干和杰出人才数量也偏少，这与学科发展、行业和人才需求不相适应。我国作物栽培学基础研究整体水平发展速度落后，制约了作物栽培学科技水平的进步和发展。

四、作物学学科发展趋势及展望

（一）作物学学科未来 5 年的发展战略需求和重点发展方向

1. 未来 5 年的发展战略需求

（1）围绕国家经济和社会发展对于粮食生产的重大需求，以主要粮、棉、油等农作物为对象，按照种质创新、育种新技术、新品种选育、良种繁育等科技创新链条，从基础研究、前沿技术、共性关键技术、品种创制与示范应用，实施全产业链育种科技攻关；

（2）重点突破基因挖掘、品种设计和种子质量控制等核心技术，创造有重大应用价值的新种质，培育和应用一批具有市场竞争力的突破性重大新品种，提升育种自主创新能力；

（3）围绕“高产、优质、高效、生态、安全”综合目标，与时俱进，加强科技创新，强化研究适应规模化经营的作物机械化、信息化、集约化、低碳化等栽培技术，大幅度提高作物单产水平与作物生产综合效益；

（4）适应现代农业新要求、新变化，以转变发展方式为主线，推进农机农艺融合、良种良法结合、行政科研结合、产学研农科教结合，突破生产技术瓶颈，集成推广区域性、标准化适用技术模式，提高土地产出率、资源利用率和劳动生产率，不断增强我国大面积作物生产水平。

2. 未来 5 年的重点发展方向

（1）作物遗传育种学关键技术研究与产品创制。作物实用分子设计育种技术——最终将实现育种性状基因信息的规模化挖掘、遗传资料基因学的高通量化鉴定、亲本选配和后代选择的科学化实施、育种目标性状的工程化鉴定，对未来作物育种理论和技术发展将产生深远影响。在解析作物由多基因控制的复杂性状时，全基因组关联分析和分子模块育种将成为未来分子设计育种的重要手段。全基因组关联分析技术主要应用于对影响复杂性状的标记及主效基因的挖掘。在作物方面，已经利用 SSR、AFLP 等标记对玉米、小麦、大麦、大豆、水稻等作物的重要性状进行了全基因组关联分析。未来的作物分子设计育种，将更加重视新型遗传交配设计及分析方法研究，利用分子标记追踪目标基因，评估轮回亲本恢复程度，改良多基因控制的数量性状，提出改良产量等相关复杂性状的全基因组关联性分析，利用模块育种高效、定向、高通，定量地提高作物选育水平[15]。

建立高效、安全、规模化的作物转基因技术体系，以市场需求为导向，依托优势产业布局，明确重点，通过集成转基因技术研发的上中下游资源，建立健全基因克隆、转基因技术、转基因育种和产业化应用的基础条件平台，把转基因育种与常规育种、分子标记辅助选择等技术紧密结合，建立高效、安全、规模化的转基因育种体系，在转基因研发与育种上突破一批自主创新的核心技术，拥有一批具有重要实用价值和自主知识产权的功能基因，培育并示范推广一批抗病抗虫抗逆、优质高产高效、具有替代性和满足市场需求的转基因作物新品种，同时进一步明确科研机构和种子企业在育种领域的侧重点，在基因功能验证评价、转化事件的研究上把资源向种子企业倾斜，探索形成“产学研”一体化的联合研发机制，从技术创新源头加强知识产权的立法、司法和执法保护，切实推动转基因生物技术发展，构建我国具有自主知识产权的转基因技术体系[16]。

作物细胞工程和诱变育种新方法——通过染色体和细胞遗传操作可以转移和利用亲缘植物优异基因，获得具有新的生物学特性的细胞与个体；诱发突变可以获得新的基因资源，是培育高产优质、抗病、抗逆新品种的有效途径。重点研究小麦、玉米、水稻等作物细胞培养高频率再生技术与分子染色体工程育种技术；发掘基于核辐射、空间环境及地面模拟航天环境要素高效诱变新途径，解析诱发突变的分子模式，建立 TILLING 等目标突变体高通量定向筛选关键技术体系，为常规育种和分子育种提供丰富的优异基因资源，创制品质、产量及抗性等重要性状特异新种质与新材料，培育新品种。

研发新型不育系及强优势杂交种亲本选配、规模化高效制种技术——杂种优势的利用导致作物育种技术和种子繁殖方式的变革，强力支撑了现代种子产业和技术市场，成为提高作物单产最有效的手段之一。突破杂种优势利用技术需要创新作物不育 - 育性恢复系统，形成高效的杂交种制种技术；研究利用种间、亚种间及不同生态型杂交种提高杂种优势潜力；提高杂交种对生物和非生物逆境的抗性、更适合机械化生产；研究和构建“优质 +

杂种优势”的育种技术体系，使杂交种产量和品质同步提高，大幅度提高育种效率。

培育高产、优质、多抗、广适新品种和优质功能型作物新品种——研究主要农作物株型特点与生理指标，建立高产、优质、抗病、广适、水肥资源利用效率等性状的分子与细胞改良技术体系，合理协调产量三因素，聚合优良基因，创制综合性状良好、产量性状突出的亲本材料，培育适应性广、产量潜力大、品质优良、抗主要病虫害的绿色超级作物新品种。

（2）作物高产栽培基础理论与高产高效技术模式。加强作物高产栽培技术及理论的研究。在高产栽培技术研究方面，需重点研究作物超高产扩库强源促流的精确定量施肥与精确灌溉技术、周年资源优化配置和资源高效利用技术、机械化轻简化实用栽培技术和抗逆技术以及高产、优质、高效生产技术的集成和标准化。在高产理论研究方面，需重点研究水稻、小麦和玉米超高产群体及个体的源库形成与协调机理、根系形态建成和生理（根冠信号传递）及根冠关系、穗粒发育的酶学机制和激素机理、品质形成特点与机理、同化物和养分的运输和分配规律、主要生育期的碳、氮代谢过程及其机理、作物周年超高产环境适应性机理与抗逆机理。

加强农作物质量安全与优质栽培技术研究。要针对作物高产过多依赖化学投入品，破解农产品安全和优质栽培的难题，在作物无公害、绿色、有机栽培关键技术上取得新突破。既要主攻高产、又要改善品质，实现专用化栽培、标准化栽培。

加强作物机械化与轻简化栽培技术研究。要加强研究和推广作物优质高产高效全程机械化生产技术，大幅度提升生产集约化规模化程度，创新与完善机械播种、机械插秧、机械施肥、机械施药、机械收获等关键技术。运用作物高产栽培生理生态理论，借助于现代化工、机械、电子等行业的发展，进一步研究轻简栽培原理与技术精确定量化，建立“简少、适时、适量”轻型化精准高产栽培技术体系。还需重点加强全程机械化条件下超高产栽培适用技术研究与应用。

加强作物节水抗旱与高效施肥技术研究。加强研究作物高产需水规律与水分胁迫的生长补偿机制，建立减少灌水次数和数量的技术途径和高效节水管理模式。进一步研究作物干旱缺水的自控调节机理，寻求水源不足地区节水保墒的耕作方法和改革灌供水方式。同时，加强主要农区大宗作物协调实现“十字”目标的作物需肥规律与省肥节工施肥技术研究、加强秸秆还田条件下土壤肥力动态与配套施肥技术研究。

加强作物抗逆减灾栽培技术研究。重点研究作物对单一或多个重大气候变化因子响应的生物学机制，作物生产力对气候变化的响应与适应，未来气候变化条件下提高主要粮食作物综合生产力的原理与途径；气候变暖对区域作物生产的影响及作物生产管理对策；作物对非生物胁迫的分子响应与耐性形成机理，作物群体对逆境的响应和抗逆机制，作物抗逆栽培理论及模式；研究建立抗逆、安全、高效的新型农作制模式与技术。

加强作物信息化、智能化栽培技术研究。综合运用信息管理、自动监测、动态模拟、虚拟现实、知识工程、精确控制、网络通讯等现代信息技术，以农作物生产要素与生产过程的信息化与数字化为主要研究目标，发展农业资源的信息化管理、农作状态的自动化监测、农作过程的数字化模拟、农作系统的可视化设计、农作知识的模型化表达、农作管理的精确化控制等关键技术，进一步研制综合性数字农作技术软硬件系统，实现农作系统监测、预测、设计、管理、控制的数字化、精确化、可视化、网络化。

加强作物栽培生态生理生化及分子水平的研究。重点开展作物机械化轻简化栽培生态生理基础；作物超高产生态生理基础；作物高产优质协调形成机理；作物肥水高效利用机制；作物对重金属、有机污染物响应及其机理；作物的化控机理；转基因作物栽培生理；作物逆境分子和生态机理；作物气候演变的响应机制等研究。

加强作物区域化栽培技术体系的集成创新与示范。研究作物时空上种植界限，拓展作物种植区域与季节，提高复种指数，提高作物温光等资源利用效率，提高作物周年生产力；研究农作制、品种与栽培技术优化匹配机理，进一步系统建立与示范“人—资源—经济—技术”协调的区域化作物栽培耕作周年“高产、优质、高效、生态和安全”技术模式与配套技术体系，系统挖掘作物高产优质栽培潜力。

（二）作物学学科未来 5 年的发展趋势及发展策略

1. 现代科学技术持续创新引领农作物育种发生深刻变革

生物组学、生物技术、信息技术、制造技术等现代科学技术飞速发展，将使农作物育种学科发生深刻变化，并催生崭新的育种体系。

（1）表型组学和基因组学技术不断深化种质资源鉴定与评价。表型组学技术的应用使种质资源和育种材料的重要性状表型鉴定精准化，如采用先进的移动式激光 3D 植物表型成像系统，能在温室内或田间对主要农作物全生育期进行动态鉴定和数据分析，实现“规模化”“高效化”“个性化”的“精准化”综合评价，可准确筛选出目标性状突出的优异资源和材料；高通量测序技术的应用实现了种质资源和育种材料在全基因组学水平的基因型鉴定和表达分析，其基因型和表达信息可广泛用于分子标记开发和全基因组预测。

（2）前沿技术引领育种方向，育种科技创新呈高新化。农作物育种技术先后经历了优良农家品种筛选、矮化育种、杂种优势利用、细胞工程、分子育种等发展阶段。近年来，以转基因、分子标记、单倍体育种、分子设计等为核心的现代生物技术不断完善并开始应用于农作物新品种培育，引领生物技术产品更新换代速度不断加快，创制了一批大面积推广的农作物新品种。全基因组选择技术研发方兴未艾，将成为育种新技术研究内容。以基因组编辑技术为代表的基因精准表达调控技术逐渐成为育种技术创新热点，将实现对目标性状的定向改造。

2. 农作物品种选育呈多元化发展态势，运用遗传育种新技术选育重大新品种

世界各国遵循着相似的农作物生产发展道路，即不仅要求高产、优质、高效、安全，还要求降低生产成本、减少环境污染。因此，农作物育种目标从原来的高产转向多元化，注重优质与高产相结合，增强抗病虫性和抗逆性，提高光温水肥资源利用效率，适宜机械化作业，保障农产品的数量和质量同步安全。

（1）高产是新品种选育的永恒主题。耐密、高光效、杂种优势利用等仍是高产育种的主要技术途径。特别是杂种优势利用已在水稻、玉米、油菜、蔬菜等作物上取得巨大成功，在小麦、大豆等作物上取得重要进展，继续挖掘杂种优势利用潜力是今后重要的发展方向。

（2）品质改良是新品种选育的重点。在高产的基础上，培育具有良好的营养品质、加工品质、商品品质、卫生品质、功能品质等性状的农作物新品种培育是未来的重点任务。如市场更易接受籽粒角质多、容重高、水分含量低、无黄曲霉素的玉米品种，高油或高蛋白大豆，高含油量、高油酸油菜品种，以及营养价值高、商品性状好和耐贮运的蔬菜品种。

（3）病虫害抗性是新品种选育的重要选择。由于全球气候变化和生物进化等因素的影响，各种新型病虫害不断出现并有可能给农业生产和农产品质量产生巨大影响，充分考虑到过量使用农药会对生态环境带来危害，培育抗病虫的农作物新品种成为必然选择。

（4）非生物逆境是新品种选育的重要方向。在自然条件复杂多变的我国，干旱水涝、阴雨寡照、低温冷害、高温干热、盐渍化等自然灾害频发，土壤重金属污染严重，对农作物生产的可持续发展和效益提高造成严重威胁。针对不同环境培育抗逆新品种，尤其是培育抗旱新品种，是世界各国努力的重要方向。

（5）养分高效利用是新品种选育的重要目标。化肥对粮食增产的作用可达 55% 以上，但大量使用化肥往往带来不少负面影响。我国化肥的平均用量是世界公认警戒上限 225 千克 / 公顷的 1.8 倍以上，更是欧美平均用量的 4 倍以上。我国是世界上最大的氮肥和磷肥消费国，氮肥和磷肥当季利用率分别不到 27% 和 12%，这也是土壤酸化、水体和大气污染等普遍发生的主要原因之一。因此，培育养分利用效率高的农作物新品种是新时期我国农作物育种的重要目标。

（6）适宜机械化作业是新品种选育的重要特征。培育满足机械化和轻简化农业生产的作物新品种已迫在眉睫。如在水稻上，选育苗期耐淹耐旱出苗快、后期耐密植抗倒伏的直播稻新品种和适于机械化制种的杂交稻组合显得十分紧迫；我国棉花生产一直沿袭以手工操作为主的劳动密集型、精细耕作型生产方式，不适应社会经济和现代农业发展的要求，培育吐絮集中不烂铃、适宜机械化作业的新品种是必然方向。适于机械收获的玉米品种则要求株高穗位适中，成熟时茎干直立有弹性、果穗苞叶松，收获时穗轴、籽粒脱水快，籽粒含水量低（25% 以下）。

3. 作物栽培技术以高产高效、优质、智能机械化为发展目标与趋势

（1）超高产作物栽培技术——我国粮食总产十二连增，离不开作物超高产的示范推广，我国未来作物的持续增产将更大程度上依靠作物超高产栽培技术的进步与引领。同时，低产变中产需要超高产栽培技术的推动，中产变高产需要超高产栽培技术的引领，高产变更高产则也需要超高产栽培的突破与直接应用。在今后的发展方向上，作物栽培技术只有采用现代化的栽培方式，以超高产为主要的发展目标，才能够满足人们不断发展和变化的需求。

（2）精确定量轻简化栽培技术——从精确定量和轻简化两方面入手来使作物栽培技术不断优化，最终达到提高作物产量和质量的目的。精确定量技术研究目的主要是为了提高作物的产量，提高经济效益。轻简化技术研究的方向主要是将作为生长相关的技术进行精简化处理，即通过对新技术的投入和应用来改进传统的技术，实现高产、优质的目的。该技术在农作物生产应用中所涉及的技术，主要包括作物免耕技术及稻子的插抛秧技术。所以，在新时代发展下，不断研究、完善精确定量、轻简化的实用技术，对于我国作物的生产过程的简化及作物产量、质量的提高都有着非常重要的意义。所以，在今后的发展过程中，作物栽培的发展方向应该朝着精确定量、轻简化的方向发展，相关的研究部门应该加大对这两项技术的研究力度，使我国作物生产效率最优化[17]。

（3）作物信息数字化栽培技术——在作物生产中大量采用先进的信息技术，使作物的栽培技术走向一条智能化、定量化的道路。信息化技术在作物生产中的应用是非常广泛的，如作物生长的自动监控技术、自动化灌溉技术等。今后作物栽培技术在这方面的发展将会逐渐走上生产过程不断信息化和数字化的道路，作物管理也将获得进一步的优化和完善。而随着经济的进一步发展，科学技术水平的迅速提高，信息技术在农作物生产中的应用会进一步得到深化，并且会形成一种相对独立的发展道路，各项技术在发展过程中会逐步完善。

4. 对策与建议

2014 年的中央一号文件明确指出，我国是一个人口众多的大国，解决好吃饭问题始终是“治国理政必须长期坚持的基本方针”。“综合考虑国内资源环境条件、粮食供求格局和国际贸易环境变化”，大力实施“以我为主、立足国内、确保产能、适度进口、科技支撑的国家粮食安全战略”[18]。把最基本、最重要的保住，“确保谷物基本自给、口粮绝对安全”。到 2020 年，粮食（主要是指谷物）产量稳定在 5.5 亿吨以上，约占粮食总产量的 95% 以上。实现谷物基本自给，确保国家粮食安全。要想实现上述目标，必须深入贯彻党和国家在农村的“多予、少取、放活”等一系列方针和政策，依靠农业科技进步和集成创新促进农业发展，实施稳定粮田耕地面积、回增复种指数、扩大粮食播种面积、提高粮食单产等措施，实现粮食增产增收，确保国家粮食安全。

近年来，我国作物科学与技术发展以高产、优质、高效、生态、安全为目标，以品种改良和栽培技术创新为突破口，促进传统技术的跨越升级，推动了现代农业的可持续发展，为保障国家粮食安全和农产品有效供给、生态安全、增加农民收入提供了可靠的技术支撑。当前，作物学面临着严峻的挑战，在基础和前沿技术研究、共性关键技术研发、重大新品种培育、体系建设、人才培养等方面与发达国家还有很大差距。我国作物学科发展要继续贯彻“自主创新、重点跨越、支撑发展、引领未来”的科技发展指导方针，坚持行业导向，从我国作物生产实践中提炼有学科特色的重大科学问题，紧密结合我国作物学科研究实际，构建体系完整、特色鲜明、实用性强的作物学基础理论体系。同时，加强与国际、国内同行之间的合作与交流，借力完善基础研究体系，扩大学科影响。更重要的是，要加强青年人才的培养，特别是要关注基层院所工作的青年人才，以此加快培养兼备现代科学素养和生产实践的新一代青年栽培学科研人员。此外，建议国家相关部门根据学科均衡发展需要，在作物学相关项目尤其是人才与重点（大）项目中加强支持，以促进该学科健康持续发展。

（1）坚持行业导向。学科的重要性、研究任务及其发展规模和前景受制于其所服务行业在国计民生中的地位。学科发展必须服务、服从于行业发展。作物学的服务对象为作物生产，维系着人类最基本的生活需求，是国民经济建设中最为重要的领域之一。稳定、提高粮食产量、确保粮食安全是关系经济发展、社会稳定和国家安全的全局性重大战略问题，是当前和今后相当长时期内作物栽培学科最主要的研究任务。另一方面，现阶段我国粮食市场需求的多样化和优质化，与土壤退化、环境污染、生物多样性下降等生态环境问题叠加，作物生产目标已由过去单纯追求产量转向高产、优质、高效、生态、安全多目标的统一，这为作物学科提出了新的更高要求。坚持行业导向，就需要敏锐洞察行业发展趋势，善于把握作物生产中出现的新问题、新动向，从作物生产中发现重大技术需求，据此提炼关键科学问题，服务行业技术革新。当前，在坚持产量形成机制研究、为解决粮食安全问题提供理论基础的同时，还应更加关注居民生活水平提高后对主食风味口感、食品安全及环境质量的更高要求，加大作物品质、资源高效、环境友好和生态安全等方向的研究力度。

（2）突出学科特色。我国作物遗传育种学科发展势头强劲，水稻、小麦等主要作物遗传改良已跻身世界一流水平。与之相比，作物栽培学则显得相对滞后，在技术手段上较为传统，偏向应用研究，致使理论水平不高，学科特色或优势不够突出。栽培学中心任务是揭示作物高产与优质形成规律，阐明高产、优质、高效的栽培途径及其调控原理，而不是单纯地了解植物生长发育机理或植物在逆境条件下生存的机制。因此，开展作物栽培学基础研究，要牢牢把握学科特色，充分认识作物栽培学科的实践性、系统性和实用性及其社会效益的重要性。此外，也应加速作物遗传育种理论基础研究和应用基础研究，为揭示作物高产、稳产及品质提升提供理论支撑[19]。

（3）加强学术交流、促进学科发展。学术交流应始终贯彻科学精神，坚持实事求是，以科学观察和科学实验为基础，不断求知、不断创新。学术交流应贯彻“百花齐放、百家争鸣”方针。坚持学术民主，鼓励不同观点、不同意见展开讨论，鼓励不同学派专家、群体在一起交锋，通过学术观点的碰撞和学术信息的整合，产生新的学术灵感，点燃创新的火花，促进学科进步和人才成长。建议加强作物学学术交流，对作物学科面临的问题进行讨论，对全国作物学面临的重大科学问题进行协作研究攻关，深入了解和把握作物科学的前沿动态和发展趋势，为发展作物学科把脉。同时，通过开展学术交流活动，有利于推进作物学科体系内各分支学科的相互合作与交流，并积极推动我国作物科学技术创新，探索作物科技成果转化的有效途径，为制定作物生产和科研相关决策提供科学依据，为保障国家粮食安全，实现农业生产科技化做出重要贡献。

（4）加强国际交流与合作。中国特色的作物遗传育种学、栽培学理论与技术体系在某些方面在世界同类研究中处于先进甚至领先水平。但是，我们必须同时看到，我国的作物科学在某些方面目前仍不如发达国家，一些基础研究如作物产量与品质的形成机理、作物对水分养分吸收与输配机理、作物的抗逆性机理等研究还落后于发达国家[19]。通过合作研究、人员往来、学术交流等形式加强国际交流与合作，可以引进、吸收和消化先进国家的智力、技术和研究手段，提高我国作物学基础研究的自主创新能力，推进中国作物学的发展。

参考文献

[1] 中共中央，国务院. 关于加大改革创新力度 加快农业现代化建设的若干意见. 2015 年 2 月 1 日印发.

[2] 中国科学技术协会，中国作物学会. 2011—2012年作物学学科发展报告［M］. 北京：中国科学技术出版社，2012.

[3] 赵其波，胡跃高. 中国农业国际合作发展战略［J］. 世界农业，2015（6）：178-184.

[4] 瞿华香，等. 农作物种质资源及其数据库研究进展［J］. 中国农学通报，2013，29（11）：193-197.

[5] 中国科学技术协会，中国作物学会. 2007—2008年作物学学科发展报告［M］. 北京：中国科学技术出版社，2008.

[6] 凌启鸿，张洪程. 作物栽培学的创新与发展［J］. 扬州大学学报（农业与生命科学版），2002，23（4）：66-69.

[7] 刘正辉，等. 对作物栽培学发展的几点思考［J］. 科技创新导报，2008，73（1）：154-155.

[8] Zhang Q. Strategies for Developing GreenSuperRice［J］. Proc Natl Acad Sci USA，2007，104：16402-16409.

[9] 张启发. 未来作物育种对绿色技术的需求［J］. 华中农业大学学报，2014（11）：10-15.

[10] 李萍萍，等. 气候变化对农作物生产的影响与对策［J］. 江苏农业科学，2010（6）：532-534.

[11] 邹华文，等. 近 15 年国家自然科学基金稻、麦类作物遗传育种领域项目申请情况分析［J］. 作物学报，2015，41（5）：820-828.

[12] James C.Global Status of Commercialized Biotech/GM Crops：2014. International Servicefor the Acquisition of Agri-biotech Applications（ISAAA）Brief No.47，Ithaca，NY，2014.

[13] 陈文艺. 作物育种方法研究进展与展望［J］. 科技展望，2015（13）：88.

[14] 刘为更，等. 我国商业化育种体系的建设探讨［J］. 农业科技通讯，2014（4）：4-8.

[15] 王慧媛，等. 作物分子设计育种的发展态势分析［J］. 生物产业技术，2013（6）：42-50.

[16] 谭涛，陈超. 我国转基因作物产业化发展路径与策略［J］. 农业技术经济，2014（1）：22-30.

[17] 田野. 作物栽培的发展方向［J］. 黑龙江科学，2014（9）：56.

[18] 国家发展和改革委员会. 国家粮食安全中长期规划纲要（2008—2020 年）［EB/OL］. http：//www.gov.cn/jrzg/2008-11/13/content_1148414.htm, 2008-11-13.

[19] 刘正辉，等. 从国家自然科学基金资助情况分析作物栽培学基础研究状况［J］. 中国基础科学，2015（2）：56-62.

撰稿人：赵　明　马　玮　徐　莉

专题报告

作物遗传育种学发展研究

一、本学科最新研究进展

在国家自然科学基金、“973”、“863”、支撑、行业科技等科技计划支持下，2013—2014 年我国作物种质资源、遗传机制、育种技术以及优良新品种选育研究不断取得新进展，为种业发展提供了有力支撑。

（一）农作物种质资源研究进一步深化

我国已建成 1 座长期库、1 座复份库、11 座中期库、43 个种质圃、169 个原生境保护点以及种质资源信息库等，形成了布局合理、分工明确、职能清晰的国家作物种质资源保护体系。国家库、圃长期库保存种质资源达到 45 万份，隶属于 35 科 192 属 2282 个种；原生境保护涵盖野生稻、野生大豆、小麦野生近缘植物、野生蔬菜等 59 个物种。制定了作物种质资源调查与收集技术规程，作物种质资源低温库、试管苗库、种质圃及原生境保存与繁殖更新技术规范；制定了 150 多种作物的种质资源性状描述规范与数据控制标准；构建多种作物的核心种质和应用核心种质；对 3000 余份材料进行了全基因组水平的基因型鉴定；构建了中国作物种质信息系统；创制优异种质 7900 余份。

（二）遗传基础研究取得丰硕成果

应用遗传学、分子生物学、组学及生物信息学等多种学科理论和方法，在重要性状形成的遗传与分子机制、基因发掘等方面取得显著进展。完成小麦 A、D 基因组[2, 7]、陆地棉[5]、二倍体雷蒙德氏棉、亚洲棉、甘蓝、油菜、黄瓜、芝麻、谷子等作物的深度测序，构建了序列框架图；在水稻、玉米、大豆[1, 6]、黄瓜、番茄等作物上，通过重测序或简化基因组测序，解决了与进化、选择、重要性状形成相关的一批重要科学问题，其结果发表

在 *Nature*、*Nature Genetics*、*Nature Biotechnology*、*PNAS* 等顶尖杂志上。精细定位和克隆一批重要性状基因[3, 9, 11]，其中水稻 200 余个、小麦 100 多个，这其中得到功能验证的重要性状基因数超过 80 个。基因组编辑研究取得重要进展[4, 8, 11]。

（三）作物新品种选育取得新进展

2013—2014 年，育成通过国家和省级审定的水稻、小麦、玉米、大豆、棉花、油菜、蔬菜、小宗作物农作物新品种达 1000 余个，推广了一批突破性新品种，有效支撑了我国现代农业发展。水稻新品种 Y 两优 1 号和 Y 两优 2 号 2014 年度累计推广超过 1000 万亩；超级稻新品种宁粳 4 号和宁粳 5 号在江苏大面积推广应用，年推广面积在 500 万亩以上；超级稻“中嘉早 17”连续列为全国主导品种，2014 年推广应用 750 多万亩，成为当年长江中下游地区推广面积最大的早籼稻品种；两系杂交水稻 Y 两优 900 百亩示范田亩产达 1026.70 千克，首次实现亩产过千千克的超级杂交水稻第四期攻关目标。玉米新品种郑单 2016 通过河北省审定，鲁单 9088 通过国家东南组审定，中单 868 通过河南省审定，吉单 558 通过吉林省审定，比对照郑单 958 抗病、抗倒、脱水快，市场前景看好。周麦 28、扬麦 21 和扬麦 23 等小麦新品种分别通过黄淮南片和长江中下游国家审定。高产、广适、抗旱节水小麦新品种中麦 175，继续保持北部冬麦区第一大品种，并在陕西、甘肃等旱地创造小麦高产纪录，亩产 600 千克以上。优质高产大豆新品种绥无腥豆 2 号通过黑龙江省审，蛋白质含量 42.67%，脂肪含量 20.17%，种子中不含脂肪氧化酶 L1 和 L2，无豆腥味；高油大豆吉育 406，脂肪含量达 23.88%，高油大豆牡豆 8 号脂肪含量达 21.24%，具有较好的推广前景。中油杂 17 通过湖北省审定，脂肪含量 46.30%，芥酸含量 0.10%，饼粕硫苷含量 18.86μmol/g，平均亩产油量 94.79 千克，实现了高油品种新突破。

（四）作物育种技术不断突破

分子育种与常规技术有机结合，杂种优势利用、细胞工程、转基因、分子标记辅助选择、全基因组选择等技术均取得不同程度的突破，逐步形成了不同作物的特色育种技术体系。

（1）转基因育种。审定转基因棉花新品种 24 个，推广 4800 万亩。转基因抗虫水稻华恢 1 号和 Bt 汕优 63、高植酸酶玉米 BVLA43010 续申请获得新的生产应用安全证书，具备了产业化条件；新型抗虫水稻 T1C-19 和 T2A-1 完成生产性试验，农艺性状突出，产量比区试对照增产 5% 以上，具备参加区试和品种审定条件；抗虫玉米 BT-799、IE034、双抗 12-5，转人血清白蛋白水稻，抗除草剂玉米 CC-2 等进入或完成生产性试验；抗除草剂大豆、抗旱小麦进入环境释放试验。基因克隆和遗传转化技术取得重大提升，获得优异性状新基因 354 个，其中抗病虫、抗除草剂、优质、抗旱、养分高效、高产等重要经济性状基因 87 个。*iaaL*、*Bph14*、*Pigm*、*WRKY6*、*IPA1* 等新基因，已用于培育转基因新材料并进入分子育种程序。水稻、小麦基因组编辑技术率先取得突破，已应用于分子育种；完善了八大生物的规模化转基因技术体系，水稻粳稻转化效率提高到 83%，小麦遗传转化技术取得重大突破，转化效率由 1% 提高到 8% 以上。

（2）分子标记育种。开发抗稻瘟病、白叶枯病、条纹叶枯病等，玉米茎腐病、丝黑穗病等，小麦籽粒重、半矮秆、条锈病等，大豆抗花叶病毒病、灰斑病等重要性状优异新基因和分子标记 300 余个。采用分子标记选择与回交转育及复合杂交相结合，创新建立了主要作物分子标记育种技术，创制抗病、优质育种新材料 600 多份。例如，利用分子标记导入 *Pi9* 基因，创制抗稻瘟病材料 13 份；利用抗白叶枯病基因 *Xa23*、抗稻瘟病基因 *Pi9*、抗稻瘟病基因 *Pi1/Pi2*、抗褐飞虱基因 *bph14/bph15*、抗褐飞虱基因 *bph3* 以及抗白叶枯基因 *Xa21*、*bph18* 基因等导入优良两系不育系，育成抗病虫不育系 51 份；将携有抗白叶枯病基因 *Xa4* 和 *Xa21* 的品系 IRBB60 与高配合力、农艺性状优良的突破型恢复系蜀恢 527 杂交，育成了抗白叶枯病的恢复系蜀恢 527、蜀恢 781 和蜀恢 202；利用病害抗性基因 / 主效 QTL 分子标记，获得抗玉米丝黑穗病 20 份，抗茎腐病 10 份，抗粗缩病 8 份；采用 5+10 亚基和 1B/1R 易位分子标记，育成以豫麦 34、藁城 8901 和中优 9507 为优质亲本，以轮选 987、石 4185 和周麦 16 为农艺回交亲本的优质新材料；育成波里马 CMS 恢复系 4 份（H201、H202、624R 以及 627R），双低早熟矮秆温敏型波里马细胞质雄性不育系 616A。我国主要作物分子育种研究与应用总体处于国际先进水平，其中水稻分子育种最为突出，引领着作物分子育种发展方向。

（3）细胞工程与诱变育种。创制了 10 份诱导率达 8% 以上的诱导系，优化了加倍技术，建立了实用高效的玉米单倍体育种技术体系，并应用于育种实践。阐明了航天环境及地面模拟航天环境要素诱发突变的机制与模式，建立了“多代混系连续选择与定向跟踪筛选”的航天工程育种技术新体系；优化了高能混合粒子辐照、物理场处理等地面模拟航天诱变靶室设计与样品处理程序，完善了地面模拟空间环境诱变育种技术方法。继续完善甘蓝、白菜小孢子培养技术，甘蓝与芥菜体细胞融合技术，辣椒花药培养技术体系，建立了小孢子培养、体细胞融合、花药培养技术体系。单倍体诱导、航天诱变育种与常规育种、杂种优势利用相结合，在玉米、水稻、小麦、棉花、蔬菜等作物上创制特异新种质 210 份。

（4）杂种优势利用。利用作物远缘种、近缘种、亚种、亚基因组、冬春品种间杂交，实现了作物强优势种理论与技术的新突破。我国长江流域强优势杂交中籼育种技术取得重大进展，克服了传统水稻传统杂种优势利用遗传基础狭窄的技术难题，培育的强优势水稻杂交种“Y 两优 2 号”亩产达到 926.6 千克；利用红莲野生稻与农家品种莲塘早远缘杂交创制了红莲型细胞质雄性不育水稻新类型，探明了红莲型雄性不育机理，解决了红莲型强优势不育系育性恢复的重大科学问题，建立了红莲型杂交水稻育种技术体系，创制了一批红莲型水稻强优势杂交种；创制的“中国二系杂交小麦技术体系创建”，实现了从材料发现、理论创立、技术突破到产业化应用，为杂交小麦大面积推广奠定了基础。一批强优势水稻杂交种辽优 9906 和泸香 658、强优势小麦杂交种川麦 59、强优势棉花杂交种中棉所 86 和中棉所 84、强优势玉米龙单 62 等在区试中比对照增产的幅度高达 15% 以上。我国主要农作物杂种优势研究与应用总体处于国际领先，特别在杂种优势大面积利用和杂交种育种体系创制方面，水稻、油菜、棉花、小麦最为突出。

二、国内外研究比较

在国家科技计划的持续支持下，我国农作物育种科技快速发展，在基础和前沿技术研究、共性关键技术研发、重大新品种培育等方面取得显著成效，但与发达国家还有很大差距。主要体现在以下几方面：

（一）种质资源和基因资源挖掘广度和深度不够，原创性种质不足和具有重要利用价值的基因较少

近年来，我国逐步开始重视种质资源多年多点异地重复鉴定，以提高试验数据的准确性，但大规模的精准鉴定和综合评价工作尚未全面展开，能满足未来育种需求的优异资源匮乏。以往对重要性状基因的分子标记发掘几乎都是基于单个材料的独立研究，缺乏规模化基因型精准鉴定技术平台，种质资源鉴定和新基因发掘效率较低。

（二）基础研究整体相对薄弱，重要性状形成机制解析不深入

近年来，我国在基因组测序领域投入了大量人力、财力，取得了举世瞩目的研究成果，在主要农作物重要性状形成的遗传解析与分子机理研究方面取得了重要进展，特别是在水稻上发表了一系列很有影响力的高水平论文，但相对而言其他作物的类似研究还很薄弱。同时，大多数生命科学成果尚未形成指导育种实践的理论和技术，新理论研究与育种脱节的问题至今没有有效解决。

（三）基因组编辑、分子设计等育种新技术创新和应用不足

目前我国大部分育种单位还使用传统育种技术，而现有分子标记开发速度较慢，可供育种利用的有用标记较少，商业化、实用化的分子育种技术还没有物化的产品，分子育种技术手段普及度不够。同时，在高通量分子标记开发与检测、高效双单倍体育种、品种网络化筛选、育种信息化技术等领域，与国际水平还存在较大差距，特别是基因组编辑、全基因组选择、分子设计等新型育种技术研发方面起步晚、投入少。

（四）现有品种难以满足农业生产转型发展的要求

我国农作物育种缺乏统一布局和资源的有效整合，造成上下一般粗和低水平重复现象，育成品种遗传基础狭窄、同质化问题严重。特别是应对农业生产方式变革的应对措施不足，当前育种目标和与生产需求出现脱节；针对土壤重金属污染问题的新品种选育研究尚属空白；光温水肥等资源高效利用的作物育种研究在各国已普遍开展，但在我国才刚刚起步。

（五）农作物育种科研共享平台尚需健全

跨国公司拥有全球育种鉴定体系，已在全球布局育种研发中心或试验站，开展大规模育种材料筛选和品种适应性试验；相比较而言，我国高通量、规模化农作物育种技术体系以及网络化品种测试体系尚未建立。另一方面，我国农作物育种科研育种单位和人员数量虽然众多，但一般摊子较小，规模小，平台小，小团队作战，低水平的重复研究偏多，难以取得突破性进展。

三、发展趋势及展望

（一）近5年目标和前景

围绕国家经济和社会发展对于粮食生产的重大需求，以主要粮、棉、油等农作物为对象，按照种质创新、育种新技术、新品种选育、良种繁育等科技创新链条，从基础研究、前沿技术、共性关键技术、品种创制与示范应用，实施全产业链育种科技攻关；重点突破基因挖掘、品种设计和种子质量控制等核心技术，创造有重大应用价值的新种质，培育和应用一批具有市场竞争力的突破性重大新品种，提升育种自主创新能力；形成一批优秀创新人才团队和设施基地，显著提升我国农作物育种国际竞争力，为保障国家粮食安全和种业安全提供科技支撑。

预计创制优异新种质5000份；申请获得发明专利300项；攻克育种关键技术60项，形成高效育种技术体系，主要农作物新品种选育效率提高50%；培育新品种1000个，其中重大新品种100个，良种对增产的贡献率由43%提高到50%；申报获得植物新品种权200项；攻克良种制种和加工检测技术50项，形成完善的主要农作物良种繁育及质量控制技术体系；新品种累计推广10亿亩。

（二）发展趋势预测

1. 现代科学技术持续创新引领农作物育种发生深刻变革

生物组学、生物技术、信息技术、制造技术等现代科学技术飞速发展，将使农作物育种学科发生深刻变化，并催生崭新的育种体系。

（1）表型组学和基因组学技术不断深化种质资源鉴定与评价。表型组学技术的应用使种质资源和育种材料的重要性状表型鉴定精准化，如采用先进的移动式激光3D植物表型成像系统，能在温室内或田间对主要农作物全生育期进行动态鉴定和数据分析，实现“规模化”“高效化”“个性化”的“精准化”综合评价，可准确筛选出目标性状突出的优异资源和材料；高通量测序技术的应用实现了种质资源和育种材料在全基因组学水平的基因型鉴定和表达分析，其基因型和表达信息可广泛用于分子标记开发和全基因组预测。

（2）前沿技术引领育种方向，育种科技创新呈高新化。农作物育种技术先后经历了优良农家品种筛选、矮化育种、杂种优势利用、细胞工程、分子育种等发展阶段。近年来，以转基因、分子标记、单倍体育种、分子设计等为核心的现代生物技术不断完善并开始应用于农作物新品种培育，引领生物技术产品更新换代速度不断加快，创制了一批大面积推广的农作物新品种。全基因组选择技术研发方兴未艾，将成为育种新技术研究内容。以基因组编辑技术为代表的基因精准表达调控技术逐渐成为育种技术创新热点，将实现对目标性状的定向改造。

2. 农作物品种选育呈多元化发展态势

世界各国遵循着相似的农作物生产发展道路，即不仅要求高产、优质、高效、安全，还要求降低生产成本、减少环境污染。因此，农作物育种目标从原来的高产转向多元化，注重优质与高产相结合，增强抗病虫性和抗逆性，提高光温水肥资源利用效率，适宜机械化作业，保障农产品的数量和质量同步安全。

（1）高产是新品种选育的永恒主题。耐密、高光效、杂种优势利用等仍是高产育种的主要技术途径。特别是杂种优势利用已在水稻、玉米、油菜、蔬菜等作物上取得巨大成功，在小麦、大豆等作物上取得重要进展，继续挖掘杂种优势利用潜力是今后重要的发展方向。

（2）品质改良是新品种选育的重点。在高产的基础上，培育具有良好的营养品质、加工品质、商品品质、卫生品质、功能品质等性状的农作物新品种培育是未来的重点任务。如市场更易接受籽粒角质多、容重高、水分含量低、无黄曲霉素的玉米品种，高油或高蛋白大豆，高含油量、高油酸油菜品种，以及营养价值高、商品性状好和耐贮运的蔬菜品种。

（3）病虫害抗性是新品种选育的重要选择。由于全球气候变化和生物进化等因素的影响，各种新型病虫害不断出现并有可能给农业生产和农产品质量产生巨大影响，充分考虑到过量使用农药会对生态环境带来危害，培育抗病虫的农作物新品种成为必然选择。

（4）非生物逆境是新品种选育的重要方向。在自然条件复杂多变的我国，干旱水涝、阴雨寡照、低温冷害、高温干热、盐渍化等自然灾害频发，土壤重金属污染严重，对农作物生产的可持续发展和效益提高造成严重威胁。针对不同环境培育抗逆新品种，尤其是培育抗旱新品种，是世界各国努力的重要方向。

（5）养分高效利用是新品种选育的重要目标。化肥对粮食增产的作用可达 55% 以上，但大量使用化肥往往带来不少负面影响。我国化肥平均用量是世界公认警戒上限 225 千克 / 公顷的 1.8 倍以上，更是欧美平均用量的 4 倍以上。我国是世界上最大的氮肥和磷肥消费国，氮肥和磷肥当季利用率分别不到 27% 和 12%，这也是土壤酸化、水体和大气污染等普遍发生的主要原因之一。因此，培育养分利用效率高的农作物新品种是新时期我国农作物育种的重要目标。

（6）适宜机械化作业是新品种选育的重要特征。培育满足机械化和轻简化农业生产的作物新品种已迫在眉睫。如在水稻上，选育苗期耐淹耐旱出苗快、后期耐密植抗倒伏的直播稻新品种和适于机械化制种的杂交稻组合显得十分紧迫；我国棉花生产一直沿袭以手工操作为主的劳动密集型、精细耕作型生产方式，不适应社会经济和现代农业发展的要求，培育吐絮集中不烂铃、适宜机械化作业的新品种是必然方向。适于机械收获的玉米品种则要求株高穗位适中，成熟时茎干直立有弹性、果穗苞叶松，收获时穗轴、籽粒脱水快，籽粒含水量低（25% 以下）。

（二）研究方向与项目建议

1. 作物遗传育种学科基础研究与理论创新

利用重测序和关联分析等技术方法，阐明作物种质资源的结构多样性和功能多样性，提出种质资源的高效利用方案。开展作物基因组学、蛋白组学、代谢组学和表型组学研究，鉴定和克隆高产、优质、抗病虫、抗逆、养分高效利用等重要性状基因、调控元件及转录因子，明确其表达调控机制及互作网络，阐明重要性状形成的分子基础。研究作物细胞培养高频率再生与诱发突变的分子机理，解析作物杂种优势形成、表达与调控的分子生物学机制，为提高育种效率提供理论支撑。重点实施以下项目：

（1）作物种质资源深度挖掘与利用。作物种质资源是农业科学原始创新、现代种业发展的重要基石，规模化精准表型鉴定评价是未来作物种质资源高效利用的基础。以种质资源的有效保护和高效利用为目标，以水稻、小麦、玉米、大豆等主要粮食作物和棉花、油料等经济作物的核心种质、优异种质和关键育种材料为对象，开展表型和全基因组基因型规模化精准鉴定评价，高通量发掘重要性状基因及功能分子标记，阐明不同种质资源中等位基因的效应和利用价值，并构建其信息库，使我国的种质资源优势转变为基因资源优势，为我国现代种业发展提供科技支撑。

（2）作物功能基因组与品种分子设计。作物重要功能基因与分子标记的高通量发掘已经在作物新品种培育领域发挥越来越重要的作用，主要农作物全基因组序列的破译，将使作物育种从经验上升为科学，大大提高育种效率，强力推动我国作物种业的跨越式发展。重点开展主要粮棉油作物基因组测序与变异组学分析，绘制单倍型图谱，明确各作物的单倍型的数量、分布与功能；建立基因组设计育种的理论、原理与方法，根据全国不同生态区的需求，设计基因组育种的背景与前景选择芯片，与常规育种相结合，培育突破性作物新品种。

（3）农作物合成生物育种技术。合成生物学技术突破了生物工程产业的技术瓶颈，具有“跨物种”转移功能元件和基因模块以及重塑信号传导途径、代谢途径乃至新生命体的能力。研究建立主要农作物高产、优质、抗病虫、抗逆、营养高效、高光效等生物模块设计、优化集成的理论与方法，实现各种生物元件和模块在农业底盘生物中的装配、系统优化；综合利用多种遗传组学信息，发展整合育种技术；与常规育种紧密结合，创制突破性农作物新品种。

2. 作物遗传育种学科重大关键技术与产品创制

重点研究作物实用分子标记开发与利用技术，建立多性状标记辅助选择育种技术体系；建立高效、安全、规模化的作物转基因技术体系；开展作物细胞工程和诱变育种新方法研究；研究新型不育系及强优势杂交种亲本选配、规模化高效制种技术。集成现代育种技术与常规育种技术，培育突破性的高产、优质、多抗、广适应新品种和优质功能型作物新品种。重点实施以下项目：

（1）作物分子育种。以水稻、玉米、小麦、大豆、棉花、油菜、蔬菜等作物为研究对象，定位高产、优质、抗逆、抗病虫、资源高效利用、适应机械化等重要性状基因，获得紧密连锁分子标记；整合重要性状的表型、基因组及蛋白质组等数据库，构建品种分子设计信息系统；研究复杂性状主效基因选择等技术，完善多基因分子聚合技术；与常规育种相结合，建立基于品种分子设计的高效育种技术体系；聚合优异基因，创制育种新材料和新品种。

（2）绿色作物新品种选育。培育和示范推广绿色超级作物新品种，将破解目前我国作物单产能力大幅度提高与生态保护所面临的若干技术瓶颈问题。研究主要农作物株型特点与生理指标，建立高产、优质、抗病、广适、水肥资源利用效率等性状的分子与细胞改良技术体系，合理协调产量三因素，聚合优良基因，创制综合性状良好、产量性状突出的亲本材料，培育适应性广、产量潜力大、品质优良、抗主要病虫害的绿色超级作物新品种。

（3）作物细胞工程与诱变育种。通过染色体和细胞遗传操作可以转移和利用亲缘植物优异基因，获得具有新的生物学特性的细胞与个体；诱发突变可以获得新的基因资源，是培育高产优质、抗病、抗逆新品种的有效途径。重点研究小麦、玉米、水稻等作物细胞培养高频率再生技术与分子染色体工程育种技术；发掘基于核辐射、空间环境及地面模拟航天环境要素高效诱变新途径，解析诱发突变的分子模式，建立 TILLING 等目标突变体高通量定向筛选关键技术体系，为常规育种和分子育种提供丰富的优异基因资源，创制品质、产量及抗性等重要性状特异新种质与新材料，培育新品种。

（4）作物强优势杂交种选育技术。杂种优势的利用导致作物育种技术和种子繁殖方式的变革，强力支撑了现代种子产业和技术市场，成为提高作物单产最有效的手段之一。突破杂种优势利用技术需要创新作物不育 - 育性恢复系统，形成高效的杂交种制种技术；研究利用种间、亚种间及不同生态型杂交种提高杂种优势潜力；提高杂交种对生物和非生物逆境的抗性、更适合机械化生产；研究和构建“优质 + 杂种优势”的育种技术体系，使杂交种产量和品质同步提高，大幅度提高育种效率。

（5）应对气候变化作物新品种创制。研究和明确气候变化对主要农作物的影响因子、时期和程度，建立高通量的耐高温和耐旱筛选方法，明确主要选择指标；发掘耐高温和耐旱育种新材料；培育在不同气候条件下适应性广的高产优质新品种；研究建立作物群体水分诊断技术体系，建立节水型种植技术体系和种植结构模式；最大限度地发挥作物品种耐旱节水的遗传潜力，整体提高作物节水效益，良种良法结合，形成典型示范和产业化应用。

参考文献

[1] Guan R, Qu Y, Guo Y, et al. Salinity tolerance in soybean is modulated by natural variation in GmSALT3 [J]. The Plant Journal, 2014, 80 (6): 937-950.

[2] Jia J, Zhao S, Kong X, et al. Aegilops tauschii draft genome sequence reveals a gene repertoire for wheat adaptation [J]. Nature, 2013, 496 (7443): 91-95.

[3] Jiang L, Liu X, Xiong G, et al. DWARF 53 acts as a repressor of strigolactone signalling in rice [J]. Nature, 2013, 504 (7480): 401- 405.

[4] Jin Miao, Dongshu Guo, Jinzhe Zhang, et al. Targeted mutagenesis in rice using CRISPR-Cas system [J]. Cell Research, 2013, 23: 1233-1236.

[5] Li F, Fan G, Wang K, et al. Genome sequence of the cultivated cotton Gossypium arboreum [J]. Nature Genetics, 2014, 46 (6): 567-572.

[6] Li Y H, Zhou G, Ma J, et al. De novo assembly of soybean wild relatives for pan-genome analysis of diversity and agronomic traits [J]. Nature Biotechnology, 2014, 32 (10): 1045-1052.

[7] Ling H Q, Zhao S, Liu D, et al. Draft genome of the wheat A-genome progenitor Triticum urartu [J]. Nature, 2013, 496 (7443): 87-90.

[8] Qiwei Shan, Yanpeng Wang, Jun Li, et al. Targeted genome modification of crop plants using a CRISPR-Cas system [J]. Nature Biotechnology, 2013, 31: 686-688.

[9] Wu W, Zheng X M, Lu G, et al. Association of functional nucleotide polymorphisms at DTH2 with the northward expansion of rice cultivation in Asia [J]. Proceedings of the National Academy of Sciences of the United States of America, 2013, 110 (8): 2775-2780.

[10] Xu Q, Chen L L, Ruan X, et al. The draft genome of sweet orange (Citrus sinensis) [J]. Nature Genetics, 2013, 45 (1): 59-66.

[11] Zhou F, Lin Q, Zhu L, et al. D14-SCFD3-dependent degradation of D53 regulates strigolactone signalling [J]. Nature, 2013, 504 (7480): 406-410.

撰稿人：万建民　刘录祥　李新海　马有志

作物栽培学发展研究

一、本学科近年（2012—2014年）的研究进展

“十五”以来，针对制约我国主要农作物“优质、高产、高效、生态、安全”一系列关键性、全局性、战略性的重大技术难题，作物栽培科技人员从创新材料、创新技术、创新栽培理论的角度出发，协同攻关。本学科2012—2014年在《中国农业科学》《作物学报》发表相关学术论文626篇，获国家科技进步奖7项，取得了新的重要研究进展，超高产纪录不断刷新[1]，作物栽培关键技术及理论创新研究取得重大突破[2-7]，为我国作物增产增收提升了集成技术的整体水平，提供了持续增产的技术支撑与储备。

（一）高产、超高产栽培理论与技术

1. 水稻高产超高产栽培理论与技术

扬州大学面向江淮中下游地区建立了水稻“精苗稳前-控蘖优中-大穗强后”超高产栽培模式。该模式阐明了系统优化群体生长动态，精确稳定前期生长量，合理增加中期高效光合生产量，大力增强后期物质生产积累能力、籽粒灌浆充实能力和群体支撑能力的超高产形成规律。创建了“精确选用优良品种、精确培育壮秧、精确定量栽插、精确定量施肥、精确定量灌溉”为主要内涵的栽培技术体系。

2012—2014年在全国部分稻区创造了一批水稻超高产实绩和纪录。湖南省连续创造百亩高产纪录，其中溆浦县超级稻百亩方达1026.7千克（2014）；四川省汉源县以宽行手插精确定量栽培和优化定抛精确定量为核心的百亩集成技术示范片，创造亩产911.27千克纪录（2013）；江苏省兴化市创造稻麦两熟制下连续3年百亩连片机插水稻平均亩产突破900千克的纪录，最高田块亩产达992.6千克（2013）；浙江省宁波市创造单季籼粳杂交晚稻最高田块亩产1014.3千克的纪录（2012）。

2. 小麦高产超高产栽培理论与技术

山东农业大学、河南农业大学系统阐明了多穗型和大穗型小麦品种的产量形成特点，以及增加开花至成熟阶段的干物质积累和向穗部的分配，延缓小麦衰老，提高粒重的小麦超高产栽培规律。结合小麦超高产实践，提出实现小麦超高产共性技术和重穗型品种实施“窄行密植匀播”、多穗型品种实施“氮肥后移”等关键技术。在小麦高产实践中，发挥了重要的引领作用。

河南兰考县爪营乡樊寨村5亩连片高产攻关田亩产小麦812.8千克，刷新了黄淮麦区小麦单产新纪录，修武县郇封镇小位村小麦高产攻关田亩产821.4千克（2014）；河北藁城市百亩攻关田最高田块亩产达721.2千克（2014）。山东齐河县焦庙镇周庄村种植的高产攻关田亩产750.5千克，创下了鲁西北冬小麦最高产量纪录（2012），桓台县小麦高产创建示范片内10亩攻关田亩产812.2千克、招远市辛庄镇马连沟村10亩攻关田亩产817千克（2014）。安徽太和县旧县镇张槐村徐淙祥户田块亩产为760.9千克、涡阳县楚店镇后水坡村张子富户田块亩产为771.8千克、埇桥区城东办事处十里村攻关田亩产814.6千克高产纪录（2014）。江苏高邮市三垛镇一块3.04亩的高产攻关田亩产693.2千克、射阳县新洋农场一块3.2亩田的亩产695.8千克，双双打破稻茬小麦高产纪录（2014）。

3. 玉米高产超高产栽培理论与技术

山东农业大学、吉林省农科院等通过揭示生态因素（光、温、水）对玉米生长发育和高产优质高效的影响，明确限制黄淮海地区夏玉米产量提高的障碍因素，提出通过“扩库、限源、增效”，提高根系活力、延缓根系衰老，平衡硫、氮、磷营养，延长花后群体光合高值持续期，挖掘玉米高产潜力的栽培理论和“促、稳、促”超高产调控技术。在生产中具有重要的现实指导意义。

新疆生产建设兵团第四师71团万亩玉米示范田实现亩均单产1227.6千克的新纪录（2014）；河南鹤壁市淇滨区钜桥镇刘寨玉米百亩超高产攻关田亩产961.9千克（2012），百亩超高产攻关田平均亩产达到973.8千克（2014）；吉林省桦甸市13亩超高产攻关田平均亩产1168.78千克，创下了我国春玉米最高产量纪录（2012），乾安县赞字乡父字村百亩连片全程机械化玉米超高产田平均亩产达到1136.1千克、桦甸市民隆村百亩连片全程机械化玉米超高产田平均亩产达到1216.6千克（2014）。

（二）精确化与标准化栽培技术

随着生育进程、群体动态指标、栽培技术措施的精确定量的研究不断深入，推进了栽培方案设计、生育动态诊断与栽培措施实施的定量化和精确化，有效地促进了我国栽培技术由定性为主向精确定量的跨越，为统筹实现作物“高产、优质、高效、生态、安全”提供了重大技术支撑。

扬州大学主持创立了水稻生育进程、群体动态指标、栽培技术措施“三定量”与作业次数、调控时期、投入数量“三适宜”为核心的水稻丰产精确定量栽培技术体系，使水稻生产管理“生育依模式、诊断有指标、调控按规范、措施能定量”，被农业部列为全国水稻高产主推技术。中国农科院作物所创立的“作物产量分析体系构建及其高产技术创新与集成”成果，提出产量性能定量分析方程（MLAI × D × MNAR × HI ＝ EN × GN × GW）和作物“结构性、功能性及其同步协调”高产挖潜途径。以玉米为主建立不同区域特色的技术体系，取得了显著的经济与社会效益。

（三）作物栽培机械化与轻简化

1. 水稻栽培机械化

水稻生产工序繁多、机械化作业难度大，其中栽插环节的机械化严重滞后，成为最薄弱的环节。据不完全统计，2013 年全国水稻机械化种植水平 20% 以上，其中东北垦区水平最高，已基本实现全程机械化，以毯苗机插为主。南方稻区，形成了毯苗机插、钵苗机插（摆）、机械直播等 3 套机械化高产栽培方式与技术。

（1）毯苗机插栽培技术。近年来，我国东北稻区和长江下游稻区机插稻发展较快，面积不断扩大。针对南方多熟制地区季节紧，机插稻生育期缩短、植伤重、生长量小难以高产的技术难题，中国水稻所研发了新型上毯下钵秧盘，减轻了植伤，促进了早发。扬州大学研明了稻麦（油）两熟制机插稻生育与高产形成规律，创新建成水稻机械化高产栽培“三化”理论与技术，即标准化培育壮秧，因种定量精确化机插，与“早促 - 早控 - 早攻”模式化动态调控大田高产群体的管理技术，推进了江苏机插水稻的发展。迄今在我国南方稻区江苏机插稻面积最大，产量最高，2013 年达 90 多万公顷，单产稳定在 $9t/hm^2$ 以上，处于较高水平。

（2）钵苗机插栽培技术。钵盘育秧，苗壮、苗齐，栽插时秧苗根系完整，植伤轻、返青活棵快、分蘖早，利于增产增效。为利用钵育壮苗的优势并实现机械化高产栽培，江苏常州亚美柯机械设备有限公司从日本全面引进并国产化水稻钵苗高速插秧机及配套育秧盘，吉林鑫华裕农业装备有限公司研制新型钵苗插秧机，分别于扬州大学、吉林通化农科所等单位进行农机农艺融合创新，钵苗机插栽培技术已在多个水稻主产区示范应用，初步证明具有较大增产潜力和生产适应性。

（3）机械直播栽培技术。机械直播栽培，具有分蘖节位低、无伤根和返青期等优点。近几年，研究证明在热量充裕的地区实施水稻机械直播，利于构建高质量群体起点，具有省工省力高产高效的优势。南方稻麦两熟制地区研制出秸秆切碎、条耕、条播、施肥、镇压作业一次性完成的新机械，建立了机直播稻精确定量栽培农艺，实现了丰产高效。罗锡文院士等研发出同步开沟起垄、施肥和喷药的水稻精量穴直播机及其配套技术体系，解决人工撒播弊端。在多地示范取得显著效果。实现改人工无序撒播为有序穴播、改平面种植为垄作、改撒施肥为深施肥，播种均匀，协同达到节水、节肥、节种和省工，发挥直播稻分蘖节位低、没有伤根和返青期的优点，可满足常规稻、杂交稻等对播种的要求，适应不同地区气候、土壤等条件，提供了一种先进的轻简栽培技术及配套机具。

2. 小麦机械化栽培技术

近年来，于振文院士提出小麦深松少免耕镇压节水栽培新技术，节水增效、增产稳产效果显著。为此，不同小麦主产区针对自身特点，研究形成了多种本土化的小麦机械化栽培技术。黄淮海小麦主产区：深松深耕或少免耕沟播或机条播栽培技术模式、机械条播镇压栽培技术模式、玉米秸秆还田下小麦机械播种栽培技术；长江中下游稻麦区：稻茬少免耕机条播栽培技术、机械（半）精量播种施肥一体化栽培技术、水稻秸秆还田小麦机条播栽培技术；东北春小麦区：深松保墒蓄水机械播种栽培技术。

3. 玉米机械化栽培技术

近年来，玉米种植面积不断增加，在国家惠农政策大力支持下，加快了玉米种植和收获机械的研制和推广示范，有力地推动了我国玉米栽培机械化发展。

（1）玉米机械化种植与管理技术。受气候差异和传统种植农艺影响，我国玉米栽培模式千差万别，主要有春玉米和夏玉米两大类，农艺方面有套作、平作、垄作等，玉米品种多种多样，尤其是种植行距纷繁多杂，长期缺乏规范统一的农艺标准，给玉米栽培机械化的推广造成很大的困难。近几年，针对玉米种植机械化难题，在玉米机械精量播种和育苗机械移栽方面取得了突破，并建立了玉米机械精量播种施肥重镇压技术、机械播种覆膜高产高效栽培技术、免耕覆盖机械播种综合配套技术等多种配套栽培技术。

因机械移栽的突破，东北地区针对春玉米积温少和生育期短，制约春玉米产量，建立了春玉米育苗移栽机械化技术，该技术特点主要是延长生育期、节省种子、提高育苗质量、躲避春旱和节水增效。华北冬小麦与夏玉米两茬连作地区创立了夏玉米育苗移栽机械化高产栽培技术，该技术特点：一是缩短了作业期，二是保苗率高，三是栽植匀度高，四是栽深一致性好，五是栽植定向性好。

（2）玉米收获机械化。据统计，2004 年我国玉米机械化收获水平仅为 2.5%，制约玉米全价增值利用。近年来，突破了玉米籽实与秸秆收获关键技术装备，2013 年我国玉米机械化收获比例提高 1/3 左右，提升了我国玉米机械化收获装备技术水平，推动了玉米收获技术进步和机械化水平的提高。

（四）作物肥水高效利用技术

1. 作物肥料高效利用技术

我国肥料用量大和肥料利用效率低。小麦、水稻和玉米氮肥农学效率分别为 $10.4kg \cdot kg^{-1}$、$8.0kg \cdot kg^{-1}$ 和 $9.8kg \cdot kg^{-1}$，氮肥利用率分别为 28.3%、28.2% 和 26.1%，远低于国际平均水平。改进作物施肥技术，提高肥料利用效率成为研究重点。在作物营养吸收利用与 N、P、K 等肥料运筹管理上做了大量研究，取得重要进展，为作物高产高效栽培提供了技术支撑。

凌启鸿等提出水稻精确定量施肥技术，解决了高产水稻总施氮量精确定量及各生育期定量施用问题。许轲针对小麦精确定量施肥，研究认为较农户常规施肥，小麦精确施肥大幅度减少氮肥施用量，肥料利用率提高 10% 以上。彭少兵等提出水稻实时实地氮肥管理技术，水稻产量和氮肥农学利用率均高于农民习惯施肥法。近年来，大田作物缓/控释肥、生物肥、有机复合肥、功能性肥等新型肥料研究和推广加快。缓/控释肥料被认为是最为快捷方便的减少肥料损失、提高肥料利用率的有效措施。

2. 作物水分高效利用技术

我国水资源十分短缺，供需矛盾突出。预测到 2030 年，人均水资源将下降 25% ~ 30%。因此，通过农业、化学、水利等措施，减少农田灌溉水的损失，提高农作物水分利用效率，是农业节水的总任务。近年来，作物节水栽培及灌溉技术取得了重大进展。

（1）水稻节水灌溉技术。水稻水分高效利用研究中，我国稻作科学工作者对水稻的需水供水规律、需水供水的形态生理指标、不同稻作制度下的灌溉模式和技术等进行了广泛的研究，创建了多种节水灌溉技术，如干湿交替节水灌溉技术、间歇湿润灌溉技术、调亏控制灌溉技术等。刘立军等（2013）研究认为干湿交替灌溉较常规灌溉显著增加超级稻成穗率、光合势、叶片光合速率、根系氧化活力和干物质积累，提高超级稻产量和水分利用率。叶育石等（2013）研究指出干湿交替灌溉较常规灌溉减少灌溉次数和灌溉水量，提高产量和水分利用率。

（2）小麦水分利用技术。小麦水分高效利用研究中，针对黄淮海区域特点和传统高产技术的弊端，中国农业大学研究建立冬小麦节水高产高效技术体系，形成 3 种节水高效栽培模式。与传统高产技术相比，每公顷节约灌溉水 1500m^3，水分利用效率提高 20%。

（3）玉米水分利用技术。玉米水分高效利用上形成了调亏灌溉技术和控制性分根交替灌溉技术。王振昌博士研究认为分根去交替灌溉能促进玉米根系生长，提高根系表面积、根冠比和根系导水率。同时，还研究建立了玉米喷灌技术，特别是在水资源不足、透水性强的地区，采用喷灌可节水 20% ~ 30%，增产 10% ~ 20%。西北灌溉玉米区建立多种节水灌溉技术模式：玉米膜下滴灌技术模式、玉米节水灌溉技术模式。

（4）作物周年节水利用技术。针对小麦玉米周年水资源高效利用，以冬小麦夏玉米周年一体化减蒸降耗、高产高效为目标，在周年光温水肥优化配置基础上，综合集成了小麦、玉米两作节水降耗高效技术，构建了区域特色的小麦玉米周年节水高效技术体系，节水增产显著。河南农业大学等基于土壤 – 作物水势理论的小麦 – 夏玉米高产节水原理，研制出智能化节水灌溉技术体系，实现高产节水同步。河北农业大学等探明海河平原高产小麦玉米农田耗水特征，建立麦田墒情监测指标，创新了水资源最为匮乏地区小麦玉米两熟“减灌降耗提效”水分高效利用综合技术。小麦减灌 1 ~ 2 次，亩节水 50m^3 以上，平均水分生产率显著提高（1.95kg/m^3，较黄淮平原提高 14.0%）。

（五）作物清洁化（生态安全）栽培技术

针对现代作物生产中，化学投入品愈来愈多，带来环境与农产品安全压力日益增大的严重问题，加强水稻、小麦、玉米等作物清洁生产及生态安全型关键技术的攻关研究，取得了重要突破，为我国农产品安全提供了重要保障。

1. 水稻清洁化栽培技术

扬州大学等针对我国水稻高产条件下存在的优质清洁生产理论问题与突出的技术瓶颈，通过稻米品质形成机理、优质清洁生产的宏观调控、关键生产技术及其集成以及产业化开发等方面的攻关研究，率先建立了切合国情的水稻优质清洁生产技术体系及理论体系，并以“试验区－示范区－辐射区”联动模式与“企业+X+农户”“链式”产业化开发，有力地推进了清洁稻米产业化。中国农业科学院农业资源与农业区划研究所等牵头完成的“稻田绿肥－水稻高产高效清洁生产体系集成及示范”成果针对南方稻田冬闲田大量存在的现状，以绿肥为技术手段，以冬闲田削减、化肥减施、耕地质量提升、稻米清洁生产为主要目标，组织南方八省区开展了大规模联合试验示范，建立了适应现代农业需要的绿肥－水稻高产高效清洁生产的完整技术体系。该项目成果有力支撑了水稻高效清洁生产，推动了种植业健康发展，夯实了稻区绿肥科研基础。

2. 小麦清洁化栽培技术

山东农业大学主持完成的“优质小麦无公害标准化生产关键技术研究与示范推广”成果。明确小麦玉米连续周年秸秆还田条件下，农田养分变化规律及对小麦产量和品质的影响；创建适用于不同产量水平下的“2+1”（连续两年旋耕或耙耕，第三年深松或深耕）或“3+1”（连续三年旋耕或耙耕，第四年深松或深耕）的秸秆还田耕作模式，和以“一增双减”为核心的节氮降污水肥耦合技术。集成创建优质小麦无公害标准化生产技术体系，已在黄淮海地区大面积推广应用，产生了显著的经济、社会和生态效益。

3. 玉米清洁化栽培技术

山东农业大学等完成的“玉米无公害生产关键技术研究与应用”成果，探明玉米生产中长期大量单一投入化肥使环境污染、土壤功能衰退、产量品质降低的机理，研究提出通过小麦玉米双季秸秆还田、有机无机肥配合施用和培肥地力等技术；建立黄淮海区域玉米病虫草害无害化防控技术体系；建成“作物病虫草害远程诊断系统”“玉米病虫草害指认式诊断系统”等12个玉米无公害生产的数据库及其管理系统；研发出基于掌上电脑的“玉米无公害生产咨询服务系统”，建立了适合我国玉米生产的“玉米无公害优质生产技术信息化服务平台”。

（六）作物信息化与智能化栽培

随着现代作物栽培学与新兴学科领域的交叉与融合，作物栽培管理正从传统的模式化和规范化，向着定量化和智能化的方向迈进。重点在作物栽培方案的定量设计、作物生长指标的光谱监测、作物生产力的模拟预测三个方面取得了显著的进展，推动了我国数字农作的发展。

1. 精确栽培

南京农业大学等主持完成“基于模型的作物生长预测与精确管理技术”成果，创建了具有动态预测功能的作物生长模型及具有精确设计功能的作物管理知识模型。提出了基于模型的精确作物管理系统，实现了作物生长与生产力预测的数字化及作物管理方案设计的精确化，推进精确栽培和数字农作的发展。

2. 精准农业

北京农业信息技术研究中心、中国农业大学等单位完成的“精准农业关键技术研究与示范”，构建了精准农业集成技术平台，形成了适合我国不同生产经营规模的精准农业生产技术体系，研发出一系列具有自主产权、符合国情的软件、硬件产品，自主研发精准农业专用集成 DGPS 及各种便携式 GPS，适合农机机载计算机和掌上电脑不同操作平台的农田信息采集和无线传输系统。研发农田作业机械通用总线技术（CAN）和电子作业控制单元技术（ECU）。

（七）作物设施化与工厂化栽培

设施农业，又称工厂化农业，能在局部范围改善或创造出适宜的气象环境因素、为动植物生长发育提供良好的环境条件，为农业生产提供优化的、相对可控的环境条件，实现农业集约、高效、可持续发展。设施农业在大田作物研究应用上最突出的是工厂化育秧和覆膜栽培。设施农业主要特点：提高农业资源的利用率，提高农产品的产量和质量，提高农业效益，保护农业生态环境。

1. 水稻工厂化育秧

水稻工厂化育秧通过统一盘育秧，统一供种、催芽，统一配制营养土、营养液，统一防治病虫害，统一施肥、控温，培育出均匀、健壮、整齐的秧苗，为机械化插秧提供标准化、规格化秧苗。该技术是实现水稻种子良种化、供秧商品化的有效途径，是实现水稻生产全程机械化的关键环节。以工厂化育秧创新较为成功的江苏省太仓市为例，2009 年以来，经过实践探索，开发应用了包括播种系统、补水系统、降温系统、防虫系统、炼苗系统和运输系统在内的水稻智能化温室立体育秧工厂。南方双季早稻和东北寒地水稻，为应对育秧期低温，进行大棚育秧。随着政府对大棚育秧补贴力度的加大，该技术的研发与应用加快发展。东北寒地稻区研究建立了水稻智能化大棚育秧技术；南方双季早稻地区建立了不同形式的棚式育秧技术。

2. 覆膜栽培

（1）水稻覆膜栽培技术。水稻覆膜旱作栽培是一项具有高效节水、节肥、高产优质特点的新型栽培技术。在四川、湖北、云南等丘陵缺水地区不断研究与推广应用。建立了水稻覆膜节水综合增产技术。与常规淹水种植栽培相比，水稻覆膜栽培增产 5% ~ 20%，节水 50% ~ 70%，降低了稻田 CH_4 排放。

（2）小麦覆膜栽培技术。小麦覆膜栽培是近年来在西北旱区发展起来的一种小麦节水栽培技术。研究与应用比较成功的有：小麦覆膜穴播技术、小麦地膜周年覆盖栽培技术。

（3）玉米覆膜栽培技术。玉米覆膜栽培更有重要进展，例如：西南玉米产区高山高原玉米抗旱早播全膜技术模式、高山高原区玉米坐水种全膜技术模式；西北旱作玉米区玉米全膜双垄沟播技术模式、玉米半膜覆盖技术模式；东北西部旱作玉米区玉米全膜覆盖技术模式、玉米半膜覆盖技术模式。

（八）保护性耕作与秸秆还田栽培

1. 保护性耕作栽培

农田保护性耕作与高产高效栽培相结合，在我国不同农区建立适用的保护耕作栽培综合增产技术，大面积应用取得显著的生态效益和增产效果。

东北平原春玉米区耐老化地膜常年覆盖微集雨保护性耕作新模式；东北西部灌溉区玉米深松保护性耕作技术模式、玉米旋耕保护性耕作技术模式；东北中南部山地丘陵区玉米秋旋垄密植技术模式、玉米免耕早播密植技术模式；冀农牧交错带青贮玉米“高、双、早”保护性耕作高效栽培技术模式；黄淮海小麦主产区黄淮海水浇地麦区：深松深耕机条播技术模式、少免耕沟播技术模式；长江上游成都平原：免耕水稻保护性耕作技术模式；双季稻保护性耕作技术体系等。

2. 秸秆还田栽培

秸秆合理还田能提高土壤有机质，促进土壤养分平衡，增加土壤肥力，改善土壤团粒结构和理化性状，调节土壤温湿度，增加土壤通透性和持水性，改善微生物活动和作物根际透气性，增强作物抗灾稳产能力，是促进农业可持续发展的重要耕作栽培技术措施。近几年来，在水稻、小麦和玉米秸秆还田的机械与耕作栽培农艺上，都取得了较为显著的进展。针对秸秆还田培肥土壤的研究中，杨帆等通过对我国南方秸秆还田培肥效应研究，认为秸秆还田 2 年后，土壤有机质提高 8.0%，土壤容重降低 2.69%，土壤全氮、全磷和全钾量分别增加 4.45%、3.68% 和 3.48%。小麦玉米秸秆还田循环利用对土壤培肥的研究中，高翔等研究认为玉米秸秆还田和小麦秸秆还田均能提高土壤有机质含量，玉米秸秆还田培肥效应大于小麦秸秆还田。

（九）抗逆减灾栽培技术

由于全球的温室效应和环境恶化，使得农业上自然灾害频繁发生，严重威胁了作物生产的稳定和发展[8-9]。为此，我国作物栽培科技人员加强研究了作物对逆境响应的机制和应对逆境的调控技术，创建了一批抗逆减灾栽培技术。例如：在大气 CO_2 浓度升高与作物（品种、病虫和杂草）和非生物因子（肥料、水分、温度和臭氧）关系研究上取得重要进展，并提出水稻生产的应对策略。再如：近地层臭氧浓度升高对作物产量、品质、生理生态的影响方面，也取得颇有意义的成果。扬州大学等证明了近地层臭氧浓度升高，使水稻二次颖花大量退化，穗粒数减少。选用常规品种、增施保花肥，可能是未来近地层高浓度 O_3 环境下稻作生产重要的适应措施。此外，针对全球气候变化对中国小麦生产的影响，中国农科院等提出了以调整播期、调整基本苗和省水、省肥为核心内容的冬小麦高产高效应变栽培技术体系。

（十）作物周年高产高效栽培模式与配套技术区域化集成应用

随着全球气候变化，双季稻和北方寒地水稻安全种植北界明显北移，水稻种植面积不断扩大，另一方面以小麦玉米两熟制不断向北扩展，变一熟为两熟，大幅提高周年产量。同时，在作物周年协调高产高效关键技术上取得了重大的突破。建立了进一步挖掘资源内涵两（多）熟制协调高产高效理论与技术体系，有效地提高了资源利用率和作物周年产量。

1. 水稻小麦周年丰产高效栽培模式

以水稻小麦高产高效为主攻目标，紧扣稻麦周年持续增产增效的重要技术瓶颈，重点以水稻种植方式与关键技术创新为突破口，进而构建新型的稻麦周年高产高效模式与配套的现代化生产技术体系，已取得令人振奋的进展与阶段性成果。例如，江淮下游稻麦区建立 5 种稻麦周年丰产高效栽培新模式：水稻毯苗机插“三化”高产栽培——机播小麦高产栽培周年生产模式；水稻有序抛栽高产栽培——小麦机条播高产栽培周年生产模式；优质食味稻米高产优质栽培——小麦机条播高产栽培周年生产模式；籼改粳高产栽培——小麦少免耕高产栽培周年生产模式；水稻钵苗机插超高产栽培——小麦机播高产栽培周年生产模式。

2. 小麦玉米两熟丰产高效栽培模式

河南农业大学等针对黄淮区光温等资源特点，研明半冬性小麦品种安全越冬、壮蘖大穗适期提早播种的机理和玉米壮根强株克服早衰延长生育期 10 ~ 15 天。明确黄淮区小麦、玉米超高产生育和养分吸收特征，提出了小麦“双改技术”与夏玉米“延衰技术”，创建出小麦 - 夏玉米两熟亩产吨半粮栽培技术体系，实现周年光热水资源高效利用和小麦夏玉米均衡增产。河北农业大学等围绕提高资源利用效率，探明了海河平原高产小麦冬前积温和行距配置的光、温利用效应，揭示了高产玉米生育期调配的光、温利用规律，提出了小麦“减温、匀株”和玉米“抢时、延收”的光、温高效利用途径。同时，创建了小麦“缩行匀株控水调肥”、玉米“配肥强源、增密扩库、延时促流”高产栽培技术，集成创新了 3 套不同生态类型区的丰产高效技术体系，连创海河平原小麦、玉米大面积高产纪录。实现小麦 600kg、玉米 700kg 以上超高产，保持小麦亩产 658.6kg、玉米 767.0kg、同一地块（100 亩）两熟 1413.2kg 的高产纪录。

3. 双季稻周年高产高效栽培模式

近年来，以提高双季稻产量和资源利用率为目标，进行了双季稻高产高效栽培技术研究，取得重要进展。广东建立“三控”高产栽培技术，江西建立了双季稻“壮秧、壮株、防早衰”高产栽培技术，湖南建立了“三定”高产栽培技术，促进了双季稻发展。2009 年以来，扬州大学与江西农业推广总站合作，在鄱阳湖地区连续几年开展双晚籼改粳的探索研究，四年攻关田的亩产都达到 600kg 以上的超高产水平，2012 年在上高攻关田还创造了亩产 720kg 的全国最高纪录，初步建立双季稻“早籼稻后粳稻”周年高产高效模式。双晚籼改粳表现出广阔前景，引起了农业部和江西省农业部门的高度关注。2013、

2014 年在江西上高分别举行了长江流域粳稻高产栽培现场观摩会。

二、本学科国内外研究进展比较

耕地减少、水等资源短缺和生态环境风险加大是我国农业发展始终面临的三大挑战。我国人均耕地和淡水资源分别是世界平均水平的 1/3 和 1/4，农业灌溉水有效利用系数仅为 0.47，远低于发达国家的 0.7 左右。我国耕地的 78.5% 属于中低产田，其中 38.7% 被侵蚀，36.3% 干旱缺水，26.2% 耕层浅薄，10.9% 渍涝盐碱化。同时，化学农药、化肥等长期大量不合理使用，造成农业污染问题日趋严重。我国传统农作物生产技术模式以“高投入、高产出”为特征，不仅影响环境质量，而且增加生产成本。

保障粮食安全，关键要提高单产，迫切需要在作物新品种选育和超高产栽培理论与技术上取得重要突破。由于生产条件和栽培技术等原因，作物良种的增产潜力也未被充分挖掘，现实作物产量与高产纪录差距悬殊。例如，我国水稻、玉米的全国平均单产仅达到高产纪录的 30% ~ 35%，我国主要作物平均单产仅相当于世界同类作物最高单产国家同类水平的 40% ~ 60%。国内外大量研究和生产实践表明，农作物新品种对单产提高的贡献率在诸项农业技术中占 30% 以上，作物栽培管理对提高作物产量和品质的贡献率达 30% ~ 40%。国内外研究机构围绕作物高产、优质、高效、抗逆的作物生理生态机制开展了大量而卓有成效的研究。例如，日本东京大学、德国霍恩海姆大学等在环境友好型作物高产、氮高效利用机制、作物水分胁迫生理、作物耐盐胁迫机制、分子生理等方面取得了大量研究成果[10]。我国作物生理学家，在以水分胁迫为中心的逆境生态生理、作物水分代谢及逆境胁迫反应（补偿）机制，作物逆境适应性和御逆机制，逆境与作物生长发育、产量、品质的关系及机制等方面进行了大量研究，为抗逆育种和抗逆栽培提供了理论与技术支撑。

进入 21 世纪以来，生物技术、信息技术等新技术向作物学领域不断渗透和交融，促进了作物科学的迅速发展。作物栽培学研究，已从作物个体、群体逐步上升到农田生态系统。与信息学等学科交叉形成了精确化、数字化、轻简化和工程化的全新栽培管理体系。应对全球气候变化对作物栽培提出了新的挑战。同时，随着我国经济的发展，农村劳动力的不断转移，在政府与市场的双重引导下，传统的“微农”分散经营快速向规模化经营转变，为此，我国的作物栽培必须适应作物生产经营主体的转变，加快以机械化生产为特征的栽培耕技术研究，实现以机械化、信息化为主的规范化、定量化、规模化、集约化栽培，以及设施农业栽培、化学调节剂应用、技术推广服务体系的突破，推进作物生产现代化[11]。

三、本学科未来 5 年发展趋势及展望

为满足人口持续增长带来的粮食需求和人们生活水平提高对优质安全农产品需求的

持续增长，作物栽培科学必须围绕“高产、优质、高效、生态、安全”综合目标，与时俱进，加强科技创新，强化研究适应规模化经营的作物机械化、信息化、集约化、低碳化等栽培技术，大幅度提高作物单产水平与作物生产综合效益。同时，适应现代农业新要求、新变化，以转变发展方式为主线，推进农机农艺融合、良种良法结合、行政科研结合、产学研农科教结合，突破生产技术瓶颈，集成推广区域性、标准化适用技术模式，提高土地产出率、资源利用率和劳动生产率，不断增强我国大面积作物生产水平。栽培学所涉作物生产各个环节，区域性强，亟须研究的内容很多，但当前研究的主要方向与重点大致有以下几个方面。

（一）加强作物超高产栽培技术及理论的研究

主攻水稻亩产 1000 千克、小麦 800 千克、玉米 1100 千克超高产栽培理论与技术，挖掘作物更高产潜力，并转化为作物大面积高产的新途径，建立具有创新性和实用性的可持续作物周年超高产技术模式与体系，为作物高产创建提供强有力的技术支撑。

实践表明，作物超高产的研究与应用，在提高大面积作物生产水平和提高单产方面起到了关键性作用，对推进作物生产现代化和确保粮食安全具有重大的战略意义和现实意义。我国粮食总产十一连增，离不开作物超高产的示范推广，我国未来作物的持续增产将更大程度上依靠作物超高产栽培技术的进步与引领。同时，低产变中产需要超高产栽培技术的推动，中产变高产需要超高产栽培技术的引领，高产变更高产则也需要超高产栽培的突破与直接应用。在超高产理论研究方面，需重点研究水稻、小麦和玉米超高产群体及个体的源库形成与协调机理、根系形态建成和生理（根冠信号传递）及根冠关系、穗粒发育的酶学机制和激素机理、品质形成特点与机理、同化物质和养分的运输和分配规律、主要生育期的碳、氮代谢过程及其机理、作物周年超高产环境适应性机理与抗逆机理；在超高产栽培技术研究方面，需重点研究作物超高产扩库强源促流的精确定量施肥与精确灌溉技术、周年资源优化配置和资源高效利用技术、机械化轻简化实用栽培技术和抗逆技术以及超高产、优质、高效生产技术的集成和标准化。

（二）加强农作物质量安全与优质栽培技术研究

要针对作物高产过多依赖化学投入品的现状，破解农产品安全和优质栽培的难题，在作物无公害、绿色、有机栽培关键技术上取得新突破。农产品外观、加工、营养、食味品质和高产之间既有一致性，又有矛盾性和复杂性。既要主攻高产、又要改善品质，实现专用化栽培、标准化栽培。还需着重研究：①根据市场需求的品质标准，研究气候、土壤、水质和营养元素对品质的影响及其机理，揭示作物品质形成的生理生态规律。②研究优质和高产形成影响因素的同一性和矛盾性，为优质高产栽培提供协调途径。③根据当地生态条件，探索本地优质高产栽培配套技术体系，制定品（名）牌农产品生产技术标准。④研究提高加工和外观品质的收获与贮藏加工技术。

（三）加强作物机械化与轻简化栽培技术研究

要加强研究和推广作物优质高产高效全程机械化生产技术，大幅度提升生产集约化、规模化程度，创新与完善机械播种、机械插秧、机械施肥、机械施药、机械收获等关键技术。按照作物高产要求，加快研发新型农业机械，加强农机农艺融合，形成农机农艺配套技术。加强研究以水稻机插和玉米机收为重点的全程机械化技术体系，研发适合不同生态区、不同种植模式、不同生产环节的配套机械。运用作物高产栽培生理生态理论，借助于现代化工、机械、电子等行业的发展，进一步研究轻简栽培原理与技术精确定量化，建立"简少、适时、适量"轻型化精准高产栽培技术体系。还需重点加强全程机械化条件下超高产栽培适用的栽培技术研究与应用。

（四）加强作物节水抗旱与高效施肥技术研究

加强研究作物高产需水规律与水分胁迫的生长补偿机制，建立减少灌水次数和数量的技术途径和高效节水管理模式，促进我国华北、西北和西部等的广大地区的旱农可持续发展与南方水资源的高效利用。进一步研究作物干旱缺水的自控调节机理，寻求水源不足地区接水保墒的耕作方法和改革灌供水方式。研究根据田间水分信息的节约供水技术，用尽量少的水产出尽可能多的作物产量。同时，加强主要农区大宗作物协调实现"十字"目标的作物需肥规律与省肥节工施肥技术研究、加强秸秆还田条件下土壤肥力动态与配套施肥技术研究。

（五）加强作物抗逆减灾栽培技术研究

重点研究作物对单一或多个重大气候变化因子响应的生物学机制，作物生产力对气候变化的响应与适应，未来气候变化条件下提高主要粮食作物综合生产力的原理与途径；气候变暖对区域作物生产的影响及作物生产管理对策；作物对非生物胁迫的分子响应与耐性形成机理，作物群体对逆境的响应和抗逆机制，作物抗逆栽培理论及模式；研究建立抗逆、安全、高效新型农作制模式与技术。应对全球气候变暖、二氧化碳、臭氧浓度持续增高下作物的适应性与高产栽培对策；重点研究作物栽培（模式）对温室气体排放的调控机理，建立作物高产低碳、节能减排栽培技术体系。

（六）加强作物信息化智能化栽培技术研究

重点研究开发作物实用栽培管理信息系统、作物设施栽培管理信息系统、远程和无损检测诊断信息技术、作物生长模拟与调控等。研发集信息获取、处方决策、精准变量作业的农业机械，推动我国作物精确栽培与数字农作的发展。信息技术是实现栽培管理模式化和规范化，农业推广定量化、智能化以及提高技术到位率和实现作物标准化栽培的重要途径。要综合运用信息管理、自动监测、动态模拟、虚拟现实、知识工程、精确控制、网络通讯等现代信息技术，以农作物生产要素与生产过程的信息化与数字化为主要研究目标，发展农业资源的信息化管理、农作状态的自动化监测、农作过程的数字化模拟、农作系统的可视化设计、农作知识的模型化表达、农作管理的精确化控制等关键技术，进一步研制综合性数字农作技术软硬件系统，实现农作系统监测、预测、设计、管理、控制的数字化、精确化、可视化、网络化。

（七）加强作物栽培生态生理生化及分子水平的研究

加强作物生长发育调控叶龄模式机理、作物产量形成的光合性能机制、作物“源、库、流”协同机理、作物群体质量形成机理的生化研究。同时，利用基因组学、蛋白组学等新技术，从激素、酶学、分子等微观角度开展作物生长发育、产量品质形成及其生理生化机制的功能研究。重点开展作物机械化、轻简化栽培生态生理基础；作物超高产生态生理基础；作物高产优质协调形成机理；作物肥水高效利用机制；作物对重金属、有机污染物响应及其机理；作物的化控机理；转基因作物栽培生理；作物逆境分子和生态机理；作物气候演变的响应机制等研究。

（八）加强作物区域化栽培技术体系的集成创新与示范

研究作物时空上种植界限，拓展作物种植区域与季节，提高复种指数，提高作物温光等资源利用效率，提高作物周年生产力；研究农作制、品种与栽培技术优化匹配机理，进一步系统建立与示范“人－资源－经济－技术”协调的区域化作物栽培耕作周年“高产、优质、高效、生态和安全”技术模式与配套技术体系，系统挖掘作物高产优质栽培潜力。

总之，在经济社会快速发展，科技日新月异的时代，作物生产现代化必须依靠科技创新驱动。因此，作物栽培学更要加强学科本身现代化建设，提高科技创新与成果转化能力。其中，特别要加强作物栽培学与高新技术及相关学科的相互交叉渗透，抓住作物生产中难点与热点问题，不断加强攻关创新并有效地加以解决，不断提高区域化作物生产集成技术水平，推动我国作物生产可持续发展，为保障农产品有效供给，尤其是保障粮食安全作出重大贡献。

参考文献

［1］陈国平，高聚林，赵明，等．近年我国玉米超高产田的分布、产量构成及关键技术［J］．作物学报，2012，38（1）：80-85.

［2］张洪程，张军，龚金龙，等．“籼改粳”的生产优势及其形成机理［J］．中国农业科学，2013，46（4）：686-704.

［3］董合忠，毛树春，张旺锋，等．棉花优化成铃栽培理论及其新发展［J］．中国农业科学，2014，47（3）：441-451.

［4］张洪程，龚金龙．中国水稻种植机械化高产农艺研究现状及发展探讨［J］．中国农业科学，2014，47（7）：1273–1289.

［5］赵久然，王荣焕．30 年来我国玉米主要栽培技术发展［J］．玉米科学，2012，20（1）：146–152.

［6］李春喜．粮食安全与小麦栽培发展趋势探讨［J］．河南农业科学，2012，41（3）：16–20.

［7］Jianbo Shen，Chunjian Li，Guohua Mi，et al. Maximizing root/rhizosphere efficiency to improve crop productivity and nutrient use efficiency in intensive agriculture of China［J］．J. Exp. Bot.，2013，64：1181–1192.

［8］David B. Lobell and Sharon M. Gourdji.The Influence of Climate Change on Global Crop Productivity［J］．Plant Physiology，2012，160：1686–1697.

［9］Rodrigo A.Guti é rrez. Systems Biology for Enhanced Plant Nitrogen Nutrition［J］．Science，2012，336：1673–1675.

［10］Tim Wheeler，Joachim von Braun. Climate Change Impacts on Global Food Security［J］．Science，2013，341：508–513.

［11］http：//www.most.gov.cn/ztzl/gjlsfcgc/（国家粮食丰产科技工程）.

撰稿人：戴其根　张洪程

水稻科技发展研究

2012—2014 年，我国水稻生产继续保持稳定增产趋势，而国内外水稻科技包括遗传育种、栽培技术、品种资源和分子生物学的研究不断取得新的进展，我国的水稻育种和栽培技术仍居国际领先水平。

一、2012—2014 年我国水稻科技研究进展

（一）我国水稻遗传育种取得的进展

育种技术创新和新品种选育是现代农业科技发展的源头和核心，2012—2014 年我国水稻遗传育种取得突破性进展，不仅使我国水稻生产水平继续引领世界潮流，也为我国粮食生产取得“十一连增”奠定了基础。

1. 各种育种新技术取得重大突破

2012—2014 年，我国科学家除利用传统的育种技术和强优势组合选育技术、染色体工程与细胞工程育种技术、转基因育种技术等外，还研创了新的育种技术与育种利用。

（1）水稻全基因组选择技术。在水稻全基因组选择技术方面，华中农业大学的研究团队通过基因组最佳线性无偏预测，对水稻的杂交表现型进行了预测，研究人员随机选择了 278 个杂交后代作为模型训练样品，对所有 21945 个可能的杂交产物进行了预测，与所有杂交种的平均产量相比，前 100 个杂交种的平均产量要高 16%[1]。继 2012 年 5 月设计制作出全球首张水稻全基因组 RICE6K 育种芯片之后，中国种子集团公司与合作伙伴又共同合作开发出 SNP 标记分布密度更高、基因型检测更精准的 RICE60K 全基因组育种芯片，能够更好地开展水稻分子设计育种，缩短水稻育种的时间。

（2）水稻基因组编辑技术。CRISPR-Cas9 是细菌和古细菌在长期演化过程中形成的一种适应性免疫防御，可用来对抗入侵的病毒及外源 DNA。科学家们对 CRISPR-Cas9 系统

进行改造，利用核酸酶 Cas9 及向导 RNA 对特定的 DNA 序列进行定点编辑，使其成为简单高效的基因编辑工具。短短 3 年时间内，此项技术在多种生物中得到了广泛运用。2013 年，高彩霞、朱健康等课题组报道成功运用 CRISPR-Cas9 系统对水稻基因进行编辑，且这种编辑是可稳定遗传的[2、3]；Zhengyan Feng 等通过对水稻的多个基因进行定点突变，都获得了较高的突变效率，并在第一代获得纯合和嵌合突变体，且呈现出预期的突变表型，该研究首次证实 CRISPR-Cas9 系统能够用于植物的基因组编辑，通过 CRISPR-Cas9 系统对水稻基因组进行编辑，可以产生可遗传的变异，丰富水稻基因资源，打破不利基因与有利基因的连锁，为水稻育种注入新的活力[4]，随后，杨亦农、刘耀光等课题组通过进一步改造，报道可同时对多基因进行编辑[5、6]。CRISPR-Cas 技术就像一把剪刀，可以对基因组中任意感兴趣的位置进行编辑，它的成功开发将革命性地改变水稻的育种方法。这项技术的发展将为水稻基因的基础研究及育种带来革命性的进步。

2. 两系法杂交水稻研究取得重大进展

针对三系法杂交水稻因受恢保关系制约，存在配组不自由、种质资源利用率低、培育超高产优质杂交组合技术难度大、周期长、产量徘徊不前等问题，20 多年来，广大杂交水稻领域科技人员，攻坚克难、团结协作，创立了实用光温不育系选育理论、鉴定技术、核心种子与原种生产技术；建立了不育系高产稳产繁殖、安全高产制种技术体系；解决了杂交水稻高产与优质、高产与早熟难协调的技术难题；突破了两系杂交粳稻育种与种子生产技术瓶颈；育成了实用型两系不育系 170 个，配制了两系杂交稻组合 528 个，并大面积推广应用，截至 2012 年，全国累计推广两系杂交稻 4.99 亿亩，增产稻谷 110.99 亿千克。2013 年获得国家科技进步特等奖。

3. 育成品种不断增多，单产攻关纪录不断刷新

2012 年全国水稻科研单位和种业企业、民营科研机构、个人育种家共育成 400 个通过国家和省级审定的水稻新品种，其中通过国家审定 44 个；在通过国家和省级审定的 400 个新品种中，有三系杂交籼稻 170 个，两系杂交籼稻 65 个，三系杂交粳稻 16 个，两系杂交粳稻 3 个，常规粳稻 99 个，常规籼稻 29 个；育成品种中 73% 为杂交稻（籼型三系杂交稻占 42%，籼型两系杂交稻占 16%，杂交粳稻占 5%），27% 为常规稻[7、8]。

2013 年全国水稻科研单位和种业企业共选育 418 个水稻新品种通过国家和省级审定，其中通过国家审定 43 个。育成品种中 68.2% 为杂交稻（籼型三系杂交稻占 41.6%，籼型两系杂交稻占 22.6%，杂交粳稻占 4%），31.8% 为常规稻（常规籼稻 5.6%，常规粳稻 26.2%）[9-10]。

2014 年全国水稻科研单位和种业企业共选育 486 个水稻新品种通过国家和省级审定，比 2013 年增加 68 个。其中通过国家审定 46 个，育成品种中 68.0% 为杂交稻（籼型三系杂交稻占 42.9%，籼型两系杂交稻占 22.2%，杂交粳稻占 2.9%），32.0% 为常规稻（常规籼稻 8.0%，常规粳稻 24.0%），杂交稻与常规稻育成品种比例基本与 2013 年持平。从育种者来看，53% 左右的品种由科研单位育成，47% 由种业公司育成，种业公司育成品种进一步增加，科企合作进一步紧密[11]。

这些新审定的品种在国家、省级区试和试验示范中表现突出，在大面积示范中不断刷新高产纪录，2012 年实现大面积示范单产 900kg/ 亩，2014 年首次以单产 1026.70kg/ 亩的新纪录，突破大面积示范单产 1000kg/ 亩的目标。

4. 籼粳杂交稻研究取得突破

籼粳杂交稻研究在国内处于领先地位，育成一批有影响的籼粳杂交稻品种。一是由宁波市农科院、宁波市种子公司合作选育的"甬优 6 号"被农业部确认为我国首个籼粳杂交超级稻推广品种；二是由宁波市农科院主持选育的"甬优 12"于 2012 年取得 6.67 hm^2 平均单产 963.65 kg 和最高田块 0.08 hm^2 单产 1014.3 kg，分别创下全国水稻百亩示范方和我国水稻主产区最高纪录；三是浙江省农业科学院选育的"浙优 18"于 2014 年取得百亩示范方单产 888.1kg 的水平；四是中国水稻研究所选育的籼粳杂交稻苗头品种"春优 927"在 2014 年取得 667m^2 高产田田块 955.1kg 的产量，为实现水稻百亩方单产 1000 kg 奠定了坚实的基础。

5. 育种材料创制进展明显

抗性材料创制中，利用已克隆的褐飞虱广谱、持久抗性基因 *Bph3*，通过分子标记选择获得褐飞虱 9311 和宁粳 3 号材料。北方稻区创制优质材料 4 份：哈 10–20、牡 08–1819、牡 09–2754、牡 09–2674；抗稻瘟病材料 5 份：龙交 10989、龙花 07211、哈 09–05、龙交 102839、吉 2014–49；耐冷材料 3 份：龙生 03011、龙花 08752、龙交 102275；理想株型、高产材料 2 份：哈 93132、2014–58。另外获得水稻氮磷高效利用新材料 N31、N52、水稻镉低积累种质材料 LCD1、LCD8 等。

不育系选育种方面。选育的 T91S、晶 4155S、隆科 638S、正 67S、LY046S、LY056S、LY1566S、LY201S、雨 03S、雨 06S 等两系不育系通过鉴定；益 51A、恒达 A、桐 A、祥 A、M20A、龙丰 A、中 98A、双龙 1 号 A、嘉 81A、秀水 134A、春江 99A、甬粳 43A、双粳 1 号 A、双粳 2 号 A 等三系不育系通过鉴定，通过鉴定多数具有抗稻瘟病特性、品质优良、开花习性好，为进一步选育高产优质杂交水稻奠定了丰富的材料基础。

恢复系选育种方面。创制育成长粒型粳稻恢复系 L42、L1014，并申请获得专利；选育具有大穗型、恢复能力强、广亲和性的籼粳中间型恢复系 C84、R1140，已申请新品种保护；创制抗稻瘟病恢复系 R8117，解决了"巨穗稻"R1126 在后期落色、稻瘟病抗性、耐高温性等方面的不足，与三系、两系不育系配组，已选配出 Bph68S/R8117、旌香 1A/R8117、吉丰 A/R8117 及 1892S/R8117 等系列高产苗头组合参加各级筛选试验，表现突出；创制大穗恢复系黔恢 93，具有穗粒数多、恢复能力强等特点；西南稻区创制配合力好、恢复力强、米质优的三系恢复系 Q 恢 28、耐热三系粳型恢复系粳恢 35、强优新恢复系乐恢 188 通过技术鉴定；通过爪哇型广亲和系与优质理想株型偏粳恢复系杂交途径和分子育种的手段，创制出配合力高、抗倒性好、恢复谱广等特点的广亲和恢复系 C787、C781。

（二）我国水稻栽培技术的研究进展

1. 高产栽培技术应用示范

在水稻高产高效栽培方面，我国超级稻栽培研究和示范始终使我国水稻单产保持世界领先水平。通过高产栽培技术配套，是发挥高产品种产量潜力的关键[12]。2012 年，浙江省超级稻甬优 12 等品种高产示范获得显著突破，一些百亩示范方平均亩产超过 900kg 的，其中宁波镇海单块田最高亩产量达 1057.5kg[13]；2013 年，湖南省隆回县超级稻品种百亩示范平均单产达 988.1kg；2014 年，湖南省溆浦县超级杂交稻 Y 两优 900 再创平均单产 1026.7kg 的产量新纪录，实现了单产 1000kg 的目标；新疆采用机械精量旱穴播种技术，水稻单产创 1042.97kg 高产的全国最高纪录；在浙江宁海，示范超级稻“早发壮秆稳长”高产栽培技术，春优 927 经专家测产验收单产达到 955.1kg。

我国的传统良种良法水稻栽培技术及定量化栽培技术得到发展，基于水稻叶龄模式和群体质量栽培研究成果，综合定量施肥技术研发的水稻精确定量栽培技术及水稻三定栽培技术，推进了稻作技术的定量化研究和应用，在云南和广西等地都获得了较好的增产效果[14]。根据超级稻品种的生育及高产形成规律，研发提出了超级稻高产栽培的群体调控、肥水管理及区域化栽培技术[15]，在全国超级稻区集成应用，取得了较好的增产效果，相关成果获得了 2014 年国家科技进步奖二等奖。在水稻生产的主要环节，研发提出水稻旱育稀植、好气灌溉、浅湿干灌溉技术，实地氮肥施用技术、测土配方施肥技术，强化栽培技术，提高了水稻肥水资源利用效率。水稻抗旱栽培、高低温调控及大棚育秧研究，增强了灾害的抗御能力。

2. 水稻机械化生产技术

我国社会经济发展推进了水稻生产规模化经营、机械化作业和社会化服务，其中关键是以机械化作业带动的稻作技术转型升级，水稻生产机械化的瓶颈及核心是水稻机插秧技术。为解决水稻机插秧中存在的问题，中国水稻研究所首创了水稻钵形毯状秧苗机插技术，该技术主要针对传统毯苗机插存在的问题，研发钵形毯状秧盘，培育上毯下钵秧苗，利用插秧机按钵定量取秧，实现钵苗机插，提高机插效果，机插伤秧伤根少，返青快。在我国主要稻区黑龙江、吉林、宁夏、江苏、浙江等省市示范应用，增产效果显著[16-18]，比传统毯苗机插秧平均增产达 5% ~ 10%，年推广面积达 200 万 hm^2，获国家发明专利 10 余项。为提高育秧水平与效率，根据各地水稻生产现状及特点，选择适宜的育秧模式，通过标准化集中育秧培育机插壮秧，中国水稻研究所在分析水稻规模化生产及社会化服务的技术需求基础上，经多年模式、装备和技术创新，集成了现代化水稻机插叠盘暗出苗育供秧模式及技术，通过研发实用育秧基质，改进育秧播种装备，研制可叠秧盘，并开发出智能化出苗温湿度检测控制系统及其育秧技术，形成了一个采用叠盘暗出苗为核心的育秧中心及若干育秧场地，即“1+N”机插育供秧新模式。双季稻机插秧引进和创新双季稻钵苗机插和窄行机插方法和装备，实现双季稻钵苗、窄行机插，提高了穗数和产量，防控高低温和干旱的关键技术进一步集成。为提高双季稻生产效益，实现双季稻可持续发展，以机械化为突破口，联合农艺、农机、育种、土肥等学科，研发了双季稻机械化生产技术，建立了双季稻机械化生产示范基地，挖掘和发挥双季稻增产潜力和增效优势，提高了双季稻生产效率、土地产出率、资源利用率，提高水稻总产，保障粮食安全[19]。

3. 水稻肥水高效利用技术

肥水高效利用技术无论在高产栽培技术还是在水稻生产机械化技术中都起着十分重要的作用。近些年来，随着对环境保护要求的提升，对资源的保护加强，水稻肥水利用技术越发重视。稻田肥力监测及测土配方施肥进一步扩大，水稻的需肥规律进一步明确，与水稻需肥相协调的缓释肥等（水稻生态专用肥及其施用方法，ZL201210302227.2）进一步发展，提高了肥料利用率。水稻浅湿干交替间歇灌溉降低了用水量，提高了水资源利用率。区域化定量施肥技术进一步明确，水稻信息化施肥方法（如图像法水稻氮肥施肥推荐方法，ZL200910100740.1）通过机器视觉、图像处理等手段，对水稻肥力进行实时无损监测和诊断，为水稻肥料的管理决策提供基础信息，为水稻高产稳产提供了实用管理技术。公益性行业专项“南方低产水稻土改良技术研究与示范”项目组研究了五大类低产水稻土如黄泥田、白土、潜育化土、反酸田、冷泥田的养分特征、障碍因素和质量评价方法，从推荐施肥、缓释新肥料、抗逆品种及群体调控等方面提出了有机熟化、厚沃耕层、排水氧化、酸性消减和厢垄除樟的低产水稻土改良技术，不仅提高了产量，而且提升了肥料利用效率[20-21]。广东省农科院等单位研发的水稻三控栽培技术以控肥、控苗、控病虫为特色，实现了高效节本安全施肥和增产，获广东省科学技术奖（2012）一等奖。

4. 水稻灾害防控技术

我国水稻种植区域广阔，全球气候变化及水稻种植制度的演变，水稻生产灾害频发重发。中国水稻研究所等单位加强了水稻高低温、干旱等抗灾减灾技术的研发。建立了水稻高低温品种鉴定的方法，评价了主导品种的耐高温特性，建立了水稻低温冷害、高温热害评价标准[22-25]。初步建立水稻高温预警方法。开展了耐高温机理的研究，开花期高温灾害防控技术的研发取得了实质性的进展，为高温灾害的缓解提供了突破性的技术与方法。加强了对稻属耐高温、抗旱基因资源的有效发掘、评价、创新和利用，提出了应对季节性干旱的稻田避旱减灾节水种植模式、不同抗旱剂对稻田干旱的缓解及其机理，为新的气候环境的水稻产量的稳定提供了技术措施。针对水稻不同生育期低温的发生，提出了育秧田采用尼龙薄膜或农用无纺布覆盖保温育秧方法；初步建立了高低温热害预警系统服务平台，为预防灾害提供了信息化的技术措施。

5. 再生稻及水稻间套作栽培研究进展

再生稻是利用一定的栽培技术使头季稻收割后稻桩上的休眠芽萌发生长成穗而收割的一季水稻，是我国南方稻区一种重要水稻轻简化栽培方式。目前我国南方许多省份开展再生稻种植，在福建省，其高留桩蓄留再生稻栽培技术的再生季示范片单产超 7.5 t/hm^2。选择适宜再生的品种是再生稻种植的关键，通过对比，筛选了适合各地种植的再生稻品种如丰两优香1号、准两优608、广两优15、Ⅱ优3301、宜优673等[26-27]，不但头季稻表现突出，再生季的再生率、产量也表现较优。适宜的留桩高度是实现再生稻高产的一项关键技术措施，直接影响再生稻的产量，何水清等[28]研究表明，准两优608头季稻留桩高度在15～40cm，留桩高度越高，再生稻越早抽穗成熟，反之，则会延长生育期，推迟成熟。针对机械化收获特点，研发机收低留桩再生稻关键栽培技术，在头季稻收获时，通过低留桩来减少收割机对稻桩的碾压[29]，并提出配套施肥技术[30]。为适应轻型化技术发展，柳开楼等[31]分析明确了不同栽培方式下再生稻的源库关系、生物量和氮积累量以及产量等指标，提出直播和抛秧等轻简栽培方式下源小库弱，从而导致其再生稻产量比人工栽插显著降低，并指出在江西等地，可通过提前播种优化直播和抛秧的源库关系，提高再生稻的产量。

不同种类的作物或同一作物的不同品种按不同的组合方式进行合理的间套作，有利于优化农田生态布局，提高生物多样性。研究表明，水稻与慈姑间作栽培模式不仅能有效控制水稻病虫害的发生，同时能起到良好的增产效果[32]；目前，水稻主要的间套作种植有水稻－油菜套作、稻套麦和麦套稻等模式，这些模式有利于缓解季节矛盾、争取作物茬口、减轻劳动强度，从而受到农民欢迎[33]；甚至通过机插混合种植不同品种的水稻，也可提高水稻抗倒伏能力，提高鞘腐病等抗性，并实现增产[34]。

（三）我国水稻品种资源研究进展

2012—2014年，在水稻品种资源研究领域，分子技术得以广泛应用，中国栽培稻起源研究取得突破性进展，遗传多样性与品种演化日益清晰，关联分析手段鉴定新基因的方法逐步建立并快速应用，完善了一些重要性状的评价技术，并筛选出一批各种抗（耐）性优异资源。

1. 证明了水稻起源于中国

中国科学院国家基因研究中心韩斌研究组与日本国立遗传所及中国水稻研究所合作，收集了来自全球不同生态区域的446份普通野生稻和1083份栽培籼稻和粳稻品种，利用第二代高通量测序技术进行基因组重测序和序列变异鉴定，构建了一张水稻全基因组遗传变异精细图谱。通过这张精细图谱，他们发现水稻驯化从中国南方地区的普通野生稻开始，经过漫长的人工选择形成了粳稻；对驯化位点的鉴定和进一步分析发现，分布于中国广西的普通野生稻与栽培稻的亲缘关系最近，表明广西很可能是最初的驯化地点。他们同时还发现，水稻中的两大分支——粳稻和籼稻，并非同时驯化出现的。通过群体遗传学分析，推断人类祖先首先在广西的珠江流域，利用当地的野生稻种，经过漫长的人工选择，驯化出了粳稻，随后往北逐渐扩散。而往南扩散中的一支，进入了东南亚，在当地与野生稻种杂交，再经历不断的选择，产生了籼稻[35]。该研究结果不仅为驯化基因系统化的定位克隆和功能研究提供了重要线索，更为重要的是再一次证明了中国是世界文明的发源地之一，展示了中国古代农业文明的辉煌。

在另一项研究中，中国农业科学院作物科学研究所杨庆文研究组以源于中国的 100 份栽培稻和 111 份普通野生稻为材料，通过分析 6 个基因区域包括叶绿体基因组中的 *trnC-ycf6*、线粒体基因组中的 *cox3* 和核基因组中的 *ITS*、*Ehd1*、*Waxy*、*Hd1* 的序列信息来分析栽培稻与普通野生稻之间的关系，认为籼稻和粳稻独立起源于不同的普通野生稻种群且籼稻晚于粳稻，中国南方是普通野生稻的遗传多样性中心，靠近北回归线附近的珠江流域是亚洲栽培稻在中国的起源中心[36]。

2. 水稻遗传多样性与品种演化日益清晰

遗传多样性是水稻遗传改良的重要基础。为了探明亚洲栽培稻的遗传多样性及遗传结构，Wang 等（2014）利用 84 对 SSR 标记，对来自全球的 979 份水稻品种进行了基因型分析。结果表明，亚洲栽培稻除 indica、aus、aromatic、temperate japonica、tropical japonica 五种类群外，rayada 在分类系统中应作为新的类群存在。另外，该研究发现中国栽培稻三大类群中均含有季节生态型、土壤生态型及黏糯生态型，这一结论有别于部分学者所认为的 indica 亚种有偏季节生态型、japonica 亚种偏土壤水分生态型的观点[37]。

我国水稻改良的过程伴随着多样性的降低[38-39]，同时，亲本利用更集中于少数骨干亲本[40]。Deng 等（2012）利用分布于水稻 12 条染色体上的 131 对 SSR 引物对协青早 B（XB）与普通野生稻（CWR）杂交衍生的 239 个基因渗入系进行了遗传多样性分析，提出种间杂交和基因渗入可以扩大栽培稻遗传变异基础[41]。在栽培稻的驯化和改良过程中，粳稻为适应高纬度或高海拔地区不利的光热条件，选择并固定了株型紧凑基因 *tac 1*，而在籼稻和普通野生稻中大多为株型松散的 *TAC 1* 基因类型[42]。对控制芒发育的 *An-1* 基因的选择，导致栽培稻群体中 *An-1* 遗传多样性显著降低，芒的缺失增加每穗粒数，从而显著提高了水稻的产量[43]。与控制落粒性、株型的位点相比，Huang 等认为那些控制柱头外露、粒重等性状的位点在驯化中表现出更强的受选择信号[35]，对控制粒重的基因研究表明，*qSW 5* 和 *GS 3* 对谷粒大小影响最大，在水稻生产中已被广泛应用，而 *GW 2* 和 *GS 5* 的效应较温和[44]。

3. 全基因组关联分析方法逐步完善并得以应用

长期的自然选择和人工驯化形成了大量的遗传多样性丰富，并具有各种特异性状的水稻种质资源。如何高效鉴定种质资源优良性状相关基因，是资源研究的热点。中国科学院国家基因研究中心韩斌项目组与中国水稻研究所合作，对广泛收集的 950 份代表性中国水稻地方品种和国际水稻品种材料进行基因组重测序，利用构建的水稻高密度基因型图，在粳稻群体、籼稻群体和整个水稻群体中进行了全基因组关联分析，鉴定到多个新的关联位点，开创了新的基因组关联分析的研究技术和方法[45]。

Wang 等（2014）基于 80000 个 SNP 标记对 366 份籼稻品种、16 个稻瘟病菌生理小种的反应进行全基因组关联分析，共检测到 30 个与稻瘟病抗性显著关联位点，发现有 3 个区域对应于 2 个已知克隆基因（*Pia* 和 *Pik*）和 1 个已鉴定的 QTL（*Pif*），并在尚未报道有稻瘟病抗性位点存在的 3 号染色体上发现相关位点以及有一些不含有 *R* 基因的相关位点[46]。

孙晓棠等（2014）[48]、Dang 等（2014）[47] 则利用分布于水稻全基因组的 SSR 标记，分别开展了纹枯病抗性、种子活力相关性状的关联分析，检测到一些显著关联的位点。

（四）我国水稻分子生物学研究进展

水稻生物学研究是中国植物科学飞速发展的缩影，代表了国际学术界中的领先水平。2012 年以来，我国科学家在水稻分子生物学各领域中持续快速发展，取得了一系列原创性、高水平的研究成果，涌现出诸多亮点，特别是在水稻株型调控的激素信号转导机制、粳稻耐冷性调控的 Mg^{2+} 信号转导机制、水稻育性的遗传调控机理、水稻 G 蛋白参与氮肥高效利用和粒形的调控机理，以及全基因组重测序技术为背景的应用基因组学等方面的研究获得了一系列新突破。揭示了由 MiRNA444a/MADS57/TB1/D14 以及 D53/D14/D3 等 2 个调控水稻分蘖的激素信号转导系统[49]，G- 蛋白信号传导参与增强水稻耐冷性、氮元素的高效利用和粒形形成的分子机理[50-51]，线粒体不育基因和核基因的互作控制核质不亲和性（雄性不育）的分子机理[52]。利用 RIL 群体重测序，解析了超级稻“两优培九”的产量相关位点[53]；利用全国区试杂交稻品种的重测序，解析了杂交稻杂种优势等位基因的遗传机理[54]。利用 GWAS 方法，剖析了水稻 RNA 表达代谢自然变异的分子机理[55-56]。利用 CRISPRCas 系统定点突变，发展了水稻基因组编辑技术。还鉴定和克隆了 *LPA1*、*TUD1*、*TAD1/TE*、*DLT*、*GW8*、*GL3.1/qGL3/qGL3-1*、*OsLG1*、*Ghd7.1*、*DST*、*SPIKE*、*TGW6*、*GS6*、*PTB1*、*smg1*、*OsFBK12*、*BC1*、DWT1、*qSN8* 和 *qSPB1* 等控制株型、穗型、粒数、粒形和结实率的基因。稻米品质方面，克隆了第一个稻米垩白率基因 *Chalk5*[57]、蛋白含量基因 *OsAAP6*[58] 和淀粉合成基因 *OsbZIP58*[59]。水稻生殖遗传调控方面，克隆了 *Hwi1*、*Hwi2*、*MFS1*、*EAT1*、*DAO*、*Ehd4*、*RPA2c*、*CRC1* 和 *TMS5* 等基因。水稻耐生物 / 非生物胁迫方面，克隆了第一个耐冷基因 *COLD1* 和水稻抗条纹叶枯病基因 *STV11*，鉴定了一系列在胁迫环境下差异表达的分子机制。

1. 水稻农艺性状的遗传调控研究

理想株型是高产水稻的各农艺性状之间的最佳搭配，包括分蘖、粒数、粒重、穗形和叶形等因子。作为主流的研究方向，这一方面国内相关研究成果颇丰，每年都有大量的有利基因被克隆和应用，且相对应的高水平文章频频见刊；而国外的相关研究则屈指可数。具体成果如下。

2012 年，水稻分蘖调控的新机制研究进展方面，Xu 等克隆了一个多蘖矮秆基因 *TAD1*，编码一个细胞分裂后期启动复合物（APC/C）的共激活蛋白，促进细胞周期的进程[60]。Lin 等（2012）克隆了另一个多分蘖突变体基因 *TE*，编码一个 *Cdh1* 同源蛋白，是 APC/C 的一个共激活因子，参与调节细胞周期和分蘖，影响株型和籽粒产量[61]。中国科学院遗传发育所、华南农业大学和中国水稻研究所等单位合作克隆了一个调控水稻粒形基因 *GW8*（*OsSPL16*）。高表达 *GW8* 可以促进细胞分裂和籽粒充实度，增加粒宽和产量。还选育的 *GW8-GS3* 双基因聚合系，表现高产优质，破解了世界最好吃大米的奥秘[62]。

另外，克隆的粒长基因 *SG1*，能降低油菜素内酯的应答，减少细胞增殖和降低种子和穗轴节间等器官的伸长。另一个粒长基因 *Srs5*，独立于油菜素内酯信号途径调节细胞伸长。Heang 等鉴定了一对拮抗作用的碱性螺旋 – 环 – 螺旋（bHLH）蛋白，调控内外颖细胞长度和水稻籽粒长度。

2013 年，种康研究组发现了水稻 *MADS57* 参与 SLs 信号途径，直接结合并阻抑 SLs 受体基因 *D14* 的转录；*MADS57* 可受 *miR444a* 的负调控，导致其表达受抑制；而 *MADS57* 又与 *TB1* 与蛋白互作，可减弱 *OsMADS57* 对 *D14* 转录的抑制作用；剖析了水稻分蘖调控的 *iMTD*（*miRNA/MADS/TCP/D14*）分子网络，拓展了 *MADS* 基因的功能[66]。李家洋研究组和钱前研究组联合组成的研究团队，与万建民研究组同时报道了 D53 蛋白作为 SLs 信号途径的抑制子，参与调控植物分蘖的生长发育机制。SLs 通过抑制生长素的生物合成降低地上部的向重性（shoot gravitropism）调控了水稻分蘖角度。SLs 主要通过减少局部的 IAA 含量抑制了生长素生物合成，降低了水稻地上部的向重性[49]。这一发现为激素调控水稻株型改良提供了重要理论依据。

李家洋研究组在克隆了理想株型基因 *IPA1* 的基础上，进一步发现 *IPA1* 可以结合 SBP–box 结构域直接与受调控基因的核心基序 GTAC 结合，通过 *TB1* 调控水稻分蘖；也可以通过与 TCP 家族的转录因子和 *PCF2* 相互作用，与 TGGGCC/T 基序间接结合，通过 *DEP1* 调控水稻株高和穗长。程祝宽研究组报道了水稻松散株型基因 *LPA1*，通过控制分蘖节和叶夹角处的近轴面生长来调控分蘖角度、叶角和向重性。

李平研究组克隆了水稻结实率基因 *PTB1*（*POLLEN TUBE BLOCKED1*），由于花粉管的花柱生长受阻，而影响结实率和产量[62]。种康研究组报道了一个含 Kelch 重复序列的 F-box 蛋白 *OsFBK12*，与 S- 腺苷 -L- 甲硫氨酸合成酶（SAMS1）互作，引起乙烯含量的改变，调控水稻叶片衰老及种子的大小和数目。还有千粒重 QTL *TGW6* 基因，穗粒数基因 *SPIKE*，编码 Kinase 4 蛋白的粒形基因 *smg1*（Duan et al.，2014），编码独脚金内酯含量的分蘖基因 *qSLB1.1* 和参与分蘖发育的 Hd3a 信号传导基因。

Tong 等（2012）揭示了水稻 *GSK2* 与 *DLT* 互作介导的 BR 信号传导机制[63]。国外科学家则报道了一个水稻 KNOX 基因 *OSH1*，通过激活油菜素甾醇（BR）分解代谢基因来抑制 BR 途径。BR 分解代谢基因 *CYP734A2*、*CYP734A4* 和 *CYP734A6* 随着 *OSH1* 的诱导快速上调，KNOX 通过调节局部 BR 水平来控制 SAM 的建立和维持。另外，紧穗基因 *OsLG1*，疏穗基因 *OsLG1* 和芒发育基因 *An-1* 解析了水稻穗的发育和进化。

Itoh 等鉴定了一个调节水稻叶序模式的基因 *DECUSSATE*（*DEC*）[64]。周奕华研究组利用经典脆秆突变体 *bc1* 和已克隆的脆秆基因 *BC1*，发现 *BC1* 是控制单子叶植物机械强度的基因，其在植物细胞壁及机械组织的生物合成过程中发挥重要作用。梁婉琪课题组发现水稻的 WOX 类基因 *DWT1*（*DWARF TILLER1*），调控水稻顶端优势现象，为进一步理解水稻植株形态的建成提供了新的认识，为阐明水稻整齐生长的分子机制找到了重要突破口。

何予卿课题组克隆了第一个稻米垩白率的主效基因 *Chalk5*，该基因影响水稻籽粒垩白的形成和精米率等品质性状，还克隆了控制水稻籽粒蛋白含量和营养品质的主效基因 *OsAAP6*。其通过正向调控水稻种子储藏蛋白（谷蛋白、醇溶蛋白、球蛋白和清蛋白）和淀粉的合成与积累调控稻米的营养品质和蒸煮食味品质，可提高籽粒 GPC 水平以及氨基酸含有总量，从而提高籽粒营养品质，为水稻优质育种实践提供了理论指导。

2. 水稻生殖遗传调控研究

生殖发育是水稻生活周期的重要组成部分，包括花器官发生、配子发生、受精和胚胎发育等过程。这一方面，水稻的育性是科学家们关注的重点，国内每年均有相关基因被克隆，水稻育性相关的分子机理不断得到剖析，相对应的文章层出不穷；国外的相关研究却显得寥寥无几。具体成果如下。

华南农业大学刘耀光研究组成功克隆了野败型细胞质雄性不育（cytoplasmic male sterility，CMS）基因 *WA352*，在水稻育性的遗传调控机理方面取得重要进展，阐明了植物 CMS 系统通过线粒体不育基因和核基因的互作控制核质不亲和性（雄性不育）的分子机理[52]。对研究生物的核质基因协同进化和相互作用有重大的科学意义。

林鸿宣研究团队发现了一种新的水稻种间杂种劣势。这种杂种劣势的发生受高温诱导，根茎结合部在感受温度变化中发挥重要作用。杂种植株由于同时携带 *Hwi1* 和 *Hwi2*，二者都可导致体内的自身免疫应答组成型激活，影响植株的正常生长发育。*Hwi1* 位于 LRR-RLK 组成的串联重复的基因簇中，*Hwi2* 编码一个分泌至胞外的类 subtilisin 蛋白酶，该酶的酶解产物能够被类受体激酶（LRR-RLK）*25L1* 和 *25L2* 组成的复合体感受，激活下游防卫反应，进而诱发杂种劣势表型。普通野生稻可能通过基因倍增获得了 *25L1* 和 *25L2*，而栽培稻中则缺少这两个基因。这些结果表明基因扩增是形成生殖隔离的重要分子基础，为阐明水稻种间生殖隔离的分子遗传机理研究提供了新的线索[66]。

何光华研究组克隆了水稻多花小穗基因 *MULTIFLORET SPIKELET1*（*MFS1*），参与调控 IDS1 类基因（*SNB* 和 *OsIDS1*）及 *LONG STERILELEMMA* 等小穗相关基因的表达，调控小穗分生组织确定性及器官特征[67]。万建民研究组克隆了 1 个编码 CCH 类锌指蛋白的转录因子 *Ehd4*，通过 *Ehd1* 上调成花素基因 *Hd3a* 和 *RFT1* 的表达而促进开花。*Ehd4* 是一个新的稻属特有的 *Ehd1* 调控元件，在光周期控制花期中起到非常重要的作用[68]。张大兵研究组发现 bHLH 转录因子 EAT1 直接调控水稻中 2 个天冬氨酸蛋白酶基因 *OsAP25* 和 *OsAP37* 表达，促进绒毡层细胞的凋亡；表现光敏感性，可调控水稻育性。另外，一个生殖发育基因 *DAO*（*Dioxygenase for Auxin Oxidation*），调控植物激素 IAA 代谢，维持体内 IAA 和 OXIAA 的动态平衡，控制水稻生殖发育过程。一个 E3 泛素连接酶基因 *AtPUB4* 产生花粉绒毡层过度生长，引起花粉外壁发育异常，最终导致花粉不育，还发现育性与温度敏感以及一个新型的水稻光敏核不育基因 *TMS5*。

程祝宽研究组在水稻中分离到一个新的蛋白 CENTRAL REGION COMPONENT1（CRC1），与 ZEP1 互作于染色体联会复合体，同时还与 PAIR1 互作并参与 PAIR2 在染色体上的定位，这些发现提示 CRC1 参与调控减数分裂中的染色体联会[69]。吴昌银研究组发现 *RPA2c* 主要在水稻减数分裂过程中表达，其突变后表现为二价体形成减少，导致染色体不分离，染色体交叉频率大幅降低，证明 RPA2c 参与了染色体交换的调控过程。还有鉴定了调控水稻减数分裂起始机制基因 *MIL1*，参与调节胚囊早期发育的水稻 WAK-RLK 基因 *OsDEES1*，调控水稻花器官特征的 MIKC 类 MADS 盒基因 *CFO1*，参与珠心和珠心突起表达的 MADS 盒基因家族成员 *MADS29*，调控水稻生物节律和光周期开花的基因 *OsELF3-1*，控制红褐色颖壳发育基因 *OsCHI*、*IBF1*，调控水稻长日照开花基因 *LVP1*，光温敏雄性核不育基因 *PGMS3* 和 *p/tms12-1*，以及红莲型水稻细胞质雄性不育系（CMS）的恢复基因 *Rf5* 的分子机理[70]。

国外科学家 Ko 等利用一个雄性不育水稻 T-DNA 插入突变体，表现减数分裂迟缓和绒毡层细胞程序化死亡缺陷，是一个编码 bHLH142 转录因子的基因引起的。之前的研究表明，三个 bHLH 转录因子，UDT1(bHLH164)，TDR1(bHLH5) 和 EAT1/DTD1(bHLH141) 参与了水稻花粉发育。而 bHLH142 作用于 UDT1 和 GAMYB 下游，作用于 TDR1 和 EAT1 上游起调节花粉发育。另外研究还剖析了 *Hd17* 调控水稻开花分子机理，*qPHS*3-2 调控水稻幼苗活力，*OsPRR37* 和 *Hd16* 控制抽穗期的机理。

3. 水稻基因组及转录组学分析

全基因组关联研究（genome-wide association study，GWAS）是一种利用自然样本在历史上长期积累的重组来寻找基因变异与表型之间关系的遗传学方法。钱前研究组利用目前生产上广泛应用的两系杂交水稻两优培九（LYP9），结合高通量测序的最新技术，首次组装成功母本品种培矮 64s 的基因组序列，并基于 132 个 LYP9 的重组自交系（RIL）群体重测序信息和高密度 SNP 物理图谱，不仅更新了 LYP9 父本籼稻品种 93-11 的基因组序列，还结合 12 个水稻产量性状的考查共检测到 43 个与水稻产量密切相关的数量性状位点，对 2 个控制穗粒数和二次枝梗数的 QTL—*qSN8* 和 *qSPB1* 分别加以精细定位，最终确定控制抽穗期和穗粒数的 *DTH8* 基因和控制穗分枝的 *LAX1* 基因为候选基因。其中 *qSN8* 通过互补实验证实为 *DTH8* 基因。因此，利用大规模重组自交系群体结合超高分辨率遗传图谱，将会有更多新的产量相关基因被克隆，从而为进一步阐明超级稻产量的遗传基础和基因辅助育种搭建了理想平台[53]。

张启发研究组利用高通量测序技术构建了珍汕 97 与明恢 63 重组自交系群体的超高密度遗传连锁图；罗杰研究组则开发了一种基于高效液相色谱 - 质谱联用（HPLC-MS）平台的高通量检测、定量分析植物代谢组的方法。研究人员通过整合不同组学水平的数据并结合生物信息学分析筛选到 36 个候选基因，参与调控了在生理学和营养学上具有重要作用的一些代谢产物；并对其中部分基因进行了功能验证，在此基础上重建和完善了水稻相关代谢途径[71-72]。

韩斌课题组和杨仕华等团队直接对我国水稻主产区的 1495 份杂交水稻品种进行基因组测序，构建了一张杂交稻品种的精细基因型图谱，鉴定了产量、品质和抗病共 38 项表型指标，在群体水平上对杂交稻材料的纯合及杂合基因型的遗传效应进行了精细分析。揭示了大量杂种优势相关的优异等位基因，为杂交水稻的分子设计育种、杂种优势的机制研究打下了重要基础[54]。

4. 生物胁迫与非生物胁迫

此类研究涉及的方向颇多，相关的水稻耐受性的应用均显得颇为重要。近几年来，国内外报道的研究成果如下。

中山大学生命科学学院解析了2个模式识别受体（PRRs）LYP4和LYP6在水稻天然免疫调控中的作用机制[73]。国外科学家Ding等则阐述了组氨酸脱乙酰酶701（HDT701）在水稻天然免疫中的功能[74]。中国科学院上海生科院植物生理生态研究所通过一个COI1-JAZ-DELLA-PIF信号模块的分子级联途径阐述了茉莉酸介导的抗病防御优先于生长的机制。浙江大学鉴定了一个在防御反应中调控氧脂素途径的水稻脂氢过氧化物裂解酶OsHPL3。Fukuoka等通过一个染色体片段代换系衍生的回交后代鉴定了一个稻瘟病抗性QTL *qBR4-2*。Mentlak等阐述了效应子介导抑制几丁质促发的免疫反应诱发稻瘟病的机制。Liu等对1个稻瘟病抗性基因*Pi56*（*t*）进行了精细定位。Koide等对1个缅甸地方水稻品种Haoru的抗稻瘟病遗传机理进行了检测。华中农业大学阐述了一个CCCH类锌脂蛋白C3H12介导水稻白叶枯病抗性的机制。Yamada等报道了一个参与茉莉酸诱导的白叶枯抗性的水稻ZIM结构域蛋白OsJAZ8。Taguchi-Shiobara等对水稻纹枯病抗性QTL进行了定位和验证。Liu等对Lemont/Jasmine重组自交系定位到的10个水稻纹枯病抗性QTL进行了验证。Kwon等对水稻条纹叶枯病主效抗性QTL *qSTV*11^{SG}进行了精细定位。万建民科研团队也成功克隆出第一个水稻抗条纹叶枯病基因*STV11*，属于抗性等位基因*STV11-R*，该基因编码磺基转运酶OsSOT1，可以催化水杨酸（salicylic acid，SA）磺化生成磺化水杨酸（sulphonated SA，SSA），上调SA的生物合成。揭示了植物－病毒防疫机制的新观点，同时也为基于分子标记辅助育种或遗传改良的作物RSV抗性品种的开发提供了新的策略[75]。

华中农业大学的研究人员鉴别出了一个水稻耐旱基因*Drought-Induced Wax Accumulation 1*，*DWA1*，dwa1突变体干旱胁迫下角质层蜡质累积受损，显著地改变了植物的角质层蜡质组成，导致植物对干旱敏感性增高。通过调控胁迫诱导的植物角质层蜡质（Cuticular wax）累积发挥了至关重要的抗旱作用。*DWA1*的AMP结合结构域显示酶活性激活长链脂肪酸形成了酰基CoA（acyl-CoA），增加极长链脂肪酸水平。证实*DWA1*通过调控水稻干旱诱导的角质层蜡质累积控制抗旱性[76]。Ambavaram等发现HYR是一个关键的调控因子，直接激活光合作用基因、转录因子的级联反应以及其他下游参与PCM的基因，它的表达能够在多个环境中提高水稻光合作用，在干旱和高温胁迫条件下通过影响“形态－生理程序”来提高水稻产量[77]。中科院华南植物所揭示了小分子RNA *OsmiR393*调节水稻分蘖、耐旱的分子机制。河北师范大学鉴定了一个生长素转运蛋白基因*OsPIN3t*，参与水稻干旱胁迫应答。

Oomen等从高耐盐品种Nona Bokra中鉴定到一个新的HTK异构型*NoOsHKT*2；2/1耐

盐基因。中国科学院植物所鉴定了一个亮氨酸拉链蛋白基因 *Oshox22*，受盐、ABA 和聚乙二醇的强烈诱导。Serra 等阐述了 2 个 AP2/ERF 转录因子 OsEREBP1 和 OsEREBP2 调控 OsRMC 控制水稻耐盐性的机制[78]。中国科学院上海生科院植物生理生态研究所鉴定了一个晚期胚胎富集蛋白基因 *OsLEA3-2*，参与耐盐和耐干旱研究。李传友研究组发现 1 个具有抗旱耐盐特性的锌指蛋白转录因子 DST，它可以直接调控生殖分生组织中控制茎顶端分生组织基因 *OsCKX2* 的表达，并可提高种子产量。

氮是促进植物生长和发育的必需的大量营养元素之一。傅向东研究组、钱前研究组和林鸿宣研究组合作研究，克隆了一个 *DEP1* 等位基因，*qNGR9*，在体内 DEP1 蛋白与 Gα 亚基（RGA1）和 Gβ 亚基（RGB1）发生了互作，导致 *RGA1* 活性降低，*RGB1* 活性增高，从而抑制了氮反应，说明水稻 G 蛋白复合物参与调控氮信号，从而证实异三聚体 G 蛋白（Heterotrimeric G proteins）调控了水稻的氮利用率[50]。万建民研究组发现过表达 *OsARG* 能增加水稻实粒数。*OsARG* 在水稻穗发育过程中尤其是在外源氮不足的情况下起重要作用，可以提高水稻对氮素的利用率，在作物改良中是一个潜在的目标基因。这些发现为环保且农业可持续发展地提高水稻产量，提出了颇有前景的科学策略。

Gamuyao 等克隆了一个耐磷饥饿基因 *PSTOL*1[79]。中国科学院植物所分离和鉴定了一个调控水稻磷饥饿应答和根型的 R2R3 MYB 转录因子 OsMYB2P-1。南京农业大学阐述了一个组成型表达的水稻磷转运蛋白 OsPht1 及其在水稻磷酸盐的吸收和磷在体内的转运中的作用。

Sasaki 等鉴定和克隆了一个控制锰吸收和积累的基因 *Nramp5*[80]。Ishikawa 等利用离子束辐射、基因鉴定以及分子标记辅助育种开发低镉水稻。Li 等发现 *NRAT1* 在水稻铝耐性中发挥了重要作用，它通过降低毒性铝在根细胞壁中的水平，并且把铝转运到根细胞中，在那里最终把铝隔绝在液泡中。

Lourenco 等克隆了 1 个耐冷基因 *OsHOS1*。中科院植物研究所、中国农业科学院等研究机构的研究人员，克隆了一个粳稻耐冷性的数量性状基因座 *COLD1*。粳型 *COLD1-jap* 过表达可显著增强水稻耐冷性，而 *COLD1-jap* 缺陷或下调的水稻品系则对冷非常敏感。随后他们进一步在 *COLD1* 中鉴别出了一个 SNP-SNP2，证实其起源于中国野生稻（*Oryza rufipogon*），是 *COLDjap/ind* 能够赋予水稻耐冷性的主要原因。新研究数据证实了 *COLD1* 在植物适应性中发挥重要的作用[51]。

二、水稻学科发展的国内外比较

（一）水稻遗传育种学科发展的国内外比较

目前国内水稻育种基础研究发展迅猛，在超级稻理论研究与品种选育、品质遗传改良、种质创新与功能基因研究等诸多研究方向取得了突破性进展，但国内育种，更注重于品种的选育，育种基础研究与水稻育种脱节，育种出现低水平重复现象，育成品种同质化问题严重；适应向机械化、轻简化等稻作生产方式转变的品种储备不足；面对气候变化和日趋严重的稻作逆境，缺少针对性的育种科技积累。

国外水稻育种研究更多注重性状的选择，注重于耐逆境的材料筛选，注重于具功能性水稻材料的选择，在注重水稻产量和品质的同时，也将发展战略重点转移到自主发展杂交水稻良种上来，重点培育本土化杂交水稻三系配套、重视两系杂交水稻良种的突破和发展。

（二）水稻栽培技术学科发展的国内外比较

纵观国内外稻作技术研究和应用，我国水稻种植、施肥、水稻病虫害防控及灾害预警等主要环节的信息技术应用级的机械化水平还较低，与我国社会经济发展水平和需求不适应。日本、韩国水稻机插技术先进，机插育秧实现工厂化和标准化，并实现主要环节配套的全程机械化技术。欧美及澳大利亚实现机械化直播及配套机械化技术。我国虽然在耕作和收获基本机械化，但机械化种植的水平和技术较低，育秧技术配套，机插种植与其他主要环节机械化不配套，机械化水平相对较低。

我国水稻单位面积和单位产量的施肥量高于国际先进国家，肥料利用率低于国际水平，肥料生产率低、利用率低，水稻生产指标化、标准化水平低。围绕提高氮肥利用率，国内外开展氮肥深施、平衡施肥、稻田养分精准管理技术，以及利用计算机决策支持系统指导施肥等技术及实地氮肥施用技术，提出基于植株吸氮量的氮肥管理和基于模拟模型的施氮技术系统，提高产量和氮肥利用率。FAO 借鉴澳大利亚水稻标准化生产技术，在全球推动水稻生产管理集成技术；研究水稻品种生长特性及产量形成规律，研发配套的高产栽培技术。国外利用信息技术监测土壤地力及水稻自然灾害、生物灾害的监测，指导施肥、灾害预警和防控技术研究要多于我国。针对全球气候变化及灾害气候对水稻和水稻生态系统的影响，高低温、干旱、洪涝、淹水等逆境胁迫研究加快。国外还加快了 *Sub1* 基因的发掘和应用、洪水再生稻技术的研究及提高水稻抗洪涝和耐淹水能力；品种耐高低温特性评价及其危害机理，苗期、开花结实期的临界温度研究、高温与二氧化碳提高的生长效应及应对气候变暖的水稻种植研究，为应对气候变化及灾害影响提供基础和方法。

（三）水稻分子生物学学科的国内外比较

近几年来，在水稻生物学研究上，中国科学家在国际顶级刊物上发表论文的数量和质量相比往年均有大幅度提升，*Plant Journal* 以上期刊生物学所占比例已经快速上升至 20% 以上。国际顶尖期刊上发表的水稻生物学论文，2/3 是中国的。相反，国外科学家发表的论文总数却呈下降趋势，他们主要在以下研究领域取得了新成果，包括非洲稻的基因组解析、水稻铝耐性的调控机理、水稻株型调控的激素信号转导机制、水稻育性和高光效的遗传调控机理等方面。当然，这与中国水稻科技飞速发展相比，国外的水稻生物学科技已明显处于劣势局面，中国水稻分子生物学研究已处于国际学术界领先水平。这与中国科技的高投入和重视程度密切相关。

三、水稻学科的发展趋势和展望

（一）水稻遗传育种学科

水稻遗传育种领域的研究前沿主要集中于育种技术的革新、性状鉴定平台的利用等方面。热点领域主要包括强杂种优势的利用，提高水稻生产力、品质以及健康水平的遗传多样性利用研究，加快具备高产、稳产、资源节约型水稻新品种的培育等。随着现代生物技术的发展，从经验型育种向科学高效育种转变已成为下一轮育种技术的突破点。

水稻遗传育种技术的发展趋势是：随着基因组测序等多种技术实现突破，基因组学、表型组学等多门“组学”及生物信息学得到迅猛发展，水稻育种理论和技术也发生了重大变革。以分子标记育种、转基因育种、分子设计育种为代表的现代作物分子育种技术开始广泛应用于农作物新品种培育，引领生物技术产品更新换代的速度不断加快，将创制一批大面积推广的农作物新品种。特别是以基因组编辑技术为代表的基因精准表达调控技术逐渐成为育种技术创新热点，通过锌指核酸酶（ZFN）技术、转录激活样效应因子核酸酶（TALEN）技术、CRISPR/Cas 技术和寡核苷酸定点突变（ODM）技术等建立有效的定点突变技术体系，实现对目标性状的定向改造。这将是我国今后水稻遗传改良的重要手段。

随着社会经济的发展、产业结构的调整和全球气候变化，水稻生产方式有了大幅度的变革，育种目标的多元化将是今后水稻育种的重点发展方向。

（1）加强选育适合全程机械化、轻简化种植、适合机械化制种的高产水稻新品种。

（2）加强选育综合抗性好、抗病虫害和耐高低温的新品种。

（3）加强选育氮磷高效利用、节水抗旱，耐盐、镉等重金属低积累材料创新与绿色水稻新品种。

（4）加强选育品质优良、特别是食味品质和口感好的水稻新品种。

（5）加强有色米、香米、功能性水稻新品种选育。

（二）水稻栽培技术学科

随着我国社会经济发展和农村劳动力转移及全球气候变化，水稻生产面临稻田面积和双季稻面积减少，土壤结构和肥力衰退，水资源短缺，肥水药用量大及利用率低，自然灾害频发，稻作技术与规模化生产发展不适应等问题，我国急需发展中国特色的现代稻作技术。

我国水稻生产的关键是机械化生产技术相对较传统，还没有与现有的生产模式、品种特性、种植制度、种植方式配套。需要加快研发适应规模化生产和社会化服务的水稻生产机械化技术，重点是水稻机械育秧和插秧、机械化施肥施药技术、杂交稻制种技术及全程机械化生产技术。

研究不同地区土壤耕作特点，建立地力培肥、合理耕作、水稻生长监测技术指标，提出土壤肥力培养和可持续生产技术，研发缓释肥等新型肥料，结合品种特性改进施肥方法，建立水稻品种、生态环境、种植制度及种植方式相适应的水稻肥水药高效利用高产栽培集成技术及中低产田产量提升技术。研发工程、环境和品种配套的水稻节水灌溉技术体系，降低灌溉用水量，提高水资源利用率。

我国水稻种植区域广阔，全球气候变化及水稻种植制度的演变，水稻生产灾害频发重发。重点研究水稻高低温、干旱等灾害的预警和抗灾减灾技术，水稻高低温和干旱灾害品种耐性鉴定方法，建立水稻低温冷害、高温热害及干旱评价标准和灾害损失评估方法及灾害防控技术体系。

虽有生育期短、省工节本和经济效益高等优点，但再生稻全国种植面积波动较大，主要问题是通常采用头季人工收割的高留桩再生稻，随农村劳动力转移，人工收割方式已成为制约再生稻推广的主要障碍，轻简化的机收低留桩再生稻是其发展方向，但机收低留桩再生稻产量水平较低，适合机收低留桩的再生稻品种少，机械收割对稻桩碾压破坏严重等，因此，需要加强机收低留桩再生稻选育和筛选，配套收割机械研制，开展低位芽萌发机理和再生季根芽促发等研究，完善再生稻配套栽培技术。

水稻间套作是农业生物多样性利用的有效途径，世界各国在农业生产中广泛采用两个或多个作物间套混合种植，从而充分利用作物物种的互惠和物种对资源的互补优势，但该种植模式需与当地耕作制度结合，通过完善配套技术，充分利用光温等环境资源，提高粮食产量。

（三）水稻品种资源学科

1. 重视国外资源引进

据估计全球保存有非重复各类稻种资源 14 万份，按国内资源 6 万份计算，国外资源在 8 万份以上，其中印度占绝对多数，而目前我国已收集保存的国外资源仅 1 万份左右，印度资源更是有限。另一方面，实践已证明有目的地从重点地区引入国外种质资源是一条快速、高效的途径。因此，通过各种途径，考察并引入国际水稻研究所（IRRI）、国际农业研究中心（CIAT）、印度、泰国、巴基斯坦等国际机构和水稻生产国的优质、多抗、遗传多样的各类稻种资源是我国国家水稻科学研究的一项长期工作。

2. 分子技术将成为资源鉴定的常规手段

种质资源研究的最终目的是高效利用，精准鉴定是保证。目前，分子技术已渗透到生命科学的各个领域，就水稻资源研究而言，也已从表型鉴定转变为表型与基因型鉴定相结合，从发掘优异性状发展为挖掘有利基因，甚至于有利等位基因，分子技术已成为资源鉴定的常规手段，以实现种质资源保护由种质实物保护转变为基因保护。

3. 基因组学研究融入资源研究

基因组学主要研究内容是生物基因组的结构与功能。水稻基因组计划的成果已为水稻资源研究，尤其在起源驯化研究领域，带来诸多惊喜。随着植物基因组计划的拓展以及水稻泛基因组研究的深入，资源研究在种属进化、基因驯化、基因鉴定和利用等方面必将取得更多突破。

（四）水稻分子生物学学科

综观近几年的水稻分子生物学研究，今后，水稻重要农艺性状功能基因和等位基因挖掘、生物调控途径和网络解析以及水稻定点突变技术发展和应用将是主要的趋势。

以我国水稻生产中的重大需求为导向，以功能基因组研究为主要手段，开展水稻重要农艺性状的分子调控机制研究仍将是今后的发展方向，特别是株型发育的基因调控、优质、抗逆和养分高效等分子机理研究。

全基因组等位基因的挖掘：利用全球重要的稻种资源、测序技术和 GWS 分析技术，对全球稻种资源进行有利等位基因的挖掘。一些有利等位基因已在生产上应用，如氮高效基因 *qNGR9*，是直立穗 *DEP1* 的等位基因，已在生产上广泛应用，有利于高产和农业的可持续发展。还有在超级稻甬优系列品种和 Y 两优 1128 等新品种中，都有了理想株型基因 *IPA1*。

调控网络解析：水稻生长发育是有几万个基因、一系列的生物调控途径和新陈代谢过程协同参与调控的过程，是一个复杂的有机整体。我们仍需要通过互作分析和调控途径的研究，更深层次地解析调控网络。

作为当今热门的定点突变技术，CRISPR. Cas9 的应用已经快速普及水稻生物学研究的各个方面，可实现对水稻特定基因的高效、可稳定遗传及特异性的定点突变。该技术对水稻基因的克隆和提高水稻的产量、抗性及品质等提供了理论基础。

此外，值得一提的是，自 2005 年韩国云火科学技术院首次成功分离和培养了植物干细胞后，植物干细胞正在广泛通过商业、医学等领域运用到人类的生命健康等方面。水稻生物学方面鲜有相关研究，预期将来对水稻干细胞技术的发展和应用，将有利于拓展水稻种业的新技术市场。

—— 参考文献 ——

[1] Xu SH, Zhu D, Zhang QF. Predicting hybrid performance in rice using genomic best linear unbiased prediction [J]. PROCEEDINGS OF THE NATIONAL ACADEMY OF SCIENCES OF THE UNITED STATES OF AMERICA, 2014, 111 (34): 12456-12461.

[2] Shan Q, Wang Y, Li J, et al. Targeted genome modification of crop plants using a CRISPR-Cas system [J]. Nat Biotechnol, 2013, 31: 686-688.

[3] Zhang, H., Zhang, J., Wei, P., et al. The CRISPR/Cas9 system produces specific and homozygous targeted gene editing in rice in one generation [J]. Plant Biotechn J, 2014, 12: 797-807.

[4] Zhengyan Feng, Botao Zhang, Wona Ding, et al.Efficient genome editing in plants using a CRISPR/Cas system [J]. Cell Res, 2013, 23: 1229-1232.

[5] Ma, X., Zhang, Q., Zhu, Q., et al. A robust CRISPR/Cas9 system for convenient, high-efficiency multiplex genome editing in monocot and dicot plants [J]. Molecular Plant, 2015.

[6] Xie, K., Minkenberg, B., Yang, Y. Boosting CRISPR/Cas9 multiplex editing capability with the endogenous tRNA-processing system [J]. Proc Natl Acad Sci U S A, 2015, 112: 3570-3575.

[7] 2012年国家、各省审定的水稻新品种. http: //www.ricedata.cn/variety.htm.

[8] 全国农业技术推广服务中心，中国水稻研究所. 国家南方稻区区试总结. 2012.

[9] 2013年国家、各省审定的水稻新品种. http: //www.ricedata.cn/variety.htm.

[10] 全国农业技术推广服务中心，中国水稻研究所. 国家南方稻区区试总结. 2013.

[11] 2014年国家、各省审定的水稻新品种. http: //www.ricedata.cn/variety.htm.

[12] 秦叶波，陈叶平. 浙江省水稻高产创建的成效及经验启示 [J]. 中国稻米，2013，19（5）：22-25.

[13] 苏柏元，朱德峰. 超级稻甬优12机插单产 $1000kg/667m^2$ 的产量结构与配套栽培技术 [J]. 中国稻米，2013，19（4）：97-100.

[14] 张兆麟. 水稻精确定量栽培技术在永胜县的试验研究及应用 [J]. 中国稻米，2013，19（4）：125-128.

[15] 朱德峰，陈惠哲. 超级稻品种栽培技术模式图 [M]. 北京：中国农业科学技术出版社，2012.

[16] 范玉宝，张子军，杜新东，等. 钵体毯式苗机插技术及应用效果 [J]. 北方水稻，2012，42（1）：42-44.

[17] 柴楠，任淑娟，高向达. 寒地水稻钵体毯式育秧播种密度试验总结 [J]. 北方水稻，2012，42（4）：29-30，46.

[18] 李文琴，刘浩，陈惠哲，等. 水稻钵形毯状秧苗机插技术在天津的应用效果及关键技术 [J]. 中国稻米，2013，19（4）：118-120.

[19] 朱德峰，陈惠哲，徐一成，等. 我国双季稻生产机械化制约因子与发展对策 [J]. 中国稻米，2013，19（4）：1-4.

[20] 梁国庆，周卫，刘东海，等. 不同有机肥对黄泥田土壤培肥效果及土壤酶活性的影响 [J]. 植物营养与肥料学报，2014，20（5）：1168 — 1177.

[21] 计小江，陈义，吴春艳，等. 浙江省稻田土壤养分现状及演变趋势 [J]. 浙江农业学报，2014，26（3）：775-778.

[22] 李松，张玉屏，朱德峰，等. 不同水稻品种花期耐旱性评价 [J]. 干旱地区农业研究，2013，31（3）：39-47，154.

[23] 周建霞，胡声博，张玉屏，等. 早稻花期高温鉴定初探 [J]. 中国稻米，2013，19（4）：28-29.

[24] 周建霞，张玉屏，朱德峰，等. 高温下水稻开花习性对受精率的影响 [J]. 中国水稻科学，2014，28（3）：297-303.

[25] 曾研华，张玉屏，王亚梁，等. 甬优系列杂交稻组合开花期耐冷性评价 [J]. 中国水稻科学，2015，29（3）：291-298

[26] 戴立智，吴天长，俞开启. 中稻－再生稻新组合试验初报 [J]. 福建农业科学，2012，2：3-6.

[27] 涂军明，王欢，曹志刚，等. 高产水稻品种作再生稻种植比较试验初报 [J]. 湖北农业科学，2013，52（23）：5683-5685.

[28] 何水清，周明火，党洪阳. 准两优608“一季＋再生”的头季稻留桩高度研究 [J]. 杂交水稻，2014，29（5）：47-48.

[29] 林文雄，陈鸿飞，张志兴，等. 再生稻产量形成的生理生态特性与关键栽培技术的研究与展望 [J]. 中国生态农业学报，2015，23（4）：392-401.

[30] 俞道标，赵雅静，黄顽春，等. 低桩机割再生稻生育特性和氮肥施用技术研究 [J]. 福建农业学报，2012，27（5）：485-490.

[31] 柳开楼，秦江涛，张斌，等. 播种期对轻简栽培方式再生稻源库关系的影响 [J]. 土壤，2012，44（4）：686-695.

[32] 梁开明，章家恩，杨滔，等. 水稻与慈姑间作栽培对水稻病虫害和产量的影响［J］. 中国生态农业学报，2014，22（7）：757–765.

[33] 谭太龙，贺慧，官春云. 水稻套种直播油菜技术研究［J］. 作物研究，2014，28（1）：43–46.

[34] 滕飞，陈惠哲，向镜，等. 机插混合种植水稻抗性变化及增产效应试验［J］. 农业工程学报，2014，30（17）：17–24.

[35] Huang X H，Kurata N，Wei X H，et al. A map of rice genome variation reveals the origin of cultivated rice［J］. Nature，2012，490：497–501.

[36] Wei X，Qiao W H，Chen Y T，et al. Domestication and geographic origin of Oryza sativa in China：insights from multilocus analysis of nucleotide variation of O. sativa and O. rufipogon［J］. Molecular Ecology，2012，21：5073–5087.

[37] Wang C L, Fan Y L, Zheng C K, et al. High–resolution genetic mapping of rice bacterial blight resistance gene Xa23［J］. Molecular Genetics and Genomics，2014，289（5）：745–753.

[38] 严红梅，董超，张恩来，等. 微卫星标记分析水稻地方品种 30 年的遗传变异［J］. 遗传，2012，34（1）：87–94.

[39] 孙建昌，余滕琼，汤翠凤，等. 基于 SSR 标记的云南地方稻种群体内遗传多样性分析［J］. 中国水稻科学，2013，27（1）：41–48.

[40] 赵一洲，李正茂，路洪彪，等. 辽宁省水稻骨干亲本演变及遗传多样性分析［J］. 河南农业科学，2014，43（12）：28–33.

[41] Deng X J，Luo X D，Dai L F，et al. Genetic diversity and genetic changes in the introgression lines derived from Oryza sativa L. mating with O. rufipogon Griff［J］. J Integrative Agric，2012，11（7）：1059–1066.

[42] Jiang J H，Tan L B，Zhu Z F，et al. Molecular evolution of the TAC1 gene from rice（Oryza sativa L.）［J］. J Genetic & Genom，2012，39：551–560.

[43] Luo J，Liu H，Zhou T，et al. An-1 encodes a basic Helix–Loop–Helix protein that regulates awn development，grain size，and grain number in rice［J］. Plant Cell，2013，25：3360–3376.

[44] Lu L, Shao D, Qiu X J, et al. Natural variation and artificial selection in four genes determine grain shape in rice［J］. New Phytologist，2013，200：1269–1280.

[45] Huang X H，Zhao Y，Wei X H，et al. Genome–wide association study of flowering time and grain yield traits in a world–wide collection of rice germplasm［J］. Nature Genetic，2012，44：32–39.

[46] Wang C H，Yang Y L，Yuan X P，et al. Genome–wide association study of blast resistance in indica rice［J］. BMC Plant Biology，2014，14：311

[47] 孙晓棠，卢冬冬，欧阳林娟，等. 水稻纹枯病抗性关联分析及抗性等位变异发掘［J］. 作物学报，2014，40（5）：779–787.

[48] Dang X J, Thi T G T, Dong G S, et al. Genetic diversity and association mapping of seed vigor in rice（Oryza sativa L.）［J］. Planta，2014，239（6）：1309–1319.

[49] Zhou，F.，Lin，Q.B.，Zhu，L.H.，et al. D14–SCF^{D3}–dependent degradation of D53 regulates strigolactone signalling［J］. Nature，2013，504：406–410.

[50] Sun，H.Y.，Qian，Q.，Wu，K.，et al. Heterotrimeric G proteins regulate nitrogen–use efficiency in rice［J］. Nat Genet，2014，46：652–656.

[51] Ma，Y.，Dai，X.Y.，Xu，Y.Y.，et al. COLD1 Confers Chilling Tolerance in Rice［J］. Cell，2015，160：1209–1221.

[52] Luo，D.P.，Xu，H.，Liu，Z.L.，et al. A detrimental mitochondrial–nuclear interaction causes cytoplasmic male sterility in rice［J］. Nat Genet，2013，45：573–577.

[53] Gao，Z.Y.，Zhao，S.C.，He，W.M.，et al. Dissecting yield–associated loci in super hybrid rice by resequencing recombinant inbred lines and improving parental genome sequences［J］. Proc National Academy of Sci USA，

2013, 110: 14492-14497.

[54] Huang, X.H., Yang, S.H., Gong, J.Y., et al. Genomic analysis of hybrid rice varieties reveals numerous superior alleles that contribute to heterosis [J]. Nat Commun, 2015: 6.

[55] Yang, J., Li, Y., Chan, L., et al. Validation of genome-wide association study (GWAS) -identified disease risk alleles with patient-specific stem cell lines [J]. Hum Mol Genet, 2014, 23: 3445-3455.

[56] Li, Y.B., Fan, C.C., Xing, Y.Z., et al. Chalk5 encodes a vacuolar H+-translocating pyrophosphatase influencing grain chalkiness in rice [J]. Nat Genet, 2014, 46: 398-404.

[57] Peng, B., Kong, H.L., Li, Y.B., et al. OsAAP6 functions as an important regulator of grain protein content and nutritional quality in rice. Nat Commun, 2014: 5.

[58] Wu, J.H., Zhu, C.F., Pang, et al. OsLOL1, a C2C2-type zinc finger protein, interacts with OsbZIP58 to promote seed germination through the modulation of gibberellin biosynthesis in Oryza sativa [J]. Plant J, 2014, 80: 1118-1130.

[59] Xu, C., Wang, Y.H., Yu, Y.C., et al. Degradation of MONOCULM 1 by APC/C-TAD1 regulates rice tillering [J]. Nat Commun, 2012: 3.

[60] Lin, Q.B., Wang, D., Dong, H., et al. Rice APC/C-TE controls tillering by mediating the degradation of MONOCULM 1 [J]. Nat Commun, 2012: 3.

[61] Wang, S.K., Wu, K., Yuan, Q.B., et al. Control of grain size, shape and quality by OsSPL16 in rice [J]. Nat Genet, 2012, 44: 950-954.

[62] Li, S.C., Li, W.B., Huang, B., et al. Natural variation in PTB1 regulates rice seed setting rate by controlling pollen tube growth [J]. Nat Commun, 2013: 4.

[63] Tong, H.N., Liu, L.C., Jin, Y., et al. DWARF AND LOW-TILLERING Acts as a Direct Downstream Target of a GSK3/SHAGGY-Like Kinase to Mediate Brassinosteroid Responses in Rice [J]. The Plant Cell, 2012, 24: 2562-2577.

[64] Itoh, J., Hibara, K., Kojima, M., et al. Rice DECUSSATE controls phyllotaxy by affecting the cytokinin signaling pathway [J]. Plant J, 2012, 72: 869-881.

[65] Chen, C., Chen, H., Shan, J.X., et al. Genetic and Physiological Analysis of a Novel Type of Interspecific Hybrid Weakness in Rice [J]. Mol Plant, 2013, 6: 716-728.

[66] Ren, D.Y., Li, Y.F., Zhao, F.M., et al. MULTI-FLORET SPIKELET1, Which Encodes an AP2/ERF Protein, Determines Spikelet Meristem Fate and Sterile Lemma Identity in Rice [J]. Plant physiol, 2013, 162: 872-884.

[67] Gao, H., Zheng, X.M., Fei, G.L., et al. Ehd4 Encodes a Novel and Oryza-Genus-Specific Regulator of Photoperiodic Flowering in Rice [J]. PLoS genetics, 2013: 9.

[68] Miao, C.B., Tang, D., Zhang, H.G., et al. CENTRAL REGION COMPONENT1, a Novel Synaptonemal Complex Component, Is Essential for Meiotic Recombination Initiation in Rice [J]. The Plant Cell, 2013, 25: 2998-3009.

[69] Hu, J., Wang, K., Huang, W.C., et al. The Rice Pentatricopeptide Repeat Protein RF5 Restores Fertility in Hong-Lian Cytoplasmic Male-Sterile Lines via a Complex with the Glycine-Rich Protein GRP162 [J]. The Plant Cell, 2012, 24: 109-122.

[70] Gong, L., Chen, W., Gao, Y.Q., et al. Genetic analysis of the metabolome exemplified using a rice population [J]. Proc Nation Acad Sci USA, 2013, 110: 20320-20325.

[71] Chen, W., Gao, Y.Q., Xie, W.B., et al. Genome-wide association analyses provide genetic and biochemical insights into natural variation in rice metabolism [J]. Nat Genet, 2014, 46: 714-721.

[72] Liu, B., Li, J.F., Ao, Y., et al. Lysin Motif-Containing Proteins LYP4 and LYP6 Play Dual Roles in Peptidoglycan and Chitin Perception in Rice Innate Immunity [J]. The Plant Cell, 2012, 24: 3406-3419.

[73] Ding, B., Bellizzi, M.D., Ning, Y.S., et al.HDT701, a Histone H4 Deacetylase, Negatively Regulates Plant Innate Immunity by Modulating Histone H4 Acetylation of Defense-Related Genes in Rice [J]. The Plant Cell, 2012, 24: 3783-3794.

[74] Wang, Q., Liu, Y.Q., He, J., et al. STV11 encodes a sulphotransferase and confers durable resistance to rice stripe virus [J]. Nat Commun, 2014: 5.

[75] Zhu, X.Y., and Xiong, L.Z. Putative megaenzyme DWA1 plays essential roles in drought resistance by regulating stress-induced wax deposition in rice [J]. Proc Nation Acad Sci USA, 2013, 110: 17790-17795.

[76] Ambavaram, M.M.R., Basu, S., Krishnan, A., et al. Coordinated regulation of photosynthesis in rice increases yield and tolerance to environmental stress [J]. Nat Commun, 2014, 5.

[77] Serra, T.S., Figueiredo, D.D., Cordeiro, A.M., et al. OsRMC, a negative regulator of salt stress response in rice, is regulated by two AP2/ERF transcription factors [J]. Plant Molec Biol, 2013, 82: 439-455.

[78] Gamuyao, R., Chin, J.H., Pariasca-Tanaka, J., et al. The protein kinase Pstol1 from traditional rice confers tolerance of phosphorus deficiency [J]. Nature, 2012, 488: 535-539.

[79] Sasaki, A., Yamaji, N., Yokosho, K., et al. Nramp5 Is a Major Transporter Responsible for Manganese and Cadmium Uptake in Rice [J]. The Plant Cell, 2012, 24: 2155-2167.

[80] Ishikawa, S., Ishimaru, Y., Igura, M., et al. Ion-beam irradiation, gene identification, and marker-assisted breeding in the development of low-cadmium rice [J]. Proc Nation Acad Sci USA, 2012, 109: 19166-19171.

撰稿人：程式华　胡培松　曹立勇　朱德峰　魏兴华　郭龙彪　庞乾林

玉米科技发展研究

玉米是我国重要的粮食、饲料与工业原料作物，2013年我国玉米种植面积超过5.42亿亩，总产达到2.18亿吨，面积和总产均列农作物第一位。近年来，生命科学、信息学、材料学与先进制造等相关学科的渗透、交融和集成，推进玉米高通量分子检测、单倍体、转基因、全基因组选择等生物育种技术迅速发展，逐步形成基于信息技术、常规育种与生物技术集成的现代玉米育种技术体系；核心种质资源与基因资源深度改良，优良品种选育正逐步向基因型选择转变，高产高效、优质专用、抗逆广适、适宜机械化作业的有机结合已成为优良品种培育的发展目标和方向，种子生产与加工技术研发与应用备受重视；玉米栽培研究构建了一批栽培基础数据库，通过高产潜力探索，对玉米产量的认识不断深入，产量纪录被不断突破；农机农艺融合的研究推动了全国玉米生产机械化程度的不断提高。设施平台和人才队伍建设成效显著，品种改良、高产探索取得一大批具有显著应用效益的成果，推动了玉米科技进步。

一、学科重要进展

（一）重大研究成果

1. 豫综5号和黄金群玉米种质创制与应用

针对玉米种质资源狭窄、育种方法单一、品种同质化严重等制约我国玉米生产发展的核心问题，经研究将我国地方特异种质和外来优异种质有效聚合，创制出高产优质、多抗广适的“豫综5号”和“黄金群”两个群体。从优异种质中培育出优良玉米自交系18个和高产优质、广适多抗新品种15个，育成品种累计推广8444.1万亩，获得经济效益72.8亿元，为我国玉米产业可持续发展和保障国家粮食安全做出了重要贡献。2014年，获国家科学技术进步奖二等奖。

2. 辽单系列玉米种质与育种技术创新及应用

组建“辽综群体”和“瑞德微群体”，创新利用外引资源。提出“S1 家系密植选择法”改良群体，采用低代系大群体高密度与抗病接种鉴定相结合，以及早代测试种子发芽势等方法选育自交系。利用辽单玉米种质和创新育种方法，育成辽单 565 等 27 个玉米品种，具有早熟、耐密、抗逆性强、高产稳产等优点。研制出“玉米早熟矮秆耐密增产技术”和“三比空密疏密增产技术”。2010—2012 年成果累计推广 5658.19 万亩，新增粮食 27.2 亿千克，新增经济效益 33.65 亿元。2013 年，获国家科学技术进步奖二等奖。

3. 亚热带优质、高产玉米种质创新及利用

针对热带、亚热带优质、高产玉米种质改良、创新及利用研究，建立利用种群配合力划分玉米杂种优势群的新方法；育成通过国家和省级审定的云瑞 8 号、云瑞 1 号、云优 19、云甜玉一号和甜糯 888 等高产玉米品种 25 个，获国家植物新品种权 13 项；在云南、广西、贵州等省区推广应用热带、亚热带优质、高产玉米新品种累计 1.75 亿亩，新增产值 237.23 亿元。为保障粮食安全、提高山区农民收入做出了重大贡献。2012 年，获国家科学技术进步奖二等奖。

4. 玉米高产栽培理论和技术研究与应用

研究提出了“增密增穗、水肥促控与化控两条线、培育高质量抗倒群体和增加花后群体物质生产与高效分配”的玉米高产挖潜技术途径，研制出高密度种植、水肥一体化等 9 项高产关键技术，2013 年在新疆奇台总场创造了亩产 1511.74 千克的全国玉米小面积高产纪录。集成耐密高产适合机械化作业品种、深翻与综合整地、增密种植、水肥一体化、机械施肥、籽粒直收、秸秆还田等关键技术，开展生产全过程成本核算，在新疆伊犁 71 团万亩（10500 亩）2012 年创造亩产 1113.4 千克，2014 年再创 1227.6 千克 / 亩的全国玉米大面积高产纪录，实现亩净利润 1607.88 元。2013 和 2014 年，“玉米密植高产机械化生产技术”被农业部遴选为全国玉米主推技术。

5. 玉米田间种植系列手册与挂图出版发行及推广利用

根据不同区域玉米生产特点，国内 500 余位一线专家和技术人员联合创作了《玉米田间种植系列手册》与挂图。手册和挂图以现代玉米生产新理念、新技术为核心内容，以生产流程为轴线、生产问题为切入点、典型图片再现生产情景的表现形式编写，2011—2014 年，手册重印 21 次，合计出版 91 万册；挂图重印 16 次，合计出版 165.4 万张，推广应用至全国玉米各产区，成为玉米产区重要的技术指导用书和培训教材，在传播现代玉米生产理念和技术、将先进科技理论转化为现实生产力、实现粮食增产和农民增收方面产生了积极的推动作用。

（二）种质资源研究进展

我国玉米种质资源在长期库中保存数量已超过 2.3 万份，建立了“玉米种质资源描述规范和数据标准”，入库种质资源目录信息不断完善。近年来，开展了产量、抗病虫、耐

逆境、籽粒品质等相关性状的表型鉴定，筛选出1000余份不同类型优异种质，广泛应用于育种实践。系统整理了“黄早四”等我国主要品种的血缘和系谱。构建了可代表种质库保存资源遗传多样性的核心种质、微核心种质和应用核心种质，创制了一批可用于规模化基因发掘的导入系、重组近交系、DH系等遗传群体，鉴定出一批具有优异性状的种质。通过在全基因组水平上对玉米自然群体的分析，已批量发现了控制重要农艺性状的候选基因和标记，研究结果发表在*Nature Genetics*、*BMCBiology*等杂志，表明全基因组关联分析是数量性状分析的一条有效途径，从而为规模化基因发掘积累了经验。

（三）遗传与基因组学研究进展

1. 表观组、基因组和转录组的研究

中国农业大学国家玉米改良中心利用高通量测序技术对来自不同地域以及不同育种年代的278份玉米自交系基因组进行了系统地比较分析，阐述了现代玉米育种过程中发生的基因组遗传变化规律。通过分析4个具有系谱关系的中国自交系发现，育种过程中玉米基因组的同源区间能够产生广泛的遗传变异，而且这种变异非常迅速。

国家玉米改良中心继2011年在*PNAS*发表了关于玉米籽粒发育中特异存在的胚乳和胚印记基因以后，于2013年通过调查亲本特异的DNA甲基化和组蛋白甲基化H3K27me3模式，进一步探明了基因印记产生的表观遗传学基础，初步建立了依赖于和不依赖于亲本差异甲基化模式产生的印记基因模式。

国家玉米改良中心于2014年还通过应用RNA-Seq技术，描绘了玉米籽粒发育过程中胚和胚乳转录组动态性变化，发现并证实了一系列在不同发育阶段特异表达的转录因子。同时，四川农大玉米研究中心研究了雌穗发育和胚胎脱分化，以及河南农大玉米研究中心调查了种子萌发、茎节增长和籽粒灌浆期中microRNA的动态学变化。

华中农业大学玉米研究中心比较了6个大刍草和10个玉米自交系中基因差异剪切模式。该研究发现，就总体而言，大刍草和玉米享有相似的差异剪切模式，但在一些转录因子和逆境相关基因中，玉米拥有更丰富的剪切方式，这表明了在大刍草到玉米的驯化中，人工选择可特异改变特异基因的差异剪切模式。

中国农业大学国家玉米改良中心通过巧妙的染色体工程实验设计，获得了具有荧光标记的单倍体诱导系；以该体系为试验材料，发现诱导系的染色体出现在受精卵中的频率很低，由此证明了诱导系基因组的单方面去除是单倍体产生的一种机制；同时还通过应用基于基因芯片的基因型鉴定技术，发现诱导产生的单倍体基因中出现了诱导系染色体片断，证明了单倍体产生过程中发生了染色体融合现象。

华中农业大学成功分离出玉米四分体的4个小孢子并完整提取其DNA。该研究通过对玉米24个四分体96个小孢子的全基因组低通量测序分析，获得了近60万个高质量的SNP标记，构建了接近单碱基水平的重组图谱，首次准确计算出玉米单个细胞一次减数分裂平均发生重组交换的次数，发现了多个重组热点区域，揭示了基因转换是重组过程中普

遍发生的重要遗传现象，还精确计算了基因转换发生的频率。研究还首次证实了植物中存在较强的重组负干涉和复杂的染色单体干涉，以及环境因素显著影响重组频率等重要遗传学现象。

2. 重要性状的遗传基础及 QTL 定位和克隆研究

中国农业大学、华中农业大学、中国农业科学院、深圳华大基因与美国农业部等合作，开展了“全基因组关联分析剖析玉米籽粒油份合成的遗传结构”的研究。他们以高油玉米在内的 368 份玉米自交系为材料，利用 RNA-seq 方法进行了籽粒发育期的大规模转录组测序，挖掘了 103 万个 SNP，获得了 28769 个基因的表达量数据。基于全基因组关联分析，共发现 74 个座位与籽粒油份相关性状显著关联，其中 1/3 的座位编码油脂代谢的关键酶；鉴定出 26 个与籽粒总含油量显著相关的座位，能解释 83% 的表型变异；发现人工长期选择的高油玉米仅在有限基因组位点发生改变，有利等位基因的累加可能是高油玉米油份增加的主要原因；还发掘出一些玉米油份相关性状的有利等位基因。

华中农业大学与中国农业科学院利用 368 份玉米多样性材料授粉后 15 天的籽粒为供试材料，采用 RNA-Seq 技术进行 RNA 测序分析，获得了 28769 个基因的表达量。通过全基因组关联分析，鉴定了 16408 个 eQTL；继后通过所发展的两步分析方法，把 95.1% 的 eQTL 限定到 10Kb 的区域，其中 67.7% 的 eQTL 只包含一个候选基因。本研究通过以玉米籽粒类胡萝卜素含量这一性状为例证，通过上述联合分析方法，不但验证了此前基因克隆的结果，同时找到了其他 55 个可能与类胡萝卜素合成有关的基因，并重建了其可能的代谢调控网络。

华中农业大学在前期研究的基础上对玉米籽粒代谢展开了全面的研究。通过结合遗传、代谢物和表达分析方法，详细研究了玉米籽粒代谢多样性的遗传基础，确定了种植在多个区域的 702 个玉米品种的 983 个代谢物特征，通过基于代谢物的全基因组关联绘图鉴别出了跨越 3 种环境的 1459 个显著基因组 - 性状关联；大多数（58.5%）鉴别的基因座得到了 eQTL 的支持，一些（14.7%）基因座通过连锁作图得到了验证；重测序和候选基因关联分析确定了与代谢性状密切相关的 5 个候选基因，通过突变和转基因分析进一步验证了其中的 2 个基因与玉米籽粒代谢有关。

华中农业大学作物重点实验室开发了一个称为 A-D test 的方法，并对关联群体中的 17 个农艺性状重新进行关联分析。应用该研究方法，发现了一系列之前没有检测到的与目标性状关联位点；同时还论证了新方法在解析非正态分布的复杂性状以及低频等位基因调控性状的遗传模式中具有很高的选择效应。

上海大学生物学院应用 ChIP-Seq 技术，在全基因组水平上发现了 O2 蛋白的 1686 个染色体结合位点，覆盖了 1143 个基因；研究还证实了一段短的核苷酸序列 TGACGTGG 可以引导 O2 蛋白的结合，直接调控了一系列 *Zeins* 基因的表达。上海植生所近年研究发现，O2 蛋白和其他调控因子 OHPs 和 PBF 协调控制了下游 *Zeins* 基因的表达。

中国农业大学国家玉米改良中心以来源不同，具有广泛多样性、代表性的 500 余份玉米自交系为试验材料，从南到北种植并调查其开花时间，利用覆盖全基因组的高密度分子标记，结合全基因的关联分析找到了一个影响开花期的关键位点，是一个包含 CCT 结构域的基因，携带一个 CACTA 型转座子，能有效减弱玉米对光的敏感性，命名为 *Zm*CCT。该研究结果对于揭示玉米的适应性机制，玉米从热带到温带地区的扩散及品种选育均具有重要意义。

中国农业大学资源与环境学院近几年以玉米根系、养分效率、产量等重要性状为研究切入点，综合利用植物营养学、遗传学和分子生物学手段，初步剖析了玉米养分高效的遗传与分子基础，挖掘了控制玉米养分高效吸收利用的重要遗传位点和功能基因。这些新等位基因的挖掘为高产高效优质玉米品种的遗传改良提供了优异的基因资源、功能标记和创新育种种质。

3. 对生物逆境和非生物逆境抗性的 QTL 定位和基因克隆

中国农业大学国家玉米改良中心近来图位克隆了 *qHSR1* 基因。发现 *ZmWAK* 基因位于 *qHSR1* 内，是影响玉米黑穗病数量抗性的一个基因。*ZmWAK* 可跨越质膜，有可能发挥了一种受体样激酶作用负责感知和传导细胞外信号；研究还证实 *ZmWAK* 在幼苗的中胚轴中高水平表达，阻止了内生玉米丝黑穗病菌的活体营养性生长；中胚轴 *ZmWAK* 表达受损会影响 *ZmWAK* 介导的黑穗病数量抗性。同时还发现，玉米驯化后似乎发生了 *ZmWAK* 位点的缺失并在玉米种质间传播，在玉米的进化过程中 *ZmWAK* 激酶结构域受到了功能限制。

中科院植物研究所以玉米 *ZmDREB* 基因家族为研究对象，对玉米基因组进行了全面分析，分离克隆了 18 个 *ZmDREB* 基因。发现 *ZmDREB*2.7 基因与玉米抗旱性的遗传变异呈现极显著相关，表明该基因是玉米中重要的抗旱基因；进一步对 105 份玉米自交系材料 *ZmDREB*2.7 基因的全序列及其在干旱胁迫下的基因表达进行分析，发现该基因启动子区域的多个插入、缺失可能是导致该基因功能差异的变异位点，且它们在不同自然变异材料中以一种单体型存在，可能是该基因的优异单体型。四川农业大学玉米研究所提出一种 QTL 鉴定新方法——连锁与连锁不平衡（LD）联合作图，该方法在国际上首次将连锁和连锁非平衡两种分析方法整合起来，具有同时估计多种遗传参数和基因组参数（包括 QTL 等位基因频率、QTL 效应位置及有关的群体效应等）的优点，极大地提升了对作物耐旱、产量等复杂数量性状 QTL 解析效率。利用共变异和聚类策略分析了 16 个不同耐旱性玉米自交系基因组序列，成功筛选并验证了 79 个一致性变异位点（28 个基因）和 1 个耐旱 QTL 富集区段 Bin1.07（卢艳丽，2014）。

（四）育种方法与技术研究进展

1. 常规育种技术

中国农业科学院、河南农业大学等单位根据不同分离世代的遗传特点，建立了 S1 代 10000 株 / 亩、S2（8000 株 / 亩）、S3（4000 株 / 亩）的密度梯度降低的高密度技术体系。北京市农林科学院建立了“高大严”（高密度、大群体、严选择）和“五位一体”（高大严、IPT、DH、MAS、多年多点鉴定五项技术并形成一个有机整体）的育种技术体系，选育出京 724、京 92 等系列优良自交系，培育出京科 968 等系列强优势优良玉米品种 10 余个。辽宁农业科学院建立了低代系（S1–S2）密植结合接种鉴定、中高代测配的技术体系，通过生物与非生物高强度逆境胁迫下，从而选育出耐密性、抗病性及高配合力的自交系。

中国农业科学院以美国、欧洲等优异种质资源为基础，融合了我国黄淮海地区和东北地区的骨干自交系，通过复合杂交等方法组建适合不同生态型区杂种优势模式的综合群体。吉林农业科学研究院按照父母本单独成群的模式组建了以 Reid 系统为主的母本群体和以塘旅系统为基础的父本群体，实现了父母本定向改良与选系的结合。四川农业大学以掖 478、7922、5003、32、698–3 和 687 等自交系为基础材料，合成优良群体 P4C0，并从中选育出优良自交系 Y0921。山西农业科学院利用 8 个 Lancaster 类群的自交系合成了一个优良群体，并进行了 1 轮的改良。

辽宁农科院采用 S1 表型选择法、S1 家系密植鉴定选择法、配合力选择法对玉米辽综群体进行 3 轮改良，系统评价 8 个改良群体的育种潜势。结果表明，S1 家系密植鉴定选择法改良群体效果显著，且方便、实用。以密植鉴定选择法改良的群体辽综群体穗行数增加明显、产量性状 GCA 水平较高、育种潜力较大。从不同轮次的改良群体中陆续选育出了 6 个优良玉米自交系，组配出 6 个相应的玉米杂交种通过国家或省级审定，新品种累计推广面积 122.5 万 hm^2。并利用建立的 S1 家系密植鉴定的群体改良方法，并对中综 6 群、瑞德群、黄改群、先玉 335 群进行 1 ~ 2 轮改良，获得 9 份群体。

广西农业科学院利用半同胞相互轮回选择法对桂综 3 号和桂苏综两个热带复合群体进行两轮改良后，选用黄早四、掖 478、丹 340、Mo17 等 4 个测验种作母本，各轮改良群体作父本，按 NCII 遗传交配设计组配测交种，对各轮群体、群体间杂交组合和测交种进行选择效果评价。结果表明，桂综 3 号、桂苏综及其杂交组合产量平均每轮增效分别为 53kg/hm^2、645kg/hm^2、390kg/hm^2。其他农艺性状随各轮对产量相互轮选择发生不同程度的变化，其中出籽率和千粒重是随轮次改良向增加方向发展，秃尖长也随着减少，其他性状变化不大。

西北农林科技大学构建了具有杂种优势模式的陕 A 群和陕 B 群，从两个群体中选育出 23 份优良玉米自交系，利用 2846 个高质量 SNP 标记，进行群体遗传结构、遗传多样性和类群间遗传关系分析。通过 PCA 分析，陕 A、B 群体培育的 23 份玉米自交系可分为 2 个部分，陕 A 群选育的自交系更接近于丹 340、郑 58、掖 478、PH6WC，可归为一类杂种优势群；陕 B 群选育的自交系更接近于 Mo17、黄早四、昌 7、PH4CV，可归为另一类杂种优势群。

四川农业大学以玉米窄基群体 P4C0 及其经过不同轮回选择方法改良的 10 个群体为材料，研究不同轮回选择方法对玉米窄基群体的改良效果。结果表明，几种轮回选择方法都能有效改良群体的主要性状及其一般配合力（GCA）。不同轮回选择方法对群体遗传多样性和遗传结构的影响不尽一致。

河南农业大学以美国玉米优异种质 Reid 和 Lancaster 来源的 16 个自交系构建豫综 5

号群体，以稳产抗逆和广适的我国玉米地方种质唐四平头 12 个自交系和金皇后种质组建黄金群，分别进行了 5 ~ 6 轮的选择。提出 S1 法结合半姊妹复合选择的群体改良方法，将 S1 群体改良与 S2 选系紧密结合，在 3 个季节完成一轮改良时获得 S3 选系，实现了农艺性状与配合力同步改良、群体改良与选系紧密结合。集成了开放式 + “S1+ 半姊妹复合轮回选择” + 分子评价的综合群体改良育种技术体系，实现了群体改良与育种效率的同步提升。从两个群体中分别选育出 15 个优良自交系，组配出通过涵盖我国不同生态类型区的 14 个优良玉米杂交种，并在生产上大面积推广应用。

北京市农林科学院以国外优新种质 X1132 等为骨干材料构建基础选系群体，选育出京 724、京 725、京 464、MC01 等优良骨干自交系，并形成“X 系微核心种质群”。聚合京 24、9801，昌 7–2、5237 等黄改群骨干自交系优良性状，选育出京 92、京 2416 等黄改群新的优良自交系。创新形成了“X 系微核心种质群 × 黄改群”这一新的杂优模式，选育出京科 968、京科 665、京农科 728、NK718 等系列大面积推广的杂交种。

2. 分子标记育种技术

中国农业大学国家玉米改良中心克隆玉米第 2 染色体上控制丝黑穗病的主效 QTL *qHSR1*，开发了目标基因两侧的分子标记 STS1M1 和 STS3M1，吉林农科院利用该标记选育出抗玉米丝黑穗病的优良自交系。北京市农林科学院利用抗茎基腐的连锁标记对唐四平头的骨干自交系进行了改良。

中国农业大学国家玉米改良中心在对玉米株高主效 QTL *qph1* 克隆的基础上，发现了候选基因 *Br2* 在自然群体内存在一个控制玉米株高的稀有 SNP。河南农业大学农学院克隆了玉米第 1、第 2、第 4 和第 7 染色体上控制叶夹角的主效 QTL *qLA1*、*qLA2*、*qLA4* 和 *qLA7* 的基因，开发出与株型相关性状紧密连锁的分子标记和功能标记 6 对。华中农业大学植物学院完成了玉米株高主效 QTL*qPH3.1* 的克隆，并证明了该主效 QTL 的候选基因为 *ZmGA3ox2*。*ZmGA3ox2* 的高水平表达会引起玉米植株 GA1 的水平增高，促进细胞长度的增加而引起节间长增大，最终导致了株高的增高。

中国农业大学资源环境学院对玉米的氮利用率和根部性状进行了 QTL 分析，并利用分子标记辅助将包含氮利用率和根部性状相关 QTL 的重要染色体区段导入自交系中，使得自交系的产量提高了 14.8%。山东大学生命科学学院通过克隆一个磷饥饿抗性相关的基因 *ZmPTF1*，并通过遗传转化证明该基因参与了糖代谢和根系生长的调控，利用该基因有利于筛选磷高效利用的自交系和现有品种的遗传改良。

在全基因组分子标记辅助选择方面，中国农业大学根据我国骨干自交系的重测序结果，开发了适合中国玉米种质的 3K 芯片，在“863”重大专项等项目的种质资源分类中得到了应用。中国农业科学研究院作物科学研究所在对我国温带骨干自交系序列分析的基础上，开发了玉米 6K 的 SNP 芯片，为我国玉米种质资源杂种优势类群划分提供了技术保证。

3. 单倍体育种技术

吉林省农科院、北京市农林科学院、山东省农科院、河南农业大学、广西农科院等单位根据不同生态类型区的种质类群和生态条件，分别选育出了适合当地生态条件的单倍体诱导系，诱导率达到 10% 左右。中国农业大学国家玉米改良中心选育出高油单倍体诱导系，并开发了基于高油玉米诱导系的核磁共振单倍体籽粒自动分选仪，有效地提高了单倍体挑选的效率和准确性。沈阳农业大学建立了利用秋水仙素诱导玉米孤雌生殖的方法，为玉米孤雌生殖单倍体的诱导提供了一种新的策略。山东农业科学研究院玉米所刘治先课题组以玉米单倍体诱导系“齐诱201”为材料，建立了一套单倍体诱导的田间种植技术体系。在单倍体加倍方面，中国农业大学建立了秋水仙素茎尖处理的加倍方法，单倍体加倍率达到了 30% 以上；河南农业大学对该方法进行了改良，使单倍体的加倍率达到了 35% 以上。吉林省农科院建立了单倍体自然加倍的循环选系，经过 2 ~ 3 轮的选择单倍体自然加倍率得到了显著提高。

（五）新品种选育进展

2012—2014 年，我国玉米品种选育数量基本持平，保持每年审定品种数量在 400 个以上。利用国外血缘材料构建基础选系群体创制出自交系京 724，利用我国特有的黄改血缘材料构建基础选系群体创制出自交系京 92，并选配出玉米高产优质杂交种京科 968，2014 年推广面积已突破 1000 万亩；通过引进国外种质对昌 7–2 的改良，创制出优良自交系 HD568，成功培育玉米杂交种中单 909，成为黄淮海地区主栽玉米品种之一。通过从昌 7–2 等多个黄改系以及高抗倒伏材料组配的育种小群体中选育出玉米自交系 798–1，与郑 58 改良系选配出高产、抗病、适应性好的玉米杂交种伟科 702，具有综合抗性好、抗倒伏、产量高、适应性广等特点。

随着我国城乡人民生活水平的提高，对鲜食玉米的需求不断增加，鲜食玉米种植面积不断扩大，鲜食玉米新品种选育和推广取得了重要进展。改革开放初期全国鲜食玉米面积仅仅 5 万 ~ 6 万亩，2000 年种植面积达到 300 万亩左右。近 3 年来，我国鲜食玉米种植持续快速增加，根据不完全统计，2012 年、2013 年、2014 年和 2015 年全国鲜食玉米面积推广面积分别达到 1200 多万亩、1500 多万亩、1700 多万亩和 2000 多万亩。中国农业大学利用分子标记定位了影响玉米籽粒类胡萝卜素和维生素 E 含量的 QTL，并利用已经挖掘的优异种质资源和开发的分子标记，开展了针对甜玉米营养品质改良的分子育种。利用控制籽粒维生素 E 含量的 α 生育酚甲基转移酶的优良等位基因（*ZmVTE4*）的甜玉米新品种——中农大甜 419、粤甜 16 等，籽粒维生素 E 总含量显著高于其他甜玉米品种。中农大甜 414 先后通过新疆、云南和江苏省品种及国家审定，该品种连续 3 年在江苏省品质品尝位次排第一位。北京市农林科学院培育的京科糯 2000 已经成为我国推广面积最大的鲜食糯玉米品种。

（六）玉米高产栽培理论突破

通过玉米高产潜力探索，对玉米产量的认识不断深入，玉米产量纪录被不断突破。

2013年在新疆奇台总场，创造了每亩1511.74千克的全国玉米小面积高产纪录；黑龙江建三江管局胜利农场（位于北纬47度13分～47度32分）年有效积温仅有2400℃的地区，创造了1248千克/亩的黑龙江东北地区的玉米高产纪录。2014年，北方春玉米区的陕西（定边，1458.4千克/亩，2014年）、宁夏（银川永宁，1357.29千克/亩，2014）、甘肃（凉州区，1360千克/亩，2014）等多地陆续创造出一批当地玉米的高产纪录。同年，在黄海海夏玉米区，山东莱州登海种业实现夏玉米创造亩产1335.8千克的夏玉米高产纪录，河南省鹤壁市百亩超高产攻关田创造平均亩产973.8千克、万亩核心示范区平均亩产884千克的高产纪录。中国农业科学院作物栽培与生理创新团队以产量构成、光合性能、源库内在联系为基础，提出了产量性能 $MLAI \times D \times MNAR \times HI = EN \times GN \times GW$ 的定量表达关系，研究确定了主要栽培技术措施对产量性能各参数的调节效应；提出了“增密增穗、水肥促控与化控两条线、培育高质量抗倒群体和增加花后群体物质生产与高效分配”的玉米高产挖潜技术途径以及高产突破的关键技术。

中国农业大学、山东农业大学、河南农业大学、北京市农林科学院等多家单位，围绕不同时期遮阴、干旱、冷害等灾害对玉米影响开展了系统研究，初步明确了不同时期、不同区域、不同程度灾害对玉米生长发育和产量的影响，提出了抗逆减灾技术预案与措施。河南农业大学研究认为通过抗性互补、育性互补、当代杂种优势构建玉米间混作复合群体可以显著提高玉米群体的抗逆性和稳产性，提高群体的抗逆减灾能力，并提出了构建生态位互补复合抗逆群体原则和关键技术。吉林省农业科学院等单位的研究表明，深松可以降低土壤容重，调节土壤三相比，增加土壤纳雨保墒能力，保障冠层的容纳量和生产能力，从而实现玉米高产高效，为深松改土技术的推广提供了理论支撑。

（七）玉米栽培关键技术研发与集成

玉米生产机械化程度不断提高，2012年我国玉米机械收获率为42.5%，2014年快速上升到56%的水平。围绕玉米籽粒直收，中国农业科学院作物栽培与生理创新团队在全国组织联合试验示范，系统研究了玉米品种籽粒脱水特征，评价了不同收获机械的收获质量，制定了“玉米籽粒直收田间测产验收方法和标准”，在全国10余个省份推广。

华北春玉米区重点研究了高产创建中增密防倒、增强抗逆性、调控物质运输分配等化学调控机制及配套栽培技术；黄淮海区域重点开展冬小麦/夏玉米“双晚双高”技术研究；西南玉米主产区研发了“小麦垄播玉米沟植＋小麦整秆覆盖”保墒耕作技术、一次性配方施肥、抗逆轻简播种等新技术。中国农业科学院作物栽培与生理创新团队以土壤深松根层优化、化控抗倒扩穗、耐密群体构建等关键技术为核心，建立了不同区域特色的根冠协调栽培技术体系。

研发了高产玉米控释复混肥和专用种肥等新型肥料，开发了“玉米施肥管理系统”软件，配方肥的研制和应用取得明显成效；研究水肥一体化技术，逐步推广节水灌溉，因地制宜推广中小型喷灌、膜下滴灌技术。全膜双垄沟播技术是甘肃农技部门经过多年研究、推广的一项新型抗旱耕作技术，该技术集覆盖抑蒸、垄沟集雨、垄沟种植技术为一体，实现了保墒蓄墒、就地入渗、雨水富集叠加、保水保肥、增加地表温度，提高肥水利用率的效果，在旱作区得到大面积推广。在西南山区，玉米雨养旱作高产技术模式和丘陵区玉米抗旱节水高产种植技术模式示范作为主推技术在四川省及西南区推广应用。

2012—2014 年全国重点推广的玉米栽培技术包括区域主推技术：适用于黄淮海地区的玉米“一增四改”技术和夏玉米直播晚收高产栽培技术；适用于北方地区的玉米膜下滴灌节水增产技术、玉米密植高产全程机械化生产技术、玉米病虫综合防治技术和适用于西南地区的旱地垄播沟覆保墒培肥耕作技术；主推的农机化生产技术包括：玉米精量机播保苗机械化技术、玉米收获机械化技术、玉米烘干机械化技术；综合技术包括：测土配方施肥技术、旱地膜覆盖技术、水肥一体化技术、地力培肥与土壤改良结合配套技术、高效缓释肥施用技术、农作物病虫害绿色防控技术、农药安全使用技术、农作物病虫害专业化统防统治技术、保护性耕作技术、土壤深松机械化技术、高效节水灌溉机械化技术（包括喷灌技术、微灌技术、渗灌技术）、农作物病虫草害防治机械化技术（包括：喷雾喷粉与超低容量喷雾植保机械化技术、机动宽幅精量施药机械化技术、高效远射程均匀雾喷洒植保机械化技术）、农作物秸秆综合利用机械化技术等。

以全程机械化作业、全成本核算、高产高效协同提高和可持续增产为核心内容的现代玉米生产技术体系初步建立。中国农业科学院作物栽培与生理创新团队集成耐密高产适合机械化作业品种、综合整地、增密种植、水肥一体化、机械籽粒直收、秸秆还田等关键技术，并进行生产全过程成本核算，在新疆伊犁 71 团万亩（10500 亩）高产田 2014 年创 1227.6 千克 / 亩的全国玉米大面积高产纪录，使我国玉米万亩单产水平迈上 1200 千克 / 亩的新台阶，同时万亩高产田实现亩净利润 1607.88 元，获得了高产、高效目标的协同提高。2013 年和 2014 年，“玉米密植高产机械化生产技术”连续 2 年被农业部遴选为全国玉米主推技术。

（八）栽培技术推广与应用

中国农业科学院作物栽培与生理创新团队联合全国玉米相关领域及各玉米产区 500 余位专家和技术人员联合编制的“玉米田间种植手册和挂图”系列科普图书（包括手册 6 本和挂图 30 张）成为玉米产区重要的技术指导用书和培训教材，截至 2014 年 10 月，手册重印 21 次，合计出版 91 万册；挂图重印 16 次，合计出版 165.4 万张，并以维吾尔文、哈萨克文和蒙文出版，在少数民族地区推广现代玉米生产技术和知识。云南省农科院国际农业交流培训中心将《西南玉米田间种植手册》翻译为英文版，作为面向东南亚和非洲的农业交流与培训用书。充分利用现代信息和通讯技术发展成果，研发的基于智能手机的“玉米病虫草害诊断专家系统”投放市场，在玉米生产技术推广服务的数字化方面做出了有益的探索。

二、国内外比较分析

（一）种质资源比较分析

发达国家都建立了较完善的种质资源管理与研发体系。美国拥有全球最完善的国家植物种质资源体系（NPGS）。美国等发达国家投入巨资，利用表型组学、基因组学等各种组学技术，开展玉米种质资源结构多样性和功能多样性研究。同时，发达国家跨国种业集团已经形成了以企业自身为主体的玉米育种创新体系，创建了种质资源鉴定与评价、基因挖掘与利用、育种材料创制与测试等程序化、规模化平台。

需要指出的是，我国与国外发达国家相比玉米种质资源研发工作还有较大的差距，且以往玉米种质资源研发多集中在国有科研院所，发展不平衡，国内处于创新主体的种子企业研发方面相对起步较晚，种质资源创新不足，缺乏高效、规模化应用的种质改良技术，整体种质创新能力不足，已成为制约国内玉米育种发展的重要因素。

（二）遗传与基因组学的比较分析

近 10 年，随着国家科技投入的不断增加，我国在玉米遗传及基因组学领域取得了举世公认的成绩，研究工作的整体水平已经有过去的跟跑，进入目前的并跑，个别研究领域甚至达到世界领先水平。但是，目前在总体趋势积极向上发展的同时，我们与世界最发达水平仍然有一定的差距。目前我国很大部分研究团队集中在包括叶型和穗型在内的玉米株型研究。虽然玉米本身的自然变异程度很高，不同群体中可能存在调控相同性状的不同基因；但必须承认的事实是，很多主效基因在不同群体中还是相对保守的。目前我国很多课题组研究还处在跟着走阶段，无论研究思想和研究方法多数是照搬国外相关研究结果，因此造成研究论文质量和发表论文层次不高。同时，还要加强玉米基础生物学理论研究。其次，研究合作不足，缺乏团队意识。

（三）育种方法与技术比较分析

随着单倍体育种技术和分子标记辅助技术研究的不断深入，单倍体育种技术已在我国大型种子企业和科研单位得到了广泛应用，中国农业大学、北京市农林科学研究院、山东登海种业集团有限公司、北京奥瑞京种业股份有限公司利用单倍体育种技术已经选育出通过审定的优良玉米新品种。但是与先锋、孟山都等国际跨国种业公司相比，单倍体育种技术的应用程度还不够，特别是在单倍体管理方面的研究和应用还存在一定的差距。

在分子标记辅助选择育种方面，中国农业科学研究所和中国农业大学开发了基于我国种质资源的 SNP 芯片，与 Affymetrix 制造的 SNP 芯片相比提高了我国玉米种质资源类群划分的准确性，并在一些大的科研单位和种子企业得到了一定的应用。在玉米重要病害的分子标记辅助方面，中国农业大学开发了玉米茎基腐病、矮花叶病、瘤黑粉病等抗性基因的分子标记，通过分子标记辅助选择选育出一系列的抗病自交系，并组配出优良的杂交种通过审定。但是与先锋、孟山都等国际跨国种业公司相比，分子标记辅助选择技术仅在我国的一些大型种子企业和科研单位得到了应用。

（四）新品种选育比较分析

随着玉米产业的发展，玉米的育种已由传统的常规育种为主转为常规育种和生物育种为主的现代育种技术体系。国外玉米育种科研以企业为主体，企业自主研发新品种，形成研发、生产、销售一条龙服务体系的模式。国外公司品种的推广面积有逐年扩大的趋势。根据农业部农技推广中心统计，先锋公司的先玉 335 2012 年在全国的种植面积为 3572 万亩，列全国品种的第 2 位。德国 KWS 公司的德美亚系列品种早熟耐密植，在黑龙江种植面积快速扩大，德美亚 1 号 2013 年推广面积超过 1000 万亩。孟山都公司育成的 DK516、DK517 等“迪卡”系列玉米品种年种植面积也呈快速增长趋势。

我国玉米育种在整体技术和产品创新领域与发达国家和跨国种业集团相比还有不少差距。目前，我国在玉米新品种选育领域仍存在着种质创新不足、育种材料基因背景狭窄、原创性优异种质材料缺乏、优异种质资源交流不畅等问题，严重限制了玉米种质的创新，缺乏对选育突破性品种的持续性支持。与跨国公司相比，我国选育的品种在适宜全程机械化作业、抗病虫、籽粒商业化品质等方面还存在较大的差距。

（五）高产栽培理论比较分析

美国玉米生产研究以经济效益最大化为目标，并且非常重视资源高效利用和环境保护。长期以来，为保障粮食安全，我国玉米栽培研究目标以高产为主，今后应将产量提高与提高劳动生产率、资源利用效率并重，开展玉米持续增产技术的研究。

美国从 1914 年开始针对农场主的玉米高产竞赛，2014 年，美国佐治亚州玉米高产竞赛最高产量达到 2071.14 千克 / 亩，比 2013 年我国在新疆取得的 1511.74 千克 / 亩的单产高出 559.4 千克 / 亩，高产水平与世界玉米生产先进国家相比还有较大的差距。

（六）栽培关键技术与集成比较分析

近年来，我国玉米生产在高产高效栽培、保护性耕作、机械化生产方面发展较快，但与欧美玉米生产先进国家还有较大的差距。美国玉米一般生产田种植密度 5500 株 / 亩，我国为 3500 ~ 4500 株 / 亩，种植密度有待进一步提高。欧美玉米均为单粒播种，近年我国单粒精密播种技术在生产上得以快速推广应用，黄淮海地区已经达到 70% 以上。今后需要进一步提高种子发芽率、发芽势和幼苗生长势，提高精品种子比率，为玉米生产全面实现单粒播种提供保障。针对不同区域的生态条件和生产水平，在东北推行秋深松、高留茬、平播高产技术，在黄淮海夏玉米区推广深松直播、秸秆还田技术，在西北推广大小行深松密植高产技术。今后需要进一步推进节水灌溉、水肥一体化技术、土壤培肥与施肥技术。美国在20世纪80年代开始测土配方施肥技术，并通过作物－土壤综合管理、改进施肥技术，实现了化肥投入不再增加。我国目前玉米施肥量仍处于快速增长中，单位面积的施肥总量已超过美国，其中玉米平均亩施纯氮量15～16kg，比美国高出4～5kg，测土配方施肥、秸秆还田、有机肥施用、高效新型肥料的研制和应用、机械施肥技术还需稳步推进。美国、德国等玉米生产先进国家在20世纪50年代全面实现机械收穗，70年代全面实现机械收粒，2014年我国玉米机械收获率达到56%，其中机械收粒仅3%～4%。

三、今后5年的发展趋势与展望

（一）种质资源的发展趋势与展望

加强玉米种质资源收集引进、鉴定评价理论、方法、技术和材料的研发与创新，强化传统技术与现代高新技术的结合，广泛挖掘玉米种质资源中有育种利用价值的新基因，创新一批突破性新种质是今后种质资源工作的重点。通过全基因组关联分析和连锁分析，发掘控制重要农艺性状的基因，分离关键基因，阐明其功能与作用机制，明确其在种质资源中的等位基因数量、分布及变化特征，筛选出有重要育种价值的优良等位基因，开发能在育种中利用的功能分子标记。建立完善玉米基因资源信息平台，包括玉米种质资源基本信息、表型信息、基因组信息、基因和等位基因以及标记信息等。提升优异基因资源的共享服务水平。

（二）遗传与基因组学发展趋势与展望

近年来测序技术的快速发展，玉米遗传和功能基因发掘将迎来新的高峰，更多的重要农艺性状主效QTL及基因的克隆将会变得更加容易，从全基因组水平解析复杂性状的遗传调控将提高到一个新的水平。玉米耐旱等复杂性状的遗传解析与育种研究也步入了全基因组分析时代。通过大规模基因组数据集，极大地提高了挖掘与重要农艺性状显著关联的候选基因的效率。然而，将这些筛选出的优异等位基因应用于育种和生产实践还需解决诸多问题，尤其是对这些优异候选基因的遗传机理、生物学功能的深入全面的剖析。

近年来，一种新的基因功能验证、基因编辑改造体系CRISPR/Cas9（clustered regularly interspaced short palindromic repeats）正迅猛发展，CRISPR/Cas技术是既可用于植物基因功能验证，也可应用于基因定向改造，比如基因敲除、替换和定点突变等，可快速高效检测大批量候选基因的生物学功能，而且与传统的遗传转化技术相比，还降低了转基因生物安全性的风险；CRISPR技术目前已在拟南芥、烟草、水稻、小麦等植物的基因组编辑领域得到了应用，今后应该着眼于构建高效的CRSPR玉米基因组编辑体系，为系统揭示玉米复杂性状的遗传基础和应答逆境胁迫的分子机制提供新的契机。

（三）育种方法与技术发展趋势与展望

随着玉米基础理论和应用技术研究的不断深入，在未来一段时间内，玉米育种技术将向更加高效、实用和简化的方向发展。在现有的高效育种体系中，单倍体育种技术在进一步提高单倍体的诱导率和加倍率的基础上，单倍体管理技术和基于组织培养的单倍体早期鉴定与加倍技术将进一步促进单倍体育种技术的应用。

分子标记辅助选择技术将实现从单个质量性状的选择向复杂数量性状聚合育种的转变，分子设计育种将从概念变成一种实用化的应用技术。在优良杂交组合的组配方面，随着玉米不同杂种优势模式杂种优势位点的鉴定和关键基因克隆，基于不同杂种优势模式的 SNP 芯片的开发与应用将促进优良杂交组合的定向组配，从而进一步提高优良杂交组合的选育效率。同时基因编辑技术、CRISPR/cas9 等新技术的应用可以实现目标基因的定向改良。

（四）新品种选育的发展趋势与展望

在我国经济发展进入新常态的形势下，未来一段时期，我国玉米生产技术面临着四大转变，即粗放生产向集约化生产转变；劳动密集型向机械化生产转变；以高产为目标向高效、生态、优质、安全转变；精耕细作向精简栽培技术转变。我国的粮食总产 30% 来源于玉米，目前我国玉米平均单产已经迈上亩产 400 千克的台阶，但离发达国家亩产 600 千克以上的单产还有较大差距。因此，不断提高玉米单产水平和规模效益，降低生产成本，高产、稳产、适合现代农业发展方向是玉米新品种选育的迫切需求。

现代农业的发展，提高玉米机械化种植水平已成必然的发展趋势。从玉米生产发展趋势来看，机械播种、机械施药、机械穗收和机械粒收将呈逐渐增长态势。培育在东北、黄淮海玉米区机械化粒收、西南玉米区机械化穗收的品种是今后拟重点解决的目标。

干旱是导致我国玉米产量波动的主要原因，水资源短缺矛盾将愈来愈突出。另一方面，由于长期不合理的耕作和大量使用化肥，我国土壤生态环境有进一步恶化的趋势。因此，玉米耐旱性、肥料高效利用应当作为重要的育种目标。通过培育资源高效利用与环保型玉米新品种达到节省资源，保护环境和持续发展的目的。因此，针对目前干旱等自然灾害多发、肥料利用效率不高的特点，急需选育一批耐旱、肥料利用效率高的玉米新品种。

东北春玉米的丝黑穗病、大斑病，黄淮海夏玉米区小斑病、粗缩病，西南山地玉米区纹枯病、穗粒腐病和灰斑病，将是今后抗病改良研究的重要目标性状。利用转基因技术培育玉米抗虫性品种是今后玉米生产发展的重要途径。

随着我国鲜食玉米生产与市场的快速发展，消费者对鲜食玉米品质提出了更高的要求。长期以来，国内对鲜食玉米品质性状遗传改良关注较少，而参照普通玉米的标准，以果穗产量来评价一个鲜食玉米品种是不科学的，限制了甜玉米产业的发展。因此，深入研究鲜食玉米品质性状的遗传机理，进一步改善鲜食玉米的营养品质，对增加农民收入和保障人民健康均具有重要意义。

（五）栽培理论与技术的发展趋势与展望

依靠技术进步持续提高单产，转变生产发展方式，降低成本，提升玉米产品的国际竞争力，是未来我国玉米生产技术研发的基本方向。随着家庭农场、合作社等经营方式的转变，土地流转、规模化、集约化和机械化生产方式必将成为我国未来玉米生产主流模式。与之相配套的高产高效协同栽培、机械化生产、资源高效利用、病虫害绿色防控技术等需求问题将突显，应该得到高度重视，提前做好技术储备。

节地、节水、节肥、节药和节能的资源节约型农业将成为未来5年玉米研发的重要方向。其中，农业信息服务网络化科技将加速发展，以GPS等关键技术和产品装备的农业机械将推动精准农业技术进入新的发展阶段。土壤环境质量、健康质量的培育技术和土壤质量的恢复重建技术将得到进一步重视；肥料技术向复合高效、缓释/控释和环境友好等多方向发展，可控释肥料、农田化肥养分和有机废弃物养分的高效利用技术将成为创新的重点。农田生态系统节水技术体系和建设流域水资源保障体系将得到进一步发展。降低能源消耗、增加水土保持能力的少免耕措施与技术的应用面积将进一步扩大。

参考文献

[1] Chen J，Zeng B，Zhang M，et al. Dynamic Transcriptome Landscape of Maize Embryo and Endosperm Development [J]. PLANT PHYSIOLOGY，2014，166 (1)：252-264.

[2] Jiao YP，Zhao HN，Ren LH，et al. Genome-wide genetic changes during modern breeding of maize 44，pg 812 [J]. 2012 NATURE GENETICS，2012，46 (9)：1039-1040.

[3] Li H，Peng ZY，Yang XH，et al. Genome-wide association study dissects the genetic architecture of oil biosynthesis in maize kernels [J]. NATURE GENETICS，2013，45：43-50.

[4] Li X，Li L，Yan JB. Dissecting meiotic recombination based on tetrad analysis by single-microspore sequencing in-maize [J]. NATURE COMMUNICATIONS，2015，6：6648.

[5] Liu SX，Wang XL，Wang HW，et al. Genome-Wide Analysis of ZmDREB Genes and Their Association with Natural Variation in Drought Tolerance at Seedling Stage of Zea mays L [J]. PLOS GENETICS，2013，9 (9)：e1003790.

[6] Wen WW，Li D，Li X，et al. Metabolome-based genome-wide association study of maize kernel leads to novel biochemicalinsights [J]. NATURE COMMUNICATIONS，2014，5：3438.

[7] Zhao X，Xu XW，Xie HX，et al. Fertilization and Uniparental Chromosome Elimination during Crosses with Maize Haploid Inducers [J]. PLANT PHYSIOLOGY，2013，163 (2)：721-731.

[8] Zuo WL，Chao Q，Zhang N，et al. A maize wall-associated kinase confers quantitative resistance to head smut [J]. NATURE GENETICS，2015，47 (2)：151-157.

撰稿人：李新海　王天宇　贺　岩　潘光堂　汤继华
陈绍江　赵久然　李少昆　赵　明　李建生

小麦科技发展研究

一、国内外研究进展概况

近3年国际小麦研究与合作平台主要研究进展包括四个方面。一是初步完成小麦测序。英国利物浦大学完成了普通小麦中国春基因组草图的绘制，中国农业科学院作物科学研究所和中国科学院遗传与发育研究所分别牵头完成了小麦D基因组和A基因组供体种草图的绘制，分别于2012和2013年在*Nature*发表[1-2]。2014年*Science*又在同一期发表了5篇相关论文。尽管由于基因组庞大，测序结果与先前期望尚有一定差距，但上述工作毕竟结束了小麦没有组装基因组序列的历史，为基因组水平的小麦研究奠定了基础。基因组测序所提供的信息已用于国内外的基因组研究、基因克隆、分子标记发掘等，为促进小麦育种取得突破性进展奠定了基础。二是日本烟草公司在小麦遗传转化方面取得突破性进展，技术转让给包括我国在内的多个国家，遗传转化效率最低可达5%，高者可达50%[3]。三是国际小麦协作网（Wheat Initative）成立，为全球小麦研发人员提供了信息交流平台；与此同时*The World Wheat Book* II和III出版，它们是小麦遗传育种工作者了解国际概况的必读著作。四是国际玉米小麦改良中心等组织实施的提高小麦产量潜力国际合作网成立，第一期5年经费高达1亿美元。另外，国际知名小麦育种家Sanjaya Rajaram博士获2014年世界粮食奖，这是全球小麦人的荣耀。

小麦新品种矮抗58和郑麦366分获2013和2014年度国家科技进步一等奖和二等奖。在新疆和安徽分别建立了国家小麦改良分中心，至此小麦改良分中心总数达到10个。山东农业科学院赵振东研究员于2013年当选为中国工程院院士，河南农业大学郭天财教授获2012年中华农业英才奖和第5届中国作物学会科学技术成就奖，中国农业科学院何中虎研究员当选为美国农学会和作物学会Fellow（学会最高荣誉），并获2012年中华农业英才奖。

二、生产问题分析

近几年种植面积在1000万亩以上的主栽品种包括济麦22、周麦22、矮抗58、西农979、郑麦9023、郑麦366和山农20，面积在500万亩以上的品种包括烟农19、良星99、扬麦16、众麦1号、新冬20、良星99、邯6172、衡观35、中麦175和小偃22，其中周麦22、山农20、众麦1号和中麦175发展速度较快。2011—2015年小麦生产出现了三大突出问题。一是气候变化的影响日益明显，如2013年安徽北部和河南南部在4月中旬出现极端低温，导致至少3000万亩小麦严重减产；2014年5月底至6月初，黄淮麦区连续出现35 ~ 38℃高温，导致河北、山东及北京周边地区严重减产，高温逼熟使北京小麦熟期提前7 ~ 10天；部分地区的穗发芽有加剧趋势。二是病害问题日益严重，赤霉病已成为黄淮麦区最重要的病害，2012年严重发病面积约1.5亿亩，最近3年黄淮局部地区也相当严重，甚至新疆也出现了赤霉病；2014年纹枯病在河南普遍发生；出现了致病性强、发展速度很快的条锈病新小种V26，使我国主产麦区广泛应用的抗病基因*Yr24/Yr26*和寄予厚望的*Yr10*普遍丧失抗性，人工合成小麦、6VS/6AL易位系和贵农号品系已丧失对条锈病的抗性；2015年叶锈病在主产麦区相当严重，白粉病和叶锈病在很少发病的新疆大面积发生。三是普遍关注如何降低生产成本，包括减少灌溉及农药和化肥施用量，针对河北严重缺水的情况，中央财政支持实施500万亩节水小麦推广项目。本文主要介绍国内外抗病育种进展，目的是为培育持久抗性抗病品种提供信息和方法，同时对其他作物也有一定借鉴作用。

三、高度关注赤霉病

赤霉病历来是我国长江流域、四川盆地和东北春麦区的主要病害，不仅造成大幅度减产，更为重要的是赤霉病菌代谢产生的赤霉病毒素能引起癌变，严重威胁人体和动物健康，赤霉病毒素含量过高的籽粒既不能食用，也不能饲用，因此减轻赤霉病危害是小麦生产的重要目标。近20年来，赤霉病在世界范围内有普遍加重的趋势，主要原因有二：一是全球气候变化有利于赤霉病发生；二是小麦/玉米轮作制度下的秸秆还田及保护性耕作的大面积推广显著扩大了菌源量，因为玉米秸秆为赤霉病镰刀菌提供了良好的过渡环境，使小麦赤霉病和玉米穗腐病日益严重。当然赤霉病在特定年份和地点是否发生主要取决于开花初期的气候条件，持续阴雨即可引起大发生，发病程度也与品种的抗性、防病措施和栽培方法密切相关。我国长江流域曾在1989、2002、2003和2010年严重发生赤霉病，但没能引起国内的足够重视。比如，2010年我国几百万吨商品小麦因赤霉病毒素严重超标，失去食用和饲用价值，尚积压在粮库中，有些地方还出现了一些中毒事件，但由于种种原因，没有公布相关数据。2012年赤霉病再次大流行，就发生面积和危害程度而言，是近 20 年来最严重的一次。其总体特点是：①从北向南逐渐加重，发病面积估计在 1.5 亿亩以上，约占冬小麦面积的 50%，其中山东省南部和西南部较重；河南省整体重，豫南更重；安徽和江苏普遍严重，个别地块发病穗超过 50% ~ 70%，颗粒无收；陕西省关中地区很重；河北省较轻，山西省基本没有发生，山东中部和胶东也基本没有，西南地区很轻。②尽管没有高抗品种，但不同品种表现出很大差异，长江中下游的品种如扬麦 14 和扬麦 17 表现较好的抗性，黄淮麦区品种总体抗性很差，全国两大品种济麦 22 和矮抗 58 表现极端高感，但郑麦 9023、周麦 18、新审定的存麦 1 号和中麦 895 相对较轻。2013、2014 和 2015 年赤霉病在黄淮麦区局部地区也较重，其中 2015 年更重一些。由此看来，赤霉病已成为我国黄淮麦区最重要的病害，应引起高度重视。

鉴于赤霉病在我国已由过去的偶发性和区域性病害发展成为全国性的常发病害，也成为全世界的重要病害（如美国成立了全国赤霉病研究协作组，过去 10 年经费高达 6500 万美元），同时培育抗病品种和防病难度较大，病害发生后防治基本无效，我们必须高度重视赤霉病的研究和防治工作，尽量减少其危害程度，提出以下四点建议。

（1）启动全国赤霉病研究重大专项，组织不同专业的研究人员进行抗病品种筛选与培育、栽培技术及防病方法等研究，通过分子标记和常规选择相结合，尽快将国内外已有的抗病 QTL 快速转到现有主栽品种和苗头品系中，普遍提高黄淮麦区品种的抗性水平。

（2）将传统的一喷三防（防病、虫、干热风）改为一喷四防，将防治赤霉病工作经常化和制度化。

（3）黄淮麦区适度扩大小麦 / 豆类轮作，改善耕作方法，秋季秸秆还田时尽量减少玉米秸秆裸露地面数量，以减少赤霉病的菌源量。

（4）对夏收小麦进行全面赤霉病毒素检测，为国家粮食安全和群众消费提供可靠信息。

四、兼抗型成株抗性基因发掘与新品种培育

（一）国际现状与趋势

小麦的抗病性主要有两类。一类是垂直抗性，又称小种专化抗性、主效基因抗性或全生育期抗性，由一个或少数几个主效基因控制，表现高抗或免疫，具有病原菌生理小种专化性，即随着生理小种的变化常导致抗性丧失，抗病性不持久、不稳定。另一类为水平抗性，又称成株抗性、慢病性、部分抗性、高温抗性或非小种专化抗性，这些名词从不同侧面反映了同一遗传现象，其遗传机理是相同的，这类抗性基因对病原菌无小种专化性或专化性弱，减少了品种对病原菌生理小种的选择压力，从而表现为潜育期延长、孢子堆缩小、产孢量下降、抗病性持久并稳定等特点[4, 5, 6]。

常规遗传分析、分子标记和基因克隆皆已表明，*Yr18*、*Yr29* 和 *Yr46* 三个基因对条锈病、叶锈病、秆锈病和白粉病均表现成株抗性，分别命名为 *Lr34/Yr18/Pm38/Sr57*、*Lr46/Yr29/Pm39/Sr58* 和 *Lr67/Yr46/Pm46/Sr55*，通过这些基因的合理利用就能培育出兼抗

4种主要病害的成株抗性品种，CIMMYT最近育成的WEEBILL1×2/BRAMBLING就是例证，利用这些基因可取得事半功倍的效果[4-9]。事实上，国际玉米小麦改良中心（CIMMYT）早在20年前就已放弃主效基因的利用，成功建立了一套基于常规育种的成株抗性育种方法。美国和澳大利亚等国已将成株抗性基因的利用作为小麦抗病育种的主要策略。

（二）国内进展显著

中国小麦条锈病成株抗性研究始于20世纪70年代，针对小麦品种抗锈性丧失现象，曾士迈率先介绍了植物水平抗性的概念，指出在育种过程中由于过分强调垂直抗性而忽略了水平抗性，人为造成植物抗性丧失，并提出小麦条锈病水平抗性综合鉴定方法，但以后相关研究很少。20世纪90年代中期到21世纪初，通过与CIMMYT合作，中国农业科学院等对白粉病、条锈病和叶锈病三大病害，对兼抗型成株抗性的鉴定方法、QTL定位、育种方法建立与材料创制进行了系统研究，在三个方面取得重要进展，相关评述性论文于2014年发表在*Crop Science*[6]。

改进与完善鉴定方法。对国内及引进的代表性品种进行了系统的苗期分小种和成株抗性鉴定，在改进前人方法的基础上，根据病害最大严重度、病程曲线下面积及苗期抗性共三个指标筛选出116份成株抗性品种（系），包括抗白粉病23份、抗条锈病33份、抗叶锈病60份，其中平原50、豫麦2号、小偃6号、豫麦47、百农64、鲁麦21、Pavon76和Strampelli等21份品种兼抗上述三种病害。我国的成株抗性来源可分为四大类，即豫麦2号、San Pastore、小偃6号和矮早781等[4]。

发掘新基因及分子标记。对筛选出的兼抗型抗源如平原50、百农64、鲁麦21等国内品种及引进的SHA3/CBRD和Strampelli等14个品种进行成株抗性QTL定位[7]，发现效应较大且兼抗白粉、条锈和叶锈病的成株抗性QTL 5个及其紧密连锁的分子标记9个，还与CIMMYT合作发现兼抗条锈和叶锈病的基因。

Yr18和Yr29也抗白粉病，对国内外抗病育种有重要应用价值[5]。揭示了平原50等持久抗性品种的遗传机制，聚合3 ~ 5个效应较大的QTL即可在甘肃和四川等锈病重发区实现持久抗性；除加性效应（占70% ~ 80%的遗传效应）外，QTL间上位性效应（占20% ~ 30%的遗传效应）对成株抗性也有重要贡献。这一工作不仅揭示了持久抗性品种的遗传机制，还为培育兼抗型成株抗性新品种提供了有重要应用价值的基因资源。

创立兼抗三种病害的成株抗性育种新方法。在QTL定位的基础上，在北京用鲁麦21和百农64杂交，在四川用引进的含成株抗性基因的CIMMYT种质与四川品种进行杂交并回交，结合分子标记检测，育成农艺性状优良的兼抗型成株抗性育种新材料100多份，其中川麦32于2003年通过国家品种审定并大面积推广，云麦63于2012年通过云南省品种审定。在此基础上，形成了常规育种与分子标记相结合的兼抗型成株抗性育种新方法，包括兼抗型成株抗性育种的亲本选配原则和后代选择方案，可用成株抗性为高抗至接近免疫的品种与高产品种杂交并回交一次，进行抗性基因转育；或用两个成株抗性中等的品种杂交再用高产品种三交，进行抗性基因聚合；但都要采用大群体（单交 F_2 代 5000 株以上，回交 BC_1 代 500 株以上），在 F_2 或 BC_1 至 F_3 代选择感—中感类型，F_4 或 F_5 代以后逐渐提高抗性选择标准，农艺性状选择则与一般育种项目相同，育成的高代品系还需经多点抗病性鉴定和分子标记检测确认，相关评述性论文发表在 *Crop Science* 及《中国农业科学》[4, 6]，育成的新品系及鉴定结果发表在《作物学报》[10]。

（三）发展思路和重点任务

国内外的经验分析表明，利用成株抗性是未来实现品种兼抗和持久抗性的最佳选择。当然育种中还可继续发掘和利用垂直抗性基因，通过分子标记辅助选择可有目的地进行垂直抗性基因累加，但其前提是明确亲本中抗病基因的分布及其等位关系，抗病基因的精细定位是基础。没有与目的基因紧密连锁的分子标记，很难进行基因累加，因此，必须加强抗病基因精细定位这一基础性工作。除此之外，普及分子标记知识，分子标记发掘与主流育种项目的密切合作也很关键。

我们更主张利用兼抗型成株抗性来实现持久抗病性，对条锈病、叶锈病和白粉病的抗性育种更是如此，主要原因有三。第一，成株抗性的理论和应用问题已基本解决，目前成株抗性的育种方法已经成熟。现有的理论研究和育种实践都表明，持久抗性或成株抗性比原来估计要简单得多，聚合 3 ~ 5 个效应相对较大的微效基因，即可培育出接近免疫的持久抗性品种，尽管还不能证实所有成株抗性基因都是持久抗性基因，但至少相当一部分成株抗性品种已保持 50 年以上抗性，足以满足育种家对持久抗性的需求。第二，现有成株抗性基因能做到兼抗与持久抗性的结合。育种家的目标是多方面的，改良产量、品质和适应性比抗病性更难，有时还要兼抗几种病害，对我国大部分麦区来说，兼抗条锈病、叶锈病和白粉病至关重要。而 Yr18、Yr29 和 Yr46 等对条锈病、叶锈病和白粉病等皆表现成株抗性，利用这些基因可取得事半功倍的成效。第三，只要具备成株抗性亲本，所有育种单位均可进行品种选育。上述基因的分子标记已具备，没有太多经验的育种家可利用标记聚合这些基因；对于经验丰富的育种家，即便标记使用条件不具备，只要稍微降低选择标准（F_2—F_4 选择中感到中抗类型），不再盲目追求高抗或免疫，用常规方法也能培育出兼抗型成株抗性新品种。

为了进一步加强锈病和白粉病成株抗性育种工作，建议重点开展以下 3 方面的工作。

（1）发掘成株抗性基因和亲本资源，中国小麦品种和 CIMMYT 品种中的成株抗性基因较为丰富，由于工作量较大，过去对成株抗性基因的鉴定和定位较少。

（2）改进和利用新的分子标记技术，将其广泛用于抗病育种。

（3）有针对性地培育成兼抗型株抗性品种。特别是将含有 Yr18、Yr29 和 Yr46 的品种及鲁麦 21 和百农 64 分别与条锈病或白粉病易发区的主栽感病品种杂交，并用主栽感病品种回交 1 ~ 2 次，在回交后代结合农艺性状选择，利用已获得的紧密连锁分子标记进行成株抗性基因聚合，可在最短时间内获得农艺性状优良的兼抗型成株抗性新品种。

—— 参考文献 ——

[1] Jia, J., S. Zhao, X. Kong, et al. *Aegilops tauschii* draft genome sequence reveals a gene repertoire for wheat adaptation. Nature, 2013, 496: 91–95.

[2] Ling, H.Q., S. Zhao, D. Liu, et al. Draft genome of the wheat A–genome progenitor *Triticum urartu*. Nature, 2013, 496: 87–90.

[3] Yuji Ishida, Masako Tsunashima, Yukoh Hiei, et al. Efficient transformation of wheat mediated by agrobacterium tumefacients [J]. Sydney: 9th International Wheat Conference, 2015.

[4] 何中虎，等. 小麦条锈病和白粉病成株抗性研究进展与展望 [J]. 中国农业科学，2011，44：2193–2215.

[5] Rosewarne GM, Herrera–Foessel SA, Singh RP, et al. Rust QTLs of wheat: stripe rust [J]. TAG, 2013, 126: 2427–2449.

[6] Zaifeng Li, Caixia Lan, Zhonghu He, et al. Overview and application of QTL for adult plant resistance to leaf rust and powdery mildew in wheat [J]. Crop Science, 2014, 54: 1–19.

[7] Lan C X, Liang S S, Wang Z L, et al. Quantitative trait loci mapping for adult-plant resistance against powdery mil–dew in Chinese wheat cultivar Bainong 64 [J]. Phytopathology, 2009, 99: 1121–1126.

[8] Krattinger S G, Lagudah E S, Spielmeyer W, et al. A putative ABC transporter confers durable resistance to multi–ple fungal pathogens in wheat [J]. Science, 2009, 323: 1360–1363.

[9] Fu D L, Uauy C, Distelfeld A, et al. A kinase–start gene confers temperature–dependent resistance to wheat stripe rust [J]. Science, 2009, 323: 1357–1360.

[10] 刘金栋，等. 普通小麦兼抗型成株抗性品系的培育、鉴定与分子检测 [J]. 作物学报，2015，在线发表.

撰稿人：何中虎

大豆科技发展研究

大豆既是我国重要的粮食作物，也是重要的油料作物和饲料作物。我国是世界大豆主产国之一，面积和产量均居第四位。大豆是我国目前最为开放的农产品，国内大豆产业发展受国际大豆市场影响极大。与世界大豆生产高速发展的趋势相反，2009 年以来连续 6 年我国大豆种植面积大幅下降。2014 年我国大豆种植面积为 640 万 ~ 650 万 hm^2，比上年度减少 7.1% ~ 8.6%，为 2009 年以来最低水平。该年度我国大豆单产创历史新高，达到 1843kg/hm^2，比 2013 年提高 3.2%，但由于种植面积减少幅度较大，该年度全国大豆总产比上年度减少 5.6% 左右，降至约 1180 万 t。2014 年度大豆进口量达到 7140 万 t，中国大豆进口依存度由 2013 年度的 83.5% 上升到 2014 年度的 85.6%。与此同时，我国还进口了 592 万 t 食用植物油，其中豆油 113 万 t。受进口大豆冲击及种植比较效益下降等因素的影响，我国主产区农户种植大豆的积极性下降，大豆产业形势面临着极为严峻的考验。因此提高大豆生产能力、增加有效供给，是我国保障食物安全和农业可持续发展的重要任务。由于扩大大豆种植面积的潜力有限，进一步提高大豆单产、降低生产成本是发展大豆生产的根本出路。本文概述了近年来我国大豆科技工作的主要进展及在我国大豆生产中发挥的作用。

一、本学科近年最新研究进展

（一）回顾、总结和科学评价

1. 大豆遗传研究与品种选育

2012—2014 年，我国共审定大豆品种 339 个，其中通过国家审定大豆品种 37 个，省市审定 302 个。黑龙江省、吉林省、辽宁省审定大豆品种分别为 70、40、38 个，分别占全国大豆品种审定总数的 20.6%、12.1% 和 11.2%。部分品种品质表现突出，如吉大豆 5 号油分含量达到 24.09%；南夏豆 25 蛋白质含量超过 49%。冀豆 17 分别于 2006、2012、

2013 年通过国家审定和扩区审定，是目前国家区域试验产量最高、国家审定推广区域最广的大豆品种；区域试验中平均亩产 253.2kg、生产试验平均亩产 253.0kg，为国家区试平均亩产首次超过 250kg 的品种；审定推广范围涵盖北方春大豆区和黄淮海夏大豆区 11 个省（市、区）。该品种还抗大豆 SMV、抗炭疽病、耐旱[1]；该品种被农业部推介为黄淮海和西北大豆主推品种。

2. 大豆杂种优势利用研究取得进展

截至 2014 年，已培育出 13 个高产、优质、多抗大豆杂交种，还有一批强优势组合正在参加国家或省级区域试验。吉林省农业科学院利用“三系”法选育的杂交大豆品种 606 和吉育 607 于 2013 年通过吉林省农作物品种审定委员会审定。吉育 606 在区域试验中平均亩产 224.5kg，比对照平均增产 9.6%；生产试验平均亩产 224.1kg，比对照平均增产 16.6%。吉育 607 区域试验平均亩产 229.8kg，比对照增产 12.2%；生产试验平均亩产 213.2kg，比对照增产 11.2%。籽粒脂肪含量 22.22%，蛋白质含量 39.3%，蛋白质、脂肪含量合计 61.52%。

育成一批稳定的优良不育系、保持系和恢复系，鉴定出高异交率不育系，建立起了成熟的杂交大豆选育程序。制种技术进一步完善，开展了多种形式的综合配套技术研究，杂交大豆制种产量稳步提高，2013 和 2014 年经专家测产制种产量分别达到 1000kg/hm^2 和 1200kg/hm^2 以上。杂交大豆制种技术体系的不断完善为杂交大豆制种成本的降低奠定了技术基础[2]。开展了大豆细胞质雄性不育机理及杂交大豆高产的生理基础等杂种优势相关的基础性研究[3]，为强优势杂交大豆组合选育奠定了理论基础。

3. 大豆分子生物学基础研究进展加快

近年来，我国大豆分子育种技术研究正在努力追赶世界先进水平，经过多年积累，关键性状相关基因克隆、分子标记辅助育种、分子设计育种研究等得到全面发展。在转基因大豆新品种培育方面，我国已经获得一批具有自主知识产权的抗除草剂、耐逆、抗病、抗虫、优质、高产及养分高效利用转基因大豆新材料，其中部分已经进入环境释放试验阶段。在大豆分子育种技术基础研究方面，通过对 7 份有代表性的野生大豆进行从头测序和独立组装，构建出首个野生大豆泛基因组，在全基因组水平上阐明了大豆种内 / 种间结构变异的特点[4]。发掘出野生大豆特有的优异基因，为阐明人工选择过程中大豆育成品种的基因变异提供了重要的线索。此外，我国科技工作者还克隆了大豆耐盐基因 *GmSALT3* 和 *GmCHX1*、生育期相关基因 *GmFLD*、半矮秆相关基因 *Dt2*、抗霜霉病基因 *GmSAGT1*、抗大豆疫霉根腐病基因 GmSGT1、裂荚性相关基因 *SHAT1-5*、耐低氮基因 Gmatg8c、耐低磷基因 *GmACP1* 和 *GmEXPB2* 等[5]，完成了一批大豆重要性状的分子标记研究。这些工作的完成，不仅使我国在大豆分子育种基础研究领域快速接近世界先进水平，也为开展大豆分子育种奠定了良好基础。

4. 大豆栽培技术

由于近年种植效益下降，东北大豆主产区向黑龙江北部集中。在栽培技术上主要开展了大豆玉米轮作栽培技术的研究。黑龙江农垦通过规模化、模式化、标准化的大力推广，创立了大豆“二密一膜一卡”抗御不同气候变化的4种栽培模式，由于东北区域近年严重的春涝与秋涝，推广的110cm垄上三行的大垄密栽培技术模式取得了良好的减灾效果，八五二农场在连续7年受灾的情况下，采用大垄密技术示范亩产稳定在280kg以上。在东北区域应用GPS定位播种与定位起垄信息技术，缩短了大豆播期，改善了整地质量。

针对黄淮海地区麦后复种大豆播种质量差的现状，国家大豆产业技术体系经过农机、农艺专家和相关综合试验站团队的通力合作，提出了麦茬大豆秸秆覆盖栽培技术模式，研制出大豆麦茬免耕覆秸精量播种机样机。同时，农艺专家系统研究了免耕覆秸条件下的品种选择、密度设置、杂草防除、田间管理技术和产量形成规律，育种专家筛选、培育了耐密、抗倒、抗病新品种，植保专家提出了病虫草害一体化综合防控技术，土肥专家改进了根瘤菌接种和测土配方技术，形成了农机、农艺、配套品种有机结合、高度轻简化的麦茬免耕覆秸精量播种技术体系。利用该技术，2012—2014年中国农业科学院作物科学研究所连续创造亩产275.7kg、311.2kg、281.95kg的节本高产典型。

在西北绿洲地区，通过借鉴棉花栽培技术经验，创造了大豆膜上精量点播、膜下滴灌栽培模式，2012年中黄35在新疆再创小面积亩产421.37kg的全国高产纪录。南方“禾根豆”轻简化栽培技术示范田实测亩产大豆达到169.54kg，大豆与其他作物带状复合种植技术也不断完善，为该地区大豆生产规模扩大作出了重大贡献。

（二）学科的最新进展在农业发展中的重大应用、重大成果

1. 国家大豆良种重大科研协作攻关项目启动

为了切实提高我国大豆种业科技创新能力，贯彻落实《国务院关于加快推进现代农作物种业发展的意见》（国发［2011］8号）和《国务院办公厅关于深化种业体制改革 提高创新能力的意见》（国办发［2013］109号）精神，农业部、科技部组织开展国家大豆良种重大科研协作攻关，这是构建公益性大豆育种技术平台、加快新品种选育和推广、提升我国大豆种业自主创新能力、保障我国粮食安全的重大举措。

根据2014年12月2日召开的“玉米大豆国家良种重大科研协作攻关启动会”会议精神，按照农业部办公厅文件农办种［2014］32号《农业部办公厅关于印发国家玉米良种和大豆良种重大科研协作攻关方案的通知》、农办种［2015］16号《农业部办公厅关于印发国家玉米良种和大豆良种重大科研协作攻关2015年工作方案落实落实会议纪要的通知》要求，国家大豆良种重大科研协作攻关专家委员会全面落实各项任务，项目工作按计划有条不紊地推进。

2.“高产抗逆大豆新品种选育及配套栽培技术应用”荣获2013年度广东省科学技术奖一等奖

华南地区大豆常年种植面积1000多万亩。为解决南方大豆需求与产量之间的矛盾，华南农业大学系统开展了大豆耐酸铝低磷新品种选育、高产栽培技术研究及示范推广工

作，选育出了适合华南不同生态区的春、夏大豆新品种9个，把大豆平均亩产从100多kg提高到150多kg，且蛋脂总和含量明显优于美国或巴西品种，耐酸性土壤、抗病性强。同时形成大豆与甘蔗、木薯、香蕉、幼龄果树等作物间套作栽培技术、早熟春玉米套种夏大豆免耕栽培技术、高效根瘤菌菌肥使用技术等三项技术模式。其突出技术经济指标为：品种产量高、适应性好。9个大豆新品种在区试中产量极显著高于对照种。华春2号对缺磷土壤有很好的适应性，在广西与木薯大面积间作示范创造了亩产超过197kg的记录。华夏3号区试平均亩产191.6kg，比对照增产31.1%，最高亩产305.9kg，通过中国农业示范中心示范，该品种适合在非洲等热带地区推广种植，耐酸铝耐旱等贫瘠土壤。华春6号和华夏4号为高蛋白品种，华春1号和华春5号为双高品种。华春5号同时高抗南方多个已知病毒病株系。华春6号、华夏3号被农业部遴选为主导品种，华春3号、华夏1号和华夏3号被广东省遴选为主导品种。配套栽培技术成熟。大豆与甘蔗等作物间作平均亩产120多kg，早熟春玉米套作夏大豆免耕种植大豆平均亩产150 ~ 200kg。在新品种和配套栽培技术集成示范推广过程中，创建了“政府 + 高校 + 公司 + 合作社 + 农户”五位一体的推广模式，帮助农村留守妇女种豆致富。2010—2012年在广东省辐射推广120多万亩，总经济效益9.9亿元。另外，在广西、湖南、江西、福建、云南、四川等地辐射推广180多万亩，总经济效益13.5亿元。该项目的研究与推广，显著缩小了我国南方、北方大豆科研和生产的差距，推动了南方大豆生产的发展，为保证我国食物安全和农民增收作出了重要贡献。

二、国内外研究进展比较

（一）转基因大豆目标性状多样化、复合化

2014年是转基因大豆大面积推广的第19个年头。从1994年到2014年10月，共有30个转基因事件获得54个国家的安全证书，用作粮食、饲料或在大田种植[6-9]。批准转基因大豆种植的国家既有美国、巴西、阿根廷、巴拉圭、乌拉圭、玻利维亚、智利、哥斯达黎加等美洲国家，也有巴基斯坦、西班牙等亚洲、欧洲国家。在获批种植的大豆转化事件中，抗草甘膦大豆GTS-40-3-2获得26个国家及欧盟28个成员国的52次批准，居全球转基因作物转化事件之首；其次是抗除草剂大豆A2704-12，获得22个国家和欧盟28个成员国的39次批准。复合性状是转基因大豆育种的新亮点。2014年，巴西、阿根廷、巴拉圭和乌拉圭共种植580万公顷HT/Bt复合性状大豆，抗麦草畏和草甘膦及耐草甘膦除草剂和2,4-D的双价转基因大豆，耐草铵膦、异恶唑草酮和硝磺草酮三种除草剂的大豆相继推向市场。2014年，全球82%的大豆面积种植转基因品种，其中，美国转基因大豆比例从2013年的93%增加到2014年的94%，巴西为91.1%，阿根廷为100%。值得注意的是，巴西等国的转基因大豆研发实力不断提升，巴西农科院（EMBRAPA）研发的转基因抗病毒大豆获准于2016年商业化种植，该院与巴斯夫（BASF）联合开发的抗除草剂大豆

在通过欧洲进口审批后也将迅速进入生产领域。但我国转基因大豆仍处于研发阶段，与生产实际应用还有相当长一段距离。

（二）大豆分子育种技术基础研究不断深入

伴随功能基因组学和高通量测序技术的发展和应用，以分子标记辅助育种、转基因育种和分子设计育种为核心的分子育种技术研究正快速发展，目前正由 QTL 定位向基因精细定位方向发展，通过全基因组关联分析发掘植物复杂数量性状基因已成为国际植物基因组学研究的热点。同时，高通量测序技术和高密度 QTL 作图的结合，加快了数量性状的基因的准确定位。结合全基因组从头测序、重测序高密度 QTL 作图及基因功能分析策略，鉴定了野生大豆中与耐盐相关的离子转运蛋白基因 GmCHX。在大豆抗病虫研究方面，挖掘出大豆抗疫霉根腐病和大豆胞囊线虫新基因，大豆花叶病毒病、大豆斜纹夜蛾、大豆蚜等抗性基因精细定位研究也取得较大进展[10]。在大豆产量及品质性状研究方面，定位到 2 个稳定的单粒重 QTL 位点、14 个根瘤相关 QTL、26 个叶部性状 QTL、多个籽粒矿物质含量、胱氨酸、蛋氨酸含量、β 亚族蛋白、水解蛋白 QTL[11]，31 个与异黄酮含量相关的 QTL、27 个主要脂肪酸成分相关 QTL。此外还定位了 4 个大豆籽粒中的蔗糖含量的 QTL，确定了黄酮类物质合成相关基因的 eQTL 热点区，同时明确了未成熟籽粒中上调表达的基因。在大豆抗逆性状的 QTL 分析方面，定位出 8 个缺铁失绿主效 QTL 并识别出 12 个候选基因，5 个大豆耐铝 QTL 和 6 个柠檬酸合成酶同系物基因[12]等。但与跨国种业巨头相比，我国大豆分子设计育种技术应用方面的差距在扩大。

（三）转基因大豆配套种植技术日趋完善

抗除草剂大豆转基因品种的大面积应用，美洲大豆主产国化学除草技术日臻完善，杂草得到有效控制，秸秆还田和免耕技术基本普及，大豆与玉米等作物轮作成为基本种植制度。在大豆 - 玉米轮作体系中，土壤耕作只是在种植玉米后进行深松。免耕和秸秆覆盖可减少水土流失，避免地力衰退。美国、巴西、阿根廷、加拿大和欧洲国家在豆科作物中普遍接种根瘤菌，美国的大豆种植中根瘤菌接种面积占 60% 以上，在大豆新种植区要求全部接种根瘤菌。不施或仅施少量氮肥，既节约了生产成本又保护了环境。我国大豆生产仍以常规品种为主，转基因大豆在近期还不可能投入生产应用，导致我国大豆生产成本近期难以下降。

（四）大豆主要病虫害防控技术研究取得新进展

大豆疫霉根腐病是世界性大豆病害，在疫霉致病机理研究方面，发现大豆被疫霉侵染后出现一些小 RNA，其中 miR393 and miR166 有可能参与大豆的基础防卫反应[13]。在抗大豆花叶病毒病（SMV）相关基因的研究方面，利用基于 BPMV 的 GmMPK6 基因沉默，使大豆对 SMV 的抗性增强，表明该基因可以帮助病毒复制或运动；PP2C 基因是一类由 ABA 诱导的抗病基因，而 GmPP2C3a 的过表达使感染细胞产生了胼胝质，抑制了病毒在细胞间的运动；利用点突变和嵌合体的构建发现 P3 和 HC-Pro 蛋白分别在致病性和沉默抑制效率上起到重要作用。在抗蚜基因定位方面，研究发现 PI587732 对两种蚜虫的抗病位点不同，其中，对 I 型蚜虫的抗性位点位于 7 号染色体，对 II 型蚜虫抗性位点则位于 13 号染色体。将茉莉酸和水杨酸合成途径和编码病程相关蛋白的基因 AtNPR1 导入大豆品种 Willams82 中，使大豆对胞囊线虫的抗性有所提高。美国农业部与田纳西大学育成大豆新品种 JTN-5203（PI 664903），可以兼抗大豆胞囊线虫、肾形线虫和真菌病害。在大豆刺吸类害虫防控研究方面，发现 6 个基因与寄主植物对大豆蚜虫的抗性有关；发现杀雄菌属（相对丰度的 54.6%）、黑草菌属（38.7%）和沃尔巴克氏体属（3.7%）是与大豆蚜侵染相关的主要细菌。

在大豆疫霉根腐病研究方面，我国科技工作者在大豆抗病基因挖掘、抗病品种筛选和防治技术方面取得新的进展，发现 GmSGT1、RpsJS、Hin1 等基因与大豆对疫霉病的抗性有密切关系，并在高抗 1 号生理小种的大豆品种“绥农 10”中发现抗病基因 GmEON3-1 和 GmEIN3-2；研制出对大豆疫霉根腐病具有良好防效的种衣剂。在大豆病毒病防控研究方面，将抗 SMV 基因 Rsc3Q 定位于 13 号染色体上 651kb 的区间内，将 SC7 相关的抗病基因定位到 2 号染色体 158kb 区间，发现该区域含有 1 个 NBS-LRR 基因；建立了一种逆转录环介导等温扩增的 SMV 检测技术，可以快速、准确地检测大豆植株和种子中携带的 SMV。在大豆胞囊线虫病防控研究方面，进一步深化了大豆胞囊线虫分类鉴定、种群监测、诱导抗性及生理分化研究，明确了新疆分布的大豆胞囊线虫生理小种为 4 号小种；改进生物防治方法，研制的生物种衣剂菌线克 SN101 对线虫的防控效果及对大豆的增产作用显著。在大豆蚜化学防治方面，提出了采用生物农药及天敌昆虫进行综合防治的策略。经调研和试验，初步明确近年在东北北部地区大面积发生的大豆“茎倒”由豆根蛇潜蝇危害所致，为制定防治策略提供了可靠依据。与国际先进技术相比，我国主要是缺少抗多种生物或非生物逆境的大豆品种。

（五）大豆生产装备技术向数字化迈进

国际农业机械化与农业装备技术继续围绕以最少的投入获取最高经济效益和环境友好的目标，深入开展基于数字设计、传感技术、“3S”技术、保护性耕作技术、互联网技术和柔性加工等技术的智能化、数字化、信息化农业装备和生产管理系统研究，促进整个农业生产不断由精确农业向数字农业发展。种子加工技术研究主要集中在种子包衣剂成分对大豆生长性状的影响及其与土壤环境、微生物的交互影响方面。在精细农业与信息化技术研究方面，提出并深入研究了测试土壤施肥制定技术、决策支持系统、专家决策支持系统三种精密施肥理念；无线传感器网络（WSN）作为农业领域的监测系统概念被提出，部分研究者已经通过无线设备收集土壤信息，并且将不同类型信息分别应用到不同领域；广域农业监测和预测、未来农业的物联网信息建模、农业信息系统性能和相关的方法等成熟理念已推广应用。

我国农业装备技术研究与产品开发继续保持快速稳健发展的趋势，农机装备领域向全程、全面发展提速，农业机械化向高质、高效转型升级。在耕整地装备技术方面，根据土壤物理特性对深松阻力的影响，设计了一种偏角和倾角可调的圆盘刀试验台；依据土壤动物的减黏脱土特性和超高分子量聚乙烯优异的减黏性能设计出仿生波纹形开沟器；将小家鼠爪趾高效的土壤挖掘性能应用于深松铲减阻结构设计中，设计了减阻深松铲；基于臭蜣螂腹侧面的几何结构，设计了肋条型仿生镇压辊；设计了双犁体翻转鱼鳞坑开沟犁机构，应用机械、液压、电控装置实现了不同土壤类型的鱼鳞坑开沟间距式作业；研制出1GZMN-140 型联合整地机、1ZF-330 复式少耕整地机、2BZL-8 型联合整地播种机、1S-4 型带式土壤深松机等耕种机械。在收获机械技术研究方面，研发出了一种适用于丘陵山区及套作的 4L-0.2 型谷物联合收割机。

三、未来 5 年发展趋势及展望

（一）未来 5 年发展的战略需求和重点发展方向

根据《国家粮食安全中长期规划纲要（2008—2020 年）》和《国家中长期科技发展规划纲要（2006—2020 年）》，针对我国油用大豆基本依赖进口，食用大豆依靠国产这一现状，未来 5 年我国应大力加强高产、高蛋白大豆新品种培育、节本高效栽培技术研究，实用农机装备研制和传统豆制品标准化生产技术等优先领域的重大关键技术研究，力争在品种、栽培技术和机具配套三方面取得突破性进展；大力强化大豆重大关键技术科技成果的集成与转化示范，推进科技成果尽快转化成现实生产力；加强创新平台基地建设和人才队伍建设，提高大豆产业自主创新能力，全面提升我国大豆产业竞争力。

通过科技创新，力争到 2020 年，全国大豆年种植面积恢复到 1.2 亿亩，亩产达到 160kg，总产量接近 2000 万 t，分别比 2014 年增加 2000 万亩、30kg、900 万 t，增幅分别达到 18%、28% 和 65%。

（二）未来 5 年发展趋势及发展策略

1. 发展趋势

未来 5 年，我国大豆学科发展趋势：一是轻简化保护性栽培技术逐渐普及，随着农村劳动力大量向非农产业转移，大豆生产技术将向轻简化方向发展，由于我国已经提出到 2020 年实现化肥、农药使用量零增长，对环境友好的保护性栽培技术将得到快速发展；二是机械化生产比重逐渐增加，随着土地流转，我国农户种植规模将快速扩大，对大豆生产机械化要求越来越高；三是生物技术在育种上的应用更加广泛，转基因技术、分子设计育种技术将成为大豆新品种培育的主要技术，大豆品种改良将实现重大突破，高产优质品种全面普及推广；四是面对全球性气候变暖和灾害性气候发生频率的提高，品种的抗逆性全面提高。总之，我国各产区大豆生产基本实现“五化”（机械化、轻简化、集成化、规模化、标准化），大型农场大豆生产初步实现精准化。

2. 发展策略

（1）建立适应新形势的大豆产业技术体系。加强大豆科研队伍建设与协同攻关。以目前建立起来的现代农业大豆产业技术体系为主线，建立全国性、区域性的大豆育种协作网络，促进资源共享和协同攻关。针对不同地区的实际问题，以高产、优质、多抗、广适为目标，开展协同攻关，选育大豆新品种和新材料。加强大豆种业科研条件平台建设。重视国家大豆改良中心与分中心建设，继续完善分中心布局，完善中心与分中心研究设施与条件，增添高科技设备和仪器，促进高新技术在大豆品种改良中的应用。加强对大豆种业的扶持力度，强化种业的研发能力和管理水平，推动商业化育种进程，逐步实现科研单位、大学等公益型单位以种质资源研究与创新、育种方法与技术、新基因挖掘的育种基础性研究为主，种业集团以培育新品种和良种繁育为主的育种模式，推进商业化育种进程，实现种业集团与科研单位、大学通过资源共享、人员共享、实验平台共享，开展合作育种、委托育种、品种权转让、入股和收购育种单位等多种办法，加快培育大豆新品种。

（2）大力选育和推广节本增效型大豆品种。采取常规育种和分子育种相结合，重点选育一批满足不同生态地区和生产条件需要的新品种。重点是培育高蛋白、高产、高效、抗逆新品种。针对我国大豆品种及生产上存在的问题，要加快培育适应不同区域栽培的高产/超高产、优质、抗病虫、抗逆、广适性的大豆新品种。北方春大豆区要重点培育早熟、秆强耐密型、高附加值、蛋白含量高、耐旱、耐低温，抗灰斑病、胞囊线虫病、根腐病、疫霉根腐病、菌核病，抗食心虫，适合大面积机械精准化栽培的新品种；黄淮海大豆产区要培育株型紧凑、适于免耕栽培、耐热、秆强抗倒、蛋白含量高、抗病毒病、疫霉根腐病和食叶型害虫的大豆新品种；南方多作大豆区要培育耐阴、秆强、抗病虫、耐酸铝、适合间套作和菜豆加工型的大豆新品种。

（3）开展大豆节本、增效机械化生产技术研究和示范。通过高产技术与高效、无公害生产管理相结合，在大豆轻简化高效栽培技术机械化、大豆“三良五精”高产栽培技术等方面实现突破，实现油料作物的高产、优质、高效、低耗生产。研究探索适应我国大豆生产特点的种植机械新原理和结构，研究开发适应能力强、作业性能好的大豆联合作业机械、耕种一体化的多功能复式作业机械技术体系和装备系统，提高机械化作业水平，降低生产成本。集成高产大豆新品种、轻简化栽培、机械化生产等高产高效栽培技术和模式，扩大示范区，以技术集成带动技术创新，以转化示范带动大面积持续增产和产业持续发展，为保障大豆供给安全提供持久性的技术支撑。

（4）加强推进生物技术的育种应用。高产、稳产、优质、多抗、适应性广是今后大豆育种的重点目标。而要培育突破性的大豆新品种，大豆资源方面的突破性创新是关键；同时，加强大豆功能基因组研究，把我国大豆种质资源优势转化为基因资源优势；加强大豆生理基础研究，探索大豆高产超高产的新途径，为未来大豆生产发展提供技术储备。

转基因大豆研发是系统性强、技术难度高、投入强度大、回报率高、周期长的重大课题。转基因重大专项已经启动，资助力度应进一步加强。应当集中全国的技术力量，开展协同攻关。重点攻克转化技术等难题，建立高效、简便、规模化的转基因大豆育种技术体系，尽早推出可供生产应用的转基因品种；改善科研和产业化条件，建立设施配套、布局合理、分工明确的大豆转基因育种基地；尽快成立全国大豆转基因育种协作网，组织协作攻关和学术交流，加快安全评价进程，积极推进转基因大豆的研发和产业化。

建成大规模、高效率的大豆分子标记辅助育种技术平台，开发出一批新型实用的分子标记，包括作物间通用的分子标记；建立完善的新基因定位和作图技术；建立经济、高效的分子标记辅助育种及种质创新体系，使育种周期由目前的 7 ~ 8 年逐步缩短到 3 ~ 5 年，选择效率提高 3 ~ 5 倍；建立大豆分子育种信息数据库，实现资源共享。通过常规育种与转基因技术、分子标记辅助育种技术的有机结合，大幅度提高育种效率，实现大豆育种技术的更新换代。

（5）加快人才培养和科研团队建设。把国家科技计划实施与人才培养有机结合起来，培育一批从事大豆基因挖掘、材料创制、新品种选育、成果转化的种业研发团队，重点培养创新型人才、种业研发领军人才和中青年技术骨干，加强科研人员培训和学术交流，建立完善的人才进修制度，提高人才待遇，促进科研单位与企业之间人才有序流动，优化资源配置。

—— 参考文献 ——

[1] 全国农业技术推广中心. 中国大豆新品种动态—— 2011 年国家级大豆品种试验报告［M］. 北京：中国农业科学技术出版社，2012：102-138.

[2] 赵丽梅，彭宝，王跃强，等. 种植方式、疏叶及昆虫对杂交大豆制种产量的影响［J］. 中国油料作物学报，2012，34（5）：478-482.

[3] Lin C J，Zhang C B，Zhao H K，et al. Sequencing of the chloroplast genomes of cytoplasmic male-sterile and male-fertile lines of soybean and identification of polymorphic markers［J］. Plant Science，2014，229：208-214.

[4] Li Y H，Zhou G Y，Ma J X，et al. De novo assembly of soybean wild relatives for pan-genome analysis of diversity and agronomic traits［J］. Nature Biotechnology，2014，32（10）：1045-1052.

[5] 邱丽娟，郭勇，常汝镇. 2014 年中国大豆基因资源发掘的主要进展［J］. 作物杂志，2015，（1）：1-5.

[6] Clive James. 2014 年全球生物技术 / 转基因作物商业化发展态势［J］. 中国生物工程杂志，2015，35（1）：1-14.

[7] Clive James. 2013 年全球生物技术 / 转基因作物商业化发展态势［J］. 中国生物工程杂志，2014，34(1)：1-8.

[8] Burton J W，Miranda L M，Carter T E，et al. Registration of 'NC-Miller' Soybean with High Yield and High Seed-Oil Content［J］. Journal of Plant Registrations，2012，6（3）：294-297.

[9] Weaver D B，Sharpe R R. Registration of 'Henderson' Soybean［J］. Journal of Plant Registrations，2013，7（2）：159-163.

[10] Kantartzi S K，Klein J，Schmidt M. Registration of 'Saluki 4910' Soybean［Glycine max（L.）Merr.］with High

Yield Potential and Resistance to Multiple Diseases [J]. Journal of Plant Registrations, 2013, 7(1): 31-35.

[11] Oltmans-Deardorff S E, Fehr W R, Shoemaker R C. Marker-Assisted Selection for Elevated Concentrations of the alpha' Subunit of beta—— Conglycinin and Its Influence on Agronomic and Seed Traits of Soybean [J]. Crop Science, 2013, 53(1): 1-8.

[12] Oltmans-Deardorff S E, Fehr W R, Welke G A, et al. Molecular Mapping of the Mutant fap4 (A24) Allele for Elevated Palmitate Concentration in Soybean [J]. Crop Science, 2013, 53(1): 106-111.

[13] Leah K M, Feller M K, McIntyre S A, et al. Registration of 'Summit,' a High-Yielding Soybean with Race-Specific Resistance to Phytophthora sojae [J]. Journal of Plant Registrations, 2013, 7(1): 36-41.

撰稿人：吴存祥　韩天富　周新安　王曙明　邱丽娟
胡国华　王源超　刘丽君　陈海涛　何秀荣

大麦科技发展研究

一、我国大麦学科发展现状

（一）产业发展现状

大麦青稞产业是我国农业产业的重要组成部分，担负着为藏区居民提供粮食，为麦芽和啤酒工业提供原料，为畜牧和水产、水禽养殖提供饲料的重要功能。实现大麦青稞产业的可持续发展，为食品、饲料和麦芽加工以及啤酒生产，建立稳定可靠的原料供应体系，满足社会经济发展的消费需求，是保证国家粮食安全、维持国民食物多样与营养健康的需要，有利于沿海滩涂开发与盐碱土地改良及南方冬闲田利用，减少土地资源浪费，保持地区种植结构的合理稳定和农田生态平衡，促进西部老少边穷地区的农村经济发展，提高农民收入，缩小地区贫富差距，维护民族团结和边疆稳定。20 世纪以来，我国大麦生产面积逐年下降，从 1914—1918 年的 803.7 万 hm^2，下降为 1936 年的 654 万 hm^2，到 1950 年为 367.3 万 hm^2，1961 年降至 352.6 万 hm^2。期间，平均单产从 1125kg/hm^2 降至 939kg/ hm^2，总产由 904.5 万 t 减少到 345 万 t。1975—1977 年生产面积恢复到 650 万 hm^2，平均单产提高到 1522kg/hm^2，总产达到 990 万 t。1980 年生产面积再次下降到 333 万 hm^2，平均单产提高到 2100kg/hm^2，总产减少至 700 万 t。1990 年生产面积继续下降至 200 万 hm^2，单产水平进一步提高到 3230kg/ hm^2，总产降至 645 万 t[1]。进入 21 世纪以来，除 2008 年因受市场高价刺激作用，我国大麦青稞的种植面积猛增至 167 万 hm^2 之外，基本维持在 130 万 hm^2 左右，得益于生产技术的进步，单产水平达到 4000kg/hm^2，较 1980 年提高了近 1 倍，总产约 520 万 t。其中，青稞作为青藏高原的主要作物，种植面积 40 万 hm^2，占当地农作物种植面积的 60% 左右，平均单产 2600kg/hm^2，总产 104 万 t[2]。目前，我国的大麦青稞主要分布在江苏、安徽、浙江、上海、河南、湖北、四川、云南、新疆、内蒙古、甘肃、青海和西藏。

（二）科研项目与人才队伍建设

大麦青稞在我国属于小宗作物，长期以来存在科研项目少、经费短缺的问题。近10年来，随着国家经济的发展，中央政府对大麦青稞的科研投入逐渐加大。自2006年"十一五"开始，国家自然科学基金委员会（NSFC）加强了包括大麦在内的小宗作物的基础研究的立项和资助力度。根据中国农业科学院、浙江大学、浙江省农业科学院、扬州大学、青海省农业科学院、华中农业大学、云南省农业科学院、湖北省农业科学院、甘肃农业大学、西藏农牧科学院等10家单位统计，共获得有关大麦青稞基础性研究的国家自然科学基金资助项目40项，其中重点基金1项、面上基金28项、青年基金6项，国际合作基金3项、地区基金2项。"十一五"期间，科技部将"专用型大麦新品种选育与规范化生产技术集成示范"和"青稞产业化技术研究与示范"列入国家科技支撑计划项目。2006年农业部将"啤酒大麦生产技术引进与产业化"列入"948"重大滚动项目；2007年把"饲用、食用和啤酒大麦品种筛选及生产技术研究"列入农业行业科技专项；2008年农业部启动了国家大麦产业技术体系建设[3]。"十二五"以来，"青稞新品种培育与大面积丰产增效栽培技术集成示范"列入科技部的科技支撑计划项目。农业部资助浙江农科院、甘肃农科院和新疆农科院的大麦遗传改良中心和分中心以及西藏农牧科学院的青稞遗传改良中心的基础建设。特别是"十二五"期间农业部以全国从事大麦青稞产业技术研究的主要科研院、所和大学作为依托单位，继续实施并扩大了国家大麦青稞产业技术体系建设规模，建立了包括育种、栽培、植保和加工、农业经济等4个功能研究室的国家大麦青稞产业技术研发中心和20个地区综合试验站及100个技术示范县。聘任了1名首席科学家、18位岗位专家和20个试验站站长，带领200多名大麦青稞科研骨干参加，为稳定我国大麦青稞科研队伍，促进产业技术研发起到了决定性作用。目前，我国从事大麦青稞产业技术研发的科研单位约50家共计220多人，其中具有高级职称的科研人员有80多人。

（三）应用基础理论与技术研发进展

1. 种质资源研究与利用

种质资源研究是大麦青稞育种的基础。截至2014年年底，中国收集保存大麦种质资源22867份，包括皮大麦14357份，裸大麦（青稞）8510份。从20世纪80年代中期开始，比较系统地开展了大麦种质资源的鉴定评价与创新研究。进行了大麦变种分类，发现40多个中国特有变种。建立了大麦种质资源描述规范和数据标准，完成了全部库存种质的棱形、带壳性、芒形、芒性、穗和芒色、粒色、小穗密度、冬春性、当地成熟类型、分蘖力、株高、穗粒数和千粒重等植物学形态、主要农艺和产量构成性状鉴定。对5106份种质的抗旱性、5998份的耐湿性、12600份的抗黄花叶病、8100份的抗黄矮病、6100份的抗条纹病和3600份的抗赤霉病进行了鉴定；对13000多份进行了淀粉含量、蛋白质含量和赖氨酸含量等营养品质性状，1000多份进行了浸出率、糖化力和水敏性等制麦加工品质性状鉴定。此外，对 7500 多份国内农家品种进行了糯性鉴定，1280 份多酚氧化酶活性鉴定，1500 份脂肪氧化酶（LOX-1）活性鉴定，少量进行了籽粒爆裂特性、β-葡聚糖、γ-氨基丁酸和黄酮含量、α 和 β-淀粉酶活性、抗穗发芽等分析鉴定，筛选出了相应的优异种质。通过杂交和人工诱变等，创制出了一批矮秆、大粒、抗病、耐盐和高浸出率等优异种质，并提供育种利用。

2. 遗传研究与新品种选育

进入“十二五”以来，我国的大麦青稞遗传研究主要集中在基因组测序和重要育种目标性状的 QTL 定位、基因克隆、功能基因的单倍型分析和分子标记构建等方面。如：西藏农牧科学院与华大基因合作，完成了西藏青稞的基因组测序，通过基因注释发现西藏青稞含有较高频率的适应性基因。此研究结果于 2014 年 11 月在美国科学院院刊上发表[4]。其他研究者利用以 DH 群体构建的高密度分子标记遗传图谱和多年多点表型鉴定数据，对麦芽浸出率、黏度值、α-氨基氮、库尔巴哈值、糖化力进行了 QTL 定位。对大麦半矮秆基因 *sdw*1/*denso* 和多节矮秆茎分枝突变基因，青稞类黄酮 O- 甲基转移酶基因、查尔酮异构酶基因 *HvCHI*、钾离子高亲和基因 *HvHKT*7 等进行了克隆和等位变异分析。同源克隆出大麦青稞粒宽和粒重基因 *HvGW*2、高分子量谷蛋白亚基 H1、淀粉合成关键酶 AGP 大小亚基基因 *LSUI* 和 *SSUI*、4- 香豆酸辅酶 A 连接酶基因 4*CL*、肉桂酸 4 羟化酶基因 *C4H*、1,5- 二磷酸核酮糖羧化 / 加氧酶小亚基 *rbcS* 基因等[5]。构建了大麦青稞幼胚遗传转化体系。利用 DNA 测序技术，进行了糯性、α-淀粉酶、脂肪氧化酶、冬春性和光周期等功能基因的单倍型分析，建立了鉴定优异等位变异的 SNP 标记[6]。根据气孔保卫细胞长度差异建立了小孢子再生植株倍性早期快速鉴定技术和麦芽纯度 SNP 标记快速检测技术[7]。

在新品种选育方面，重点针对大麦青稞产区的不同生态特点和生产需求，采取单交、双交和复交等多种方式配制杂交组合，综合运用小孢子培养、染色体加倍、分子标记辅助选择、异地冬夏繁加代、抗病与抗逆性鉴定、品质分析与小型加工等技术手段，加快杂交育种后代的鉴定升级，开展了大麦青稞专用品种选育。协助各级政府种子管理部门制定大麦青稞品种区试实施方案，组织承担国家大麦青稞品种区试以及各主产省、市的大麦青稞品种区域试验和生产试验，进行了大麦青稞品种审（认）定。“十二五”期间，4 年共计育成省级以上审（认）定品种 66 个，其中：啤酒大麦品种 41 个、饲料大麦品种 15 个、青稞品种 10 个。

3. 生理基础研究与栽培技术

在生理基础研究方面，主要针对大麦青稞在我国主要在盐碱滩涂和高原坡地种植，实验研究了大麦青稞在酸铝、盐碱、干旱等胁迫条件下，离子的吸收、积累与分布，光合特性、活性氧和矿物营养代谢、根细胞与叶绿体超微结构、ATP 酶活性、有机酸分泌等。发现较低的铝离子吸收与转运、较高 ATP 酶活性、较多柠檬酸和苹果酸分泌等与耐酸铝有关；通过提高脯氨酸等氧化清除剂含量，减轻脂膜过度氧化，维持较高的糖代谢，可能是耐酸铝的生理基础。大麦根系的 K^+ 内吸（速率或总量）与植株抗旱能力存在极显著正相关，根系 K^+ 的大量内吸和 H^+ 的大量外排，可能是干旱胁迫下渗透调节的重要组成。干旱胁迫会导致叶片相对含水量和叶绿素含量明显下降，叶片功能受损，籽粒灌浆受阻，粒重下降，植株同化模式改变；盐胁迫显著抑制苗期根部 K、Mg、P、Mn 及地上部 K、Ca、Mg、S 的吸收与积累。为提高肥料利用效率，试验研究了低氮和低磷胁迫对大麦生理特性的影响。试验研究了不同种植密度和氮、磷、钾配比对大麦青稞茎秆弹性强度、幼穗分化和根系发育的影响以及利用矮壮素和多效唑防控青稞倒伏的方法。

在生产栽培技术研究方面，为实现青稞粮草双高和提高国产啤酒大麦的酿造品质，开展了大麦青稞的种子包衣、机械精量播种、间作套种、稻茬免耕直播、抗寒性栽培、测土配方施肥、节水灌溉、强秆防倒、病虫草害防治、机械收获等单项技术研究和综合集成与高产创建。在青藏高原地区，研制出西藏高寒农区早青稞中熟品种高产栽培技术，西藏青稞绿色栽培技术，青稞农机农艺关键技术，藏青 2000、昆仑 14 和昆仑 15 粮草双高生产技术、藏青 25 规模生产技术，青海海北州、甘孜青稞新品种高产优质轻简栽培技术，甘南地区青稞主要病害防治与野燕麦防除及防倒伏化控技术，《青稞粮草双高栽培技术规程（DB 62/T 2406—2013）》等各项技术和地方标准。在西北地区明确了不同海拔高度下，啤酒大麦高产优质的最佳种植密度与氮、磷配比，研制出基于垄作沟灌和全膜覆土穴播栽培模式的节水灌溉与配肥方案，筛选出了防控大麦条纹病最理想药剂“敌委丹”及其有效使用方法、新疆大麦田间杂草防控技术等。制定出《无公害啤酒大麦优质高产栽培技术规程（DB 62/T 2405—2013）》（甘肃）、《旱地啤酒大麦免耕播种栽培技术规程》和《啤酒大麦 450 ~ 500kg/667m^2 栽培技术规程（DBN6542/T 028—2013）》（新疆）等地方标准，通过当地政府管理部门审定并颁布实行。在东北地区，完成了大麦复种育苗向日葵等、大麦根腐病和条纹病等土传病害综合防控、田间灌溉方式、盐碱地大麦丰产栽培等试验。研制出啤酒大麦抗腐威配方施肥技术，建立了内蒙古《大麦复种育苗向日葵（育苗角瓜、西葫芦）高效栽培技术模式》，形成了内蒙古《盐碱地大麦丰产、优质栽培技术规程》。在东南和中部地区，研制出扬农啤 8 号等啤酒大麦全程机械化高产栽培和晚稻田免耕种植大麦技术。通过大麦多次青刈、青贮试验，明确了刈割对大麦青饲生物量、品质及植株再生与籽粒产量的影响，筛选出了适合青刈的饲用大麦品种。在西南地区，根据大麦抗旱减灾栽培试验，编写出《大麦抗旱减灾技术手册》，研制出大麦稻茬免耕、半免耕轻简栽培技术、大麦田恶性杂草（奇异虉草）防控技术，制定出《大理州啤酒大麦优质高产栽培技术规程》和《大理州稻茬大麦免耕栽培技术要点》等。

4. 病虫草防控技术

开展了大麦青稞田间杂草和害虫种类调查，初步查明约 35 科 182 种。其中有害杂草 91 种，严重危害者有 44 种。分为两大类，一类是以野燕麦、旱雀麦、芦苇为主的禾本科杂草，另一类为阔叶杂草。主要害虫为蛴螬、地老虎、橡皮虫和蚜虫。开展了中国大麦青稞白粉病菌群体毒性变化监测，明确了 2006 年以来 7 年间白粉菌不同致病菌系的消长变化趋势。进行了条纹病菌致病性分析，发现存在明显非地区性的致病性分化。分析了大麦青稞主要病害类型及其发生流行特点，构建了大麦叶斑病菌和白粉病菌鉴别寄主体系，进行了大麦白粉病生理小种鉴定以及叶斑病和条纹病源菌群体毒性结构与遗传多样性分析。研究了各类农药对大麦青稞的生物安全性、主要病害防治效果及产量的影响，开展了大麦青稞蚜虫对各类杀虫药剂抗药性年度检测。筛选制定出了防控大麦条纹病、黑穗病、根腐病和野燕麦的拌种药剂与施用剂量方法，制定出大麦蚜虫抗药性监测技术操作规程和大麦青稞高产创建植保技术规程，进行了利用板防虫、杀虫灯等物理方法防治青稞黏虫的绿色防控示范。

5. 产品加工技术

建立了青稞发酵代谢功能成分 Monakolin K、青稞蛋白功能肽的分析测定以及红曲酒品质的检测技术；分析了大麦青稞红曲发酵特性和红曲酿酒品质，完成了“青稞红曲酒”发酵酿造工艺优化；开展了青稞淀粉的膨润力、溶解度、透明度和黏度以及青稞肽的抗氧化活性及 ACE 抑制肽功能特性研究。分析了藏区青稞主栽品种的淀粉和蛋白质组成、青稞面条的感官品质和蒸煮特性，明确了蛋白质和淀粉与青稞面条感官品质和蒸煮品质之间的关系；确定了青稞糌粑粉炒制工艺参数，研制出青稞面包、蛋糕和饼干等加工工艺配方；开发出高抗性淀粉大麦苗粉米线、青稞雪饼、青稞红曲酒等新产品。研究了啤酒大麦制麦过程中，脂肪氧化酶活性的变化规律，建立了保障啤酒风味稳定性的最佳原料生产工艺；完成了西藏青稞秸秆利用情况调查和成分检测，启动了青稞秸秆饲料加工工艺研究。开展了青稞发酵饮料研制，基本完成发酵、配方调制和工艺研发；开展了青稞膳食纤维制备工艺研究，完成了青稞多肽的单酶及双酶酶解制备工艺。按照世界粮农组织推荐的蛋白效价模式进行谷豆复配，开发出青稞营养重组米。以富含 γ- 氨基丁酸的大麦苗粉为原料，研制出富含 γ- 氨基丁酸、叶酸以及 B 族维生素等保健功能成分的功能性健康啤酒。评价了啤酒大麦生产过程中，施用防治条纹病、网斑病、赤霉病、白粉病、根腐病、蚜虫和野燕麦等主要病虫草害的化学药剂对麦芽生产质量的影响。此外，还针对国产啤酒大麦蛋白质含量高的特点，以内蒙古啤酒大麦为原料，研制出了国产啤酒大麦优质麦芽生产工艺。

二、国内外大麦科技发展比较

（一）国外大麦科技发展

2012 年在英国 *Nature* 上公布，是近年来国外在大麦科研中取得的重大突破[8]。随着测序技术的不断发展，通过测序定位作图（mapping-by-sequencing，MBS）已经成为大麦遗传连锁图谱构建的有力工具。为通过功能基因组学和基因遗传设计的分子育种策略，实现提高大麦产量、改进品质，满足粮食生产需要和适应气候变化的目标奠定了基础。

植物的光周期开花习性是影响生育期长短的主要决定因素，通过环境信号与生物钟互作调控。通过高通量测序和连锁分析，证明 *Hvlux1*（*eam10*）引起大麦的生物钟缺陷，并通过与光周期反应基因 *Ppd-H1* 互作，调控在长日照和短日照条件下的开花期[9]。通过分离群体的表型鉴定与外显子组测序相结合，鉴定出 1 个多叶突变候选基因，并通过独立突变基因的等位分析所证实[10]。含有 GAF 保守区突变的大麦光敏色素 C（*HvPHYC*）是早熟位点 *eam*5 的候选基因。研究揭示 *eam*5 通过打乱大麦生物钟基因的表达和与光周期响应基因 *Ppd-H*1 之间的互作，促进大麦在短日照条件下开花。表明大麦 HvPHYC 蛋白参与了光周期信号向昼夜节律生物钟的传递过程，因而调控体内与光照有关的生化过程[11]。

土壤盐碱化和酸化是全球影响大麦产量的主要非生物胁迫因素。澳大利亚科学家从大麦种质资源中鉴定出耐酸性较强的品种 Svanhals，并利用 DH 群体将定位在 4H 染色体上，编码 1 个铝激活柠檬酸转运子的大麦耐酸铝候选基因 *HvMATE* 克隆出来。此外，在大麦品种 Barque-73 和野生大麦的杂交组合中，来源于野生大麦 7H 染色体的排钠基因 *HvNax*3 与液泡氢离子 – 焦磷酸化酶（V-PPase）的编码基因 *HVP*10 共分离。进一步分析揭示，野生大麦的茎叶和根系中 *HVP*10 基因的盐诱导 mRNA 表达高于 Barque-73，解释了 *HVP*10 的转录水平是 *HvNax*3 位点控制大麦茎叶中钠离子积累和生物量差异的基础[12]。

蚜虫是严重威胁世界谷类粮食生产的害虫之一。目前，澳大利亚科学家完成了来自世界不同国家的 200 份大麦种质资源的抗蚜性鉴定，筛选出了中度和高度抗蚜的育种材料。利用 DH 群体，将抗蚜虫相关基因定位在了 1H、2H、3H 和 7H 上，并建立了紧密连锁的 SSR 和 DArT 分子标记。

大麦条纹病是由种子传播的半活体营养真菌——麦类核腔菌（*Pyrenophora graminea*）引起的病害。大麦品种的小种特异抗性由 2 个 *Rdg* 基因控制，其中 *Rdg1a* 来自野生大麦，位于 2H 染色体长臂上；*Rdg2a* 来自栽培大麦，位于 7H 染色体短臂上。最近，意大利科学家对 *Rdg2a* 进行了图位克隆和分子生物学鉴定。在 *Rdg* 位点鉴定出 3 个编码 CC-NB-LRR 结构域基因。研究认为 *Rdg2a* 在不发生细胞过敏性坏死的情况下调控条纹病抗性，是通过诱导反应引起的理化障碍，阻止了病原菌对大麦胚细胞壁的侵染。

培育氮高效利用的大麦品种，不仅可以使农民降低生产投入，而且可以减少土壤中氮沥滤和一氧化氮排放造成的环境污染。为此，加拿大科研人员在 6 种生态环境条件下，对 700 多份大麦种质资源进行了氮素利用率的遗传鉴定，筛选出了 3 份比六棱对照品种 Vivar 和二棱对照品种 Xena 氮利用率高 11% 的大麦育种材料。最近又从 84 份来自亚洲、非洲和南美洲的优良品系中，筛选出产量和氮利用率分别较 Vivar 提高 10% 和 22% 的优良品系。

具有完整遗传鉴定数据的作图群体是数量性状基因（QTL）定位和功能验证的良好工具。德国科学家对 73 份春性大麦品种 Scarlet 和野生大麦种质 ISR42-8 的渐渗系，采用 SNP 芯片进行了高通量基因型鉴定，并将 1 个控制籽粒易脱粒性状基因（thresh-1）快速精细定位在 1H 染色体的 4.3cM 区间内[13]。英国科学家进行了株高基因的遗传连锁图谱绘制，鉴定出 3 个株高相关数量性状位点（QTL），其中之一在大麦 2H 染色体上位于包括棱型基因 *Vrs*1 在内的区间；第二个位于 3H 染色体尚未鉴定的着丝点区域；与 5H 染色体上的 *Breviaristatum-e*（ari-e）位点相重合[14]。

为加快育种速度，提高育种效率，美国明尼苏达大学 3 年内共完成了 7000 份大麦种质资源（包括关联作图种质样本和多个作图群体）的基因型芯片鉴定，开发出优良基因高通量分子标记分析方法。在控制环境和田间条件下，开展了大麦种质资源的水分利用率（WUE）和氮素利用效率（NUE）鉴定，改进了群体冠层光谱反射（CSR）检测分析方法。通过整合多种环境条件下的基因型和表型鉴定数据，进行全基因组关联分析（GWAS），为多个育种目标性状确立了有价值的标记，鉴定出大麦条锈病、秆锈病、灼焦病、叶斑病、网斑病和黄矮病等抗病基因的等位变异[15]。此外，加拿大科学家进行了与大麦饲草品质有关的 3 个 QTL 的染色体定位，证明了选择高产、抗倒伏和茎秆易消化的早熟大麦品种的可行性。

在栽培技术研究方面，美国北达科达州科研人员通过 6 个啤酒大麦品种 5 年不同前茬的旱地生产试验，确定旱地上种植啤酒大麦，采用免耕覆盖栽培模式，产量高于普通耕种栽培方式，并且前茬以豌豆最好，玉米其次。在病害防控技术研究方面，植保专家在对西澳南部地区的大麦白粉病原菌的抗药性检测中发现了抗杀菌剂的病原菌系，因此督促农民使用新型的三脞类杀菌剂，如嘧菌酯（AmistarXtra）– 三脞与嘧菌酯的混合制剂、三唑硫酮（Prosaro）和氟环唑（Opus）等。近年来，欧洲在大麦网斑病防治中，病原菌已经显现出对于去甲基化酶抑制剂（DMI）类杀菌剂的抗药性，此外，叶斑病、条锈病和白粉病等病原菌也时而表现出一定的抗药性。将三唑类和甲氧基丙烯酸酯类杀菌剂混合施用，可以显著提高叶斑、网斑和叶锈病的防治效果。甲氧基丙烯酸酯除其杀菌剂功能之外，还可以促进大麦植株生长，延缓叶片衰老和提高籽粒产量。此外，为防止农用化学制剂对啤酒质量和风味造成影响，英国啤酒和授权零售商协会（BLRA）进行了细致的药害检测，并发布了可用啤酒大麦生产的农业化学品目录。

大量研究和临床实验表明，大麦富含（1–3）（1–4）β-D- 葡聚糖（β- 葡聚糖），具有降低餐后血糖和防治糖尿病及心血管病的生理功效。西方多国培育出了专用型功能性裸大麦品种，包括：澳大利亚的 BARLEYMax 、美国的 Transit、欧盟的 Lawina 等。在食品开发方面，国外市场最近推出了一款新型的从大麦全籽粒中提取的 β- 葡聚糖膳食纤维产品 Barliv^{TM}，在医学上已经证明可以降低血液胆固醇含量和降低患心血管疾病的风险。意大利和西班牙研究人员发现，利用大麦生产的空心粉比传统的小麦空心粉的膳食纤维和抗氧化营养成分含量高。一种腹腔疾病称为乳糜泻（coeliac disease），又称麦胶性肠病（gluten–induced enteropathy）和非热带性脂肪泻（nontropic sprue），在欧、美和澳大利亚发病率较高。为保证这类患者的健康，提高他们的生活质量，国外育种专家开始培育不含腹腔免疫毒性蛋白的新型大麦青稞品种。大麦种子在发芽过程中，随着一系列生理生化反应的发生，会产生许多新的生理活性物质，从而提高其饲料利用价值。近年来，国外饲料大麦利用时，不再按照传统方法直接饲喂籽粒，而是经过发芽加工生产成绿饲料后饲喂。改进的现代化的水培系统发芽 1kg 大麦只需 1.5 ~ 2 L 水，而传统方法生产 1kg 绿大麦饲料则需 73 L 水。且研究表明，随着水培发芽时间的延长，可消化物质（DM）含量有所降低，粗蛋白（CP）含量无显著变化，细胞壁成分包括中性可溶纤维（NDF）、酸性可溶纤微（ADF）、酸性可溶木质素（ADL）和灰分含量等均显著提高，有机物消化率（OMD）和代谢能量（ME）有所降低，但变化不显著。研究确认大麦水培 7 天生产的绿饲料营养价值最高[16]。

（二）我国大麦科技发展与国外的差距

1. 种质资源鉴定与优异种质基因挖掘不足

种质资源鉴定与优异种质及其基因挖掘是大麦青稞育种的基础。基因组重测序是对已知基因组序列的物种进行不同个体的基因组测序。基因组重测序是进行 SNP 开发、功能基因的单倍型分析、优异等位变异挖掘、分子标记构建的基础。随着 DNA 高通量测序技术的发展和测序成本的大幅度降低，通过对不同基因型的大麦青稞品种的重测序和基因组序列比对及基因的单倍型分析，进行 SNP 的高通量开发，开展产量等育种目标复杂数量性状的全基因组关联和功能基因的优异单倍型鉴定挖掘，已经成为全球大麦青稞种质资源研究的热点。例如，Comadran 等开发出包含 9000 个 SNP 位点的基因芯片，并对 423 个大麦青稞品种进行了全基因组关联分析，鉴定出早熟性基因 *HvCEN*。国内虽有中国农科院作科所等个别单位初步开展了对大麦青稞糯性基因（淀粉颗粒合成酶）、啤酒大麦的淀粉酶和脂肪氧化酶等个别基因的单倍型分析和分子标记研究，但多数有关种质资源的研究仍然处在对于育种目标性状的表型鉴定筛选阶段，不能为育种提供功能基因的优异等位变异及其分子标记等更加重要的信息。

2. 育种技术落后、水平较低

大麦青稞用途多样，主要有食用、饲用和啤酒工业用等，需要不同的加工品质和专用品种。自 20 世纪 80 年代以来，经过 30 多年的不懈努力，中国培育出了“垦啤麦”“苏啤”“甘啤”“云啤”系列啤酒大麦，“驻大麦”“扬饲麦”“浙皮”和“华大麦”系列饲料大麦，“昆仑”“甘青”“藏青”“康青”和“喜马拉”青稞等系列专用品种。特别是为满足国内啤酒工业快速发展和啤用大麦的生产需求，中国自主知识产权的啤酒大麦品种从无到有，不仅平均产量潜力从原来的 3800kg/hm^2，提高到现在的 8200kg/hm^2，而且主要品质指标达到或超过国外品种。但是，与国外相比，不仅啤酒大麦品种依然存在 β-葡聚糖含量偏高和游离氨基氮偏低的质量问题，饲料大麦和食用青稞品种的粮草产量的遗传潜力更有待进一步提高；而且，采用的育种技术也与国外存在较大差距。由于单倍体育种技术在国内并未普及，分子标记辅助选择刚刚开始，转基因技术尚处于实验阶段，国内生产使用的大麦青稞品种除个别通过单倍体技术，绝大多数是通过常规杂交技术育成。此外，由于加工消费对于品种的要求越来越高，国内在育种后代的农艺、抗逆性和抗病性，特别是在品质性状的表型鉴定筛选中，使用的必要仪器设备不足、技术手段比较落后，延长了育种周期，降低了育种效率。

3. 配套栽培技术缺乏、生产效率较低

不同用途的大麦青稞对栽培技术的要求存在着明显的差异，如啤用大麦要求籽粒蛋白质含量适中，而饲用大麦则要求有高的蛋白质含量，因此对氮肥用量和用法具有不同的要求。在发达国家，大麦青稞生产的专业化很强，根据种植的品种特性和生产目标，在栽培技术上有标准化的生产规程，如澳大利亚的啤用大麦生产，明确规定在孕穗期后不追施氮肥。而在国内随着劳动力成本的不断增加，由于在各种专用大麦青稞生产方面，缺乏区域

性肥水运筹、田间管理、病虫草害防控等轻简配套栽培技术，除少数实行订单生产的大型国营农场和专业大户外，普遍存在品种使用啤、饲不分，生产技术不规范、栽培措施不配套，如耕作粗放、过量播种、过量施肥、过量施药等问题，既增加了生产成本，增产不增收，又降低了生产质量，也引起了一定的环境问题。特别是由于我国以农户为单位生产，种植分散，不成规模，难以做到统一品种、统一栽培措施、统一收储营销，因而也就无法满足麦芽和啤酒等加工企业对大麦青稞原料批量供应和高度一致的质量要求，产品的性价比较低，缺乏市场竞争力，致使我国麦芽和啤酒原料长期过度依赖进口。与国外啤酒大麦的规模化、机械化、专业化生产形成了鲜明的对比，反映了目前我国以小农户为主的分散生产和经营方式，与麦芽和啤酒工业原料生产要求之间的内在矛盾。

4. 产后加工技术落后、新产品少、市场化程度低

大麦青稞产业发展的原动力来自于社会发展的消费需求，离不开产业技术的引领和龙头企业的带动。随着生活水平的不断提高和对健康的追求，居民的直接口粮消费不断下降，对加工食品和肉、蛋、奶等动物性食品的消费会不断增加。大麦青稞作为食品、饲料和啤酒工业的加工原料，其发展的稳定性与可持续性取决于食品、饲料和啤酒工业的生产现状和发展前景。在欧美国家，饲料工业发达，大麦青稞 70% 以上用于饲料加工，27% 用于啤酒酿造，其余 3% 用于大麦面包、大麦片、大麦香肠、大麦 β- 葡聚糖等各种大众食品和保健食品的加工生产，少量用于生产生物燃料。中国大麦青稞消费除部分用于啤酒酿造之外，虽然也是大部分用作饲料，但商品饲料的加工使用比例很低，农民通常自家生产、自家消费，直接用来喂猪或饲喂鱼、虾。除籽粒之外，大麦青稞的茎叶柔软香嫩，适口性好，营养含量高，刈割青贮或晒制成干草，是牛、羊等反刍动物的优质饲草。收获脱粒后的秸秆，营养价值虽然不及青刈晒制的干草，但适口性和营养价值均优于其他谷类作物的秸秆，经过氨化、碱化或发酵处理，饲喂效果更好。国内每年大麦青稞的秸秆产量约 730 万 t，但除了在农牧结合区用于饲喂牛羊之外，在经济比较发达的农区，收割脱粒后大量被焚烧处理，既浪费了资源，又污染了环境。即使在农牧结合区，由于交通不便和实际运输困难，也一定程度上影响了大麦青稞秸秆的饲草利用，亟须秸秆颗粒饲料和发酵饲料加工技术，即便是简单的秸秆打包设备和储存技术，也可以为当地农牧民带来很大帮助。在食品加工方面，与国外不同的是，我国大麦青稞的食用消费比例较高，而且社区性很强。青稞作为青藏高原地区藏族居民的主要粮食，大部分用于糌粑、少量用于青稞酒等传统食品和饮品的家庭制作。近年来虽然开发出了“青稞挂面”“青稞饼干”等大众方便食品以及“青稞速溶粉”“青稞饮料”“青稞 β- 葡聚糖胶囊”等新型保健食品，但目前的市场化程度很低，尚不具备对生产的拉动作用。

三、我国大麦产业发展趋势与科技对策

（一）加强大麦青稞专用品种选育

现代作物育种是以生产和市场消费为导向。随着人们生活水平的不断提高和对健康的

追求，大麦青稞的消费也在发生变化。除了传统的食品、饲料和啤酒加工需求之外，增添了保健、医药等新的用途。即使是传统的加工消费，不同品牌的食品和啤酒以及不同家畜和水产饲料的加工生产，对大麦青稞原料具有不同的理化品质要求。更需注意的是，在中国大麦青稞主要种植于盐碱滩涂和高原坡地，而且随着全球气候变暖加剧，干旱、霜冻、飓风等极端气象灾害频发。生产上对品种的专用性和抗逆性要求更高。此外，随着城镇化程度的不断提高和农村劳动力的转移，生产上更加需要适宜机械化操作和轻简化栽培的大麦青稞品种。因此，应当针对这些实际生产需求，加强大麦青稞专用品种的选育工作。

（二）加强专用大麦青稞生产配套栽培技术研究

结合城镇化程度不断提高、农村劳动力大量转移和土地集中流转等生产要素变化，根据大麦青稞不同的加工专用消费需求，开展测土配方精准施肥技术、机械化操作和轻简栽培等配套技术研究。针对我国大麦青稞主要在盐碱滩涂和高原坡地种植，以及随着全球气候变暖加剧，干旱、霜冻、飓风等极端气象灾害频发的生产实际，加强大麦青稞抗逆减灾生产技术研究。

（三）加强大麦青稞新产品和综合利用技术开发

食物的多样性是保证其营养与健康的基础。大麦青稞的蛋白质含量较高、营养丰富，根据现代生活节奏快，加强大麦青稞方便、速食的大众食品和保健食品开发，是维持国民食物多样与营养健康的需要。研制大麦青稞与玉米的优质配方饲料生产技术，提高大麦青稞的工业饲料生产使用比例，扭转我国大麦青稞饲料消费以农户直接喂饲为主的落后局面，可以利用大麦青稞抗寒、耐旱和早熟的优点，开发南方冬闲田，解决南方地区饲料玉米短缺的问题。加强大麦青稞秸秆颗粒饲料和发酵饲料等综合利用技术研发，有利于解决牧区冬季饲草短缺和饲草运输困难，促进畜牧业的健康、快速发展。

（四）加强优异种质资源挖掘，提高育种技术水平

针对专用品种的选育要求，大力开展大麦青稞基因组重测序和育种目标性状基因的优良单倍型挖掘与分子标记开发。注重单倍体育种技术普及，提高分子标记辅助育种水平，开展转基因技术研究，提高我国大麦青稞育种技术水平。

（五）加强产业技术研发条件建设

做好开展大麦青稞产业技术研发的各种性状鉴定与数据采集的高通量、自动化智能实验仪器、设备研发制造与引进和试验设施建设。

— 参考文献 —

[1] 卢良恕. 中国大麦学 [M]. 北京：中国农业出版社，1996.

[2] 农业部科教司、财政部科教司. 中国农业产业发展报告（2009）[M]. 北京：中国农业出版社，2010.

[3] 农业部科教司、财政部科教司. 中国农业产业发展报告（2010）[M]. 北京：中国农业出版社，2011.

[4] Xingquan Zeng，Hai Long，Zhuo Wang，et al. The draft genome of Tibetan hulless barley reveals adaptive patterns to the high stressful Tibetan Plateau [J]. PNAS，2015，112（4）：1095–1100.

[5] 郭刚刚，董国清，周进，等. 大麦 BAC 文库三位混合池构建与 HvGW2 筛选 [J]. 中国农业科学，2013，46（1）：9–17.

[6] Ganggang Guo，Dawa Dondup，Xingmiao Yuan，et al. Rare allele of HvLox-1 associated with lipoxygenase activity in barley（Hordeum vulgare L.）[J]. Theor Appl Genet（2014）127：2095–2103.

[7] 张丽莎，董国清，扎桑，等. 基于 EST-SSR 和 SNP 标记的大麦麦芽纯度检测 [J]. 作物学报，2015，41（8）：1147–1154.

[8] K.F. Mayer，R. Waugh，J.W. Brown，et al. A physical，genetic and functional sequence assembly of the barley genome [J]. Nature，2012，491：711–716.

[9] Jordi Comadran，Benjamin Kilian，Joanne Russell，et al. Natural variation in a homolog of Antirrhinum CENTRO-RADIALIS contributed to spring growth habit and environmental adaptation in cultivated barley [J]. Nature Genetics，2012，44（12）：1388–1392.

[10] Martin Mascher，Matthias Jost，Joel-Elias Kuon，et al. Mapping-by-sequencing accelerates forward genetics in barley [J]. Genome Biology，2014，15：R78.

[11] Artem Pankin，Chiara Campoli，Xue Dong，et al. Mapping-by-sequencing identifies HvPHYTOCHROME C as a candidate gene for the early maturity 5 locus modulating the circadian clock and photoperiodic flowering in barley[J]. Genetics，published on July 3，2014 as 10.1534/ genetics.114.165613.

[12] Yuri Shavrukov，Jessica Bovill，Irfan Afzal，et al. HVP10 encoding V-PPase is a prime candidate for the barley HvNax3 sodium exclusion gene：evidence from fine mapping and expression analysis [J]. Planta，2013，DOI 10.1007/s00425-012-1827-3.

[13] Inga Schmalenbach，Timothy J. March，Thomas Bringezu，et al. High-Resolution Genotyping of Wild Barley Introgression Lines and Fine-Mapping of the Threshability Locus thresh-1 Using the Illumina GoldenGate Assay [J]. G3. Genes/ Genomics/ Genetics，2011，vol. 1，187–196.

[14] Hui Liu，Micha Bayer，Arnis Druka1，et al. An evaluation of genotyping by sequencing（GBS）to map the Breviaristatum-e（ari-e）locus in cultivated barley [J]. BMC Genomics，2014，15：104. http：//www.biomedcentral.com/1471-2164/15/104.

[15] Inkaga Wenda，Patrick Thorwarth，Torsten Gunther，et al. Genome-wide association studies in elite varieties of German winter barley using single-marker and haplotype-based methods [J]. Plant Breeding，2015，doi：10.1111/ pbr. 12237.

[16] Hande Isakbag，Onur Sinan Turkmen，Harun Baytekin，et al. Effects of Harvesting Time on Nutritional Value of Hydroponic Barley Production [J]. Turkish Journal of Agricultural and Natural Sciences，2014，Special Issue：2，1761–1765.

撰稿人：张　京　郭刚刚

燕麦、荞麦科技发展研究

燕麦在中国有上千年种植历史，已经是重要的粮食作物之一。燕麦在世界许多地区都有种植，但主要分布于欧洲的西北欧及东欧、北美洲、加拿大、澳洲的澳大利亚和亚洲的中国。世界燕麦年播种面积平均为1300万～1500万公顷，俄罗斯、加拿大、澳大利亚居前三位，年播种面积分别为400万公顷、140万公顷、60万公顷，占世界播种面积的30%、10%、5%。中国年播种面积平均约70万公顷，占世界播种面积的3%左右。燕麦既是一种适应于北半球寒冷国家的典型作物，也能在澳大利亚、新西兰等南半球国家生长良好。尽管燕麦不像小麦食品那样普遍，但是在世界很多国家已经成为必备早餐食品，也是制作面包、点心、饼干的优质原料。荞麦在世界各地广泛栽培，主要生产国包括俄罗斯、中国、乌克兰、白俄罗斯、波兰、美国、加拿大、日本、韩国等。全球荞麦种植面积700万～800万公顷，总产量500万～600万吨，俄罗斯为世界荞麦生产大国，种植面积200万～300万公顷，总产量200余万吨。中国荞麦播种面积70万～80万公顷，总产量75万～80万吨，居世界第二位。

一、燕麦、荞麦近年最新研究进展

（一）燕麦、荞麦种质资源收集和保护成效显著

1. 资源收集与保存

在过去几年中，国内收集重点主要集中在燕麦、荞麦新品种和品系、创新种质和野生近缘种上。与国内有关单位合作，在广泛征集的基础上，开展了川南荞麦野生近缘种考察，从四川、甘肃、宁夏、青海等省区收集燕麦、荞麦资源200多份，其中在四川凉山地区主要收集荞麦属野生材料，包括 *Fagopyrum caudatum*（Sam.）A.J. Li，comb. Nov（尾叶野荞麦）、*F.crispatifolium* J. L. Liu（皱叶野荞麦）、*F. cymosum*（Trev.）Meisn.（金荞麦）、

F. densovillosum J. L. Liu（密毛野荞麦），这些荞麦种都是以前没有收集保护的新种。通过国际合作等方式，从美国、加拿大等国家引进燕麦资源 269 份，其中包括 80 多份野生近缘种，如 *A. abyssinica*，*A. agadiriana*，*A. atlantica*，*A. barbata*，*A. canariensis*，这些种也是我国基因库没有的。根据繁殖更新需要，研制了燕麦、荞麦种质繁殖更新技术规程，规定了相关范围、标准、术语、操作程序、更新技术等，对新收集的燕麦、荞麦资源进行了整理、编目和繁殖入长期库保存，使我国的燕麦和荞麦种质资源保存总数达到了 8000 多份。

2. 资源鉴定与分发利用

根据燕麦、荞麦性状描述规范，对新收集和引进的小宗作物种质的农艺性状进行了鉴定，包括植株、花、穗和子粒性状 20 多项，建立了燕麦、荞麦农艺性状数据库。在河北、山西、内蒙古等地开展燕麦、荞麦种质多点鉴定，筛选出了一些对特定环境适应性较强的材料。对引进的加拿大燕麦种质资源进行了适应性鉴定，发现加拿大燕麦品种在不同播期下均能够正常成熟，表现出较好的适应性，并且生育期、株高、千粒质量等农艺性状差异明显[1]。同时对加拿大引进的野生燕麦资源进行了核型鉴定，明确了砂燕麦（*Avena strigosa*）、短燕麦（*Avena brevis*）和 *Avena hispanica* 二倍体种的核型特征[2]。对部分燕麦种质资源进行了抗旱鉴定，筛选出苗期抗旱材料 3 份[3]。开展燕麦种质资源的耐盐性鉴定研究，发现国外品种比国内品种耐盐性表现好，国内的华北耐盐种质资源丰富且呈现丰富的多样性[4]，不同盐浓度处理对根长、芽长的影响不同，当盐浓度超过 3% 时，随着浓度增加，燕麦种子萌发受到严重抑制[5]，低浓度盐胁迫可以促进种子萌发，高浓度盐胁迫对种子萌发有抑制作用[6]。为促进优异种质利用，在北京延庆展示了燕麦国内外新品种，吸引国内外参观人数 220 多人。向全国 30 多个科研和教学单位提供燕麦、荞麦资源 2800 多份，主要用于优异资源鉴定、育种亲本材料和遗传多样性等基础研究。

（二）燕麦、荞麦新品种培育取得重要进展

1. 育种技术创新研究取得突破

山西省农科院品种资源所对发现的燕麦隐性核不育资源进行研究，设计出培育不同类型不育材料的选育程序，并转育出性状独特、不育株分离比例较高的新种质，提出了利用不育新种质改进燕麦杂交技术的方法[7]。张家口市农科院在燕麦远缘杂交方面获得重要进展，利用六倍体裸燕麦与四倍体大燕麦杂交，经幼胚拯救，染色体加倍等措施，获得了杂种后代，并培育出燕麦新品种“远杂 1 号”以及多个蛋白质含量为 24% 以上新品系。中国农科院作物科学所在分子标记辅助选择方面取得进展，在对燕麦 β- 葡聚糖合成酶基因多样性分析过程中，检测到一些相关 SNP 位点，从中发掘出与燕麦高 β- 葡聚糖含量相关的 SNP 标记 1 个，目前正在用于筛选高 β- 葡聚糖含量品系研究。

2. 新品种培育全面发展

近年来，河北省培育的高产、优质型品种坝莜 1 号、粮草兼用型的坝莜 3 号、耐瘠薄型的坝莜 5 号、早熟救灾型的坝莜 6 号、冀张莜 12 号和冀张燕 1 号等，都有一定的种植

面积，其中坝莜 1 号在河北、山西、内蒙古、甘肃等省区广泛种植，2012 年全国推广面积约为 30 万公顷，迄今该品种是中国栽培面积最大的燕麦品种。内蒙古育成的草莜 1 号、燕科 1 号、蒙燕 1 号（科燕 1 号）等，这些品种在内蒙古推广，一般增产 15% 左右，其中草莜 1 号是粮草兼用裸燕麦品种，特别适合半农半牧地区种植；蒙燕 1 号是粮草兼用的皮燕麦品种，适合在内蒙古、甘肃、新疆等省区种植。赤燕 7 号是赤峰市农牧科学研究院 2006 年从中国农业科学院作物科学研究所引入品种（S–30）中选择优良单株培育而成，表现抗寒性、抗旱性强，口紧不易落粒，抗倒伏，无黑穗病发生[8]。山西省的晋燕 12 号集皮燕麦的高抗红叶病、耐瘠性强、小穗数多、千粒重高的优点与裸燕麦的多花、多粒、品质好、抗倒性强的特点，达到优良性状互补[9]；晋燕 14 号是山西省农业科学院高寒区作物研究所近年来利用皮、裸燕麦（莜麦）杂种后代高代品系 7801–2 作母本、74050–50 作父本进行杂交，经多年单株选育而成的莜麦新品种。甘肃省的定莜 8 号抗旱性强，抗坚黑穗病，较抗红叶病，适宜在甘肃中部降水量 340 ~ 500mm、海拔 1400 ~ 2600m 的干旱、半干旱二阴区种植[10]。白城市农科院育成的白燕 2 号等系列品种，在西北、西南地区表现突出[11]。

（三）燕麦、荞麦分子生物学研究突飞猛进

1. 遗传多样性和遗传关系分析

近年来，国内有关单位主要利用 AFLP、SSR 等分子标记分析燕麦、荞麦资源的群体间遗传多样性，区分不同种间以及品种内的遗传差异。利用 AFLP 分析了国内外的 177 份皮燕麦资源的遗传多样性，结果表明国内与国外材料亲缘关系较远，交流不是很广泛，而国内不同来源的材料交错分布，多样性不是很丰富[12]。通过选择性扩增微卫星序列、体外重组扩增产物和构建 SSR 富集文库，研发了一种简便的重组微卫星引物设计方法，在燕麦上开发出了大批 SSR 引物，并表现出丰富的多态性[13]。利用 28 对 SSR 引物，在苦荞核心种质中检测出等位基因 85 个，每位点的等位基因数为 2 ~ 5 个，发现来自云南、四川和西藏的苦荞材料不但遗传多样性丰富，而且亲缘关系较近，进一步证实苦荞起源于中国西南部[14]。利用 SSR 引物分析了来自不同地区的荞麦资源材料，结果表明四川的苦荞和甜荞与很多其他地区的品种遗传关系密切，表明四川很可能是荞麦资源中心之一[15]。利用 SRAP 引物对来自湖北的苦荞资源进行遗传多样性分析，结果表明材料可以被明显分为两类，但存在种质渗透，亲缘关系较近，认为鄂西南地区是一个苦荞生态分布中心[16]。

2. 有用基因发掘研究

通过 RACE 和染色体步移的方法克隆了燕麦 β - 葡聚糖合成酶基因 *AsCSLH*，分离出的燕麦 *CSLH* 基因包含 6 个内含子，内含子剪接方式均符合 GT/AG 剪接规则，编码区全长 2277 bp，预测的编码蛋白含有相关多糖合成酶保守结构域，在燕麦各组织中均有表达，灌浆期籽粒中表达水平最高[17]。构建裸燕麦分子遗传图谱，进行相关性状的 QTL 分析是发掘燕麦有用基因的重要手段。徐微等[18]以元莜麦和 555 杂交得到的 281 个 F2 单株为

作图群体，构建了一张大粒裸燕麦遗传连锁图，全长 1544.8cM，包含 19 个连锁群，其上分布有 92 个 AFLP 标记、3 个 SSR 标记和 1 个穗型形态标记。吴斌等[19]以栽培燕麦“夏莜麦”和“赤 38 莜麦”为亲本构建的包含 215 个 F2 : 3 家系为图谱构建群体，构建 SSR 分子遗传图谱，包含 26 个连锁群，拟合 182 个 SSR 标记，覆盖基因组 1869.7cm，检测到 4 个与 β- 葡聚糖含量相关的 QTL 位点，其中 *Qbg*-4 位于连锁群 LG25 上，可以解释的表型变异达 27.6%。杜晓磊等[20]以栽培苦荞滇宁一号和苦荞野生近缘种杂交产生的 119 份 F4 代分离材料为作图群体，利用 SSR 分子标记来构建苦荞的分子遗传连锁图谱，包含 15 个连锁群，由 89 个标记组成，其中偏分离的标记有 22 个，连锁群长度 860.2cm。

（四）燕麦、荞麦栽培学与生态学研究稳步发展

1. 栽培技术研究

近几年，国内有关单位主要开展了燕麦、荞麦不同品种的种植密度、不同施肥量的栽培技术研究、节水栽培技术研究，提出了一些新的燕麦、荞麦栽培管理措施。穆兰海等[21]研究了宁荞 2 号苦荞品种的不同种植密度和施肥水平对产量及产量结构的影响，结果表明理想产量水平为 3512.96kg/hm^2，施肥水平为氮肥 60kg/hm^2、磷肥 60kg/hm^2、钾肥 90kg/hm^2，密度控制在 90 万株 / 公顷。杨丽娜等[22]研究了陇燕 3 号不同播种时期、微生物菌肥和化肥的不同配比对燕麦生长及其产量的影响。结果表明：播期、肥料种类不同配比对燕麦的叶绿素含量、株高、干草和种子产量及其构成因素均有显著影响。开展了燕麦、荞麦免耕栽培技术研究，提出了有利于蓄沙固土、提高土壤水分和节省投入的技术措施，制定了荞麦复种免耕丰产技术规程[23]。调查了燕麦、荞麦主要病虫害种类和发生规律，提出一些主要病虫害的防控措施[24]。燕麦地膜覆盖栽培技术集成覆盖抑蒸、膜面集雨、留膜免耕多茬种植等技术于一体，可大幅度提高降雨利用率和水分利用效率，并制定相关技术规程[25]。该技术同时强化了地膜的增温功能，能够促进裸燕麦生长发育，膜上覆土还对地膜寿命起到了明显的保护作用，留膜免耕可以连续种植多茬，实现节本增效。

2. 种植制度创新

燕麦在我国北方主产区主要是一年一熟的种植制度。随着全球气候变化以及在早熟品种选育等方面因素的作用下，我国一年两熟种植制度出现北界北移和面积扩大的趋势（杨晓光等，2010）。吉林省白城市农科院开展的两季燕麦栽培技术研究表明，早熟燕麦品种白燕 8 号在吉林白城地区可实现两季双熟栽培（早熟 + 早熟），在＞ 0℃积温为 3172.2℃、日照时数为 1303.4h 情况下，可完成两季双熟模式作业，要求前后作均为早熟品种。燕麦间作和轮换倒茬研究也取得很好进展，如燕麦—马铃薯间作和倒茬技术，在内蒙古、河北等地推广应用。根据我国裸燕麦主产区的不同自然条件和作物种类，依据用地养地相结合的原则，选择倒茬，避免重茬。李秀花等[26]研究了休闲与轮作对燕麦孢囊线虫种群动态的影响，发现休闲一年后燕麦孢囊线虫的减退率为 89.8%，可有效地降低土壤中燕麦孢囊线虫的虫口密度。

（五）燕麦、荞麦营养和加工研究进展迅速

1. 营养、保健功能成分的研究不断升温

燕麦、荞麦营养研究主要包括对各种营养成分的分析研究，赵世锋等[27]分析了28个燕麦品种的蛋白质含量、脂肪含量和纤维素含量，发现裸燕麦品种的蛋白质含量、脂肪含量、油酸含量和亚油酸含量较皮燕麦高，总膳食纤维含量显著低于皮燕麦品种。裸燕麦品种坝莜6号、花早2号、宁莜1号、蒙燕833–1–1、坝莜8号具有高蛋白、高脂肪特性。徐向英等[28]对54个燕麦品种蛋白质和氨基酸含量进行了分析，结果表明燕麦蛋白质含量大多集中在16% ~ 20%，其第一限制性氨基酸为赖氨酸，其次是苏氨酸、含硫氨基酸（蛋氨酸 + 胱氨酸）；必需氨基酸含量占总氨基酸含量的33.14%。王燕等[29]测定了59个燕麦品种的油脂含量和脂肪酸相对含量，油脂平均含量为6. 42%，发现油脂含量受产地影响不显著，脂肪酸的主要成分油酸、亚油酸比例接近1 : 1，脂肪酸组成受产地、年份影响均显著。杨晓霁[30]改良了燕麦 β - 葡聚糖提取方法，用 α - 淀粉酶去除燕麦粗提液中的淀粉，分别用Sevag法、胰蛋白酶法、等电点法、胰蛋白酶结合Sevag法和胰蛋白酶结合等电点法去除燕麦 β - 葡聚糖粗提液中蛋白质，结果表明胰蛋白酶结合等电点法去除蛋白质的效果最好，β - 葡聚糖保留率85%。Woo et al[31]分析了氨基酸在燕麦各个部位的分布，发现燕麦芽中的缬氨酸含量最高，其中甜荞为40%，而苦荞为62%。天冬酰胺在苦荞芽中的含量较少，可能转化为其他分类化合物，认为苦荞芽有利于人体健康。庞小一等[32]采用酶法制备燕麦肽，并对其抗氧化性及 α - 淀粉酶抑制作用进行了研究。结果证明，燕麦肽具有较好的抗氧化性和 α - 淀粉酶抑制作用，在开发功能性食品方面具有较大的应用价值。王双慧等[33]研究了不同分子量及剂量的燕麦 β - 葡聚糖对高胆固醇小鼠血浆血脂及游离脂肪酸（FFA）的影响，结果发现不同分子量的 β - 葡聚糖对小鼠血脂和FFA影响有差异，作用效果具有时间和剂量依赖性。Zhou et al[34]分析了苦荞芽期主要非酶抗氧化化合物与抗氧化能力之间的关系，发现维生素C、总黄酮、芦丁含量与自由基清除有密切的正相关。

2. 食品加工深入发展

燕麦片是我国最重要的燕麦加工食品之一。研究主要包括燕麦片加工技术和质量评价体系，在冲泡后汤汁的黏度、色泽与口感方面建立了标准，对燕麦片加工质量的提高有很大的推动作用。为满足不同需求，燕麦、荞麦深加工产品层出不穷，包括燕麦饮料、燕麦酒、燕麦化妆品、荞麦酒、荞麦醋等，这些产品的开发为提升燕麦、荞麦价值创造了机会。燕麦乳饮料、燕麦纤维饮料是一新型产品，在欧美、日本，我国台湾地区的销售势头良好。燕麦酒主要包括黄酒、白酒两类[35]。荞麦酒既具清香型白酒的特殊风格，又有传统小曲米酒的自然风味，酒香浓郁、具有独特的风味。荞麦醋风味独特，具有软化血管的作用。燕麦化妆品是燕麦活性成分提取物，具有保湿润肤、美白、抗皱、护发等功效，已经在市场上销售。

（六）燕麦、荞麦研究平台和能力建设显著增强

1. 国家支持的主要研究项目和平台

农业部于2009年建立了国家燕麦产业技术体系，并于2011年把荞麦纳入，成为国家燕麦荞麦产业技术体系。该体系由首席科学家、4个研究室，即育种研究室、栽培研究室、病虫害防控研究室以及遍布整个产区的15个试验站组成。燕麦荞麦产业技术体系是一种研究创新机制，整合了全国优势力量，有力地促进了燕麦、荞麦研究和产业发展。由于燕麦和荞麦属于小宗作物，国家和地方相关部门支持的项目和平台建设都比较少。2012年，重庆市启动荞麦产业技术体系，不但包括首席科学家、岗位专家和试验站，还包括基层农技人员和专业大户。科技部的科技支撑项目在地方特色作物种质资源发掘与创新利用专项中支持了荞麦和燕麦种质资源优异特性发掘研究。此外，近几年国家自然科学基金委员会支持了几项燕麦、荞麦方面的研究项目，主要是基础性研究工作。

2. 主要研究机构

燕麦、荞麦研究机构主要分布在华北和西南地区。中国农业科学院作物科学研究所主要从事燕麦和荞麦种质资源收集、保护和评价研究；吉林省白城市农业科学院主要从事燕麦育种和产业发展研究；河北省张家口市农科院主要开展燕麦研究和栽培研究；内蒙古自治区农牧业科学院从事燕麦、荞麦的育种、栽培技术方面研究；内蒙古农业大学从事燕麦栽培技术、抗性生理和加工方面的研究；山西省农业科学院主要从事燕麦、荞麦的育种、栽培和分子生物技术研究工作；中国农业大学主要从事燕麦产品的深加工、栽培和生态等方面研究；西北农林科技大学主要开展燕麦食品加工和功能成分与营养方面的研究；青海省畜牧兽医科学院主要研究皮燕麦良种培育、栽培和种子产业化研究；甘肃农业大学、定西旱作农业中心主要从事燕麦、荞麦的育种、栽培和植保研究；新疆农业科学院从事燕麦栽培综合技术及深加工技术的研究；西藏农科院主要开展燕麦引进及大规模推广研究；云南省农业科学院主要从事荞麦资源、育种和栽培研究；四川省成都大学主要从事荞麦育种、加工研究；贵州师范大学从事荞麦资源、育种和加工研究。此外，内蒙古、山西、陕西、宁夏、四川、贵州、云南、宁夏、黑龙江、辽宁等省（市、区）的地方农业科学研究机构都有燕麦或荞麦研究团队，在积极从事育种、栽培或加工方面的研究，也是我国燕麦、荞麦科技创新的重要力量。

3. 国际合作发展

近年来，燕麦、荞麦领域的国际合作发展迅速，我国的燕麦、荞麦研究机构与加拿大、美国、瑞典、俄罗斯等国家在燕麦研究方面建立了良好的合作关系，合作方式也多种多样，包括人员互访、合作研究、学术交流等。在荞麦研究方面，与日本、韩国、加拿大、乌克兰、俄罗斯等国家的相关机构开展了合作。2012年6月在北京举办第九届国际燕麦大会，来自近30个国家200多名代表出席会议，大会除进行学术交流外，还参观了全球燕麦品种示范基地。2013年，我国有关单位分别派出代表，参加了在加拿大举办的

美洲燕麦会议和在俄罗斯举办的第十二届国际荞麦研讨会，在进行学术交流的同时，积极发展与相关研究机构的合作。

二、燕麦、荞麦国内外研究进展比较

（一）国际上最新研究热点和前沿分析

通过分析国际上近几年发表的有关燕麦、荞麦的研究论文，结合 2012 年第九届国际燕麦大会、2013 年第十二届国际荞麦研讨会、2014 年美洲燕麦科学家大会的报告内容，再经过与国内有关专家讨论，发现了一些国际上燕麦、荞麦的研究热点和前沿领域。这些研究热点和前沿领域反映了有关国家对燕麦、荞麦研究的重视，也成为我国的燕麦、荞麦研究人员所面临的挑战。

1. 燕麦、荞麦种质资源与遗传育种

利用分子标记，开展燕麦、荞麦种质资源遗传多样性分析；

利用连锁图谱技术，发掘燕麦、荞麦重要性状的 QTLs；

利用测序技术，克隆燕麦、荞麦有关基因；

测序转录组，发掘荞麦黄酮含量相关基因；

利用二代测序技术，开展荞麦全基因组测序，构建高密度遗传图谱等；

分子标记辅助选择育种技术；

不育性在育种中的应用；

加工型专用品种选育。

2. 燕麦、荞麦品质、营养和产品加工

燕麦 β- 葡聚糖降血脂和血糖的作用的动物学验证研究；

荞麦芦丁降血糖、降胆固醇的作用研究；

荞麦芽营养及功能成分研究；

燕麦、荞麦加工过程的灭酶技术研究。

3. 燕麦、荞麦栽培与种植制度

燕麦、荞麦种植密度、管理措施和产量之间的关系研究；

燕麦锈病、黑穗病防控研究；

燕麦、荞麦与其他作物轮作或复种制度研究。

（二）国内外学科的发展状态比较和评析

1. 燕麦研究水平比较分析

在燕麦研究和开发方面，美国、加拿大和欧洲的一些国家水平较高。燕麦资源收集较多的国家有加拿大、美国、德国、俄罗斯等；燕麦育种水平较高的有美国、加拿大、瑞典、英国等。生产上应用的品种多为皮燕麦，单产可达 3 ~ 4t/ hm^2；我国燕麦育种水平处于中等偏上，通过系统选育、杂交育种、国外引进等途径，已经拥有一系列高产品种，生产水平可达到 $2t/hm^2$ 以上。在生物技术方面，美国、加拿大、巴西等国家利用分子标记，包括 SSR、SNP 等，开展燕麦种质资源评价、构建连锁图谱、发掘基因标记研究，我国也在积极追赶，利用 RAPD、AFLP、SSR 等分子标记正在大量开展遗传多样性分析、有用基因的发掘和分子标记辅助育种工作。在燕麦营养和功能成分分析、健康食品开发方面，美国、加拿大具有领先优势，我国也有较快发展，在燕麦蛋白质和 β- 葡聚糖含量与作用方面的研究有很大的进展。

2. 荞麦研究水平比较分析

在荞麦研究方面，总体上亚洲国家进展较好。荞麦资源收集和保护较多的国家有中国、日本、加拿大、俄罗斯、乌克兰等。荞麦育种水平较高的国家有日本、中国、加拿大、俄罗斯、乌克兰等，我国荞麦育种处于中上等水平，前些年，我国主要从日本引进甜荞品种，经改良后推广应用。我国的苦荞育种水平较高，育成很多高产品种，在生产上发挥了重要作用。在分子生物学研究方面，中国、日本等国家的科学家在遗传图谱构建、基因发掘方面处于领先地位，韩国、乌克兰、俄罗斯等也开展了相关工作。在荞麦健康食品开发方面，中国具有领先优势，在荞麦黄酮含量和功能作用方面的研究有很好的进展，促进了荞麦产品特别是苦荞茶的生产和消费。

三、燕麦、荞麦科技发展趋势及对策

（一）未来 5 年的发展战略需求与发展方向

1. 燕麦、荞麦发展的战略需求

燕麦、荞麦是我国传统的粮食作物，主要分布在大宗粮食作物不宜生长的干旱半干旱地区和高寒山区。荞麦是我国传统的出口创汇农产品，也是重要的健康食品资源。燕麦荞麦对恶劣生产环境条件的特殊适应性，使其成为中西部老少边贫地区主要的粮食和经济作物。燕麦、荞麦含有丰富的有利于人类健康的生物功能成分，例如荞麦含有丰富的芦丁，燕麦含 β - 葡聚糖等。随着生活水平的提高，人们对健康食品的需求不断增加。燕麦、荞麦是重要的健康食品来源，因此市场需求量会增加，种植面积保持稳定并有所增加，单产水平不断提高。但是，对于上述生物功能成分的研究才刚刚开始，至今几乎没有对功能成分含量的遗传研究，更没有针对高功能成分含量品种的选育工作。因此加强燕麦、荞麦功能型专用新品种的培育和开发，加快发展燕麦、荞麦生产和产业发展，对于保障我国粮食安全、满足市场需求、提高人们健康水平、促进农民增收、实现农业持续增产具有重要作用。

2. 燕麦、荞麦发展面临的问题和机遇

产量低、效益上不去是燕麦、荞麦共同面临的问题之一。与大宗作物相比，种植燕麦、荞麦的成本不高，但由于产量不高，比较效益低。种植玉米很容易亩产千斤，收入在千元以上，而种植燕麦、荞麦仅亩产 100 千克左右，收入约为种植玉米的 1/3，因此，农民种植燕麦、荞麦的积极性不高，多种在海拔较高的山坡低、瘠薄地，难以发挥燕麦、荞麦的生产潜力。燕麦、荞麦种植面积不稳定也是一大限制因素，受玉米等作物挤压等影响，只要雨水适合种玉米、马铃薯等作物，燕麦、荞麦的种植面积就会大幅减少，特别是荞麦，是典型的种植面积随雨水变化而变化的作物。

由于上述问题的存在，也为燕麦、荞麦发展带来了机会。首先是提高燕麦、荞麦单产的潜力巨大。目前燕麦、荞麦亩产为 100 ~ 150 千克，通过培育和采用高产品种、研发高产集成栽培技术、有效控制病虫害的危害等措施，有可能使燕麦、荞麦单产提高到亩产 150 ~ 200 千克，这样就会大幅提高燕麦、荞麦的比较效益。通过加工增值，既可以带动地方经济，也有利于提升燕麦、荞麦的收购价格，也是增加农民收益的重要途径。燕麦、荞麦都具有保健功能，随着生活水平的提高，人们越来越注重健康，这样对燕麦、荞麦的市场需求就会剧增，燕麦、荞麦的价值就会越来越大。

（二）研究目标和重点任务

1. 研发总体目标

在大的国家粮食安全战略下，应根据我国国情和土地条件，加强小宗作物特别是燕麦、荞麦的研究和发展。本着不与主粮争地的原则，充分利用我国山地和坡地多的条件，大力发展燕麦、荞麦种植和相关产业。在现有种植面积的基础上，着力提升单产和经济效益。加快科技创新，研发高产品种和栽培技术集成；优化区域和品种布局，打造优势产业基地；加强产后加工和市场鼓励，提高综合利用效益；争取政策支持力度，提升产业化水平和市场竞争力；经过 3 ~ 5 年的努力，使燕麦、荞麦学科研究和产业发展有较大的提升，为国家粮食安全、人民身体健康做出贡献。

2. 重点研究任务

（1）加强燕麦、荞麦种质资源基础研究。我国是燕麦、荞麦主要栽培国家之一，拥有丰富的种质资源。经过几十年的努力，在全国范围内收集了 8000 多份燕麦、荞麦材料，并从国外引进了 2000 多份。这些种质资源是燕麦、荞麦育种和其他研究的重要基础材料。因此，应加强对我国燕麦、荞麦种质资源研究，在继续完善燕麦、荞麦种质资源收集、鉴定、编目、繁种和入库保存工作的基础上，重点开展遗传多样性、功能特性与优良基因发掘研究，为燕麦、荞麦育种和其他研究筛选和提供优良种质材料和基因资源。

（2）加强燕麦、荞麦新品种选育。燕麦、荞麦产业发展很大程度上取决于新品种的选育和应用。当前生产上应用的燕麦、荞麦品种比较乱，单产较低，具有功能成分含量高的品种更是缺乏，因此必须加强燕麦、荞麦的育种工作，以提高燕麦、荞麦单产水平，增加燕麦、荞麦的比较效益。根据当前燕麦、荞麦存在的问题和市场需求，燕麦、荞麦的育种目标应包括高产、优质（功能成分含量高）、多用途、抗病虫、抗旱、耐盐碱。此外，燕麦、荞麦品种还应能够适应不同熟期和环境条件，以便在更大范围内推广应用。在育种技术方面，可以开展种间杂交，进行优良基因重组，在燕麦上创造和选择具有特殊性状的附加系、易位系等特殊遗传材料，在荞麦方面开展单倍体育种等，同时加强分子辅助育种技术研究，提高燕麦、荞麦育种的选择效率。

（3）加强燕麦、荞麦栽培技术和种植制度研究。应加强燕麦、荞麦栽培技术研究，特别是种子处理、施肥、病虫害防治和田间管理等技术。近年来燕麦红叶病加重，锈病也有发展的趋势，应加强防治研究工作。土壤条件对燕麦、荞麦产量及功能成分影响较大，品种、密度及产量关系等都应是燕麦、荞麦栽培技术的研究重点。还应抓好种子生产，防止品种混杂，向农民提供高质量种子。燕麦不同种植制度、倒茬、轮作和生态效应都是非常重要的研究课题。

（4）加强新型燕麦、荞麦功能食品的研发。我国燕麦、荞麦传统食品很多，主要在燕麦、荞麦产区流行。随着市场需求的扩大，很多燕麦、荞麦食品已经进入城市家庭，如燕麦片、荞麦米。为充分发挥燕麦、荞麦保健功能，使更多的人食用燕麦、荞麦产品，有必要研发大众化新型燕麦、荞麦功能型食品。此外，还应加强燕麦、荞麦功能成分检测技术、功能成分提取技术、加工工艺等方面的研究。

（三）项目建设与保障措施

1. 项目和平台保障

要充分发挥燕麦荞麦产业技术体系的作用。该体系项目是农业部组织实施的，已经开展了三年多，在基础性工作、前瞻性研究和重点领域方面开展了卓有成效的工作，应进一步加强该项目的实施。积极申请科技部实施的科技支撑项目，联合国内有关单位，开展燕麦、荞麦种质创新和育种工作，重点开展种质创新和育种方法与技术研究，为燕麦、荞麦产业研发提供技术支撑。

2. 机制保障

目前国家对种植燕麦、荞麦没有任何补贴，而种植主要粮食作物都有补贴，而且力度很大，这严重影响了农民种植燕麦、荞麦对积极性。国家应制定针对燕麦、荞麦的粮食和种子补贴政策，提高农民种植燕麦、荞麦的积极性。目前人们对燕麦、荞麦的营养和保健特性认识不足，相关宣传跟不上，消费量上不去，燕麦、荞麦的价格不高，影响农民种植收益。因此，应加强科普宣传，让更多的人了解燕麦、荞麦，特别是亚健康人群、儿童和老人，宜食用更多的燕麦、荞麦。

—— 参考文献 ——

［1］南春芹，李建设，孟庆立，等．加拿大燕麦种质在陕西杨凌的适应性评价［J］．西北农业学报．2013，22：75–81.

［2］刘伟，张宗文，吴斌．加拿大引进的二倍体燕麦种质的核型鉴定［J］．植物遗传资源学报，2013，14：141-145.

［3］陈新，宋高原，张宗文，等．PEG-6000 胁迫下裸燕麦萌发期抗旱性鉴定与评价［J］．植物遗传资源学报，2014，6：1188-1195.

［4］陈新，张宗文，吴斌．裸燕麦萌发期耐盐性综合评价与耐盐种质筛选［J］．中国农业科学，2014，10：2038-2046.

［5］赵晓军，王守顺，李生军．30 份燕麦种质材料萌发期耐盐性评价［J］．黑龙江畜牧兽医，2012，10：90-91.

［6］罗志娜，赵桂琴，欢刘．24 个燕麦品种种子萌发耐盐性综合评价［J］．草原与草坪，2012，32：34-41.

［7］刘龙龙，张丽君，范银燕，等．燕麦雄性不育新种质在遗传改良中的应用［J］．植物遗传资源学报，2012，14：189-192.

［8］丁素荣，杨学文，生国莉，等．燕麦新品种赤燕 7 号的选育及栽培技术［J］．作物杂志，2013，3：154.

［9］黄桂莲，徐惠云，张婧文．莜麦新品种晋燕 12 号的选育及栽培要点［J］．农业科技通讯，2012，2：105-106.

［10］刘彦明，任生兰，边芳，等．旱地莜麦新品种定莜 8 号选育报告［J］．甘肃农业科技，2011，8：3-4.

［11］侯建杰，赵桂琴，婷焦，等．6 个燕麦品种（系）在甘肃夏河地区的适应性评价［J］．草原与草坪，2013，33：26-32，7.

［12］相怀军，张宗文，吴斌．利用 AFLP 标记分析皮燕麦种质资源遗传多样性［J］．植物遗传资源学报，2010，11：271-277.

［13］Wu B，Lu P，Z. Z. Recombinant microsatellite amplification：a rapid method for developing simple sequence repeat markers［J］．Mol Breeding. 2012，29：53-59.

［14］韩瑞霞，张宗文，吴斌，等．苦荞 SSR 引物开发及其在遗传多样性分析中的应用［J］．植物遗传资源学报，2012，13：759-764.

［15］田晓庆，徐宏亚，汪灿，等．用 SS R标记分析荞麦栽培种资源的遗传多样性［J］．作物杂志，2013，5：28-32.

［16］张文英，方正武，王凯华．苦荞地方品种 SRAP 标记遗传多样性分析［J］．广东农业科学，2012，11：148-150，52.

［17］吴斌，张宗文．燕麦葡聚糖合酶基因 AsCSLH 的克隆及特征分析［J］．作物学报，2011，37：723-728.

［18］徐微，张宗文，张恩来，等．大粒裸燕麦（Avena nuda L.）遗传连锁图谱的构建［J］. 植物遗传资源学报，2013，14：673-678.

［19］吴斌，张茜，宋高原，等．裸燕麦 SSR 标记连锁群图谱的构建及 β-葡聚糖含量 QTL 的定位［J］．中国农业科学，2013，47：1208-1215.

［20］杜晓磊，张宗文，吴斌，等．苦荞 SSR 分子遗传图谱的构建及分析［J］．中国农学通报，2013，29：61-65.

［21］穆兰海，剡宽江，陈彩锦，等．不同密度和施肥水平对苦荞麦产量及其结构的影响［J］．现代农业科技，2012，1：63-64.

［22］杨丽娜，赵桂琴，侯建杰．播期、肥料种类及其配比对燕麦生长及产量的影响［J］．中国草地学报，2013，35：47-51.

［23］徐博鸿，范学钧．免耕复种荞麦的丰产栽培技术规程［J］．现代种业，2013，8：51-53.

［24］卢文洁，王莉花，周洪友，等．荞麦立枯病的发病规律与综合防治措施［J］．江苏农业科学，2013，41：138.

［25］刘彦明，任生兰，南铭，等．旱地裸燕麦膜侧沟播技术规程［J］．甘肃农业科技，2013，9：61.

［26］李秀花，高波，马娟，等．休闲与轮作对燕麦孢囊线虫种群动态的影响［J］．麦类作物学报，2013，33：1048-1053.

[27] 赵世锋，曹丽霞，张立军，等. 不同类型燕麦育成品种的品质与产量分析 [J]. 河北农业科学，2012，16：58- 61，106.

[28] 徐向英，王岸娜，林伟静，等 . 不同燕麦品种的蛋白质营养品质评价 [J]. 麦类作物学报，2012，32：356-360.

[29] 王燕，钟葵，林伟静，等. 品种与环境效应对裸燕麦油脂含量和脂肪酸组成的影响 [J]. 中国油脂，2012，37：27-32.

[30] 杨晓霁. 燕麦 β- 葡聚糖的提取和初步纯化 [J]. 粮食加工 . 2013，38：46-50.

[31] Woo SH，Kamal AHM，Park SM，et al. Relative Distribution of Free Amino Acids in Buckwheat [J]. Food Sci Biotechnol，2013，22：665-669.

[32] 庞小一，王静，张慧娟，等. 燕麦肽的制备、抗氧化性及其对 α- 淀粉酶抑制作用的研究 [J]. 食品工业科技，2013，34：163-168.

[33] 王双慧，沈南辉，何勇，等. 燕麦 β- 葡聚糖对高胆固醇小鼠血脂和游离脂肪酸的影响研究 [J]. 食品工业科技，2014，35：324-327.

[34] Zhou X，Hao T，Zhou Y，et al. Relationships between antioxidant compounds and antioxidant activities of tartary buckwheat during germination [J]. Food Sci Technol，2014，DOI 10.1007/s13197-014-1290-1.

[35] 涂璐，王爱莉，李再贵. 燕麦红曲黄酒多酚含量及抗氧化性研究 [J]. 中国酿造，2012，31：43-45.

撰稿人：张宗文　赵　炜　吴　斌

油料作物科技发展研究

油料作物是全球范围内食用植物油、蛋白质以及工业原料的重要来源。我国是世界油料生产、消费和贸易大国，油菜、大豆、花生、芝麻、向日葵、胡麻和蓖麻等是主要的油料作物，其中油菜、大豆、花生种植面积和总产量均占油料作物的90%以上。我国油料作物的种植规模保持在3亿亩以上，仅次于谷类粮食作物，是粮食作物良好的轮作换茬作物，在农业生产和国家粮食安全中占有重要地位。随着经济发展和人民生活水平的不断提高，我国油料产品的消费持续增长，目前国内食用油料消费60%以上依赖进口，已成为全球进口油料产品总量最大的国家，油料供给安全压力居高不下[1]。提高国内食用油料生产能力和增加有效供给，成为当前和今后发展农业生产和保障食物安全的重要任务。在耕地持续减少、水资源日益短缺、生态环境不断恶化、自然灾害频繁发生、农村劳动力大量转移的背景下，发展我国油料生产的根本出路是依靠科技进步[2]。近年来，我国油料作物科学研究在资源收集和创新、新品种选育、新型栽培模式、病虫草害防控、全程机械化生产设备和技术研发、油料精细加工工艺、新产品开发以及质量安全技术等方面开展了系统研究，并取得了良好进展，对促进油料增产、农民增收、保障供给发挥了重要作用。本文概述了近年来我国油菜、花生、芝麻、向日葵、胡麻和蓖麻等油料作物科技创新和推广应用工作的主要进展。

一、油料作物学科发展现状

（一）油料作物学科最新研究进展

1. 油菜最新研究进展

（1）油菜遗传基础理论研究。利用油菜60K SNP芯片对核心关联群体、F2∶3群体进行了高密度基因型分析。定位了31个含油量QTL位点、92个油菜根构型性状QTL，获得

123 个紧密连锁分子标记；明确了母体基因型对种子含油量影响（效应达 86%），鉴定出 5 种含油量调控途径、4 个高油特异材料和 6 个具有自主知识产权的含油量调控基因[3]。建立了 PEG 法高通量抗旱表型鉴定平台，筛选到 12 份抗旱材料。

（2）油菜遗传改良与品种选育。油菜高含油量育种取得突破。创制出含油量达 64.8% 的品系 YN171，刷新世界纪录。选育出国审双低、高含油量（49% 以上）、机适型油菜品种“中双 11 号”；早熟、三高新品种圣光 127、圣光 420，为冬闲田利用提供了专用油菜品种。

（3）油菜高产高效栽培技术研究。油菜全程机械化生产技术进一步集成。成功集成了土壤适墒管理、适宜机械化品种选育、密度调控、缓控释全营养一次施肥、联合机械播种、芽前封闭除草、“一促四防”、机械收获和秸秆快速腐解 9 项核心技术，实现了“两高双增生产”。

油菜机械移栽技术取得重要突破。研制的 2ZTY—4 型油菜毯状苗移栽机械能一次完成松土开沟、栽植、覆土镇压、施水等作业，整机实际作业效率 5 ~ 8 亩 / 小时，比人工移栽效率提高 60 倍以上、比链夹式移栽机提高 13 倍以上，作业质量符合油菜移栽农艺要求。成功研发分段收获装备与技术，进一步提升了联合收获机性能。

（4）油菜病虫害防治技术研究。进一步开展了油菜菌核病、根肿病、黑胫病、杂草防治等相关研究[4]。大田多点鉴定含 459 份材料的自然群体菌核病抗性，定位和克隆了菌核病抗性基因。基本明确国内根肿病发生区域、重发区主要病原生理小种类型。筛选出 48 份高抗资源材料、一批防效好的生防菌，建立了杀菌剂低成本防治根肿病的技术方案。建立了黑胫病长期监测点，在大田条件下研究了黑胫病菌在水田和旱地条件下的存活规律。初步明确抗除草剂突变体的抗性分子机理，开发出关联 SNP 标记。建立完善了油菜杀菌剂、杀虫剂和除草剂数据库，搜集整理了历年登记的油菜杀菌剂、杀虫剂和除草剂资料等。

（5）油菜加工和质量检测技术研究。开发出加工量 2t/d 的小型油料加工成套工艺技术和装备。研究了低温亚临界流体脂质提取新技术，建立了食用植物油脂肪酸高灵敏检测技术，建立了精细的菜籽油等食用植物油指纹谱。建立了胆固醇与植物甾醇的 SPE-GC-GC-TOF/MS 高灵敏检测技术，构建了菜籽油脂肪酸和植物甾醇组成文库。构建了菜籽油离子迁移谱检测技术和菜籽油离子迁移谱文库，建立了菜籽油掺伪快速鉴别技术，为保证食用植物油质量和安全提供了重要技术支撑。

（6）人才、平台、团队建设。全国油菜科技人员数量在 500 人以上，专业配备较为齐全，涉及国家和省部级科研平台也较多。多个科研团队被遴选为农业部杰出科研团队。2014 年油菜方面的基础研究再次获得国家“973”计划的资助。

2. 花生最新研究进展

（1）花生遗传基础研究。在花生基因组测序方面，国内（山东省花生研究所和广东省农科院作物所）开展的花生二倍体野生种 *A.duranensis* 测序和我国参与的国际花生基因组测序（栽培种花生、二倍体野生花生 *A. duranensis* 和 *A. ipanensis*）进展顺利，花生野生种基因组信息已经公布，为有关研究提供了基因组信息平台。

在花生连锁遗传图谱构建方面，日本学者Kenta Shirsawa整合了一张涵盖20个连锁群、含3693个SSR标记的花生高密度连锁遗传图谱，中国农科院油料所周小静等构建了世界第一张含1685个标记（1621个SNP、64个SSR标记）、覆盖总长度1446.7cM的栽培花生连锁图谱，为花生重要性状QTL定位和关键基因克隆奠定了基础。

初步定位了花生高油酸、抗线虫、抗锈病、抗青枯病、抗黄曲霉、荚果大小、荚果形状、每荚粒数、分枝数、矮秆等重要性状QTLs；精细定位了高油酸、抗线虫主效QTLs；鉴别出高油酸、抗线虫QTL区间候选关键基因；开发出简便实用的分子标记用于MAS育种[4]。

（2）花生新品种选育。近两年来，半矮秆、籽粒圆形、果柄坚韧、脱水速度快等目标性状被选作花生全程机械化生产用种的关键指标。高油酸回交结合分子标记辅助选择技术，实现3年内将主要推广品种定向转育成高油酸品种[5, 6]。2014年通过国家鉴定的花生新品种9个、省审新品种31个，其中高油酸品种6个。

（3）花生栽培技术研究。围绕适应全程机械化生产、降低劳动强度和生产成本等要求，完善了旱薄地花生综合增产栽培技术规程，集成单粒精播节本高产栽培技术、夏播起垄种植技术，建立了适合机械化生产的配套栽培技术体系并大面积示范推广[8]。批量生产花生分段收获、半喂入摘果和联合收获设备，种用脱壳机、荚果分选机已进行了田间生产试验与示范[8]。

（4）花生病虫害防治技术研究。建立了花生叶斑病、网斑病化学防治技术措施；初步调查了我国花生受黄曲霉菌污染情况和毒素污染的严重程度，建立了不同产区防控黄曲霉毒素污染的综合措施，筛选获得具有生防潜力的不产毒素黄曲霉菌[9]。

（5）花生加工与质量检测技术研究。近年来，现榨、自榨花生油受追捧。研发的“简易、高效、绿色、低碳物理贮藏技术”备受关注，试验示范取得了良好效果。花生质量普查和风险评估持续开展。

（6）人才、平台、团队建设。国内花生科技人员300人以上，学科布局逐步完善，地域分布日渐合理，科研平台逐步增多。近年来，吉林省农科院和辽宁省农科院新成立了花生研究所，新疆、浙江、四川、内蒙古等产区组成了花生科研团队，积极推动当地花生产业发展。

3. 芝麻最新研究进展

（1）芝麻遗传育种技术研究。在基础研究方面，构建了2张高密度分子遗传图谱，完成了芝麻栽培种基因组测序。在育种技术方面，完善了芝麻远缘杂交、理化诱变技术体系，通过理化诱变创制了180份优异芝麻新种质[10]。

创制出光敏感芝麻核雄性不育系（Sipsms3041），建立了芝麻良种繁育与生产技术规程。开展了芝麻品种DNA指纹图谱构建工作。完成了6个转基因共420个株系鉴定和基因表达分析。

（2）芝麻新品种选育。2014年度全国选育出芝麻新品种13个，其中国审品种3个（冀航芝3号、驻芝21号、鄂芝8号），省审品种10个（郑芝19号、郑太芝1号、赣芝11号、赣芝12号、赣芝13号、中芝28、中芝29、皖芝9号、皖芝10号、辽芝8号）。首次选育出有限生长习性芝麻新品系（DS899），为解决芝麻后期黄稍尖难题奠定了种质资源基础。

（3）芝麻品种资源研究。收集各类芝麻种质资源259份，繁殖更新资源材料1280份；大田鉴定500份国内外种质资源的抗病、耐渍等综合农艺性状，筛选出抗病材料50份、耐渍材料44份。

利用芝麻转录组序列信息，开发出7450个SNP标记，362个InDel标记。获得油分相关标记19个、蛋白含量标记24个；初步定位芝麻单秆/分枝、初始节位、株高、蒴长及蒴宽等产量性状QTL位点12个，株高、始蒴高度、果轴长、单株蒴数、蒴果长度、每蒴粒数及千粒重QTL位点13个；初步鉴别出耐渍调控候选基因90个。

（4）芝麻栽培技术研究。明确了适宜不同生态区芝麻栽培的最佳施肥量和施用方式。建立起水肥运筹高效管理技术，土壤含水量低于15%时，抗旱播种、滴灌或沟灌为宜；花期土壤适宜含水量25% ~ 30%，遇旱应适时浇灌，遇连阴雨清沟降渍排涝。一般施复合肥15 ~ 25kg/亩，中低产田应增施氮、磷、钾、锌、硼肥，蕾期追尿素3 ~ 5kg/亩，花期喷施0.3%磷酸二氢钾液1 ~ 3次。

深入开展了机械化种植关键技术、机械化间苗定苗、间作套种、病虫草害综合防控、肥水高效利用等关键栽培技术研究，解决了机械化精量播种难题，实现了一次完成芝麻播种 - 铺管 - 覆膜 - 压膜 - 打孔 - 压膜等工序，总结出“新疆干旱地区芝麻高产高效机械化生产技术”，在新疆精河县托里乡创造出平均亩产172.5kg的高产纪录[11]。

（5）芝麻病虫草害防治技术研究。完成了菜豆壳球孢基因组测序（52.4M）和重测序、93株尖孢镰刀菌芝麻专化型多样性分析，建立了FOS镰刀菌酸萃取方法。关联分析了来源于世界各地219份抗枯萎病种质资源，获得47个芝麻抗病指数关联SNP/Indel标记。

比较了不同接种方式及接种物对芝麻的致病性，完善了茎点枯病抗性鉴定技术；筛选出生物复合菌肥、生物种衣剂、颗粒剂各1种，化学拌种剂2种，建立起高效安全的芝麻病虫害综合防控技术体系。

（6）芝麻加工与检测技术研究。完成了冷榨芝麻油工业化生产试验，确定了螺旋冷榨芝麻油生产的主要工艺参数；制备了多种芝麻蛋白粉；优化了芝麻木酚素柱层析吸附材料，完善了木酚素溶解重结晶工艺流程，建立了芝麻木酚素标准化生产线1条，优化了工业化生产技术参数。建立了纯芝麻油的甘油三酯指纹图谱数据库，可鉴别掺伪量大于或等于3%的芝麻油产品。

（7）人才、平台、团队建设。芝麻研究团队搭配合理，团队凝聚力强，业务水平较高。搭建了芝麻资源和重要农艺性状关联平台，收集国内外推广品种及农家种资料，收集、补充芝麻病虫草、渍害发生及防控数据库，新增病害症状、病原菌特征特性、病害发生规律、病害防控技术、田杂草图片、形态特征、药剂作用机理数据 2945 条。

4. 向日葵学科最新研究进展

（1）向日葵新品种选育。近两年，食葵新品种百粒重、籽粒长度、籽粒宽度、籽仁率、皮壳率等品质相关性状进一步改善，产量超过了 3900kg/hm^2，增产 10% 以上。在强抗旱性、耐菌核病、抗叶斑病和锈病新品种选育方面取得了新突破，选育出 12 个抗黄萎病、4 个抗列当食葵新品种，在生产上大面积推广应用[12, 13]。

（2）向日葵育种技术研究。转育野生种抗性基因实现杂种优势利用；广泛应用幼胚培养技术，实现每年 3 世代选育。目前小孢子培养技术可培育出幼苗，但不能繁殖后代。2014 年开展向日葵品种 DNA 指纹鉴定，尝试制定向日葵品种指纹鉴定标准。

（3）向日葵品种资源研究。到目前为止，选入国家中、长期库的向日葵品种资源达 3000 多份，育种单位目前保存新资源约 1500 份，逐步建设向日葵种质资源数据库。

（4）向日葵栽培技术研究。低产田、旱地和盐碱地向日葵栽培新技术应用主要包括：旱地开沟探墒播种、集雨种植和地膜覆盖保墒等稳产高产栽培技术；盐碱地改良剂加覆膜保苗技术及应用[14]。加强了氮磷钾大量元素肥料合理施用增产、微量元素肥料施用提质研究，探讨了施肥与环境保护协调。

在部分向日葵主产区，采用了气吸式精量播种、覆膜专用播种机。总体来看，向日葵机械化生产程度尚需提高、相关技术和设备研发需加强。

（5）向日葵病虫草害防治技术研究。明确了向日葵黄萎病、菌核病发生规律，提出了快速鉴定方法和综合防控技术方案。制定了“向日葵螟综合防控技术规程”，组装了草地螟综合防治技术，集成了向日葵螟绿色防控技术体系。初步筛选出抗列当品种 13 份，明确了仲丁灵微囊悬浮剂最佳用药量和施药技术[12]。

（6）向日葵加工与质量检测技术研究。已采用 DNA 分子标记检测技术鉴定向日葵品种纯度；研究了向日葵检疫性病害白锈病菌、向日葵霜霉病菌、向日葵黑茎病菌和向日葵茎溃疡病菌检测技术。2014 年，天津检验检疫局动植食中心自主研发的“同步检测向日葵黑茎病菌和向日葵茎溃疡病菌技术”获得国家知识产权局授予的国家发明专利证书。

（7）人才、平台、团队建设。向日葵产业技术研发中心暨国家油料改良中心向日葵分中心依托于内蒙古自治区农牧业科学院，全国主要有 16 家单位从事向日葵科研及试验示范，科技人员 135 人，其中正高级职称 41 人，副高级职称 35 人，年龄结构合理，既有分工又有协作，团队整体业务水平较高。

5. 胡麻最新研究进展

（1）胡麻新品种选育。采用抗生素诱变法，成功选育出受隐性基因控制的低温不育、高温育性恢复的温敏型亚麻雄性不育系，两系法胡麻杂种优势利用获国家实用技术专利授权。2010 年育成世界首例胡麻杂交种陇亚杂 1 号、陇亚杂 2 号；2012 年育成陇亚杂 3 号。陇亚杂系列亚麻杂交种在生产试验及示范中增产 10% 以上，实现了胡麻杂种优势生产应用。

胡麻常规新品种陇亚 12 号、定亚 23 号通过国家鉴定，陇亚 11 号、晋亚 10 号、晋亚 11 号、坝亚 12 号、坝选 3 号、内亚 9 号通过省（区）品种审定委员会审（认）定，在适宜区域大面积推广应用。

（2）胡麻抗旱高效栽培技术研究。针对旧膜重复利用栽培胡麻的技术问题开展了系统研究[15]。研发出“旧膜重复利用胡麻免耕穴播栽培技术”和“胡麻旱地垄膜集雨沟播种植技术”。采取垄上覆膜，沟内种植作物，形成沟垄相间作物种植方式。使 10mm 以下降雨通过集流储存到膜下作物根部而有效利用，实现抗旱增产。在沿黄灌区，国家胡麻产业技术体系通过大量试验示范，集成了“胡麻田立体种植高效栽培技术”，显著提高了生产效益。

（3）胡麻田化学除草技术研究。研发出轻简化“胡麻田化学除草技术”，并进行了大面积推广示范。2011—2012 年内蒙古乌兰察布市胡麻田杂草化学防除大面积示范结果表明：在苗期（胡麻株高 5 ~ 10cm）每亩茎叶喷雾（1 次）[2 甲 · 辛酰溴乳油（40%）100mL + 高效氟吡甲禾灵乳油（108g/L）100mL]，对胡麻田阔叶杂草株防效 91.14%，鲜重防效 92.80%；对禾本科杂草株防效 87.85%，鲜重防效 91.94%，胡麻平均亩产量 143.0kg，增产 61.66%。

6. 蓖麻最新研究进展

（1）蓖麻种质资源鉴定和新种质创制。目前，10 个国家建立了蓖麻种质资源库，收集保存蓖麻种质资源 11300 份，其中中国 1689 份[16]。对部分蓖麻品种的遗传分析发现：品种间遗传多样性呈中度多态性，平均每位点有 2.267 个等位基因[17]，野生蓖麻种质遗传多样性较栽培材料丰富[18]。多数野生资源抗性较强、经济性状较差，需要多年定向选育。

获得了转 P450 基因蓖麻株系[19]，转 pPZP221 SGN 基因蓖麻株系[20]；农杆菌介导的 Kan 抗性转基因蓖麻株系[21]。蓖麻遗传转化、组织培养等生物技术育种技术尚待进一步研究。

（2）蓖麻新品种选育。近年来，国内多家育种单位选育各类型雌性系 6668 份、恢复系 10652 份，育成标雌系 182 份、恢复系 287 份。利用航天育种、化学诱变、物理诱变技术创制了一批优良种质资源。

2013—2015 年，审（认、鉴）定 9 个蓖麻品种，在内蒙古、吉林、辽宁等 39 个地点进行新品种示范种植，共建立示范基地 31.57 万亩；累计推广种植蓖麻 408.67 万亩，生产蓖麻籽 75428.96 万 kg，产值 398020.69 万元。

（3）蓖麻栽培技术研究。我国常年蓖麻播种面积 20 万 ~ 30 万 hm^2，年产蓖麻籽 20 万 ~ 30 万 t，均居世界第二位，而全国每年蓖麻籽需求量为 50 万 ~ 60 万 t，缺口达一半以上[21]。矮秆型品种 FCA-PB(株高 1.15m）种植密度在 5 万 ~ 7 万株 / 公顷时能获得高产，比低密度栽植（2.5 万株 / 公顷）增产 22%[22]，合理密植能优化群体产量构成。沙地土壤施高分子聚合物能增加耕作层胶体对沙层中水分、养分的吸附能力，有利于作物吸收和利用[23]。

（4）蓖麻对土壤的修复作用。蓖麻对盐碱地具有较好的改良效果。多项研究表明：蓖麻耐贫瘠并对 Mn、Zn、Cu、Cd 等重金属元素有明显富集作用，是重金属尾矿土生物修复的理想作物，具有广阔的应用前景[24-26]。

（5）蓖麻深加工现状及进展。我国蓖麻油的深加工产品主要有癸二酸、12- 羟基硬脂酸、氢化蓖麻油、脱水蓖麻油、土耳其红油、乙酰环氧化蓖麻油酸甲酯、十一烯酸等，年需求蓖麻油 25 万 ~ 30 万 t。癸二酸和 12- 羟基硬脂酸是我国蓖麻油加工的两大支柱产品，年产量分别为 8 万 t 和 5 万 t。

南开大学研制的蓖麻油基润滑油已批量生产。以蓖麻油为主要原料制造可降解泡沫塑料，自然土埋可缓慢降解[27]。蓖麻油制备生物柴油获得成功[28-29]，湖南省林业科学院主持完成的“蓖麻油制取生物柴油关键技术研究”居国际领先水平。

（6）人才、平台、团队建设。目前约 10 家单位从事蓖麻研究，科研人员近 100 人，拥有硕士以上学历约 40 人，中高级职称约 70 人；培养技术骨干 11 名，硕士 11 名；在国内外举办培训班 227 次，培训技术人员 489 名，培训农民 26442 人次。

（二）本学科最新重大科研成果及应用介绍

1. 油菜高含油量聚合育种技术及应用

中国农业科学院油料作物研究所完成的“油菜高含油量聚合育种技术及应用”获 2014 年度国家技术发明二等奖。首次证明母体基因型对种子含油量影响（效应达 86%），鉴定出 5 种含油量调控途径、4 个含油量达 50% 以上的高油资源、6 个拥有自主知识产权的含油量调控新基因，为高油聚合育种提供了新思路、新基因和新资源。

将关联分析与连锁分析相结合鉴定出 27 个高油 QTLs 位点，其中 12 个为新位点，2 个 QTL 对含油量变异贡献率超过 20%，相对含油量贡献值达 3.5 个百分点，是已报道含油量 QTLs 最大贡献值。鉴定出产量 QTLs 21 个，其中 14 个属于新位点；发掘出 14 个抗裂角、抗倒伏 QTLs，其中 5 个属于主效位点。为聚合高含油量、高产、抗裂角、抗倒伏等性状提供了理论指导和技术支撑。

建立了以亲本定向选配与聚合杂交、分子标记辅助选择、小孢子培养快速纯合与稳定技术等为核心内容的多目标性状聚合育种技术体系，使育种周期缩短了 2 ~ 3 年。创制了含油量达 64.8% 的特高油品系 YN171，刷新了油菜高含油量世界纪录。创制了高含油量、双低、高产、多抗、广适油菜新品种 5 个，其中“中双 11 号”是世界上首个集高含油量（49.04%）、强抗裂角、高抗倒伏、抗菌核病为一体的双低油菜品种，有效克服了高含油量与双低、高产、多抗的矛盾。

2. 油菜联合收割机关键技术与装备

江苏大学、农业部南京农业机械化研究所完成的“油菜联合收割机关键技术与装备”获 2013 年度国家技术发明二等奖。经检测，整机总损失率 5.9%，破碎率 0.1%，含杂率 3.2%，主要技术指标明显优于国内外同类产品。据统计，近三年累计销售油菜联合收割机产品 13360 台，新增销售收入 12.69 亿元、利税 2.78 亿元，全国市场占有率 35% 以上，为我国油料安全提供了装备保障。

该项目获授权发明专利 13 件、申请发明专利 8 件；发表 SCI/EI 收录论文 45 篇。项目成果获江苏省专利金奖、中国专利优秀奖、中国机械工业科学技术一等奖和国家金桥奖。

3. 高产高油酸花生种质创制和新品种培育

山东省花生研究所、青岛农业大学完成的“高产高油酸花生种质创制和新品种培育”获 2013 年度国家科学技术发明二等奖。

育成 2 个高油酸花生新品种花育 19 号和花育 23 号、1 个超高油酸花生新品种花育 32 号。“花育 32 号”油酸含量高达 77.8%，约为传统花生油酸含量的 2 倍，是目前国际上油酸含量最高的直立型花生新品种。3 个高油酸新品种累计推广面积达 5028.90 万亩，累计新增纯收益 82.02 亿元。育成审（鉴）定花生新品种 14 个，获得国家授权专利 28 项（其中发明专利 23 项）。

4. 花生低温压榨制油与饼粕蛋白高值化利用关键技术及装备创制

中国农业科学院农产品加工研究所、山东省高唐蓝山集团总公司、河南省亚临界生物技术有限公司、中国农业机械化科学研究院完成的“花生低温压榨制油与饼粕蛋白高值化利用关键技术及装备创制”获 2014 年度国家技术发明二等奖。

在花生油品质改善、饼粕综合利用、蛋白质附加值提升三方面取得重大技术突破。研发出低温压榨花生油、系列蛋白与功能性短肽等重要产品并技术转让给多家企业应用，取得了显著的经济与社会效益。

首次实现伴球蛋白、浓缩蛋白在肉制品中的应用，有效解决了花生饼粕蛋白综合利用率低、不能用于肉制品加工的技术瓶颈，填补了国内空白。率先在国内建立了具有显著降血压功效的花生短肽生产线，极大地提高了花生蛋白附加值。

5. 花生品质生理生态与标准化优质栽培技术体系

山东省农科院、山东花生研究所和山东农业大学完成的“花生品质生理生态与标准化优质栽培技术体系”获 2014 年度国家科技进步二等奖。本项研究：①揭示了花生品质形成的酶学和细胞学机理，创建了品质调控关键技术；②创建了花生品质评价指标体系，首次完成了中国花生品质区划；③率先建立了花生标准化优质栽培技术体系。2009—2013 年项目技术在山东、河北、湖南等 10 省（区）累计推广 6523.6 万亩，增效 91.6 亿元，经济和社会效益显著。

6. 非耕地工业油料植物高产新品种选育及高值化利用技术

湖南省林业科学院等 7 家单位联合完成的“非耕地工业油料植物高产新品种选育及高值化利用技术”成果获 2014 年度国家科技进步二等奖。在蓖麻等工业油料植物的新品种选育、高产栽培和油料加工技术方面取得突破性进展，实现了非耕地油料植物的大面积种植和规模化加工利用，产生了显著的社会、经济和生态效益。

二、国内外油料作物学科发展比较

（一）油料种质创新、重要性状关键基因产权竞争和杂种优势利用

农作物种质资源是生命科学原始创新、农作物育种及产业化的物质基础（基因载体），是保障国家食物安全、生态安全和种业安全，实现农业可持续发展的战略性资源。国内外农业研究机构都非常重视农作物种质资源普查、广泛收集、妥善保存、系统评价，创制农作物优异种质资源，培育突破性品种依赖于优异种质资源的发掘和创新。

随着白菜、甘蓝和甘蓝型油菜、芝麻、花生、胡麻等基因组测序相继完成，重要性状关键基因克隆和育种利用成为世界各国竞相争夺的重要资源。利用现代生物技术发掘基因、创制新材料、开发新标记，结合分子设计育种，实现传统“经验育种”朝“精确育种”转变成为国内外油料作物育种发展的大趋势。我国开始了油料作物重要性状关键基因克隆、相关技术研发与储备，相比于加拿大、欧洲和澳大利亚等油料主产国，在技术创新和人才培养方面仍存在差距。

我国油料育种家们以杂种优势利用为核心，结合常规育种和生物技术，建立了稳定可靠的杂种优势分子预测体系，培育出系列高产、优质、多抗油料作物新品种，促进了我国油料产业的发展。欧洲利用国外基因库，选育根系强大、营养高效、抗逆性强的半矮秆杂交品种，提高收获指数。2014 年，加拿大油菜品种区试排名前 5 名的新品种中，3 个品种是美国嘉吉（Cargill）公司选育的高油酸品种，该公司选育的高油酸（> 75%）油菜品种已在北美市场批量生产。2014 年，全球杂种油菜种植面积占 50% 以上，欧洲和加拿大萝卜细胞质不育杂种油菜发展迅速。我国胡麻温敏型两系杂种优势利用取得重大进展，选育出陇亚杂 1 号、陇亚杂 2 号、陇亚杂 3 号，在胡麻主产区大面积推广种植。

（二）油料生产全程机械化技术集成与规模化

国外油菜栽培管理主要集中于油菜机械化生产、生长模型、营养与施肥技术、品质形成机理与优质化栽培、病虫草害综合防治与环境友好栽培等相关研究。欧盟油菜生产实行规模化连片种植，大面积推广耐密植、高含油量、成熟度一致、抗裂角、抗倒伏、抗病虫害、强发芽力等适合大型农机作业的杂交油菜新品种，采用机械化栽培和病虫草综合防治、水肥高效利用等先进技术，实现油菜单产高、机械收获损失小、生产效率高。法国免少耕油菜耕作制度可持续性评价取得较大进展，深入研究了氮肥施用时间和秋冬季施用比例、碳氮积累与分配、氮磷钾硼配方肥施用等课题；针对直播油菜草害问题，加拿大有公司研究了不同油菜品种、除草剂类型、不同施用时间对油菜产量品质的影响，推出了畅销集成产品，油菜产量大幅提高。

美国建立了从生产用种到收获的一整套科学合理的花生栽培管理体系，花生种植机械化程度高，产后加工业发达，花生安全生产模式非常完善。农场主“重视前茬施肥”和

“根据土壤化验结果和花生的需肥特点科学施肥”。阿根廷农场主非常注意花生轮作换茬，花生种机械脱壳选种，用含有微量元素和根瘤菌的种衣剂包衣，大型花生播种机播种，田间管理不中耕、不追肥、不喷药，田间杂草靠喷施除草剂防除，全程机械化收获，热气鼓风机鼓风烘干（25 ~ 35℃）。日本花生栽培主要采取地膜覆盖技术，覆膜、收刨和摘果全部实现机械化作业，生产方式为以一家一户为单位的个体种植和经营。围绕无公害栽培，保证花生品质。

我国开展了农业生态系统有效调控、植物病虫害生物防治和环境污染有效控制研究，建立了“良种良法配套、农机农艺融合”的轻简高效生产技术体系，在油料主产区逐步实现全程机械化生产技术集成，形成规模化生产，有效提高了作物产量和质量、降低了生产成本、节约了化学品投入、保护了生态环境、提高了劳动效率和经济效益，对解决我国农业增产增收问题具有重要意义。

（三）油料作物病虫草害防治研究引起高度重视

加拿大针对油菜根肿病开展了系统研究，解析了芸薹根肿菌侵染油菜的分子机理。从土壤熏蒸、杀菌剂土壤消毒、生防菌生物防治、抗根肿病品种选育和推广等多方面研究油菜根肿病防治技术，取得了显著效果。我国利用木霉和芽孢杆菌制作生物肥防治油菜根肿病防效达 65%、链霉菌 A16 防效达 65.91%、芽孢杆菌菌株 XF-1 防效达 85%。针对油菜移栽和直播两种栽培方式制定相应防治措施。在油菜移栽区，使用 10% 氰霜唑（商品名科佳）2000 倍液对苗床消毒，移栽时用 75% 百菌清 1000 倍液结合定根水灌根，对根肿病的防效高达 90%，比对照增产 50% 以上；在油菜直播区，使用 50% 氟啶胺（商品名福帅得）种子包衣防治，油菜根肿病防效高达 92.5%。

我国开展了油菜黑胫病化学药剂防治试验，在油菜苗期、初花期和盛花期各喷施一次百菌清能有效降低发病率和病情指数，减轻产量损失，发病率最大减少 24%，病指最大减少 9.4，最大增产 54.3 千克 / 亩。建立了药剂底施防治油菜苗期蚜虫、采用热雾机防治油菜花角期蚜虫的轻简、高效蚜虫防治模式。油菜蚜虫发生量与菌核病的发病率显著正相关，苗期防治蚜虫不但可控制蚜虫直接危害，还能使菌核病发病率平均减少 26.59%，病指减轻 24.0%。通过杂交选育，获得一批非转基因抗甲咪唑烟酸除草剂油菜品系。从菌核病病原核盘菌弱毒菌株中分离到单股负义链 RNA 新病毒；在菌核病生防菌筛选及生防机理、抗菌核病油菜资源创建及抗性机理等方面取得了良好进展。

区域性较强的花生病害包括细菌性青枯病（主要在东亚、东南亚、非洲的乌干达）、网斑病（北纬、南纬 35 度以上的冷凉地区）、花生条纹病毒（东亚地区）、花生丛簇病毒（非洲为主）、番茄斑萎病毒（美国）。土传性真菌枯萎病、烂果病、黄曲霉毒素污染等问题在世界各地均存在，尤以热带、亚热带地区发生得更严重。据美国农业部估计，全球因花生病害造成的经济损失率平均 20% 左右。

我国通过抗病性遗传改良成功克服了花生青枯病危害，并对其他国家的青枯病防治提供了有效技术援助。我国成功控制了叶部病害危害，通过综合防治将产量损失率控制在7%以下。目前，针对防治难度大的真菌性土传病害，抗性鉴定和品种改良取得了一定进展。我国还成功培育出对黄曲霉产毒素具有良好抗性的中花6号等品种，有效降低了毒素污染风险。

（四）油料作物生产机械化装备和配套技术研发向集约化发展

加拿大、德国等国家采用大型气力式播种机械，一次作业完成灭茬、施肥、播种、覆土、镇压等作业流程。加拿大油菜生产90%采用分段收获，德国油菜生产约50%分段收获、50%联合收获，机械化收获率100%，收获损失率稳定在6%左右。进一步研究和应用了纵轴流式脱粒滚筒，提高了脱粒分离能力；开展了宽幅高效大型割晒机、捡拾脱粒机以及联合收割机研发；机电一体化技术、GPS技术、信息化技术与精准农业技术相结合并广泛应用到机械装备，进一步提高了作业监控能力，减少了操作者劳动强度，提高了作业质量和效率。同时，应用籽粒量在线检测技术测量产量，绘制产量分布图，为形成精准农业处方图提供条件和依据。

美国花生种植体系与机械化生产系统高度融合，耕整地、播种、施肥、中耕、灌溉、收获、摘果、干燥、脱壳等各个环节早已全面实现机械化。2013年美国已有将自动导航驾驶技术用于花生收获机械，产品向智能化、高效化等方向迅速发展。

几年来，我国油料生产全程机械化技术集成和推广应用十分迅速，配套生产设备和配套技术相继研发、推广应用，极大地促进了我国油料产业发展。相比于西方发达国家油料生产设备、技术和管理体系，我国还需要加倍努力，迎头赶上，以保障我国油料生产安全。

（五）油料加工和检测技术向精细化发展

随着人们越来越重视食品营养和健康，功能油脂需求日益旺盛。采用现代生物技术开发功能油脂已成为研究和发展重点。应用生物技术合成双甘油酯、结构脂质、甾醇酯、蔗糖酯等具有特定生理功能油脂，磷脂酶对合成特种结构磷脂的作用日益受重视。膜分离技术、超临界CO_2萃取浸出技术、分子蒸馏等现代高新技术将在油脂加工技术方面大显身手。

油菜特殊功能成分提取纯化、鉴定及营养功能评价是国内外研究热点和难点。以菜籽饼粕为培养基通过微生物发酵制备生物农药等高值化产品成为近期研究热点。在油菜质量控制与品质检测技术研发方面，国外油菜生产大国普遍将近红外技术应用于油菜品质快速检测，促进了油菜产业发展。

三、我国油料作物学科发展趋势及展望

（一）未来5年发展目标和前景

在油料遗传资源和育种研究方面，要广泛引进、收集油料种质资源，进行系统评价

和创新，并在遗传改良中有效利用；针对各种油料作物生产发展的需要，将进一步培育高产、高含油量、营养高效、多抗的新品种，单产水平较现有品种提高 10%，产油量提高 20% 以上，并具有适合机械化生产、抗病抗逆等优良性状。

在油料作物高产高效栽培技术方面，要研究和推广油料高产高效综合栽培技术、病虫草害综合防控技术，要采用绿色植保、免耕栽培等一系列技术措施，减少水土流失，改善农田生态环境和自然环境。通过综合技术的应用，提高综合生产能力，提高劳动生产率，降低生产成本，增加农民收入。

在油料质量安全控制技术方面，要研究完善建立各种油料作物产品的质量标准，建立控制质量安全的技术体系。引导农民和加工业者树立安全生产意识，走良性循环发展道路。建设产业化基地，发展订单农业，建立优质油料高产高效生产技术体系、服务体系，形成龙头企业 + 科研单位 + 推广 + 基地（农户）的产业化经营模式。

在提高油料生产效率方面，要大力推进油料生产机械化，针对不同作物和区域特点，研究建立油料生产全程机械化技术，实现农机与农艺配套，降低油料生产的劳动力成本，提高油料生产效率和产品的市场竞争力。

（二）未来 5 年发展趋势预测

在油料新品种选育方面，未来 5 年将选育出适合于机械化种植的高产稳产油料新品种，增产率 10% 以上，单位面积产油量提高 15% 以上，主要油料作物的油酸含量将进一步提高，抗营养因子或安全风险因子将进一步下降。在油料栽培技术方面，重点加强油料肥水高效利用、机械化收获等关键技术研究，充分挖掘油料增产潜力，提高油料生产效益。在油料病虫害防控方面，利用已建立的全国油料病虫草害预警体系，实现油料病虫草害高效综合防控，制定无公害、有机油料生产技术规程，保证优质、安全原料供给。在油料加工技术方面，完善和推广冷榨油、菜籽饼粕蛋白加工工艺，增加产品类型，提高产品质量，增强市场竞争力。

（三）重点发展方向（研究方向，项目建议）

1. 研究方向

（1）新型油料育种亲本资源创制与基因发掘。广泛引进、收集国内外优异种质资源（包括野生资源），开展远缘杂交、多倍体化、理化诱变、小孢子培养、细胞工程、基因定向修饰等技术手段对适宜机械化生产的重要性状和早熟性状进行定向改良，创造新型安全稳定不育系统、高含油量和蛋白质、优异脂肪酸组成、抗菌核病与根肿病、抗旱耐渍、早熟抗冻、理想株型、抗裂角、NPK 营养高效等优良亲本材料。利用表型鉴定、分子标记辅助选择、高通量测序、SNP 芯片分型、生物信息分析等现代分子生物学技术，鉴别、定位和克隆具有自主知识产权的重要性状关键基因，为选育高产、多抗和优质新品种提供种质基础。

（2）油料作物高效精准分子育种技术平台建设。完善油料作物小孢子加倍率与加代速度，开发优良农艺性状经济实用的连锁标记，完善多性状聚合分子育种技术。利用基因组信息、重要性状 QTL/ 基因，研发专用 SNP 芯片用于分子标记辅助育种，建立全国共享的油料作物分子标记育种平台和表型鉴定平台。建立高效的油料作物重要性状关键基因导入平台，开展转基因生物安全评价研究，建立快速高效转基因育种技术体系。

（3）油料作物突破性新品种创制。利用新型安全稳定不育系统、高含油量和蛋白质、优异脂肪酸组成、抗菌核病与根肿病、抗旱耐渍、早熟抗冻、理想株型、抗裂角、NPK 营养高效等优良育种亲本材料和分子标记，结合新型杂种优势利用、小孢子培养、细胞工程以及多性状聚合分子育种技术体系，研究油料作物杂种优势形成的分子机理，建立杂种优势分子预测与组配技术，提高杂种优势育种效率。采用常规育种技术与现代生物技术相结合，大力开展育种攻关，选育适宜我国不同生态区域生产需求的突破性油料新品种，实现油料品种在高产优质、高含油量、营养高效、多抗、适宜机械化生产等性状方面的重大突破。

（4）油料作物高产高效生产模式创新。在不同生态区域建立测试网点，制定统一的鉴定方案和标准，鉴定筛选油料作物新组合 / 新品种，满足不同生态区域生产用种需求。在油料作物不同生态区域，按照“机械化、轻简化、规模化、集成化、标准化”要求，研发全程机械化生产装备和配套技术集成示范，促进油 - 稻或油 - 稻 - 稻、油菜 - 旱作（芝麻、大豆、花生、棉花）等传统轮作套种模式发展，创新“秋马铃薯 / 油菜”“马铃薯 / 油菜—玉米”“油—烟—玉”粮油、粮经复合高效新型种植模式。

创新病虫草害综合防控技术、抗灾与节本增效关键技术、盐碱荒地改良技术、长效缓释肥料施用、秸秆粉碎还田机械化操作以及微生物菌肥秸秆腐解技术，增强土壤保水保肥能力，降低因农药和肥料滥用、秸秆焚烧引起的水体和空气等环境污染，提高资源利用效率，针对我国不同生态类型地区集成适宜油料作物高产高效栽培的综合关键技术，形成农业增效、农民增收、经济效益和生态效益良好的新型农业生产模式。

（5）油料作物种子产业化创新。整个油料产业要立足市场需求开展创新，从源头严格控制种子质量关，建立高效安全低耗的良种制（繁）种技术，提升不育系以及授粉系统制种纯度。建立覆盖种子生产全过程的种子质量检验与加工技术规程，完善种子纯度快速检测技术，防止假冒劣质种子流入市场。针对机械化直播、干旱和病害等逆境，开发相应种子包衣剂。油料产业要逐渐形成区域化布局，订单化生产，标准化栽培，建设产业化基地，建立优质油料高产高效生产技术体系和技术服务体系，广泛开展科技培训，提高农民生产积极性，形成完善的油料产业化模式。另外，加强产品高值化创新，提高龙头企业生产加工能力、食用油精深加工能力，使油料产品加工系列化和品牌化。

2. 项目建议

（1）油料作物优良种质资源创制与重要性状关键基因克隆。针对高产、优质、多抗和机适型要求，通过远缘杂交、理化诱变、小孢子培养、细胞工程等途径创制早熟、抗倒、抗裂角、抗逆、抗病等特性的突破性种质材料，分离克隆控制育性、高含油量、抗病、抗逆、营养高效等重要性状关键基因。

（2）油料作物分子设计育种技术研究与应用。定位高产、优质、多抗和机适型等重要性状 QTL/ 关键基因，研制油料作物分子育种专用 SNP 芯片，建立快速高效多目标性状聚合的分子设计育种技术体系。

（3）适宜全程机械化的“三高”油料作物新品种培育。利用优异种质资源、克隆的关键基因结合分子标记辅助选择技术开展油料作物新品种设计育种，选育适合全程机械化的“三高”（高产、高抗、高效）突破性新品种，推动我国油料作物生产全程机械化。

（4）专用（功能）型油料作物新品种选育。选育高油酸、高芥酸、高维生素 E 等新品种，满足工业用途需要和消费市场需要。

（5）高效繁育与种子加工技术研究。建立油料作物机械制种技术以及精选、包衣、包装、储运、检测等设施设备和技术，提高制种效益、效率和质量。

（6）油料作物高光效分子机理与材料创制。开发高光效分子标记，创制高光效育种资源材料，建立基础理论指导，提高油料作物光能利用率。

（7）油料作物杂种优势分子机理解析。阐明油料作物杂种优势形成的遗传机理，克隆一批与杂种优势有关的重要基因，提高油料作物生产潜力。

（8）油料作物水肥高效利用的根－土互作机理。油料作物主产区土壤肥力跟踪诊断、配方肥研制和配套施用技术研发、油料作物水肥高效管理技术体系建立，揭示油料作物产量形成与根系结构的协调关系，阐明油料作物高产高效的关键过程。

（9）油料作物抗性分子机理解析。油料作物抗病虫草害、抗逆境胁迫快速诊断和鉴定技术标准规范化研究，油料作物抗旱耐渍栽培技术研究，油料作物高效、无公害病虫害综合防治技术体系建立，油料作物菌核病、根肿病、渍害、干旱等抗性分子机理解析。

（10）油料作物基因组学与功能基因组学研究。解析油料作物基因组，明确重要性状关键基因位点变异及其功能，开发油料作物 SNP 标记、分子育种芯片，建立外源基因定点插入、标记删除、无标记转化等技术，创制转基因油料作物育种新种质。

（11）油料精细加工工艺和质量安全检测技术创新。完善和推广冷榨油、菜籽饼粕蛋白等加工工艺，构建油料高效、绿色低碳、高值化加工技术体系，提升现有油料加工水平。建立油料资源利用与生物转化技术，提高油料饼粕等副产物资源化综合利用水平。针对油料质量安全与风险评估研究中的关键技术，研制高通量、高灵敏度、快速高效农产品质量安全检测设备、研发配套技术，建立油料产品质量安全风险评估与分子预警技术，为我国油料产品质量安全全程管控、标准制修订、指导生产、引导消费提供关键技术支撑。

参考文献

［1］沈金雄，傅廷栋．我国油菜生产、改良与食用油供给安全［J］．中国农业科技导报，2011（1）：1-8.
［2］周曙东，陈昕．耕地资源约束下中国农产品进口策略分析——基于虚拟耕地视角的研究［J］．南京师范大

学学报（社会科学版），2015（3）：57-66.
[3] Hua W，Li RJ，Zhan GM，et al. Maternal control of seed oil content in Brassica napus：the role of silique wall photosynthesis [J]. The Plant journal：for cell and molecular biology，2012，69（3）：432-444.
[4] 刘正立，刘春林. 甘蓝型油菜抗菌核病研究进展 [J]. 中国农学通报，2015（15）：114-123.
[5] 成良强. 花生遗传图谱构建及产量相关性状的 QTL 分析 [D]. 北京：中国农业科学院，2014.
[6] 迟晓元，等. 花生高油酸育种研究进展 [J]. 花生学报，2014（4）：32-38.
[7] 高建强. 花生高油酸种质资源的研究进展 [J]. 山东农业科学，2013（4）. 137 140.
[8] 颜石，杨琨. 花生间作套种研究进展 [J]. 现代农业科技，2015（14）：11-12.
[9] 徐蕾，许国庆，陈彦，等. 近 5 年国内大豆、花生主要虫害的生物防治研究进展 [J]. 中国植保导刊，2014（5）：15-19.
[10] 刘红艳. 芝麻细胞核雄性不育的遗传特性、生理生化及分子标记研究 [D]. 北京：中国农业科学院，2013.
[11] 汪强，等. 我国芝麻生产机械化现状与发展对策研究 [J]. 现代农业科技，2013（19）：236-238.
[12] 王鹏，等. 列当生理小种和向日葵抗列当种质选育进展 [J]. 作物杂志，2014（4）：10-16.
[13] 杜江洪，王显瑞. 内蒙古自治区近十年审（认）定油用向日葵品种分析 [J]. 内蒙古农业科技，2014（3）：100-123.
[14] 任然，等. 施肥对盐碱地油用向日葵品质影响的研究进展 [J]. 北方园艺，2014（17）：193-196.
[15] 崔红艳，方子森，牛俊义. 胡麻栽培技术的研究进展 [J]. 中国农学通报，2014（18）：8-13.
[16] Liv S. Severino，Dick L. Auldb，Marco Baldanzic，et al. A Review on the Challenges for Increased Production of Castor [J]. Agronomy Journal，2012，104（4）：853-880.
[17] 薛建峰，谭美莲，严明芳，等. 我国部分蓖麻品种遗传资源 SSR 分析及 DNA 指纹图谱 [J]. 中国油料作物学报，2015，37（1）：48-54.
[18] 毕川，刘思洁，余晓琴，等. 蓖麻纯合骨干亲本的亲缘关系分析 [J]. 广东农业科学，2010，37（8）：191-193.
[19] 刘鹏，张立军，张春兰，等. 蓖麻子叶节遗传转化研究 [J]. 华北农学报，2012，27（4）：112-117.
[20] 陈宇杰，黄凤兰，狄建军，等. 花粉管通道法转化蓖麻的研究 [J]. 华北农学报，2013，28（5）：124-127.
[21] 李伟，翟羽佳，李鹏程，等. 农杆菌介导的蓖麻转化体系优化 [J]. 生物技术通报，2015，31（5）：140-145.
[22] 谭美莲，严明芳，汪磊，等. 化学药剂处理对蓖麻性别的影响 [J]. 中国农学通报，2011，27（3）：164-169.
[23] 张红菊，赵怀勇. 蓖麻对盐渍土的改良效果研究 [J]. 中国水土保持，2010，35（7）：43-45.
[24] 易心钰，刘强，罗明亮，等. 蓖麻对锰矿区土壤中重金属累积特性的研究 [J]. 农业资源与环境学报，2014，31（1）：62-68.
[25] 刘义富，毛昆明. 蓖麻对铅锌尾矿土的修复潜力评价 [J]. 广东农业科学，2012，39（17）：154-156.
[26] 王红娟，容敏智，章明秋，等. 蓖麻油树脂基泡沫塑料 [J]. 材料研究与应用，2010，4（4）：771-773.
[27] 李海涛，廖兵，李朋娟，等. 环氧树脂蓖麻油双重改性水性聚氨酯皮革涂饰剂的合成与性能 [J]. 精细化工，2015，32（5）：565-570.
[28] 靳福全，牛宇岚，李晓红. 固体酸催化蓖麻油制备生物柴油 [J]. 中国油脂，2011，36（1）：49-52.
[29] 华芳. 氢氧化钡催化蓖麻油酯交换制备生物柴油 [J]. 天津师范大学学报（自然科学版），2011，31（1）：50-53.

撰稿人：禹山林　张海洋　安玉麟　党占海　黄　毅
廖伯寿　王光明　谭德云　张宝贤

粟类作物科技发展研究

粟类作物在国际上是小粒粮食或饲料作物的总称，除谷子外，还包括黍稷、珍珠粟、龙爪稷、食用稗、小黍、台夫、圆果雀稗、薏苡等。在我国种植的粟类主要是谷子黍稷和薏苡等，我们所说的粟类作物一般也仅指这些作物。谷子和黍稷均是起源于我国的禾谷类作物，是我国黄河流域的主栽作物和中华民族北方文明的哺育作物，至今仍是我国北方旱作生态农业主栽作物。近几年来，在国家现代农业产业技术体系等专项的资助下，粟类作物学科在种质资源、遗传育种、简化栽培和食品加工等方面均取得了显著进展。

一、我国粟类作物学科发展现状与新进展

（一）谷子种质资源研究取得显著突破

我国是谷子和糜子起源国，有着异常丰富的资源，我国资源库保存有谷子资源 26700 多份，占世界谷子资源总数的 73%；保存有糜子资源 8200 多份，也是世界上最多的。同时我国也是谷子黍稷和薏苡野生资源最丰富的国家。但对这些作物资源的遗传学本底一直缺乏深入研究，本底不清一直影响着资源的有效利用。在国家现代农业产业技术体系、国家支撑计划和国家自然科学基金委员会的支持资助下，中国农业科学院作物科学研究所等单位，采用荧光 SSR 标记结合毛细管电泳技术，系统鉴定了 288 份谷子近缘野生种青狗尾草（*Setaria viridis*）[1]、250 份我国谷子地方品种[2]及 348 份育成品种[3]的遗传结构和多样性：厘清了我国各地来源的青狗尾草资源的种质遗传基础，可分为南北两个亚群，并进一步明确了谷子驯化与改良过程中受到的选择瓶颈效应，以及栽培种与野生种间的基因漂流情况，初步锁定了谷子驯化过程中受到显著选择压力的 5 个基因组区段，为认识和发掘谷子近缘野生种携带的有益功能基因奠定了材料基础，并搭建了技术平台；同时明确了我国的谷子地方品种资源的遗传多样性及地理区划，将我国的谷子地方品种资源分为了东

北早春播群（ESR）、西北春播群（SR）、华北夏播群（SSSR）和南方群（SCR）共 4 个类群，为我国谷子育种提供了系统详尽的种质基础信息，为杂交育种的亲本选择组配及优势群的划分提供了基础数据和理论依据；此外，通过研究阐明了谷子育种基础主要分为“春谷”和“夏谷”，年代演替揭示了我国农作物种植结构调整对谷子新品种选育偏好的影响及“春谷”改“夏谷”的品种演化趋势，构建了清晰的品种间系谱关系，并发现了谷子微进化过程中受选择基因组位点多为微效基因。研究成果在三个基因池层面上阐明了谷子遗传资源的本底及多样性，填补了该领域的研究空白，为深入开展谷子遗传资源的深入利用奠定了坚实的理论基础。

（二）谷子功能基因组分析取得新进展

2012 年，由美国联合基因组研究所（JGI）和我国华大基因研究院（BGI）分别独立开展的谷子全基因组测序同时完成，研究人员分别以 Yugu1 和 Zhanggu 为测序材料，分别采用 BAC-by-BAC Sanger 测序及 illumina 二代鸟枪测序的方法成功拼接出了 400M 和 423M 的谷子基因组序列，覆盖了超过 80% 的谷子基因组和 95% 的基因区，注释结果显示谷子中有 30000 ~ 40000 个基因[4, 5]。2013 年，中国农业科学院作物科学研究所等单位完成了对 916 份来源于世界各地的谷子资源的全基因组重测序，构建完成了具备超过 200 万个 SNP 标记及 50 万个 InDel 标记的第一代谷子单倍型物理图谱和基因组变异图谱，并以此为基础，采用全基因组关联分析（Genome Wide Association Study，GWAS）在 5 个不同纬度环境下系统鉴定出了 512 个与株型、产量、花期、抗病性等多个农艺性状紧密相关的遗传座位。此外，还鉴定出了 36 个谷子品种改良过程中受到选择的基因组位点和 14 个与谷子生育期适应性分化相关的位点，这是迄今为止国际上关于谷子基因组变异及主要性状遗传基础的最深入、最系统的研究，为谷子的遗传改良及基因发掘提供了海量的基础数据信息，极大丰富了禾谷类作物比较遗传学、功能基因组学的研究内容和体系架构，同时也对禾谷类农作物品种改良及近缘能源作物的遗传解析具有极大的推动意义[6]。

2014 年，由中国农业科学院作物科学研究所主办的“首届国际谷子遗传学会议（ISGC2014）”在北京顺利召开，主题是“推动谷子发展成为功能基因组学研究的模式植物”。会议吸引了来自 9 个国家和地区的 236 位科学家和研究人员参会，取得了圆满成功，标志着我国在谷子遗传学及基因组学研究领域具有了国际影响力，极大促进了谷子基础研究的深入开展[6, 7]。

（三）谷子亲本创新和新品种培育获得重要突破

在种质资源创新方面，2012—2014 年，全国筛选创新了谷子糜子抗病、抗逆、抗除草剂以及营养成分含量种质资源 237 份，为今后全国谷子糜子新品种选育奠定了材料基础。河北省农林科学院谷子研究所对全国征集的 300 多份谷子抗病材料进行复鉴，共获得 50 份抗谷瘟病材料、30 份抗谷锈病材料、32 份对黑穗病免疫材料；西北农林科技大学等单位鉴定出糜子抗黑穗病材料 16 份。目前广泛应用于谷子育种的抗除草剂材料是抗拿捕净类型，该类型材料由于拿捕净对双子叶杂草无效使其应用效果受到限制。抗咪唑乙烟酸除草剂材料是河北省农林科学院谷子研究所近年新创制的新型抗除草剂新种质，能够兼防单、双子叶杂草且成本低廉。2012—2014 年，全国 18 个创新团队开展了抗咪唑乙烟酸除草剂材料创新工作，创制出性状稳定、农艺性状较好的稳定材料 22 份。中国农业科学院作物科学研究所联合甘肃省农业科学院作物研究所等单位，在敦煌进行了 3 年全生育期耐旱鉴定，鉴定出公谷 62 号、公谷 23 号、公谷 61 号、大同 32 共 4 个一级抗旱谷子品种，陇糜 2 号、陇糜 10 号、蒙粳糜 1 号 3 个一级抗旱性糜子品种。通过芽期、出苗期、生殖生长期耐盐鉴定，鉴定出耐盐性达到二级以上水平的种质 20 份[8]。在高营养成分含量谷子种质筛选方面，中国农业科学院作物科学研究所对 200 份谷子育成种质进行检测，从中筛选出蛋白质含量超过 17% 的资源 11 份，粗脂肪含量超过 4.8% 的资源 7 份，粗淀粉含量超过 85% 的资源 10 份，维生素 E 总量超过 90μg/g 的资源 10 份，类胡萝卜素超过 17.5μg/g 的资源 11 份[9]。

在谷子糜子新品种选育方面，2012—2014 年，全国共有 51 个谷子糜子新品种通过审认定，其中谷子品种 44 个、糜子品种 7 个。谷子品种呈现多元化倾向，并在广适性、抗除草剂和品质方面取得重大突破，44 个谷子品种中有 11 个品种品质达到一级优质标准，9 个为抗除草剂类型，1 个杂交种，1 个灰米类型，1 个绿米类型。河南安阳市农业科学院培育的谷子新品种豫谷 18，突破了谷子光温反应敏感、区域性强的局限，在国家谷子品种区域试验华北夏谷组、西北春谷中晚熟组、东北春谷组均较对照表现增产，在三大谷子主产区均通过鉴定，成为近 30 年来首个能在全国谷子主产区推广应用的谷子品种，并被评为全国一级优质米，是谷子育种的一大突破[10]。在抗除草剂谷子新品种选育方面，河北省农林科学院谷子研究所育成了国内外第一个抗咪唑乙烟酸除草剂谷子新品种冀谷 33；全国有 30 多个抗除草剂谷子品种 / 杂交种正在参加区域试验，一批抗除草剂谷子品种 / 杂交种大面积应用，标志着我国谷子抗除草剂育种和杂交种选育与生产应用进入成熟阶段。同时，河北省张家口市农业科学院选育的张杂谷系列品种在我国冷凉地区推广，变现优异[11, 12]。

（四）谷子糜子栽培生理重新组织，并获得了新结果

由于国家科研政策等原因，近 20 年来，全国谷子糜子栽培生理研究近乎停滞。国家谷子糜子产业技术体系成立后，重新组织了谷子糜子栽培生理研究，经过几年积累，取得了新的进展。在谷子需水规律方面，明确了拔节期和灌浆初期是谷子需水的关键时期，以拔节期干旱对谷子生长发育和产量影响最为严重，表现为株高明显降低，顶叶叶面积减小。在抗旱生理方面，明确了顶三叶叶绿素含量、穗重、单株粒重可作为谷子灌浆期抗旱性评价的性状指标，株高、植株干重、植株鲜重在评价谷子抗旱性时可作为参考指标。MDA、可溶性蛋白、叶绿素含量下降幅度、失水速率、旗叶面积等都与谷子品种的抗旱指数密切相关；干旱条件下，抗旱性强的糜子品种从开花期到成熟期的茎、叶片干物质转运

值、移动率和贡献率、叶绿素含量、可溶性蛋白含量、超氧化物歧化酶活性明显高于不抗旱品种，脯氨酸含量可以作为糜子干旱胁迫生理的生物标志。开展了谷子糜子需肥规律及肥效研究，全生育期干物质变化规律研究，不同形态氮肥对谷子生产发育及产量的影响，基于叶龄指数谷子糜子施肥模式研究，微肥及生长调节剂在谷子糜子上的应用研究，种植方式对谷子糜子水分养分高效利用的影响研究，耕作方式对土壤水分动态及糜子水分利用效率的影响，不同种植密度下全覆膜对糜子产量形成机制的影响等[13]。

（五）以免间苗和机械化为载体的谷子轻间化栽培技术在生产上获得普及和应用，促进了谷子产业化发展

2012—2014 年，国家谷子糜子产业技术体系组织开展了谷子轻间化栽培技术联合攻关，在免间苗技术、配套生产机械、适合机械化轻简化生产的谷子品种选育、农机农艺结合生产技术规程等简化栽培技术方面取得显著进展，实现了谷子从播种、间苗、除草、收获的生产全过程轻简化，单户谷子生产能力由过去的 0.3hm^2 扩大到 300 hm^2，加快了谷子产业从传统农业向现代农业转变的速度[14]。

在间苗环节，形成了以化控间苗、机械化精量播种免间苗为主体的谷子免间苗技术，制定了《谷子化控间苗栽培技术规程》《谷子机械精播优质高产高效技术规程》。在除草环节，形成了以化学除草、地膜覆盖物理除草为主的简化除草技术，制定了《谷子轻简化生产技术规程》《旱地谷子留膜免耕栽培技术规程》。在配套机械方面，研制出 2B—5A2 型条播机、2B/M—5A2 型谷子、糜子（免耕）条播机精量条播机，可达到免间苗的要求；设计制造了中耕施肥机样机；研发出 4S—1.8 型多功能割晒机；改进了 5T—28 小型谷穗脱粒机和 5T—45 中型整株脱粒机；通过多种机型联合收割机筛选，明确了切流式小麦联合收获机适合谷子收获，其中约翰迪尔 W70、W80、W1075 及常发 CF505 和 CF504A 联合收获机最适合谷子生产。在适合机械化生产的谷子品种筛选方面，初步提出了适合机械化生产的谷子品种量化性状指标，并筛选出冀谷 31 等 12 个适合全程机械化生产的品种。上述技术通过集成，已在全国 80 个谷子主产县进行示范，实现了谷子规模化生产，促进了谷子产业化发展[14]。

（六）对谷子糜子食品化学的分析，促进了食品加工的发展，一批谷子糜子加工产品进入市场

随着人民生活水平的提高，人们对谷子糜子加工制品的市场需求逐年提升，促进了谷子糜子加工学科基础性理论研究、功能性特性挖掘、主食化加工利用向纵深发展，为延长谷子产业链，拓宽谷子消费市场提供了技术支撑[15, 16]。

在基础理论研究方面，系统分析不同产地、品种、播期下我国谷子中营养成分的差别，采用数学统计方法明确了产地、品种、播期等因素对我国谷子营养成分分布的影响；建立谷物营养均衡分析评价方法，对不同谷物的营养均衡性分析，明确谷子营养均衡性最

高，为谷子营养价值利用、开发提供了理论依据。引进现代分析检测技术对谷子糜子的动态流变特性、面团拉升特性、消化特性等加工适应性进行了评价，使谷子糜子品质评价从传统感官描述上升到客观数据分析，为谷子糜子品质分析和品种改良提供了客观依据。

在谷子功能性成分挖掘方面，通过人体试验明确了不同加工方式下小米产品对人体的血糖指数和胰岛素指数的影响，为指导糖尿病人群合理食用小米制品以及控制人体血糖水平提供了理论依据。对小米水解肽清除自由基能力、我国谷子抗性淀粉含量及分布状态和小米糠蛋白提取技术等方面工作进行广泛研究，为从深层次揭示谷子糜子功能特性提供理论依据。

在谷子主食化加工方面，采用营养复配、现代挤压等技术开发出小米面条、小米免煮面条、小米方便面等面条类制品，小米成分含量可高达 90% 以上，小米免煮面和小米方便面类产品分别于甘南县红谷杂粮种植专业合作社和某食品有限公司实现产业化生产，填补了我国面条市场中小米制品的空白。采用专用粉复配、二次醒发和智能成型技术开发出小米馒头主食类食品，小米添加量可到 50%，并实现产业化生产，进一步推动谷子主食产业化发展。其他小米营养乳、留胚粟米、速食方便小米粥、小米营养馍片等主食类产品已取得技术研究突破，并积极谋求成果转化和产业示范，为有效拉动谷子产业发展提供驱动力。

二、国内外粟类作物学科发展的比较

（一）国外粟类作物的分子遗传和功能基因研究，特别是以青狗尾草为载体的功能基因研究是热点

因为谷子糜子是我国的主栽作物，尤其是谷子主要在我国作为粮食作物栽培，国外栽培较少，育种和栽培技术研发主要在我国，国外研究更多的是资源、遗传和功能基因组。2012—2015 年国外在谷子基因组测序、谷子和狗尾草遗传多样性和群体结构、分子标记开发和遗传转化体系等方面取得了多方面的进展。美国联合基因组研究所（Joint Genome Institute）联合佐治亚州立大学等单位完成了豫谷 1 号的全基因组测序，该研究获得了豫谷 1 号约 400Mb 的基因组序列，覆盖了谷子基因组的 80% 区间和 95% 的基因区（Benntzen et al.，2012）；该序列的突出特点是质量高，从 2011 年首次公布至今一直是谷子功能基因组研究的核心参考基因组[4]。国外谷子功能基因组研究以美国的 Donald Danforth Plant Science Center 的 Tom Brutnell 教授等为主，他们主要看重的是谷子和其野生种作为 C4 光合作用和禾本科黍亚科功能基因组研究的模式作物。受资源条件的限制，他们更多应用谷子的野生种青狗尾草，其中的核心品种是 A10。在完成全基因组测序的基础上，2014 年完成了对北美地区和世界其他部分地区青狗尾草遗传多样性和群体结构基于 GBS 的分析，北美地区的青狗尾草虽然总的来说分为两大类，但具有欧亚大陆的所有狗尾草类型，为将来的关联分析和功能基因发掘奠定了基础[17, 18]。在中国以外，青狗尾草 A10 已成为一个大家都接受的功能基因组研究的模式品种，巴西科学家利用它开展高效遗传转化研究，2015 年最新的报道是利用种子愈伤组织农杆菌共培养遗传转化率高达 29%，并且利用农

杆菌进行幼穗的滴花转化也取得了成功，尽管转化率很低[19]。在利用 A10 的众多国外实验室中，由位于菲律宾的国际水稻研究所组织的盖茨基金“国际 C_4 水稻项目”是最具代表性的，也是规模最大的。他们利用 A10 开展的大规模的 EMS 诱变，从大量的突变体中鉴定出 28 个在 C_4 植物叶片关键的 Kranz（花环）解剖结构的突变体，同时也筛选出了一些对不同浓度 CO_2 敏感或不敏感的突变体，这为利用狗尾草发掘 C_4 光合作用的关键基因奠定了坚实的基础。除上述重点工作外，印度学者在谷子分子标记开发、表达谱分析；日本学者在谷子群体分化、美国学者在谷子根系发育等方面都开展了深入的工作。黍稷方面，较显著的突破性研究很少，但英国剑桥大学利用细胞遗传学和分子遗传学方法，首次很有说服力地证实黍稷是一个异源四倍体种，这对黍稷资源整理、黍稷起源和遗传育种研究具有重要意义[20]。我国在黍稷方面也做了很多工作，但多偏重于应用研究，在基础研究等深度方面和国外有差距[21]。日本利用分子生物学的手段对谷子、糜子中已经发现不同的蜡质基因型进行研究。台湾地区的 XuYue 选用来自中国大陆和其他国家的 190 份糜子品种，通过标记核糖体 DNA 内外转录间隔区序列，追踪探索糜子起源中心，证明中国是欧亚大陆糜子起源中心。纵观国内外粟类作物分子遗传研究，2012—2014 年，在粟类作物基因组序列研究、C_4 光合途径研究方面我国滞后于美国等发达国家，在主要性状遗传方面我国处于领先地位。

（二）国内外粟类作物学科发展的比较

首先国内和国外在粟类作物研发的内容和重点方面有着较大的区别。国内是在品种资源、遗传、育种、栽培、产品加工等方面全方位的研究，而国外更多的是资源、起源和功能基因组上的研究，基础性更强一些。这主要是因为谷子和黍稷是我国生产上主栽作物，而国外现在栽培的相对较少。在研究的深度上，我国在谷子的遗传图谱构建、分子标记开发、抗旱相关基因发掘方面有一定优势[22~26]，国外在其他一些方面要远胜于国内，如谷子基因组测序的质量、A10 青狗尾草的光合作用相关 EMS 突变体库的筛选、高效遗传转化、黍稷异源四倍体基因组属性的确定等一些关键点上我们的工作不如国外。造成这种现象的原因是复杂的，主要是因为我们缺乏这方面的人才。过去很长一段时间，国内优秀人才都走向了水稻、玉米等大作物，谷子、黍稷等小作物缺乏优秀人才，这种现象至今仍在发生。国内和国外差别的另一个方面是国外的研究往往特色性很强，一个实验室或者一个研究团队只进行某个特定方向的研究，内容很集中，这样也容易使研究有深度，也是我们应该学习的地方。

三、我国粟类作物学科发展趋势与对策

（一）粟类作物的学科发展趋势和学科方向

谷子和黍稷均是抗旱节水突出的作物，在水资源日益减少、环境压力日益加重的今

天，抗旱节水作物越来越重要，谷子和黍稷等作物可在这方面发挥越来越重要的作用，从这方面说，谷子和黍稷在不久的将来应该有大的发展。农业部最近提出了“一控两减三基本”的农业发展战略，最重要的“一控”就是控制和减少农业生产用水；农业部部长最近在东北考察时提出适度压缩玉米增加杂粮作物的部署。这些信息都表明发展谷子黍稷等节水杂粮作物是目前的一个方向和趋势。针对形势需要和粟类作物学科的国内现状，我们可以清楚地勾画出粟类作物学科近期的两个发展重点，一是以节水为中心的粟类作物产业化生产，二是以谷子和青狗尾草为模式植物的特殊有益功能基因发掘。

以节水为中心的谷子黍稷产业化生产需要多方面的产品和技术配合。品种方面在继续保持高产、优质、多抗、广适等育种方向的同时，应加强适应轻简化栽培和机械化，特别是春谷区的品种要尽快减低株高，并改变穗子的弯曲状态，使之适应机械化收获；随着精量播种等免间苗技术的成熟，谷子和黍稷的免间苗问题正在解决，但一些技术细节需要完善和成熟；轻简化栽培的另一方面是抗除草剂问题，现在谷子生产上技术成熟且成功应用的抗除草剂谷子只有抗拿扑净一种类型，急需发展和创制新的高效低残留抗除草剂谷子类型，并在如何防止和减慢抗性基因向狗尾草漂流方面开展工作。随着谷子等杂粮作物种植面积的加大，如何促进谷子消费将变成一个大问题，这需要从品种培育、产品加工和消费习惯培养等多个方面开展工作。在品种培育方面，加强适口性的选择，培育适口性好的主食型品种，努力使小米变成和大米一样的主食食品；在产品加工方面努力研发出大众化的食品，在延伸产业链的同时增加小米的消费；在消费习惯和消费文化方面，扩大小米是健康食品的宣传和影响，营造人人喜欢小米的文化氛围。

谷子作为禾谷类作物功能基因组研究的模式植物，特别是 C_4 光合作用和黍亚科的模式作物是目前国际上的一个热点，随着谷子和青狗尾草遗传转化体系的日益成熟，这种趋势会越来越明显。虽然我国在谷子和狗尾草方面具有丰富的种质资源，但这方面的深入研究并不具有显著的优势，尤其是我们缺乏这方面工作的杰出人才。谷子作为模式作物具有显著优势的研究主要体现在三个方面：一是 C_4 光合作物的相关基因和分子基础研究，二是抗旱耐逆和营养高效相关基因的发掘，三是以谷子为模式，对黍亚科其他主要禾谷类作物如玉米、甘蔗、珍珠粟、黍稷等作物的关键基因开展研究，或者为这些作物提供指导。拟南芥和水稻是国际上已广泛接受的模式作物，但拟南芥是双子叶植物，和禾谷类作物所属的单子叶植物差异较大；水稻虽是单子叶禾本科植物，但属于 C_3 类型，且遗传上和黍亚科的其他作物相差很远，很多属于 C_4 和黍亚科的问题难以用水稻来研究，这种形势必将促进谷子快速发展成为新的模式作物。

（二）粟类作物学科发展的政策建议

节水旱作生态农业和健康食品市场的需求为谷子等粟类作物带来了生产和产业市场，C_4 光合作用和黍亚科功能基因解析促生的功能基因组研究模式作物为谷子发展带来了基础研究的市场。这两个推力形成的合力正在使粟类作物学科发展遇到前所未有的好机遇，利用好这个机遇将使我国粟类作物插上腾飞的翅膀，而利用好这个机遇的关键在于组织好两个团队的联合攻关。

第一团队是产业技术联合攻关。我国已建立了谷子糜子现代产业技术体系，这个体系基本涵盖了遗传育种、栽培耕作、加工与产业化等较全面的谷子糜子产业链条，综合试验站也基本覆盖了谷子和黍稷的主产区，但岗位专家的数量远不能满足产业技术研发的需求，高质量的增加岗位专家的数量和综合试验站的密度，即以谷了糜了产业技术体系为主体，构建谷子和糜子产业技术协作攻关团队，加强谷子糜子产业化生产中对品种、栽培技术、植保技术、加工技术等方面的需求攻关，对目前已有一定进展的免间苗技术、机械化收割技术等进行完善和成熟，在品种和技术上保证产业健康发展，充分发挥谷子等粟类作物的抗旱节水功能，在"一控两减三基本"战略中展示其作用。

第二个团队是迅速组织一支以谷子为模式植物的基础研究队伍，开展 C_4 光合作用和抗旱耐逆的基础和应用基础研究，这需要国家自然科学基金委员会等有关单位的大力支持。虽然我国是谷子的起源国，有着丰富的资源，但在谷子基础研究方面的人才极少，正在从事谷子基础研究的单位也没有几家。虽然在谷子发展成为模式植物的国际研究热点的促进下，近年来有几个单位或研究小组在开始谷子的基础研究，但这些小组很零散，分布在全国不同的大学或科研单位，工作也刚刚起步，缺乏统一的组织和联合，没有形成一个强有力的协同攻关组织。在这方面，我们应该向国际水稻所组织的盖茨基金 C_4 水稻项目学习，成立一个协同攻关组，进行分工协作，并构建联合研究平台，努力在谷子 C_4 光合作用研究、抗旱耐逆、营养高效等功能基因解析方面取得突破，把我国谷子的资源优势转化为研究优势。

参考文献

[1] Jia G, Shi S, Wang C, et al. Molecular diversity and population structure of Chinese green foxtail [Setaira viridis (L.) Beauv.] revealed by microsatellite analysis [J]. Journal of Experimental Botany, 2013, 64: 3645-3655.

[2] Chunfang Wang, Guanqing Jia, Hui Zhi, et al. Genetic diversity and population structure of Chinese foxtail millet [Setaria italica (L.) Beauv.] landraces [J]. G3 (Genes, Genomes, Genetics), 2012, 2: 769-777 (IF1.98).

[3] Jia Guanqing, Liu Xiaotong, Schnable James C., et al. Microsatellite Variations of Elite Setaria Varieties Released during Last Six Decades in China, PLoS ONE 10 (5): e0125688. doi: 10.1371/journal.pone.0125688.

[4] Bennetzen, J.L., J. Schmutz, H. Wang, et al. Reference genome sequence of the model plant Setaria [J]. Nature Biotechnology, 2012, 30: 556-561.

[5] Zhang G, Liu X, Quan Z, et al. Genome sequence of foxtail millet (Setaria italica) provides insights into grass evolution and biofuel potential [J]. Nature Biotechnology, 2012, 30: 549-554.

[6] Jia G1, Huang X, Zhi H, et al. A haplotype map of genomic variations and genome-wide association studies of agronomic traits in foxtail millet (Setaria italica) [J]. Nature Genetics, 2013, 45 (8): 957-961.

[7] Diao X, Schnable J, Bennetzen JL, et al. Initiation of Setaria as a model plant [J]. Frontiers of Agricultural Science and Engineering, 2014; 1 (1): 16-20.

[8] 刘敏轩，等. 黍稷种质资源芽、苗期耐中性混合盐胁迫评价与耐盐生理机制研究［J］. 中国农业科学，2012，45（18）：3733-3743.

[9] 刘敏轩，陆平. 中国谷子育成品种维生素 E 含量分布规律及其与主要农艺性状和类胡萝卜素的相关性分析［J］. 作物学报，2013，39（3）：398-408.

[10] 阎洪山，等. 谷子新品种豫谷 18 的选育［J］. 作物杂志，2012，3：147-149.

[11] 李顺国，等. 我国谷子产业现状、发展趋势及对策建议［J］. 农业现代化研究，2014，35（5）：531-535.

[12] 邱凤仓，冯小磊. 我国谷子杂优利用回顾、现状与发展方向［J］. 中国种业，2013，3：11-12.

[13] 董孔军，等. 西北旱作区不同地膜覆盖方式对谷子生长发育的影响［J］. 干旱地区农业研究，2013，1：36-40.

[14] 刘斐，等. 谷子简化栽培技术综合评价［J］. 中国农业科技导报，2012，14（6）：116-121.

[15] Jingke Liu，Xia Tang，Yuzong Zhang，et al. Determination of the volatile composition in brown millet，milled millet and millet bran by gas chromatography/mass spectrometry［J］. Molecules，2012，17（3）：2271-2282.

[16] Aixia Zhang，Xiaodong Liu，Guirong Wang，et al. Genetic Differences and Selection of Major Nutritional Quality Characters in Millet［J］. Agricultural Science & Technology，2013，14（1）：35-39.

[17] Huang P，Feldman M，Schroder S，et al. Population genetics of Setaria viridis，a new model system［J］. Molecular Ecology，2014，doi：10.1111/mec.12907 .

[18] Brutnell T.P.，J.P. Vogel，J.L. Bennetzen. Model Genetic Systems for the Grasses［J］. Annual Review of Plant Biology，2015，66：1-21.

[19] Polyana Kelly Martins，Ana Paula Ribeiro，Bárbara Andrade Dias Brito da Cunha，et al. A simple and highly efficient Agrobacterium-mediated transformation protocol for Setaria viridis［J］. Biotechnology Reports，2015，6：41-44.

[20] Harriet V. Hunt，Farah Badakshi，Olga Romanova，et al. Reticulate evolution in Panicum（Poaceae）：the origin of tetraploid broomcorn millet，P. miliaceum［J］. Journal of Experimental Botany，2014，65（12）：3165-3175.

[21] 乔治军. 糜子产业发展现状与思路［J］. 作物杂志，2013，5：25-27.

[22] Qie L，Jia G，Zhang W，et al. Mapping of quantitative trait locus（QTLs）that contribute to germination and early seedling drought tolerance in the interspecific cross Setaria italica × Setaria viridis［J］. PLOS ONE，2014，9（7）：e101868. Doi：10.1371/journal.pone.0101986.

[23] Tian，B.，J. Wang，L. Zhang，et al. Assessment of resistance to lodging of landrace and improved cultivars in foxtail millet［J］. Euphytica，2010，172（3）：295-302.

[24] 王晓宇，等. 谷子 SSR 分子图谱构建及主要农艺性状 QTL 定位［J］. 植物遗传资源学报，2013，14（5）：871-878.

[25] 王智兰，等. 基于 PCR 技术的谷子分子标记遗传图谱构建［J］. 中国农业科学，47（17）：3492-3500.

[26] You，Q.，L. Zhang，X. Yi，Z. et al. SIFGD：Setaria italica Functional Genomics Database［EB/OL］. Molecular Plant DOI：http：//dx.doi.org/10.1016/j.molp.2015.02.001.

撰稿人：程汝宏　刁现民　贾冠清

棉花科技发展研究

棉花是我国重要的经济作物和纺织工业原料，涉及棉区1亿多的棉农收入和2000多万纺织工人的就业。我国是全球棉花生产大国，常年棉花播种面积8000万亩，总产量700万吨，占全球的25%。我国是棉花消费大国，棉纺织消费原棉1000多万吨；也是棉花进口大国，2014年进口原棉244.2万吨，占全球进口量的29.0%。棉籽油是继大豆油、菜籽油、花生油之后的第四大国产食用植物油，棉籽产量1200万吨，棉籽油170万吨。我国是纺织服装出口大国，2014年纺织品服装出口2984.9亿美元[1]，同比增长5.1%，占全国货物出口总值的12.7%，占全球出口市场的37.1%（2013）。由此可见，发展棉花生产有利促进产区的农民增收，推动农业结构调整，支撑农民富裕和国民经济稳步增长。

2011—2015年，我国棉花科技取得了长足进展，其中主导品种28个[2]，主推技术10项，国家审定棉花品种53个，棉花基础、资源、遗传育种和栽培学科获国家科技进步奖和自然科学奖4项，在 *Nature Genetics*，*Nature Biotechnolgy*，*Nat.Commun* 等国际权威杂志发表高水平研究论文7篇[3-10]，出版《中国棉花栽培学》[11]《棉花分子育种学》[12]等重要学术著作以及由科研机构主编出版的棉花产业信息和产业经济《中国棉花景气报告》[1]系列著作5部。学术上，我国棉花育种和栽培学科位居全球领先水平。然而，我国棉花生产效率仅相当于美国20世纪60年代的水平，落后50多年[1]。提升棉花生产效率是提高国产棉竞争力的根本，要紧紧依靠优良品种、轻简化技术的引领和现代农业机械化装备的支撑，还需要农业组织化、社会化服务体系的保障。

一、2011—2015年我国棉花科技进展和现状

（一）棉花资源进展和现状

1. 国内现状和研究进展

（1）资源收集整理。2011—2015年，通过种质资源保护项目、国家科技基础条件平

台和国际合作等项目广泛从国内外收集、鉴定、编目、入库与发放利用，目前，国家棉花种质资源中期库共收集到棉花种质资源 9734 份。制定棉花种质资源收集、保存、发放、交换制度及相关流程 12 个；收集棉花国内外种质等 1190 份，田间农艺性状鉴定 2050 份；繁殖更新 860 份；新种质编目入国家长期库 1460 份；补充中期数据库数据 50000 多个；发放利用 10915 份次。考察收集广西、云南、贵州、广东、海南、西藏、新疆等棉花种质资源 288 份，并繁殖和保存入国家中期库。

（2）种质资源优异性状的表型鉴定和分子标记鉴定取得了较大进展。共创制高品质、高衣分等突变体材料 74 份，创制彩色棉花新材料 20 多份，鉴定和筛选了其他新种质 70 多份，对 15 份优异种质进行了基因源的分析，共发掘与重要农艺性状相关的 QTL 和标记 20 个以上，其中初步发掘控制关键性状的新基因 3 个。对 194 份半野生棉材料进行 0.4% 的 NaCl 胁迫砂培鉴定，初步筛选出 93 份耐盐级别以上材料，在新疆中度筛选出 1 份高抗盐碱、3 份抗盐碱半野生棉材料，其抗性稳定可靠，可作为抗盐碱育种及其机制研究的基础材料。

（3）对我国棉花种质资源的遗传多样性、群体结构等开展了深入的研究。我国已建立系统的棉花种质资源鉴定体系，为精准系统获取棉花表型数据提供了便利条件。目前，通过对筛选的 330 种优质种质多年多点实验，利用全基因组关联分析方法已获得与棉花产量、品质和抗旱耐盐等性状相关的 SSR 标记。其中，与衣分相关联的标记中 NAU3325-238、NAU3519-200 以加性效应为主，且其效应值为负，这两个标记的遗传力分别为 2.47%、0.67%；与铃重相关联的标记中有 14 个标记以加性效应为主，其中 TMB1296-230、BNL1313-180、JESPR101-122、NAU5099-280 和 HAU1385-155 效应值为正，遗传力分别为 1.18%、1.89%、0.83%、0.83% 和 0.7%。TMB312-212 × GH132-180 和 NAU3013-245 × NAU5163-216 以加性环境上位效应为主，且效应值为负，遗传分别为 0.35%、0.66%[18-19]。

（4）陆地棉盐胁迫诱导下特异表达的基因和 miRNA 的分子调控网络。通过大规模的种质资源筛选，发明了一种快速鉴定陆地棉种质资源的耐盐性的方法[14]。对两个极端耐盐和感盐的陆地棉材料进行苗期的短期（4h 和 24h）盐胁迫处理，通过高通量测序，发现大量的转录因子在盐胁迫下被诱导表达，其中 129 个 unigene 在耐盐材料中特异表达，上调基因主要编码蛋白有膜受体（membrane receptors）和转运蛋白（transporters），相关途径包括钙依赖蛋白激酶（CDPK）、裂原激活蛋白激酶（MAPK）和激素（hormones）等的生物合成和信号转导途径[15]。对 miRNA 的分析发现，在耐盐材料中，来自 108 个已知家族的保守 miRNA 在不同处理时间存在差异表达，结合转录组进一步分析其靶基因表达量显示 miRNA 表达与其靶基因呈显著负相关[16]。本研究构建了短期盐胁迫下棉花苗期叶片基因表达和 miRNA 的分子调控网络。

（5）彩色棉纤维颜色和纤维品质的潜在关系。利用两个颜色深度存在一定差异的棕色棉重组自交系（RILs），深棕色纤维（Z263）和浅棕色纤维（Z128）进行纤维微观结构和成分分析，发现 Z263 和 Z128 纤维细胞初生壁中均比次生壁包含更多的色素，但 Z263 比

Z128 纤维细胞在中腔包含更多的色素以及更少的纤维素[17]。通过体外胚珠培养，发现蔗糖为彩色棉胚珠生长和纤维发育提供了糖源和渗透环境；适宜浓度的茉莉酸甲酯、油菜素内酯或阿魏酸有利于棕色棉和绿色棉纤维的形成；油菜素内酯主要参与纤维伸长过程，而茉莉酸甲酯可能参与到棕色棉色素代谢过程；合适培养基可以进行棕色棉色素合成[18]。

（6）棉纤维细胞中独特的发育机制。通过在亚洲棉中克隆 10 个与拟南芥表皮毛分叉相关同源基因，结合相关基因在纤维中的表达和纤维核 DNA 倍性分析，发现纤维短绒（fuzz）细胞中核 DNA 倍性是固定的，长绒（lint）细胞中核 DNA 倍性是可变的。本研究揭示了棉纤维细胞中独特的发育机制并不依赖于细胞核内复制[13]。

2. 国外现状与发展趋势

美国、乌兹别克斯坦、印度和中国均为棉花种质资源保存数量最多的国家。乌兹别克斯坦、美国的种质资源数量超过 10000 份，分别排在第一和第二位，印度、中国则紧随其后。

国外关于种质资源的研究：一是采取多种形式获取他国棉花种质资源，以双边或多边协议的形式进行交换为主。其中美国为了保持其棉花育种的先进性和引导性，先后多次与乌兹别克斯坦、巴基斯坦开展合作，通过联合鉴定收集到乌兹别克保存的重要棉花种质资源，利用自己的资源优势及巴基斯坦环境优势联合鉴定抗 CLCV 的种质资源，以期将来培育适应该国市场的新品种。二是加强种质资源的分子生物学鉴定、发掘优异基因资源。高通量基因组测序技术的快速发展，大规模平行测序平台（massively parallel DNA sequencing platform）已经发展为主流的测序技术，应用于作物种质资源的复杂性状遗传分析和优异基因发掘。随着二倍体野生棉、中棉以及四倍体陆地棉和海岛棉基因组测序的相继完成，从基因组水平和基因组变异对野生资源的深入鉴定、新基因挖掘和利用价值的评价，这将成为今后 10 ~ 20 年棉花种质资源利用与创新的重要发展方向与趋势。

针对棉花育种越来越受到水资源缺乏、土地盐碱化及病害流行的威胁，国外棉花种质资源研发投入重点，是将鉴定、创新和培育耐旱、耐盐碱及抗病的品种资源或品种作为棉花科技创新的主题。为此，美国开展了耐盐、抗旱资源的联合鉴定，巴西立项开展抗旱、抗蓝病毒病的攻关，印度、巴基斯坦开展了抗旱及 CLCV 的资源鉴定。

（二）棉花分子生物学的科技进展和现状

1. 国内重大进展和现状

（1）棉花基因组测序取得重大进展。棉花的基因组非常复杂，破解其基因组信息比较困难，来自中国农业科学院棉花研究所的棉花基因组测序团队，在前期研究的基础上，整合高质量的一代测序技术和高通量的二代测序技术，先后完成了二倍体棉花雷蒙德氏棉（*Gossypium raimondii*，D 基因组）、四倍体亚洲棉（*G. arboretum*，A 基因组），随后，中国农业科学院棉花研究所和南京农业大学分别对异源四倍体陆地棉（*G.hirsutum*，AD 组）TM-1 标准系的全基因组测序和图谱绘制，获得了棉花 98% 以上的基因信息，挖掘出大量棉花纤维产量、品质、抗性等重要农艺性状相关基因，这为棉花基础研究和应用研究提供了非常重要的参考，对棉花生产及其相关下游产业快速发展具有重要意义[3-5]。

（2）棉纤维基因研究取得重大进展。棉纤维是棉花产量形成的主要部分，其品质决定经济价值。据报道，棉花纤维增产基因主要与棉花种子发育和IAA等激素代谢相关。李德谋等[41]将GhASN-Like导入棉花，提高了转基因植株的单株成铃数和单铃种子数，增加了籽棉和皮棉的产量。Zhang Mi[9]等利用棉花纤维细胞特异启动子FBP7，驱动IAA合成基因iaaM在棉花中表达。使在棉纤维发育起始阶段，胚珠表面的IAA含量迅速增高，增加了能够发育成纤维的细胞数量。经过连续4年测产，转基因棉花纤维产量比对照提高了15%以上；棉花纤维品质与纺织工业的应用密切相关，主要涉及棉纤维长度、细度、强度、色泽等指标。左开井等[42]将*GbAnn9*导入棉花，转基因棉花纤维长度比对照材料增加2 ~ 3.5mm，纤维强度增加0.3 ~ 3.3CN/tex。夏桂先等[43]将棉花苯丙烷类化合物木质素合成基因*GhLIN2*导入棉花，增加转基因棉花纤维内木质素含量，使棉花纤维长度、细度和强度均得到显著提高。

（3）棉花黄萎病抗病途径研究取得重大进展。棉花黄萎病是目前影响棉花生产的主要因素之一，被形象地称为棉花的“癌症”。采用传统的抗病品种培育、农药防治等方法收效甚微，因此，近年来中国研究人员从生物技术的角度，对抗棉花黄萎病基因开展了大量的研究，并取得了重要进展。Gao wei等[20]以海岛棉品种海7124作为研究材料，通过比较蛋白质组学的方法，一共得到188个在海7124根系中受黄萎病菌侵染后与水处理的平行对照相比表达量出现差异的蛋白，这些蛋白共同参与了棉花对黄萎病菌入侵的响应。Xu li等[44]分别构建了抗黄萎病的海岛棉海7124接种黄萎病菌后的抑制差减杂交cDNA文库以及通过大规模测序的RNA-Seq技术研究棉花抗黄萎病机制，通过基因表达分析，获得了大批棉花抗黄萎病相关基因，并对其中的一个WRKY类转录因子进行了较为详细的功能研究。

近几年研究表明脂肪酸代谢参与植物的系统获得性抗性。Sun等[6]（2014）报道棉花P450基因家族成员SSN通过JA途径参与了棉花黄萎病抗性。脂肪酸和脂氧素代谢通路表明SSN基因的过表达导致过氧化氢和脂肪酸的超积累。该基因的沉默导致脂肪氧合酶LOX表达和氢过氧化物脂肪酸超量积累间的平衡。

随着育种技术的不断发展，以生物技术为核心的育种产业已经在全世界种业发展过程中发挥了重要作用，且规模化和集约化的生物种业将成为棉花种业发展的必然趋势。

目前，各国基因资源的争夺日益激烈。在国内，Bt抗虫基因已经在棉花产业发展过程中发挥了重要作用。通过多年研究，国内已经发掘了一批控制棉花农艺性状的基因。在棉花纤维品质方面，克隆了一批纤维发育相关基因（如*GhPFN1*、*GhRLK1*等）；在抗病基因方面，储备了一批基因（δ-杜松烯合成酶、*dHG-6-OMT*等）。在抗虫基因方面，Har-POU、几丁质酶（Chi）等基因也被克隆；棉花抗非生物逆境基因方面，*GhDREB1*、*GhZFP1*等一批基因已被克隆。在雄性不育基因方面，*GhACS1*、*GhADF6*、*GhADF7*和*GhADF8*等与雄配子发育相关的基因也已被克隆。

虽然我国在棉花各个重要性状方面都已经克隆得到很多基因，并申请了相关的专利。但是与国外生物种业相比，我国相关的专利主要是国内的专利，保护范围仍显较小。此外，虽然基因数目较多，但是目前在育种中能真正应用的基因很少。迫切需要通过育种价值评估鉴定相关基因在育种中的应用价值。

2. 国外研究进展和现状以及国内外比较

（1）我国棉花抗逆基因技术仍要追赶。随着两个二倍体和异源四倍体棉种全基因组序列的发布，纤维品质、抗病性、抗旱、耐盐碱基因的发掘成为当前棉花研究的热点。基因组的研究将由“结构基因组”向“功能基因组”转变。谁最先了解了基因的功能，谁就拥有了该基因的知识产权，也就可以获得更多的利润。以美国为例，商品种子基因专利技术费占种子市值的 30% ~ 60%，种业市场增值主要源于基因等专利技术的应用。

来源于苏云金杆菌（*Bacillus thuringiensis*，Bt）的抗虫基因和抗草甘膦的 EPSPS 是棉花中应用最广的两个基因。专利数据分析显示，孟山都、拜耳、麦可根、先正达等 5 家跨国公司掌握了全球 Cry 基因专利的 70% 以上。大型国际生物公司拥有的抗草甘膦 EPSPS 专利占 84.5%，专利申请量前 10 位申请人中我国仅 1 位，而被引证次数较多的核心和产业化应用专利都为国外申请。在美国，转第二代 Bt 晶体蛋白基因的棉花品种早已投放市场。目前，通过对苏云金杆菌库的筛选，一批新型的抗盲椿象、抗蚜虫等 Bt 基因也被鉴定出来，有望于近期投入市场应用。据了解，孟山都已研发出 3 价抗除草剂（草甘膦、草胺膦、灭草威）以及多价抗虫、抗旱、氮肥利用、高产等性状基因产品，正在棉花、玉米、大豆等作物上应用。而在内源基因利用方面，主要围绕纤维品质改良开展了相关研究。如澳大利亚已经克隆了蔗糖合成酶基因 SusC，MYB 转录因子基因 *GhMYB25*，HD-ZIP 转录因子基因 *GhHD-1*，腺苷三磷酸双磷酸酶基因 *GhAPY1-2*。其中，转 *GhMYB25*，*GhMYB25-like* 和 *GhHD1* 基因的优质纤维材料已经申请了转基因安全环境试验（申请号：DIR 115）。此外，澳大利亚相关研究者还克隆了 *ghFatB-1*、*ghFAD2-1*、*ghCPA-FAS-2* 和 *nptII* 等与脂肪酸代谢相关的基因，并通过转基因获得了相关的棉籽油脂肪酸含量改良的材料，目前这些转基因材料已经申请了转基因安全环境试验（申请号：DIR 085）。美国农业部南方研究中心的研究者将极端纤维纤维突变体 Ligon lintless-2（Li2）基因精细定位到约 1.4cM 的区间内。乌兹别克斯坦的研究者将一个棉花自然脱叶基因定位到染色体 18 上。印度检测了 5 个陆地棉品系的 6 个棉纤维发育时期的转录组数据，得到新转录本 24609 个，研究表明果胶甲酯酶在棉花伸长期对于棉纤维发育有重要作用。这些研究为进一步开展分子标记辅助育种以及转基因育种奠定了基因资源基础。

（2）棉花 70K 芯片的开发与利用。美国德克萨斯农工大学 Hulse-Kemp 等[21]报道了 CottonSNP63K 棉花芯片的制作过程，该芯片包括 70000 个 SNP 标记，其中 50000 个可以用于陆地棉种内的杂交鉴定，20000 个用于陆地棉与海岛棉、夏威夷棉、黄褐棉、辣根棉及长萼棉间的种间杂交鉴定。用于开发该芯片的原始 SNP 数据主要来自 9 个陆地棉种内的序列数据和 4 个种间的序列数据。然而，该芯片开发过程并未对所有的原始 SNP 数据进行验证，同时该芯片的 SNP 标记主要来自不同研究者进行基础研究所获得的数据，在 SNP 标记的确认上仅兼顾了部分陆地棉品种的遗传差异，因此该芯片不可能挖掘到陆地棉品种中的所有遗传变异，并不适合于进行棉花育种中的标记辅助选择工作。另外，该芯片的 SNP 位点并不能覆盖整个陆地棉基因组，因此也不适合于进行全基因组范围内目标基因的大规模发掘工作。

（三）棉花遗传育种的科技进展和现状

1. 主导品种、国审品种和获奖品种

2012—2015 年，农业部主导棉花品种 28 个。长江流域连续主导有中棉所 63，黄河流域连续主导有鲁棉研 28 和中棉所 50，西北内陆连续主导有中棉所 49。

2011—2015 年，转 Bt 抗虫棉在环境区全覆盖，国产抗虫棉占市场份额的 99%。杂交优势利用取得长足进展。据中国棉花生产监测预警数据[1, 39]，2013 年棉花杂交种播种面积 171.9 万公顷，占播种总面积的 35.1%；2014 年杂交种播种面积 134.3 万公顷，占播种总面积的 28.7%，保持国际领先水平。

2012—2015 年，通过国家审定棉花品种 54 个，其中转抗虫基因品种 45 个，杂交种 22 个，常规品种 31 个，非转抗虫基因品种 6 个。

然而，我国种植的棉花品种数量多乱杂状态依然存在，据中国棉花生产监测预警数据[1]，2014 年全国种植品种（系）数量 427 个，这对纤维一致性产生了不良影响。而同年美国种植陆地棉品种数量仅 96 个（另有 12 个海岛棉品种），少于我国的 77.5%，品种数量少加上品种分区域种植，纤维一致性好。

2013—2015 年，棉花遗传育种领域共获得国家级奖励 2 项。

成果名称：高产抗病优质杂交棉品种 GS 豫杂 35、豫杂 37 的选育及其应用

完成单位：河南省农业科学院等

获奖情况：2013 年国家科学技术进步奖二等奖

成果简介：2003—2011 年，豫杂 35 和豫杂 37 在河南、山东、江苏等地累计推广 1311.9 万亩，新增直接经济效益 16.7 亿元、间接效益 10.5 亿元，加速了国产转基因抗虫杂交棉在生产上的应用。

成果名称：棉花种质创新及强优势杂交棉新品种选育与应用

完成单位：华中农业大学等。

获奖情况：2013 年度国家科学技术进步二等奖

成果简介：改获奖团队将常规育种与现代生物技术相结合、方法创新与材料创新相结合、以资源创新带动优良性状集成，培育出华杂棉 H318 等 5 个高产、多抗、优质性状协调发展的强优势棉花杂交新品种。通过良种良法配套带动农户种植水平，使品种推广应用超过 1200 万亩，社会、经济效益显著。

2. 国外进展和现状以及国内外比较

在生物技术育种方面，转基因技术和分子标记辅助育种等生物技术已经在国内外棉花产业的发展中发挥了重要作用，而且在以后的发展过程中仍将发挥主导作用。目前，通过转基因技术获得明显的具有应用价值的转基因案例是 Bt 基因和抗除草剂基因。1997 年孟山都公司推出了抗草甘膦基除草剂的和 Bt 抗虫组合的转基因棉花。2003 年孟山都推出了第二代抗虫棉（Bollgard II），成为第一家在棉花中推出第二代生物技术产品的农业公司。2006 年，孟山都又推出抗农达 Flex 棉花品种，具有对草甘膦更高的耐药性。如今，国外种子公司的转基因棉花已进入“第三代”。

在生物多样性方面，抗虫性更好的第二代转基因抗虫棉花取代了第一代抗虫棉品种，在生产上开始大面积种植。主要有孟山都公司的 Bollgard®II 棉花，同时含有 *cry1Ac* 和 *cry2Ab2* 两种 Bt 基因；先正达公司的 VipCot™ 棉花，同时含有 *vip3A* 和 *FLcry1Ab* 两种 Bt 基因。此外，孟山都公司已在市场上推出兼具抗农达（Roundup Ready® Cotton）与 Bt 抗虫基因的棉花新品种。据报道，美国转 8 个基因的棉花品种即将于 2015 年推向市场。澳大利亚则通过对纤维发育起始阶段相关的转录因子的研究，获得了相关的转基因材料，并已申请转基因安全证书，预计将在接下来的几年内完成转基因材料产量和纤维品质的田间评价，从而在以后的优质纤维品种选育方面发挥作用。

在产业化平台方面，美国棉花的品种选育工作主要由孟山都和拜耳等大型种业公司完成。在管理上，公司内部分工明确，从基因克隆和筛选、标记开发、转基因新材料创制和品种选育等各个层次相对独立，从而保证了有用的资源快速应用于育种。

在机制和组织形式方面，国外生物种业的科研以企业为主体，企业自主研发新品种，形成研发、生产、销售一条龙服务体系，跨国公司同时注重与科研院所的紧密合作，由科研院校做应用基础研究和技术储备性育种。例如先正达公司与全球 400 多家大学、研究机构和私人企业开展广泛的合作。国外种业公司十分重视种子质量，从原种到商品种子实行全程质量控制。

在育种技术方面，育种方法也在逐步完善和发展。从原始的引种和系统育种到杂交育种到最近的分子标记辅助选择、转基因技术和常规杂交相结合的育种模式。然而，这些育种手段与现代生物育种技术相比仍比较原始和落后，使育种水平的提高受到很大限制。因此，需要利用现代生物技术手段，建立高效的分子设计育种体系，对目标性状进行设计与操作，实现优良基因的最佳配置，大幅度提升棉花育种效率和技术水平。

在机制和组织形式方面，我国具有强大号召力和市场占有率的种业企业仍然缺少，基本不具备人才和资源。因此，短期内科企合作仍将是育种有效模式，种子企业承担育繁推一体化，打造种子品种和服务品牌，在市场竞争中站稳脚跟，向做大做强目标奋进。

美国按棉花生态区对不同品质合理布局，比如，在德克萨斯州产区，纤维长度在 25 ~ 26mm，比强度为 29cN/tex；加利福尼亚州长度 29mm，与我国类似，比强度为 35.1cN/tex，强度比我国强得很多。同样绒长的棉花，因其强力和麦克隆值好而每磅售价比我国同类棉花也高很多。

我国近年来育成品种的产量略高于美国，但纤维遗传（内在）品质不及美国、澳大利亚等。我国育种单位，不论是科研单位还是大多数企业，仍采取“课题组”这样的作坊模式开展育种研究和品种选育，育种资源、人才等要素相对分散，不具备规模化的商业育种机制，科研育种与生产脱节，选育品种数量较多，但突破性品种少，接近一半的品种没有推广面积，导致科技成果转化率低。改革的方向是按一个具体明确目标，组织资源、分子、杂交、选择和南繁等专业力量来开展。

（四）棉花栽培科技与植棉机械化的科技进展和现状

21 世纪以来，我国棉花栽培在机械化采收的引进创新和育苗移栽的继承创新方面取得了重大成就。如今，棉花机械化采收和轻简育苗移栽技术大幅减轻了劳动强度，显著降低了人工成本，生产效率提高 80% 以上，满足了劳动力转移的新需求；成为“快乐植棉”的重要技术支撑，是提高棉花科学种田水平和提升国产棉竞争力的利器，也是农业科技前瞻性研究、引进技术本地化研究和民族技术升级研究的一个典范。搭建起中国棉花轻简育苗平台[22]和棉花长势监测预警平台[23-24]，为产业技术发展提供支持。

1. 国内重大进展和现状

（1）棉花轻简育苗移栽[11]。轻简育苗移栽是指采用无土基质材料替代营养钵土在苗床、穴盘和水体进行集约式、规模化、工厂化育苗，实现了营养钵这一传统精耕细作技术的升级换代。中国农业科学院棉花研究所、河南省农业科学院和湖南农业大学先后研制形成无土基质苗床、穴盘育苗和水浮法育苗。这一技术难点在于“裸苗”移栽成活率，常言道“栽不活的棉花，哭不死的娃娃”，研制一系列发明专利产品，包括无土基质、促根剂和保叶剂产品替代营养钵，裸苗移栽棉花成活率达到 96.4%，攻克了裸苗移栽不易成活的难点，提出了壮苗指标和轻简育苗系列技术规程，红茎一半，幼苗根系多，子叶完整，叶色深绿，叶片无病斑。研制工厂化育苗成套设备，实现了育苗集约化工厂化生产。发明了圆柱切刀式的打洞施肥一体机[25]，实行移栽和施肥联合作业。

轻简育苗移栽（无土育苗、基质育苗）连续 9 年被列为农业部的主推技术[1]，自 2009—2015 年连续 7 年被列为财政支持项目，在湖南、湖北、安徽、江西、江苏、河南、山东和河北等 9 省棉区推广。大面积生产应用证实，裸苗移栽具有高成活率，达到成活率的 95%，符合生产要求，同时轻简，具有省工 80%、省时一半和省种一半的良好技术效果。获得国家授权专利 20 多件，搭建起棉花轻简化育苗移栽技术的公共平台[22]。

（2）棉花机械化采收。机采棉是指机械替代手工采摘籽棉的技术和装备，而采棉机则是现代农业的顶端装备。近 5 年来，新疆形成高产宽膜覆盖和膜下滴灌的机采技术规程，实现了农艺与农机的融合配套，主要采棉机有美国约翰·迪尔（John Deere），9970 型的水平摘锭式，以及贵航 4MZ—3 的水平摘锭。据中国棉花生产监测预警数据[1]，2014 年机械化采收面积 73.33 万公顷，占播种面积的 24.4%，比 2013 年增长 67.8%。机采比手采棉增收 2780 元 / 公顷，增收率 20.2%。棉花机械化采收自 2012—2015 年连续 4 年被列为农业部的主推技术。

根据实践提出了机采棉系列标准[26]，如：机采品种要求早熟、高产、纤维长、强度大，第一果枝节位高度不低于 18cm，纤维程度不短于 30mm，强度不低于 30cN/tex。棉田地平土细，地面高差不超过 3cm。然而，机采棉的品质整体大幅下降，急需改进和提升[27]。品质差距在哪里？因机采过程的机械伤害和增加除杂清花工艺的再次损伤，导致机采原棉的含杂率高、短绒率高、绒长缩短，特别是有害异型纤维如残膜碎片污染问题突出，棉纺织企业难以清除，总体异纤有害杂物含量远高于美棉和澳棉，不适合棉纺织工业的需要。

黄河流域棉花机械化采收试验研究始于 2011 年[1]。内地机采棉栽培采用“压两头促中间”和“密度倍增”的技术路线，长势要求相对集中现蕾、集中成铃和集中吐絮。除新疆采棉机以外，还在试验摘锭式的 4MZ—3 采棉机、梳齿式的 4MZ—2.6 指杆式采棉机、刷辊式的 4MZ—3 茎秆类收获机以及新疆早期试验的软摘锭采收机，取得了阶段性进展。

（3）棉田膜下滴灌。膜下滴灌是我国精准植棉的代表性技术之一。进入 21 世纪[28-29]，新疆生产建设兵团开发节水灌溉技术，形成“密矮早防水”全程机械化植棉的新体系和精准农业技术，采用宽膜覆盖、软管自压输水和残膜回收组成精准灌溉技术。应用精准技术比常规技术增产 15% ~ 20%，节省肥料 30% ~ 40%，灌溉水利用率提高到 70%，单位面积节水 1500m^3/hm^2，具有高产超高产的潜力。宽膜覆盖和滴灌棉花生长的主要特点：播种早，出苗快，苗整齐；植株整齐度高，空株很少，单株结铃多且均衡，铃大，个体生产力明显提高。与大水漫灌相比，增产籽棉 1200 ~ 1500kg/hm^2，创一批籽棉 6000 ~ 7500kg/hm^2 的高产水平，节本增效 10500 ~ 15000 元 /hm^2。2013 年新疆棉田膜下滴灌面积占 54.4%，达到 128.2 万 hm^2，其中兵团棉田基本采用膜下滴灌技术。膜下滴灌、高密度植棉技术自 2006—2015 年连续 10 年被列为农业部主推技术。

（4）盐碱地植棉。棉花是盐碱地的先锋栽培作物。虽然滨海盐碱地适合植棉但立苗极为困难。根据盐往高处走的水盐运动规律，研究提出盐碱地畦作覆盖的成苗关键技术[30-31]，采用畦作诱导盐分向高处移动，创造播种沟在短期时间内盐分下降，加上提早地膜覆盖所起的增温和抑制盐分效果，显著降低土壤的盐分含量，保证在盐分含量较高的土壤能够出苗和成苗。并以苗期抑盐促进成苗为关键技术，加上灌溉洗盐、测土配方施肥和合理密植等，建立了滨海盐碱地植棉技术体系，成苗率提高 30% ~ 40%，产量提高 30% 以上，达到非盐碱地水平。

（5）简化施肥。控释（失）专用肥是棉花简化施肥的技术之一。控释（失）肥料集合脲酶抑制剂、消化抑制剂和磷素激活剂的协同效益，提高氮磷肥的利用效率。控释（失）肥料的养分随着生育进程而释放加快，这样多次施肥就减为 1 ~ 2 次。而一次施肥则是施肥的最高技术目标。试验示范结果[32]，控释（失）肥、施肥次数从 5 ~ 6 次减少 2 次，节省用工的 60%，产量可达到常规肥料或超过普遍尿素。然而，关于控释（失）肥的效果也存在不少争议，肥料品种本身也存在前期释放慢容易引起缺肥，后期供给量大容易引起贪青晚熟，怕渍涝，以及肥料成本增加等问题。

（6）棉花长势监测预警。毛树春等[1]于2003年以产量是长势的积累为基础创建了中国棉花生长指数（CCGI）模型，并以经济学产销平衡理论为基础创建了中国棉花生产景气指数（CCPPI）模型，利用这2个模型经过2003—2015年连续13年的监测，对“棉花种多少、长得怎么样、生产如何管和产品卖给谁”作出了成功的解答，具有及时性、预见性和预警决策支持功能，成为决策支持的好帮手，得到政府、协会、企业和农民的认可。长期研究积累已获得计算机软件著作权30多件，搭建起棉花长势监测预警信息平台[1、23-24]，CCPPI、CCGI与CC Index（中国棉花价格指数）郑州棉花期货一起，构成了全国棉花市场监测预警的指标体系。这是全国棉花科技界赢得话语权的重要标志，也是科研机构服务产业的大胆尝试。

（7）栽培机理研究取得新进展。《中国棉花栽培学》[11]于2013年出版，系统总结自改革开放以来我国棉花栽培技术和理论的研究成就，丰富了具有中国特色的棉花栽培技术和理论体系，具有理论价值和指导科学植棉的功能。针对轻简化移栽，研究揭示裸苗生根和成苗机理，揭示“返苗发棵先长根”以及与环境措施的关系，提出移栽棉花“栽高温苗不栽低温苗”“栽深不栽浅”“栽健壮苗不栽嫩苗”，安家水“宜多不宜少”，对旱地作物机械化移栽具有借鉴作用[26]。基于当前的棉田群体光能利用机理与株型调控机理[27]，高产棉花的光能流、物质流与产量和品质协调的研究[28]正在日益深入。

成果名称：滨海盐碱地棉花丰产栽培技术体系的创建与应用

完成单位：山东棉花研究中心等

获奖情况：2013年国家科技进步奖二等奖

成果简介：针对滨海盐碱地植棉存在成苗难、熟相差、肥效低、用工多等难题，创建以诱导根区盐分差异分布促进棉花成苗的技术为核心，按盐碱程度分类施肥、调控熟相实现正常成熟和农艺农机结合实现轻简管理为关键内容的滨海盐碱地棉花丰产栽培技术体系，在含盐量0.7%以下的滨海盐碱地能一播全苗，攻克了成苗难、产量低等难题，增产10%～30%，省工20%以上，连续7年列为农业部的主推技术，累计推广5643万亩，新增经济效益110亿元，为提升棉花产能、缓解粮棉争地矛盾做出了重要贡献。

2. 国外进展和现状以及国内外比较

美国合成新型植物生长调节剂Prep、ProGibb和1-MCP（1-甲基环丙烯），试验证实Prep、ProGibb调节剂可明显提高棉花幼苗活力，促进早发，提升棉花抗病虫应对不利气候的能力，证实Pix（中国商品名称缩节胺）与蜡样芽孢杆菌混合使用比单独使用Pix的效果更佳，于是把该混合物更名为Pix Plus。1-MCP植物延缓剂也在棉花开始应用。

国内外还研究了棉田水分高效利用技术、营养高效技术和辅助收获技术，在美国，一些新型脱叶辅助的化学试剂ETX、ET、Sharpen和Display等已注册登记，试图提升脱叶、催熟和防止二次生长的作用。我国研制了新型植物生长调节剂和脱叶剂的辅助产品。“棉太金”（缩节胺与助剂的复配产品）[33]是针对抗虫棉研制的专用调节剂新产品，在水肥适宜地区增产 5% ~ 30%；艾氟迪[34]（AFD，一种复配的植物生长调节剂）新产品具有促进棉花生殖生长，提高早熟性的功能；新型脱叶剂助剂[35]“冠菌素”（结构与茉莉酸的相似物）与噻苯隆配合施用脱叶效果提高。

美国植棉的规模化和规范化程度高，美国制造的采棉机安装和使用 GPS、自动驾驶、自动测产和自动打包等，减少了收获籽棉田间转运工序，节省人工，提升采棉机作业效率。针对国情我国研制中小型自走式水平摘锭三行采棉样机，在新疆棉区进行了采收试验，采净率≥ 90%，可靠性≥ 95%，稳定性改进[36]。针对采棉机安全，研制安装火灾报警装置具有预测报警功能[37]。在轻简育苗移栽方面，进一步研制完善工厂化育苗装置，研制形成打洞施肥一体化的移栽机，整机为发明专利[25]。

二、棉花科技发展趋势及展望

我国经济发展步入新常态[38]以及“一带一路”的战略新背景[40]，“十三五”将是我国农业从“石油农业”向现代农业转型的关键期，要依靠科技进步破解“石油农业”产生的产量与质量、效益的矛盾，破解高消耗、高污染与环境友好的矛盾。因此，棉花科技创新在转型升级和提质增效中既要发挥引领的功能，又要在前瞻性和抢占高新技术的制高点方面发挥大国的功能，任务艰巨，责任重大。

（一）棉花资源学科发展趋势及展望

一是加快种质资源向基因资源转变，创造新型种质材料，在机械化采收所需株型、产量、品质等方面提供新有效种质供给，这是资源学科服务育种的最主要任务。二是收集和评价国内棉花资源，收集美洲、澳洲、非洲等棉花原分布地，收集和评价中亚、非洲和南美洲等棉花资源。三是棉花优异种质基因源的高通量挖掘。采用非假说驱动的全基因组关联分析（Genome-wide association study，GWAS）研究方法来扫描整个基因组，是目前研究复杂性状最新的有效方法。陆地棉全基因组测序的文章在 2015 年已公布，立项开展陆地棉 GWAS 研究具有前瞻性。通过高通量测序挖掘棉花育种相关重要性状（产量、品质、抗性）的功能基因，建立全基因组选择育种技术体系，为棉花高产优质育种提供新的策略、技术和方法，实现棉花纤维长度、强度、细度的分子辅助育种和产量品质性状的同步改良。四是迫切需要开展基于测序技术的新一代 SNP 标记开发，随着 SNP 数量的增加可以极大地提高 QTL 定位的精度，加快分子育种进程。

（二）棉花分子生物学科发展趋势及展望

迄今全球大田作物有效功能基因仅 Bt 和抗除草剂，因功能基因单一导致投入大而产出率不高的新问题。今后主要研究内容：一是棉花基因组学研究。以棉花种质资源为基础，开展基因组测序和重测序，获得棉属重要野生种和栽培种标准系的精细物理图谱；对核心种质和骨干亲本的重要发育阶段进行转录组测序和基因芯片分析，挖掘优异基因以及棉花基因资源和优异种质资源的基因表达模式。二是创制功能基因和综合抗性优良的原始种质、杂种优势利用资源、早熟高产优质新材料和新种质等。

（三）棉花遗传育种学科发展趋势及展望

一是选育中长绒陆地棉和优质适纺的高品质品种，这应纳入“十三五”国家科技发展目标，满足棉纺织业转型升级的新需求，弥补科技滞后于生产这一短板。二是配套开展机采棉花品种的区域比较试验，建议修改审定品种的品质指标，对于机采棉当绒长短于30mm时应不予审定，长度、强度、细度和整齐度相协调。三是研究开发提升转Bt基因的综合抗性。四是加强棉花育种基础理论和育种前沿技术研究；继续开展杂种优势利用，突破制种效率低的难点，减少制种用工，降低人工成本。

（四）棉花栽培学科和机械化学科发展趋势及展望

栽培学科要依据自身特点，重点抓住以下几个方面：一是“一前一后”的农技农机融合技术。“前”即机械化播种；“后”即机械化采收，包括一播全苗、种肥药调同播、增密和免整枝技术，区域模式和两熟种植简化优化技术。二是信息化、智能化栽管和决策支持。包括长势监测预警、诊断、精准信息化、智能化栽管，互联网＋现代农业。三是绿色环保可持续技术。包括节水高效灌溉、合理减减氮减磷，地膜覆盖替代技术，与生态协调的耕地用养、轮作、休闲、培肥等现代农作制度。

栽培学科应积极融入现代农业，以防边缘化，急需添置现代农业装备：包括播种机、栽植机、农用无人机和采收机；自动可视化的监测系统、自动气象站和自动导航装备；试验田安装滴灌、喷灌和暗排设施，做到排灌自如；建设现代温室或高标准的自动化日光大棚；高标准试验田，要求耕地平整、培肥和田林路渠沟相配套。

— 参考文献 —

[1] 毛树春. 中国棉花景气报告 2014［M］. 北京：中国农业出版社，2015.

[2] 中华人民共和国农业部. 2015 年农业主推品种和主导技术［M］. 北京：中国农业出版社，2015.

[3] Wang K，Wang Z，Li F，et al. The draft genome of a diploid cotton Gossypium raimondii［J］. Nat Genet，2012，44（10）：1098-1103.

[4] Li F，Fan G，Wang K，et al. Genome sequence of the cultivated cotton *Gossypium arboreum*［J］. Nat Genet，2014，46（6）：567-572.

[5] Li F，Fan G，Lu C，et al. Genome sequence of cultivated Upland cotton（*Gossypium hirsutum* TM-1）provides insights into genome evolution［J］. Nat Biotechnol，2015，33（5）：524-530.

[6] Sun L，Zhu L，Xu L，et al. Cotton cytochrome P450 CYP82D regulates systemic cell death by modulating the octadecanoid pathway［J］. Nat Commun，2014，5：5372.

[7] Zhang T, Hu Y, Jiang W, et al. Sequencing of allotetraploid cotton (*Gossypium hirsutum* L. acc. TM-1) provides a resource for fiber improvement [J]. Nat Biotechnol, 2015, 33 (5): 531-537.

[8] Shan C M, Shangguan X X, Zhao B, et al. Control of cotton fibre elongation by a homeodomain transcription factor GhHOX3 [J]. Nat Commun, 2014, 5: 5519.

[9] Zhang M, Zheng X, Song S, et al. Spatiotemporal manipulation of auxin biosynthesis in cotton ovule epidermal cells enhances fiber yield and quality [J]. Nat Biotechnol, 2011, 29 (5): 453-458.

[10] Qin Y-M, Zhu Y-X. How cotton fibers elongate: a tale of linear cell-growth mode [J]. Current Opinion in Plant Biology, 2011, 14 (1): 106-11.

[11] 中国农业科学院棉花研究所. 中国棉花栽培学 [M]. 上海：上海科技出版社，2013.

[12] 李付广，袁有绿. 棉花分子育种学 [M]. 北京：中国农业大学出版社，2013.

[13] Wang G, Feng HJ, Sun JL, et al. Induction of cotton ovule culture fibre branching by co-expression of cotton BTL, cotton SIM, and Arabidopsis STI genes [J]. Journal of Experimental Botany, 2013, 64 (14): 4157-4168.

[14] 彭振，何守朴，孙君灵. 陆地棉苗期耐盐性的高效鉴定方法 [J]. 作物学报，2014，40 (3)：476-486.

[15] Peng Z, He S, Gong W, et al. Comprehensive analysis of differentially expressed genes and transcriptional regulation induced by salt stress in two contrasting cotton genotypes [J]. BMC Genomics, 2014, 15 (1): 760.

[16] 许菲菲，彭振，龚文芳. 棉花盐胁迫下叶片 miRNAs 的鉴定与分析 [J]. 棉花学报，2014，26 (5)：377-386.

[17] Gong W, He S, Tian J, et al. Comparison of the Transcriptome between Two Cotton Lines of Different Fiber Color and Quality [J]. PloS one, 2014, 9 (11): e112966.

[18] Jia Y, Sun X, Sun J, et al. Association Mapping for Epistasis and Environmental Interaction of Yield Traits in 323 Cotton Cultivars under 9 Different Environments [J]. PloS one, 2014, 9 (5): e95882.

[19] Jia Y, Sun J, Wang X, et al. Molecular Diversity and Association Analysis of Drought and Salt Tolerance in *Gossypium hirsutum* L [J]. Germplasm. Journal of Integrative Agriculture, 2014, 13 (9): 1845-1853.

[20] Gao W, Long L, Zhu L-F, et al. Proteomic and Virus-induced Gene Silencing (VIGS) Analyses Reveal That Gossypol, Brassinosteroids, and Jasmonic acid Contribute to the Resistance of Cotton to Verticillium dahliae [J]. Molecular & Cellular Proteomics, 2013; 12 (12): 3690-3703.

[21] Hulse-Kemp AM, Lemm J, Plieske J, et al. Development of a 63K SNP Array for Cotton and High-Density Mapping of Intra-and Inter-Specific Populations of Gossypium spp [J]. G3: Genes|Genomes|Genetics, 2013.

[22] 中国农业科学院棉花研究所. 中国棉花工厂化育苗和机械化移栽技术平台 V2.0. 国家版权局计算机软件著作权登记号：2014SR148868，2014.

[23] 中国农业科学院棉花研究所. 中国棉花生长指数研究与应用系统 V2.0. 国家版权局计算机软件著作权登记号：2014SR074668，2014.

[24] 中国农业科学院棉花研究所. 中国棉花生产监测预测及实证信息平台 V2.0. 国家版权局计算机软件著作权登记号：2014SR186098，2014.

[25] 毛树春，等. 一种移栽用打洞施肥移栽机：中国，ZL201210074377.2 [P]. 2014.

[26] 周亚立，刘向新，闫向辉. 棉花机械化收获 [M]. 乌鲁木齐：新疆科学技术出版社，2012.

[27] 赵新民，张杰，王力. 兵团机采棉发展现状、问题与对策 [J]. 农业经济问题，2013 (3)：87-94.

[28] 胡兆璋. 加快农业现代化步伐的科学技术体系——精准农业技术体系 [J]. 中国棉花，2005 (增)：2-6.

[29] 田笑明. 兵团精准农业技术体系的建立及在棉花上的大面积应用 [J]. 中国棉花，2005 (增)：9-12.

[30] 董合忠. 滨海盐碱地棉花成苗的原理与技术 [J]. 应用生态学报，2012，23 (2)：566-572.

[31] Kong XQ, Luo Z, Dong HZ, et al. Effects of non-uniform root zone salinity on water use, Na^+ recirculation, and Na^+ and H^+ flux in cotton [J]. Journal of Experimental Botany, 2012, 63 (5): 2089-2103.

[32] 李成亮，黄波，孙强生，等. 控释肥用量对棉花生长特性和土壤肥力的影响 [J]. 土壤学报，2014，51 (2)：

295-304.
[33] 杜明伟，杨福强，吴宁，等. 创建中下游棉花产量相关性状分析剂棉太金的调控作用［J］. 中国棉花，2012，39（6）：15-19.
[34] 李亚兵，毛树春，韩迎春，等. 棉花促铃保铃剂：中国，ZL201010297090.7［P］. 2013.
[35] 汪宝卿，李召虎，翟志席，等. 冠菌素及其生理功能［J］. 植物生理学通讯，2006，42（3）：503-510.
[36] 张伟. 一种采棉机摘锭坐杆总成：中国，ZL2005 2 0006310.0［P］. 2007.
[37] 苑严伟，李树君，张俊宁，等. 一种采棉机及其实时棉花着火预警方法和系统：中国，201310430470.7［P］.
[38] 毛树春，冯璐，李亚兵，等. 加快转型升级，努力建设现代植棉业［J］. 农业展望，2015，11（4）：35-40.
[39] 毛树春. 中国棉花景气报告 2013［M］. 北京：中国农业出版社，2014.
[40] 毛树春，李亚兵，支晓宇，等."一带一路"棉花产业初步研究［J］. 农业展望，2015，11（8）：35-40.
[41] 李德谋，裴炎，罗小英，等. GhASN-Like 基因、表达载体及其在提高棉花产量中的应用：中国，ZL201110104141.4［P］.
[42] 左开井，王劲，陈继军. 提高棉花纤维品质的 GbAnn9 基因及其应用：中国，ZL201110253458.4［P］.
[43] 夏桂先，韩立波，焦改丽，等. GhLIN2 蛋白及其基因在改良棉花纤维品质中的应用：中国，ZL201210505575.X［P］.
[44] 徐理. 棉花与黄萎病菌的分子互作机制研究及 GbWRKY1 基因的功能鉴定［D］. 武汉：华中农业大学，2011.

撰稿人：毛树春　杜雄明　孙君灵　袁有禄
陈婷婷　范术丽　魏恒玲　李亚兵

作物种子科技发展研究

近年来，随着全世界种子产业发展和种子产业化进程的突飞猛进、生命科学（如分子生物学、分子遗传学和基因工程等）的异军突起以及种子科学和技术研究的深入，种子科学与工程的研究内容也由最初的种子学发展为种子科学与技术（Seed Science and Technology），研究已从群体拓展到个体，从细胞水平拓展到分子水平。一方面其基础理论研究包含了种子形态特征、发育成熟、化学成分、生理生化、种子寿命、休眠与发芽、种子活力等方面，另一方面其应用技术部分包含了种子生产、种子加工（清选、干燥、处理和包衣）、种子鉴定、种子检验、种子贮藏、种子管理、种子经营和贸易等范围。

一、种子学科近 5 年的最新研究进展

（一）种子生物学研究

近年来，国内外在种子贮藏物质合成和积累的生物合成途径、关键酶（基因）和重要调控因子等方面已经有了一定的了解，在种子贮藏物质积累的调控机制研究方面获得了比较重大的进展[1, 2]：确定了 ABA、糖（蔗糖）、SnRK1 激酶是参与种子成熟和贮藏物质的合成信号网络中的重要因子；从拟南芥中分离和鉴定了控制种子成熟基因表达的正调控因子；从拟南芥中分离和鉴定了 PKL、HSI2、HSL1、VAL、BRM、HDA19 和 ASIL1 等多个与组蛋白修饰或染色质重塑有关的参与种子成熟基因表达抑制的负调控因子；从拟南芥中分离出与种子成熟基因表达有关的参与信号传递、mRNA 转运相关的基因。中山大学黄上志课题组以模式植物拟南芥为材料，首次发现去乙酰化酶 HDA19 和转录抑制子 HSL1 相互作用共同抑制成熟基因在幼苗发育时期的表达，增加了对种子成熟过程与表观遗传调控机制的认识[3]。

近 10 年来，借助分子生物学和组学的发展，种子生理休眠的机理研究取得一定的进

展[4]，脱落酸是种子休眠诱导的正调节因子，是萌发的负调节因子；赤霉素释放种子休眠、促进萌发和拮抗 ABA 的作用。Finch-Savage 和 Leubner-Metzger 提出了 ABA 和 GA 在对环境因子的反应中调控种子休眠与萌发的模型。该模型认为：周围的环境因子（如温度）影响 ABA：GA 的平衡以及种子对这些激素的敏感性。ABA 的合成与信号（GA 的分解代谢）决定种子的休眠状态，而 GA 的合成与信号（ABA 的分解代谢）则决定种子向萌发转变[5]。激素的合成、降解以及对周围环境条件的敏感性之间的复杂作用可能导致种子的休眠循环。多胺可能参与调控了玉米种子萌发的耐寒性，玉米种胚中多胺含量的增加对种子吸胀冷害具有缓解作用，玉米幼苗体内多胺的合成路径以 OCD 途径为主，多胺的变化可能是玉米幼苗抵御低温逆境的防卫机制。

种子活力方面，近年来，国内外的研究表明，在种子发育后期，LEA 蛋白、寡聚糖、ABA 以及维生素 E 等参与了种子活力的形成，增加了种子对逆境的适应能力[7-9]。多位学者利用功能基因组学、蛋白质组学等手段，对拟南芥、水稻等几种植物种子活力形成相关基因进行了研究，但是种子活力形成的调控机制极其复杂，其代谢网络、分子调控网络还有待于进一步研究。近年来，随着分子生物学技术的发展，对影响种子寿命及其贮藏行为的遗传机制的研究逐渐增多，但进展缓慢。

（二）种子生产技术

据农业部农技推广中心统计，每年有 4300 多个新品种在生产中使用，玉米、水稻、小麦三大作物的新品种使用数量达到 1740 个。随着我国农业生产轻简化栽培技术和机械化、规模化的快速发展，优良品种繁育生产优质种子的种子生产技术得到了很大的发展。中国农业大学、山东农业大学等通过研究比较不同生态区域环境因子对种子活力形成的影响，发现我国不同生态区域生产种子质量存在着显著差异。明确了控制玉米种子纯度的田间隔离技术。制种田与上风头花粉污染源隔离 150m 可以基本满足纯度 97% 的隔离要求，如果在非上风头，与花粉污染源隔离可以小于 100m。玉米果穗中部种子活力最高，下部次之，上部种子活力最低。不同粒型玉米种子发育进程不同，种子的成熟期依据种子发育活力变化而变化，已发现郑单 958 制种田种子授粉后 65 天左右活力可达到最高，依据种子黑层出现后收获种子时种子活力以开始下降。二者相比较依据种子活力收获的种子质量更高，同时比黑层出现收获提前 10 ~ 15 天，此时西北玉米制种区光温充沛，自然干燥迅速脱水使玉米种子水分降低到安全水分。硬粒早熟玉米制种时种子在授粉后 50 天左右活力达到最高，可作为最佳收获期。这一革命性的收获技术带动了甘肃张掖国家玉米制种技术的提升与进步，极大促进了我国玉米种子质量的全面提高。

两系法杂交水稻的发明是我国继三系杂交水稻配套后的又一重大科学创举。尽管两系杂交稻应用潜力大，但其在生产应用中的问题仍比较突出，主要表现在：由于温敏核不育系育性转换受温度控制，一旦温度条件变化，会导致育性发生改变，给两系杂交水稻种子生产带来极大风险。南京农业大学已从蛋白质层次初步提出了低温诱导（22.5℃）条件下，温敏核不育系育性转换的可能分子机理。

山东农业大学的研究表明小麦种子应当在完熟期收获；自然干燥和45℃以下干燥是小麦种子干燥的安全条件。不同穗位小麦活力存在显著差异，活力指标是穗中部>穗下部>穗上部。

南京农业大学明确了新疆及其生态相似区域可以作为高活力棉花理想区域，可以保证发芽率在95%以上。果枝中部果铃、伏桃是高活力种子采收的重要部位和时期，从而形成了高活力种子采收的关键技术。

浙江大学在国内首次开发了杂交水稻制种种子成熟脱水技术。高效的杂交水稻种子生产脱水技术可以提早7天收获，不仅可以提高杂交种子的质量，减少穗发芽，降低机械收获的籽粒损失率、缩短生产季节，使种子能更快上市供应，增强耐藏性，而且能为种子生产企业降低烘干、加工、贮藏等成本。近年来，我国自主研制的杂交玉米去雄机一次去雄率达到94%。研发的杂交水稻制种父本双行（二期）插秧机解决了两期父本同时机械化插植的问题，填补了国内空白。行距30cm，株距18 ~ 24cm可调，生产率1.2 ~ 2.0亩/小时（纯父本作业面积）；研发的杂交水稻制种精密播种生产线可有效提高播种质量，降低用工成本和劳动强度。播种型式：整盘气吸式；播种种子：杂交水稻、常规水稻；生产率：300盘/小时，播种均匀性：≥ 92%，工作方式：填床土、淋水、播种、覆床土自动化。

（三）种子加工

种子加工技术的发展对于提升种子质量有着非常重要的作用。种子是农业生产的基础，通过种子精选分级可以剔除不饱满的、虫蛀或劣变的种子，提高种子的活力，提高田间出苗率和壮苗率。目前种子加工行业主要是根据种子的外形尺寸、种子比重、种子空气动力学特性、种子颜色等进行精选，相应的设备主要有风筛清选机、圆筒筛分级机、窝眼筒清选机、重力式清选机、色选机等。目前我国大型种子公司均建有配套的种子加工流水线，但种子加工工艺和参数的选择多靠以往的经验来确定，存在很大的主观因素。同一作物的不同品种、同一品种不同年份不同产地生产的种子，其物理特性都会存在一定的差异，采用以往的经验对种子进行加工，难以达到最佳精选效果。国外种子企业一般对拟精选分级的种子进行小批量预加工，通过检测加工后的效果再来逐次调整相关参数，如筛孔尺寸、颜色阈值等。由于种子加工流水线均为大型机械，对预加工的种子具有较高的数量要求，且多次精选加工会对种子造成一定的损伤。因此近年来，色选机在种子精选中的应用范围越来越广泛，其颜色抓取从单色、双色升级为全彩，识别信息更加丰富。荷兰将X射线技术与图像处理系统相结合用于蔬菜高活力种子的分选，每分钟可处理种子1000粒左右。美国SeedBuro公司2015年5月最新开发了根据种子表面尺寸并结合色选的新型设备。

中国农业大学采用VS2010、C#、opencv库、access数据库开发了Seed Identification软件可自动获取单粒种子的颜色（RGB、Lab、HSB）、宽度、长度、投影面积等相关信息，通过阈值调查可以滤除噪声和重叠在一起的种子，具备数据和图像导出功能。通过单粒发芽试验确定种子活力，通过分析单粒种子各项物理指标与种子活力的相关性可提前确定该批次种子适宜的加工工艺和加工参数[10, 11]。

浙江大学开展了种子防伪的研究，首次提出了种子单一标记防伪的理论与方法，进一步研发出种子双重防伪技术。为种子防伪提供了理论依据并建立了一套完整的防伪方案，并获 4 项国家发明专利授权。此成果在国内外尚未见报道，将为杜绝我国种子市场假冒伪劣种子做出重要贡献。

（四）种子检测技术

种子质量检测包括种子纯度、净度、生活力、活力、水分等的检测，ISTA 及国内均有相应的标准进行检测。无损检测技术的发展为提高种子质量检测速度提供了新的途径。

近红外光谱（NIRS）技术是 20 世纪 80 年代后期发展起来的一项快速检测技术，具有成本低、分析速度快、稳定性好的优点。近年来随着计算机技术和化学计量学的发展，此技术在种子品质分析如水分、蛋白、淀粉、油分等的定量分析，种子的真伪鉴别，水稻、玉米、大豆品种鉴别、纯度鉴定以及燕麦、水稻、苦豆子种子生活力检测等方面，均取得明显的效果[12-14]。

高光谱图像是一系列光波波长处的光学图像，光谱范围在紫外（200 ~ 400 nm）、可见光（400 ~ 760 nm）、近红外（760 ~ 560 nm）以及波长大于 2560 nm 的区域，可提供被测对象的形态特征、内部结构和化学成分等信息。高光谱成像技术在玉米种子纯度、玉米品种识别、水稻活力检测等方面取得了较好的效果[15-16]。

美国、加拿大等国家已在种子纯度、净度、发芽和活力等方面广泛应用图像信息技术，尤其是种子活力的自动分析系统，可以用数量关系表示种子活力，实现快速、有效预测种子田间出苗潜力。山东农业大学研究建立了通用多重 PCR 技术体系，为品种纯度的快速分子检测提供了技术支撑。该技术包括：设计了通用多重 PCR 的接头引物，设计了通用多重 PCR 的扩增程序，并在玉米种子纯度快速分子检测中得到验证和应用。克服了传统的多重 PCR 通用性差缺点。建立了玉米种子纯度快速检测的计算机识别系统，为玉米种子的市场监管提供了技术支撑。随着我国玉米单粒机械播种的快速发展，中国农业大学借鉴国际种子检验协会的种子活力测定技术，依据我国玉米生产区域的积温变化，研究制定了我国玉米种子低温出苗、深播出苗、耐贮藏的玉米单粒播种种子活力评价技术体系。东北农业大学研究了不同低温处理下玉米与低温田间出苗率的关系，初步建立了低温处理的玉米种子活力测定方法。浙江大学研究出超甜玉米种子胚根计数活力测定方法，胚根伸长测定在 20℃下，培养 66h 后计数。在 13℃下，培养 144h 后计数。该方法对国际种子检验规程中的只针对普通玉米种子的胚根计数方法进行了完善。方法简便、费用节省，不需复杂仪器。活力降低的种子，早期生理表现为种子发芽速率迟缓。发芽初期玉米种子的胚根伸长数量能准确反映出其发芽速率，并与活力和田间出苗密切相关。

（五）种子学科条件建设、人才培养、研究团队等介绍

我国的种子科学研究始于20世纪50年代，比发达国家晚半个多世纪。浙江农学院（浙江农业大学前身）开始对研究生和本科生讲授《种子学》，70年代末期，山东农业大学、中国农业大学等分别开设了相关种子学科的课程。2001年底中国农业大学种子科学与工程本科专业的申请通过教育部论证批准，2002年开始面向全国招收种子科学与工程本科生。目前全国有28所院校开展种子科学与工程本科专业人才培养。中国农业大学、浙江大学等14个院校进行了种子科学硕士、博士人才培养。上海交通大学、中国农业科学院、广西大学、贵州大学等34所院校已开展种业领域在职专业硕士研究生培养。面对中国种业的迅猛发展，教育部又批准在作物学一级学科中增设种子科学二级学科，教育部农业推广硕士新增种业领域研究生培养。

中国农业大学创建了体现“多学科融合－国际化拓展－复合型培养”人才培养理念的种子科学与工程专业人才培养体系，制定了涵盖现代种业五大要素的种子科学与工程专业本、硕、博三层次人才培养方案，目前有44所高校采用，在全国高等农林院校产生了重大影响。

中国农业大学主编了种子科学与工程专业骨干课系列教材18本，其中“十一五”国家级规划教材9本。发表有关教学改革论文21篇，组织搭建了全国种业产、学、研人才培养协作网及种业国际交流平台。2010年，中国农业大学种子科学与工程专业被教育部批准为特色专业，专业建设成绩突出。教育部批准种子科学与工程成为作物学一级学科下的第三个二级学科。填补了我国在该领域的学科空白，为我国种业的现代化发展奠定了人才培养与科技创新的学科基础。

种子科学与工程专业逐步与国际种业人才培养接轨，为中国种业培养了一大批优秀技术与管理人才，取得了重大社会效益。

种子科学与工程专业人才培养体系的构建与实践极大地推动了中国种子科技发展。种子生产由单纯的代繁代制发展到自主研发、规模化生产加工，育繁推一体化。2010年农业部启动“种子科技‘十二五’发展规划”，种子生产技术、制种机械化、优质种子生产关键技术、种子干燥脱水技术等一批行业公益专项得到立项和分批启动。国家现代农业产业技术体系玉米、小麦等增设了“种子生产岗位”专家。农业部作物种子全程技术研究北京创新中心正式立项建设。2011年10月中国作物学会第18个专业委员会作物种子专业委员会诞生。

种子科学与工程专业人才培养体系的构建与实践，得到国内外同行的高度认可。种子科学著名专家浙江大学颜启传教授、中科院植物研究所徐本美先生亲临中国农业大学举办师资培训与专题讲座。2002年中国农业大学成功举办了由美国、加拿大、巴西、法国、德国等种业专家参加的“国际种业科技与产业发展论坛”。FAO国际知名种子专家陶嘉玲博士亲临北京指导，并赠送专业资料。国际种子检验协会秘书长 Michael Muschick 博士，

波兰种子协会主席 Karol W. Duczmal 博士、波兹南农业大学教授和种子系主任 Roman Holubowlcz 博士等国际同行，多次到中国农业大学、北京农学院、浙江大学等进行访问。国际种子专家协会主席、美国俄亥俄州立大学教授 Miller. McDonald 博士组织签署了由美国俄亥俄州立大学、巴西圣保罗大学和中国农业大学组成的国际种子科技人才培训合作备忘录，并先后在北京、云南昆明、浙江杭州、四川成都等地分别召开种子科技与产业发展论坛与技术培训会。2010 年中国农业大学再次成功举办来自美国、德国、丹麦、印度、坦桑尼亚等 12 个国家的 50 多名外国专家参加的“种子健康与农业发展”国际研讨会。2015 年 5 月，浙江大学农业与生物技术学院种子科学中心主办了全国“种子检验与种子质量控制”高级讲座。来自全国各高等院校、科研机构和种子企业共 50 多人参加了此次讲座。中国的种业发展得到了国际认可，国际种子联合会（ISF）授权北京承办 ISF2014 年世界种子大会。

二、种子学科国内外研究进展比较

（一）种子生产技术

我国在品种的亲本种子生产技术、杂交种种子生产技术与发达国家相比还存在一定的差距。欧美等发达国家早在 20 世纪 60 年代开始实施可显著延长品种经济寿命的亲本种子重复繁殖技术。此外，随着我国种子产业的发展，杂交种的田间生产条件要求落后于生产高质量种子的要求。我国种子生产实践中长期以来非常重视种子的发芽率，对种子播种后的出苗成苗能力关注不够，使得在生产中农民为保证全苗常常加大播种量，随后进行田间间苗定植，这不仅造成种子的浪费，也往往增加了杂草生长的机会。国外农业生产中广泛采用的单粒播种技术很好地解决了这一问题。但是单粒播种的最大风险就是播下的一粒种子不能出苗，出现缺苗断垄现象。而高活力的种子可以保证精细播种的实现。生产高活力的种子需要对影响种子活力的气候因子（包括光照、温度和空气湿度）、母株的营养状况以及种子的成熟度等因素进行研究。目前已知种子的活力水平主要是由亲本的遗传性及种子发育时的环境因子所决定，种子发育过程中的光照条件、温度、母株的营养状况和种子的成熟度等也可影响种子的活力水平。已经发现霜冻引起玉米种子的活力下降，水稻种子成熟过程中气温的变化影响种子的活力和纯度等。目前我国杂交制种工作还主要依赖人工。随着中国劳动力成本的不断上升和制种效率要求的不断提高，大规模标准化机械制种成为我国杂交种生产的发展趋势。

（二）种子质量检测

种子是一个流动的具有生命力的高繁殖倍数的特殊商品。我国实施《种子法》后种子质量有了明显改善，但与发达国家还存在很大差距。监控种子质量，在种子贸易中正确评定种子质量，防止假、劣种子流通，需要先进的种子检测技术。我国现阶段在种子质量监测方面检验指标还不能全面反映种子的实际质量，缺乏衡量种子田间出苗能力的种子活力指标和种子健康指标。与发芽率相比，种子活力更能反映田间的实际出苗情况，在农业生产上具有更为重要的指导意义。此外，在种子质量检测手段上缺乏先进的技术和设施。例如，国际种子检验协会要求不同作物种子使用不同的检验方法和发芽床，而我国目前基本上可以做到不同种子用不同的发芽方法，但是在发芽床的选择上只有白色的吸水纸，很多公司甚至用毛巾进行发芽率测定。造成的结果就是种了质量检测周期长，检验结果重复性差，种子质量难于稳定。种子成品的外观与先锋、先正达等国际大种子公司的产品有很大差距。此外种子质量快速检测手段和技术的缺乏，严重地影响了市场监管力度。美国已研制出可以快速检测莴苣种子活力的自动化系统，并获得多项专利。质量是企业的命脉，我国种子质量控制技术与手段的落后目前成为了限制我国种子产业快速发展的重要瓶颈。

（三）种子加工和种子质量改善技术工艺

种子加工就是对收获后的种子进行干燥、清选、分级、处理、包衣和种子计量包装等，从而改变种子的物理特性，改进和提高种子品质，获得具有高净度、高发芽率、高纯度和高活力的商品种子，满足农业数字化和智能化对高质量种子的要求。我国非常重视优良品种的培育，优良品种本身也具有较高的发芽率以及活力，在后期的种子加工及贮藏过程中保持其优良种性，能够最大限度地发挥其增产作用。发达国家的种子产业发展经验表明，加工后的种子具有以下几个方面的显著优点：第一，加工后的种子净度可提高2% ~ 3%，发芽率提高5% ~ 10%，种子质量明显提高，可以减少播种量，从而降低农业生产成本。第二，种子按不同的用途及销售市场，经加工成为不同等级的种子，并实行标准化包装销售，提高了种子的商品性和标准性，可以有效防止假冒伪劣种子的流通与销售。第三，种子加工处理后，籽粒饱满，大小均匀，作物生长整齐，成熟期一致，有利于机械化播种和收获，提高劳动效率；同时种子经过加工，去掉大部分含病虫害的子粒并包衣，使药剂缓慢释放，既减少化肥农药施用量，又使农药由开放式施用转向隐蔽式用药，利于环境保护。加工种子洁净干燥，增加了种子贮藏的稳定性，延长了种子的贮藏期，保证了种子的正常商品流通。现阶段我国的种子加工与种子质量改善技术在国家实施“种子工程”过程中得到了很大的发展，但是我国目前制定的种子质量标准与发达国家仍存在较大的差距，如种子发芽率只要求达到85%。近几年国内种子抽检结果显示，大部分种子的发芽率在90%左右。而先锋公司销售的玉米种子发芽率在95%以上，并且基本保证每粒能发芽的种子都能成苗，可在生产实践中实施单粒播种。因此，目前依国家种子质量标准设计的种子加工机械和加工工艺，无法满足当前激烈竞争的种子市场的需求。大量研究表明，种子的干燥方式、干燥速率以及干燥时的环境温度显著地影响种子的活力，而且，其影响程度与种子的成熟度和物种密切相关。国内在制定种子的干燥工艺时，以干燥后种子的含水量低于安全贮藏含水量，发芽率不低于干燥前为标准，至于种子的活力是否下降则未进行考虑。此外种子是一个生命体，在加工的过程中种子不仅外表受到外力冲击，同时种子内部的细胞膜等结构也在经受外力的撞击。我国种子加工处理标准要求种子经加工处理后发芽率不低于处理前，破损率低于0.3%。事实上种子经过不当加工处理后，可能种子发芽率没有明显降低，但种子播入土壤后，出现出苗困难、弱苗、畸形苗等问题。因此，依据种子活力对种子加工工艺进行相应的调整，通过种子加工机械的改型，精选出高活力的种子用于播种，使加工后的种子批出苗率提高到95%以上是完全可行的，也是非常必要的。

通过相关技术在高发芽率的基础上进一步提高种子活力，对提高田间出苗率和增强抗逆性具有重要的作用。种子经过适当的处理后，其活力可以得到显著地提高。但我国目前对种子质量改善技术的重视程度不够，而且相应的种子质量改善技术远远落后于国外。如欧洲已经广泛商业化的种子引发技术在我国还局限于实验室阶段，包衣技术与国外相比也有着明显的差距，荷兰 Incotec 公司在种子处理和包衣技术方面具有100多项世界先进的专利技术，目前在中国推广的国外包衣成膜剂已引起了业界的高度关注和重视，经这种成膜剂包衣后的种子其外观得到极大的改善，且对环境的污染很低，其包衣效果远优于国内生产的成膜剂。

三、种子学科发展趋势及展望

（一）未来5年种子学科发展的优先领域

“国以农为本，农以种为先”，良种对农业生产的贡献率为40% ~ 60%。在作物种子科学理论与创新技术支持下，生产、加工、贮藏的高质量作物种子可以显著提高农业综合生产能力和农产品国际竞争力，保障粮食安全，促进社会稳定。作物优良品种必须同时满足高质量作物种子的要求，才能发挥其品种的优良特性。高质量作物种子必须具备品种审定要求的遗传品质，同时也要具备遗传纯度高、整齐度好、种子活力水平高、出苗能力强等播种品质，才能满足现代农业生产的需求。国内外在作物高质量种子的生产、加工与贮藏和检验等方面已经进行了相关的基础理论研究，形成了相对成熟的技术。但是目前我国的作物种子质量与欧美等发达地区和国家相比存在较大的差距，在市场上缺乏竞争力，特别是我国在高活力作物种子形成的基础理论研究方面较为薄弱，针对我国自然环境特点与农业生产条件，结合作物品种特点的高活力种子生产、加工、处理、检验的生理遗传研究处于起步阶段，需要增加资助，加强研究，以推进现代种业发展。因此，开展农作物种子生产过程中农作物种子活力形成的生理遗传理论及其在农作物种子加工、贮藏和处理过程中的调控技术研究，探讨影响农作物高活力种子形成的生理遗传基础与分子机制，以及农作物种子质量的新型快速无损检测技术的基础理论研究，为进一步提高我国农作物种子质量水平奠定科学基础。优先领域包括：

（1）主要农作物高活力种子的形成、性状发育特点及其遗传基础；

（2）主要农作物高活力种子形成的环境气候条件、栽培技术特点及其生理遗传机制；

（3）主要农作物种子高活力调控技术及其响应基因网络与功能机制；

（4）主要农作物种子高活力形成的遗传基础与组学特征；

（5）主要农作物种子质量快速无损检测技术及其生物学原理。

（二）未来5年发展趋势及发展策略

种子作为农业重要的播种材料，种子科学技术的进步直接或者间接影响我国农业科学技术在农业生产中的作用，轻简化栽培技术的快速发展和未来生态绿色农业的发展，高质量种子将是我国农业生产现代化的基础，高质量种子生产技术将得到更加广泛的研究与重视，新疆制种区、四川制种区的高质高效种子生产技术将得到研究和发展。

农业生产中的关键要素主要有种机、种肥、种药。这三大要素均以种子为核心要素。种子科学技术水平直接影响播种机的播种质量与播种效率，影响栽培管理过程中的化肥农药的使用量与使用效率。未来提高完善种子综合抗逆性的种子处理产品结合可精确精量播种的种子将是种子企业在种业市场竞争中取胜的法宝。

《种子法》的修订和中国法制化的发展，种业市场的规范管理必将对种子检验技术提出更高的要求。种子加工生产线的普遍建立将对种子精细加工技术提出新的要求。

通过进一步广泛开展国际同行间的交流合作，及时了解国际种子科学技术发展的基础理论、技术、方法和设备的最新国际进展，努力获取国际资源为我国所用，同时，通过国际合作，根据作物种子学领域科研发展方向和规划，积极引进学科带头人和学术拔尖人才。尽快提升我国种子科技水平和学术影响力。

我国长期以来重视品种选育，忽略品种的优质种子生产科技技术研究，今后种子科学技术的发展必须以重点项目研究为导向，通过项目凝聚一批从事种子科学技术公益研究的队伍，把“出成果和出人才”紧密结合，通过科技项目的实施，促进种子学科的建设，为种子学科基础研究和种子工程产业培养一批既有扎实的理论基础，又能解决实际问题的研究型人才和技术型人才。

参考文献

［1］中国科学技术协会，中国作物学会．2012—2013作物学学科发展报告［M］．北京：中国科学技术出版社，2014：4.

［2］Wang WQ，Cheng HY，Song SQ. Development of a threshold model to predict germination of Populus tomentosa seeds after harvest and storage under ambient condition［J］．PLoS ONE，2013，8：1-9.

［3］Yi Zhou，Bin Tan，Ming Luo，et al. HISTONE DEACETYLASE19 Interacts with HSL1 and Participates in the Repression of Seed Maturation Genes in Arabidopsis Seedlings［J］．The Plant Cell，2013，1（25）：134-148.

［4］Song BY，Shi JX，Song SQ. Dormancy release and germination of Echinochloa crusgrains in relation to galactomannan-hydrolysing enzyme activity［J］．Journal of Integrative Agriculture，2015，Doi：10.1016/S2095-3119（14）：60940.

[5] Liu SJ，Xu HH，Wang WQ，et al. A proteomic analysis of rice seed germination as affected by high temperature and ABA treatment [J]. Physiologia Plantrum，2015，154：142–161.
[6] "10000 个科学难题"农业科学编委会. 10000 个科学难题——农业科学卷 [M]. 北京：科学出版社，2011.
[7] Wang WQ，Song BY，Deng ZJ，et al. Proteomic analysis of Lactuca sativa seed germination and thermoinhibition by sampling of individual seeds at germination and removal of storage proteins by PEG fractionation [J]. Plant Physiolgy，2015，167：1332–1350.
[8] Wang WQ，Liu SJ，Song SQ，et al. Proteomics of seed development，desiccation tolerance，germination and vigor [J]. Plant Physiology and Biochemistry，2015，86：1–15.
[9] Wang WQ，Ye JQ，Rogowska-Wrzesinska A，et al. Proteomic comparison between maturation drying and prematurely imposed drying of Zea mayz seeds reveals a potential role of maturation drying in preparing proteins for seed germination，seedling vigor，and pathogen resistance [J]. Journal of Proteome Research，2014，13：606–626.
[10] Kaixia Wen，Zongming Xie，Liming Yang，et al. Computer vision technology determines optimal physical parameters for sorting JinDan 73 maize seeds [J]. Seed Science and Technology，2015，43：62–70.
[11] 彭江南，等. 基于 Seed Identification 软件的棉籽机器视觉快速精选 [J]. 农业工程学报，2013（23）：147–152.
[12] 李毅念，等. 基于近红外光谱的杂交水稻种子发芽率测试研究 [J]. 光谱学与光谱分析，2014（6）：1528–1532.
[13] 宋乐，等. 基于近红外光谱的水稻单籽粒活力无损检测筛选方法：中国，CN 102960096A [P]. 2013-03-13.
[14] 杨冬风，等. 玉米种子活力近红外光谱智能检测方法研究 [J]. 核农学报，2013，27（7）：957–961.
[15] 朱启兵，等. 基于高光谱图像技术和 SVDD 的玉米种子识别 [J]. 光谱学与光谱分析，2013，33（2）：517–521.
[16] 贾仕强，等. 基于高光谱图像技术的玉米杂交种纯度鉴定方法探索 [J]. 光谱学与光谱分析，2013，33（10）：2847–2852.
[17] 黄敏，朱晓，朱启兵. 基于高光谱图像的玉米种子特征提取与识别 [J]. 光子学报，2012，41（7）：868–873.

撰稿人：王建华　孙　群　胡　晋　张春庆　尹燕枰　王振华　麻　浩
唐启源　张海清　许如根　卢新雄　王春平　李润枝

麻类作物科技发展研究

麻是我国历史悠久的特色纤维作物，拥有数千年的栽培历史。麻的种类很多，大面积栽培的麻类作物主要有苎麻、亚麻、黄麻、红麻、大麻、剑麻、蕉麻等。前五种为韧皮纤维，后两种为叶纤维。麻类是工业原料作物，有多种用途：一是纺织原料，可纺麻纱、麻布、麻制纺织品、麻制服装，用于穿着和家庭用纺织品，如地毯等。二是工业品原料，麻类可制作麻袋、麻绳、麻箱包、造纸原料等工业用品。此外，麻线、大麻含有四氢大麻酚等麻制品也作医药用品和手术用品[1-3]。

我国是世界上麻类资源最为丰富的国家之一，也是世界上主要的产麻国之一。2013年，世界麻类种植面积为214.6万公顷，其中苎麻6.51万公顷、亚麻20.79万公顷、黄麻151.73万公顷、大麻1.60万公顷、剑麻31.40万公顷；我国麻类种植面积为8.85万公顷，约占世界种植面积的5%，其中苎麻6.28万公顷、亚麻0.52万公顷、黄麻1.35万公顷、大麻1.40万公顷、剑麻0.29万公顷。世界麻类总产量为418.04万吨，其中苎麻12.43万吨、亚麻30.31万吨、黄麻341.90万吨、大麻5.64万吨、剑麻28.15万吨。我国麻类总产量为24.44万吨，约占世界总产量的5%，其中苎麻11.98万吨、亚麻2.43万吨、黄麻3.55万吨、大麻1.60万吨、剑麻1.65万吨。（世界粮农组织数据，2014）

2010年以来，在市场需求的拉动下，麻纺行业产业规模快速发展。统计显示，2014年，292家规模麻纺企业主营收入累计545亿元，比2010年提高38.32%，出口麻原料，纱线、织物及制品达到18.51亿元，比2010年提高81.47%；含麻服装出口总额达到283.65万元，比2010年提高63.02%；亚麻和黄麻原料需要进口，比重高达70%；内销比重增加，2014年达到28%。随着现代科学技术的快速发展，麻类作为建材、饲料、水土保持、生物能源、生物材料等的多种用途被不断挖掘出来，特色优势日益发扬光大。

一、麻类学科发展

（一）麻类作物遗传育种

1. 转基因与分子标记技术体系构建[4-17]

（1）亚麻。通过对基因型、外植体的选择部位、基本培养基、植物生长调节剂等影响亚麻植株再生的因素进行优化，建立了亚麻下胚轴高效组织培养再生体系。初步确定了亚麻木质素合成关键基因遗传转化的关键条件，优化了亚麻品种遗传转化体系，获得木质素合成酶关键基因 *4CLRNAI* 转基因苗。

建立了一个稳定高效的耐盐碱 ISSR 分子标记反应体系，筛选出 25 条在两个品种间有特异性的引物，为进一步 ISSR 标记应用于亚麻群体分析奠定了基础；对亚麻 SRAP 反应体系进行优化，建立了亚麻的 SRAP 最佳反应体系，利用 9 对特异性引物对 12 个不同亚麻材料扩增出 593 条多态性带，多态率为 34.9%，建立了 UPGMA 亲缘关系树状图，为新引材料 SUZANNE 的类型划分提供了参考依据。

此外，选用 71 对 SRAP 和 24 对 SSR 共显性标记对 DIANE（纤用亚麻栽培种）和宁亚 17（油用亚麻栽培种）的 F2 代作图群体，全长 546.5cm，含 12 个连锁群（LGs）的亚麻遗传连锁图谱，标记均匀分布于 12 个连锁群，每个连锁群有 4 ~ 15 个标记，标记间平均距离为 5.75cm。

（2）黄麻。利用 Creator SMART cDNA ConstructIon KIt 技术，构建了黄麻苗期的全长 cDNA 文库，文库大小为 1.9×10^6pfu/mL[6, 7]。从黄麻中克隆了纤维素合成关键酶（CcCesA1）基因的 cDNA 片段。该基因在植株不同部位表达量具组织差异性，依次为茎部韧皮>根>叶>顶芽>麻骨。构建了黄麻 *CcCesA1* 基因反义载体并转化模式植物拟南芥，转基因拟南芥生长严重受阻，植株变得矮小且茎部易弯曲倒伏，角果数量变少，长度变短，纤维素含量有不同程度的降低，表明黄麻 *CcCesA1* 基因除了参与植物其他生理代谢过程外，还参与纤维素的生物合成。

用 SRAP 与 ISSR 分子标记结合的方法，全面地计算了黄麻属各类型的进化时间并绘制进化树，发现非洲在黄麻属起源与演化上有重要地位，是世界黄麻属野生种和野生长果种黄麻及栽培长果种黄麻的起源中心；中国南部地区是世界栽培圆果种黄麻的起源中心。

采用 SRAP、ISSR、SSR 分子标记和编程 DNA 指纹图谱分析软件，绘制黄麻遗传资源基因组 DNA 指纹图谱。累计完成了 154 份黄麻品种基因组 DNA 分子指纹图谱绘制。每一个被识别的品种都具有其独特的分子“身份证”。

（3）红麻。克隆了戊糖磷酸途径关键酶基因 6–PGDH、短链醇代谢的关键酶乙醇脱氢酶基因 ADH，构建了 6- 磷酸葡萄糖酸脱氢酶 RNA 干扰载体；两个基因在保持系（P3B）中的表达量明显大于不育系（P3A）。克隆红麻查尔酮合成酶（CHS）及其异构酶（CHI）基因并构建 CHS 基因的植物表达载体，为进一步研究其在红麻育性及抗逆性中的作用奠定基础。此外，构建了盐胁迫下红麻 sRNA 文库，克隆到红麻对盐胁迫响应的 mRNA 18 个，均为首次在红麻中发现。[42]

从雄性不育相关基因克隆入手，开展红麻雄性不育机理的研究。对红麻质核型互作型雄性不育相关基因 *atp1* 的进行了克隆与分析。*atp1* 基因 cDNA 全长为 2315bp，和其他物种相比较，其同源性大于 94%。*atp1* 基因在不育系和保持系的根、茎、叶以及花瓣、花药、雌蕊中都表达，但在不育系的叶片和花药中表达下降，因此造成不育的原因可能与 *atp1* 基因的表达量下降有关。

（4）大麻。在大麻遗传转化体系构建方面，建立和优化了农杆菌介导的转基因体系，得到一批经抗性筛选的试管苗；已通过克隆得到 THCA 合成酶和 CBDA 合成酶基因的全长；利用生物信息学方法从转录组测序数据库中分离了大麻纤维素合成酶（CsCesA1），编码的蛋白是疏水性脂溶蛋白[20-22]。

利用 RAPD、ISSR 分子标记技术分析中国云南和内蒙古地区植物大麻的遗传多样性，显示这 2 个地区的大麻具有较高的遗传多样性。利用 RAPD 标记并结合叶长、叶宽和叶柄等 11 个表型性状，应用 Farthest neighbor 和 UPGMA 方法分别构建了表型及 RAPD 聚类图。显示我国野生大麻种质资源具有复杂的遗传多样性。用 AFLP 技术对 13 个不同来源的大麻群体进行遗传多样性分析，各群体间的遗传一致度在 0.6556 ~ 0.9258，显示大麻种内具有较大的遗传变异。通过 ITS 序列的分析，可从分子水平进行鉴定，较准确地将毒品大麻和大麻区分开。筛选了 SSR、AFLP 等分子标记引物，开发 SSR 引物 3461 对。挑选了 45 对引物对 115 份大麻材料（15 份欧洲材料）进行了多态性分析，结果显示 115 份材料可以分为 4 个区：中国北方、欧洲、中国中部和中国南方，而中国北方材料与欧洲具有更近的亲缘关系。

（5）苎麻。在苎麻氮代谢分子调控机理研究方面，通过 RT-PCR 克隆了与氮代谢相关的谷氨酰胺合成酶基因（GS），对其进行了生物信息学分析，并研究了其与苎麻氮代谢的相关性和组织表达情况，为获得对氮高效利用的转基因苎麻新品种奠定了基础。

在苎麻纤维发育机理研究方面，克隆了一系列苎麻纤维素合酶基因 *BnCesA* 的全长编码序列，对其表达模式进行分析。*BnCesA1* 和毛果杨、欧美山杨、巨桉、大叶相思等其他物种的纤维素合酶基因都有很高的同源性，其在湘苎三号苎麻品种各组织中均有表达，表达量为茎皮＞叶＞顶芽＞根。*BnCesA2* 基因、*BnCesA3* 基因在不同品种苎麻的木质部及韧皮部都有表达，但表达量存在着一定差异，整体而言 *BnCesA2* 具有更高的表达水平，其木质部和韧皮部的表达都为 *BnCesA3* 的 2 ~ 5 倍。*BnCesA2* 和 *BnCesA3* 可能均参与了苎麻细胞壁的次生合成。*BnCesA4* 基因在不同品种苎麻的木质部及韧皮部均有表达，表达量差异不大。同时，克隆了苎麻木质素合成酶 CAD 基因全长 cDNA 序列。苎麻 CAD 基因不同品种之间表达存在差异，4 种苎麻茎横切片的木质素染色结果表明，品种间木质素染色度与 CAD 基因在其韧皮部的表达量成正相关。

在遗传多样性研究方面，通过 43990 个已测序基因序列，开发了 1827 个苎麻 SSR 标记，首次构建苎麻分子遗传连锁图谱。对苎麻纤维产量及产量相关性状进行了 QTL 定位。

一共检测到了 33 个 QTL，形成 7 个 QTL 簇。24 个 QTL 呈现超显性，这些 QTL 的超显性最后导致了苎麻产量的杂种优势。同时完成了中苎 2 号苎麻自交 S1 代遗传多样性的 SSR 标记分析研究。建立了苎麻种质 DNA 分子身份证构建体系和关键技术，并构建了 110 份苎麻种质 DNA 分子身份证。

（6）剑麻研究了外植体类型、培养基种类、激素种类及其浓度对剑麻愈伤组织的诱导和植株再生的影响，并且建立剑麻茎尖愈伤组织诱导及高频再生体系，为剑麻转基因的研究和种质创新奠定了基础。研发了利用塑料薄膜袋代替玻璃瓶的袋式培养剑麻组培苗技术，采用化学诱变剂 EMS（甲基磺酸乙酯）诱变，可以作为筛选剑麻突变体组合。[25][26]

植物的同源异型盒基因（*knotted1-lIke homeobox*，*KNOX*）与叶片形态建成具有密切的相关性。以剑麻茎顶端分生组织为材料分离得到编码 357 个氨基酸的 *AsKNOX I* 全长基因。目前，*AsKNOX I* 基因已在原核和真核中成功表达，为进一步分析该蛋白的结构及功能特征提供了技术支持。

利用 ISSR 和 RAPD 分子标记技术对剑麻种质的亲缘关系进行分析。结果表明，剑麻种质资源的遗传多样性丰富。设计了 36 对 SSR 引物，发现黑曲霉 ATCC 1015 菌株基因组 SSR 在剑麻茎腐病菌基因组中具有通用性。这为研究剑麻茎腐病菌群体遗传变异、多样性和进化，定位和克隆功能基因等提供了分子标记。

2. 遗传育种技术研究[18-40]

（1）亚麻。为了加快选育亚麻新品种，形成了亚麻外源 DNA 导入技术研究。利用该技术进行亚麻育种，可缩短育种年限，加速育种进程。先后出了黑亚 14、16、17 等 3 个亚麻品种及一批优良品系。通过单倍体育种技术培育出抗倒伏优良亚麻双单倍体品系 4 个。2013KF93 原茎产量 494.0 千克 / 亩，全麻率 29.9%；2013KF112 原茎产量 508.9 千克 / 亩，全麻率 32.5%；H04088-4 原茎产量 435.1 千克 / 亩，全麻率 30.5%。对辐射诱变和化学诱变 M2 代亚麻种子进行了耐盐碱筛选，最终收获 M2 代耐盐突变体单株约 150 株。通过专用品种选育、优异资源挖掘、育种技术创新等研究，育成亚麻品种迪亚娜、中亚麻 2 号、中亚麻 3 号、黑亚 21、黑亚 22 号、尾亚 1 号、双亚 17 号等。

通过 NaCl 胁迫、PEG 和干旱胁迫下亚麻幼苗，筛选出 YOI254、天鑫 3 号和 HIZ019 纤维亚麻幼苗耐盐性较好品种以及 YOI303、天鑫 3 号与双亚 5 号等耐旱性亚麻品种。筛选出黑亚 19 号和双亚 14 号等适于黑龙江中性盐和碱性盐土壤种植的亚麻品种。

（2）黄麻。采用灰色关联和相关性分析的方法，对黄麻 14 个主要经济性状进行了研究。14 个主要经济性状的变异系数为 3.03% ~ 15.59%，变异系数最大的为分枝数，最小的为分枝高度；在相关分析中，单株纤维产量与株高、分枝高度、单株鲜皮重呈显著或极显著正相关；在关联度分析中，分枝高度、单株鲜皮重、鲜皮晒干率与单株纤维产量关联度较高。因此，黄麻在高产栽培和品种选育方面，除了应该选择分枝高度、单株鲜皮重和鲜皮晒干率作为主要目标性状外，同时也要注意多性状的综合选择。先后育成系列优质高产黄麻 6 个新品种：中黄麻 4 号、中黄麻 5 号、福黄麻 1 号、福黄麻 2 号、福黄麻 3 号和闽黄麻 1 号。

（3）红麻。利用性状差异大的不同优良亲本配制杂交组合经选择和穿梭育种，选育出新品系 4 份。利用红麻雄性不育杂种优势三系法制种技术，杂交红麻制种达到 45 千克 / 亩。利用红麻良种繁育制种技术，红麻良种繁育制种产量达到 80 千克 / 亩。但春播易受自然干旱和病虫害影响，产量不稳定。因此，建议采用夏播红麻不育系制种方式进行。

通过测产和比较试验筛选出表现稳定的优良品系和高产杂交组合，包括 368、中杂红 328 等新品系。其中，中红麻 16 号、中杂红 328、中杂红 368 在全国区试中其纤维产量分别为 285.19kg、284.99kg、297.08kg，比对照福红 991 分别增产 20.31%、20.22%、25.32%，位居所有参试品种第一、第二、第三位，2013 年 11 月均通过全国麻类品种委员会鉴定。

（4）大麻。开展了大麻雌雄同株品种育种技术研究，形成了一种化学诱导大麻性别转化的技术，能够通过化学诱导在雌雄异株群体中诱导出雌雄同株材料，诱导率达到 10% 以上。对 72 个大麻杂交组合进行品系比较试验，优选出高产、优质的杂 5 和杂 26 两个优良组合。完成了云南省地方标准《大麻良种繁育技术规程》（常规种）的起草工作。

利用秋水仙素对大麻进行多倍体种质的诱导，获得大麻多倍体种质。经秋水仙素处理后，大麻细胞发生了明显的加倍，但被诱导植株仍然处于嵌合状态。建立了大麻一号的离体培养再生体系，为转基因大麻工作奠定了研究基础。

云南省农业科学院经济作物研究所以云南（滇南）农家品种母本、高纬度地区外引品种 W1 为父本，利用杂种优势组配育成的早熟籽纤兼用型大麻杂交品种云麻 3 号。

（5）苎麻。根据苎麻生育特性和雄性不育特点，从亲本材料的保存、亲本材料的繁育建立了苎麻雄性不育杂交亲本的繁种技术；从制种地的生产条件、制种区域的安全隔离、制种麻园的栽培管理形成了苎麻雄性不育杂交种子生产技术。

筛选出磷利用效率较高的种质，包括浏阳野麻、中苎 1 号、湘苎 XB、湘苎 X3、湘苎 X1。鉴定出高细度种质 4 份。表型鉴定发现雌性不育种质 2 份。新品系 NC03 的年纤维产量为 204.87 千克 / 亩，头麻的纤维细度为 2347 支，比对照圆叶青高 50%，可以满足高档面料纺织的要求。利用具有不同优良性状、血缘关系较远的育种材料，选育产量、品质、抗逆性等更优的杂交苎麻品种新组合川苎 16。

（6）剑麻。以剑麻 H.11648 愈伤组织为材料，采用秋水仙碱对愈伤组织进行诱导处理，获得了体细胞 DNA 含量是二倍体的 2 倍的突变体再生植株。

开展剑麻杂交育种工作，通过不同亲本杂交，共获杂交果 643 个，收集了优良杂交后代 H10 及实生后代 S09 等品系一年的增叶数及叶长、叶宽等数据。开展了剑麻斑马纹病大田抗病性重复试验，初步筛选出有刺番麻、南亚 1 号和无刺番麻 3 个高抗品种。

（二）麻类作物生理与栽培技术研究[41-58]

1. 亚麻

干旱胁迫下亚麻幼苗的株高有下降趋势，而根长、可溶性蛋白含量、丙二醛含量、

POD 活性呈总体上升趋势；种子的发芽势、发芽率、发芽指数、活力指数都呈降低趋势；不同亚麻品种对干旱胁迫的反应不同。

北方干旱 - 半干旱地区亚麻出苗进程对土壤水分的反应表现出跃升、渐升和 S 曲线 3 种类型；亚麻出苗在砂质栗钙土上的水分敏感域为 3.5% ~ 6.0%，草甸栗钙土为 9.0% ~ 15.0%；以亚麻出苗速率为标准，砂质栗钙土的土壤水分临界值为 5.5%，草甸栗钙土为 13.0%；以亚麻抗旱保苗为标准，砂质栗钙土的土壤水分临界值为 5.0%，播种量需增至常年的 1.52 倍，草甸栗钙土约为 12.0%，播种量为常年的 1.72 倍。

根据农业部推荐的“3414”试验模型对云南冬季亚麻氮、磷、钾的效应进行了研究。施用氮、磷、钾肥均影响亚麻原茎、种子和全麻的产量，其中无氮肥处理较其余处理差异达极显著水平；通过三元二次肥料效应对各处理的配方施肥模型进行拟合，拟合程度良好，模型具有实际价值，可供生产上参考应用。根据以往和现有研究结果及生产实际，总结出了云南省低纬高原生态条件下亚麻高产栽培技术规程，用于指导生产。

通过二次正交旋转设计分析了有效播种密度、氮肥、磷肥、钾肥对冬播亚麻原茎产量的影响。各因素对亚麻原茎产量的影响大小顺序为有效播种密度＞氮肥＞钾肥＞磷肥，不同肥料间互作不显著。并得到优化后的亚麻高产栽培方案：有效播种密度在 3454.8 ~ 3502.3 万粒 / 公顷，氮 263.2 ~ 337.7 千克 / 公顷，氧化磷用量 75.5 ~ 99.7 千克 / 公顷，氧化钾用量 242.5 ~ 316.8 千克 / 公顷。

2. 黄麻

黄麻在干旱胁迫下，幼苗株高相对值变小，黄麻幼苗叶片的相对电导率、叶绿素、脯氨酸、可溶性蛋白、可溶性糖和丙二醛含量均表现为上升，且在一定干旱范围内，随着干旱胁迫的加重而升高。不同黄麻品种对 PEG 干旱胁迫表现差异显著，其中根长、芽长、发芽率和发芽指数的抗旱系数随着 PEG 浓度的提高而显著降低。

EMS 和 ^{60}Co- γ 射线对黄麻幼苗的叶片产生不同程度的损伤，前者主要导致叶片卷曲，后者导致叶片分叉。复合诱变导致黄麻幼苗脯氨酸含量、丙二醛含量和根系活力提高。而可溶性蛋白、SOD 活性和 POD 活性变化则品种之间呈现差异。

3. 红麻

红麻人工老化对红麻种子基因组 DNA 的影响不显著，即老化对红麻种质遗传完整性无显著影响。红麻光钝感突变体对光周期变化反应不敏感，可能与其叶片部分生理指标的变化密切相关，特别是当可溶性糖与可溶性蛋白比值高时，可提前进入现蕾期，比值低时则可延迟现蕾期。

红麻 GA42 表现出较强的耐旱性与 6 个差异表达蛋白质（2 个核酮糖 -1，5- 二磷酸羧化酶（RubIsco）或其大亚基、1 个 RubIsco 活化酶、1 个二甲基萘醌甲基转移酶、1 个推定的胞质型谷氨酰胺合成酶、1 个 ATP 合酶 β 亚基）点明显上调有关。

南疆阿拉尔地区盐碱地红麻生长表现为前慢、中快至高峰，步入均速期后，长速缓降至停止。随着密度的增加，群体的株高、茎粗呈现出下降趋势；其干茎、干皮和干骨产量同步增长，至 30 万株 / 公顷时，其产量分别 23.80、9.65 和 14.15t/hm^2，而后产量增长幅度逐渐减慢；高密度群体的皮骨比值相对较高。

氮、磷、钾肥运筹对红麻不同器官养分含量和吸收以及土壤速效养分含量有重要影响。随着肥料用量的增加，红麻各器官中氮、磷、钾含量，植株氮、磷、钾吸收总量，以及土壤速效氮、磷、钾含量均出现增加的趋势。随着氮、钾肥追肥比例的上升，红麻各器官中氮、磷含量，以及植株氮、磷吸收总量均出现下降的趋势；麻皮中磷含量、各器官钾含量、土壤速效养分、红麻吸钾量均出现上升的趋势。因此，高肥且全部做基肥施用时，有利于红麻对养分的吸收和土壤速效养分含量的提高。

建立了一套红麻皮籽兼收的新技术：红麻的种植时间为 5—7 月、红麻的种植密度为 10.5 万 ~ 13.5 万株 / 公顷、红麻籽收获时间为 12 月中下旬、红麻果柄最下一粒朔果下 10 ~ 15cm 位置收割，可皮籽兼收，麻籽产量达 1755 ~ 2940kg，麻皮产量达 4350 ~ 5670kg。

4. 大麻

大麻干旱表达谱研究得到 1292 个差异表达基因，其中上升表达 883 个，下降表达 409 个；影响的代谢路径 11 条，共 94 个基因。激素信号转导通路为受影响最大的代谢路径，15 个基因受到显著影响，其中 7 个基因与 ABA 代谢路径密切相关，证明 ABA 在大麻干旱响应中起到了关键作用。

随着干旱胁迫程度的增加，大麻幼苗茎长、茎鲜重、根鲜重受抑制程度增加，同时叶片中的叶绿素含量、丙二醛（MDA）、可溶性糖含量随碳酸钠浓度增加而增加。增加灌溉，有利于提高大麻秆中纤维细胞的伸长和各种化学成分的合成，但并不能够改变各化学成分之间的比例。

通过对大麻“3414”肥料效应田间试验，研究了配施不同的氮磷钾肥对大麻原茎产量的影响。最大施肥量为氮 35.22 kg/hm^2、氧化磷 40.62 kg/hm^2、氧化钾 45.97 kg/hm^2，相对应的最高产量分别为 10514.52 kg/hm^2、10501.30 kg/hm^2、10749.8 kg/hm^2；推荐大麻最佳施肥量为氮 34.71kg/hm^2、氧化磷 39.81 kg/hm^2、氧化钾 44.89 kg/hm^2，相对应的最佳经济产量分别为 10 514.00 kg/hm^2、10 500.4 kg/hm^2、10 748.5 kg/hm^2。养分利用效率随施肥量增加而降低，以中氮—低磷—中钾处理的养分利用效率较为理想；中氮—低磷—中钾配施使氮素的代谢与同化水平加强，干物质分配更合理，麻皮增厚，麻皮干物比重增加，麻皮产量较高。氮磷钾肥料对大麻生长的影响是多方面的，其用量及配比应综合考虑农艺指标和养分利用效率来确定。

大麻全麻率与收获时期的关系呈“M”型曲线，第一峰值出现在出苗后 67 天，第二峰值出现在出苗后 91 天。不同收获时间对大麻全麻率有较大影响，黑龙江省第一至四积温带大麻收获时期为出苗后 90 ~ 95 天，第五积温带大麻收获为出苗后 85 ~ 90 天。

5. 苎麻

针对伏秋旱导致苎麻三麻减产甚至绝收的问题，开展了苎麻抗旱栽培相关技术研究和赤霉素影响苎麻旱耐受能力的研究。研究表明，喷洒外源 GA 可以明显缓解对干旱环境的反应，提高纤维的产量。

开展了苎麻的转录组测序，研究了苎麻旱逆境下的全基因组表达谱。基于 IllumIna 测序技术，一共完成了 52915810 个 clean read 的测序，通过序列组装拼接后一共获得了 43990 个非冗余的 EST 序列，序列的平均长度为 824bp。通过数据库中序列类似性分析，34192（77.7%）基因注释了它们的功能。另外通过生物信息学分析完成这 43990 个基因的 COG 和 GO 功能分类，并将这些基因分类到了 126 个代谢途径。

利用转录组筛选 50 个苎麻的 NAC 基因，其中有 10 个包含全长的 ORF。利用 RACE 技术以获得这些 NAC 基因的全长序列，最后一共得到 41 个具有全长的 ORF 的苎麻 NAC 基因序列。干旱胁迫后有 15 个基因上升表达，而镉金属胁迫后有 11 个基因上升表达。

6. 剑麻

在干旱胁迫下，叶片叶绿素含量、丙二醛含量、脯氨酸含量、过氧化物酶活性、超氧化物歧化酶活力都有一定程度的增加，叶片含水量则有一定程度的降低。

较高的盐胁迫引起了剑麻幼苗脯氨酸含量和 POD 活性的显著增加，以及 POD 同工酶图谱的变化。剑麻幼苗可能通过提高游离脯氨酸含量和过氧化物酶（POD）活性来抵抗 NaCl 的胁迫伤害作用，提高其对盐分的适应性。

剑麻花芽分化与内源激素水平密切相关，茎尖 ABA、ZT 的含量均在花芽分化初期达到高峰，而 GA3 的含量在花芽分化基本完成时达到高峰，IAA 含量在花芽分化中期处于低谷，且内源激素出现高峰或低谷的时间与其花芽分化完成时间一致。高水平的 ABA、ZT、ABA/GA3、ABA/IAA、ZT/GA3 和 ZT/IAA 及较低水平的 GA3、IAA 有利于剑麻的成花。

对不同麻龄剑麻营养分配与累积特性进行研究发现，不同麻龄剑麻各营养器官大中量元素的养分含量存在明显差异。明确了在干旱条件下部分营养元素供给的优先序（氮最大，钙次之）以及剑麻在干旱胁迫下叶片相对电导率、MDA 含量和脯氨酸含量的变化特征；轻度水分胁迫有利于剑麻的生长和对 N、P、K 的吸收，增加了剑麻植株的抗逆性。活覆盖和秸秆覆盖可显著提高剑麻的株高、叶片数、叶片鲜重和整株鲜重，且一定的灌溉能促进干热河谷剑麻生长和提高其产量；低肥处理时最能促进剑麻的生长发育。

施钾处理剑麻株高和叶片长度显著提高，平均提高 64.2% 和 59.7%。根冠比随着钾水平的提高呈先增大后减小的趋势。施钾处理剑麻地上部、根系全钾含量显著提高，平均提高 60.2% 和 158.7%。剑麻地上部和根系钾素吸收效率均随着钾水平的增加而增加，氮素和磷素吸收效率则随着钾水平的增加呈先增大后减小的趋势。而钾素利用效率则随着钾水平的增加而减小，施钾处理植株钾素利用效率平均下降 31.0%。

剑麻高产栽培的关键技术是搞好肥水管理和病虫害防治、特别注意对新害虫——新菠萝粉蚧的防治，以及施用石灰，在每次麻片收割时保留其上部 60 张左右叶片，使麻秆粗壮、叶片大而厚，达到麻片高产优质的目的。

（三）麻类高产高效与多用途利用技术

在以“多用途”为导向的生产方式的引导下，麻类作物高产高效种植在麻类纤维及副产物产量上均取得了突破性的进展。其中，苎麻的试验产量在湖南、湖北、江西等地率先全面突破了亩产300kg原麻、600kg嫩茎叶和900kg麻骨的高产目标，并在部分区域坡耕地突破亩产200kg原麻、400kg嫩茎叶和800kg麻骨的高产目标；亚麻小区试验原茎亩产达到1032kg，而且达到纤维216kg，麻屑505kg，亚麻籽116kg的水平；红麻干皮亩产达631kg，干骨1100kg；黄麻亩产达生麻520kg、嫩茎叶210kg、麻骨608kg；大麻达到亩产干皮200kg、生物量2000kg的目标。充分展示了麻类作物的高产潜力。

在麻类作物修复重金属污染土壤机理及高产栽培技术研究[29][30][31][32]方面，由于工业、农业、废水处理、建筑和采矿等一系列人为活动造成土壤的污染程度日益严重，致使土壤不能用于粮食等作物生产。如何深入治理重金属污染土壤已成为当今研究的热点。由于传统的治理重金属污染技术非常昂贵，并存在二次污染的风险，促使研究者寻求新的治理技术。而植物修复技术以其价廉、清洁、不破坏环境、不会造成二次污染等特性逐步引起了学术界和政府部门的广泛重视。

（四）麻类作物病虫草害防控研究

苎麻病虫草害防控技术方面系统研究了花叶病毒与苎麻根腐线虫的病原及发生、流行规律等，并且研制出了一种云金芽孢杆菌与ALA的复合菌剂，防治效果显著。

亚麻病害研究主要集中在白粉病、炭疽病、锈病、枯萎病上，包括抗、耐病基因的标记等；杂草防治研究主要集中在除草剂的筛选和转抗除草剂基因亚麻研究上，筛选了如2,4-D、地乐胺、乙草胺等适用于南方亚麻的除草剂，并获得了抗除草剂*bar*基因的转基因亚麻。

红麻、黄麻、剑麻方面主要开展了主要病虫害的应用基础研究工作，其中新虫害新菠萝粉蚧属于外来入侵生物，一些相关科研机构对其开展了生物学和分子检测技术以及防控技术研究。

目前大麻病虫草害主要是以化学防治为主，并开展了复配药剂的研制，其中二甲四氯钠与烯草酮混用能很好地防除大麻田中的杖藜、蒲公英、凹头苋、狗尾草等杂草。

对麻类作物主产区的病虫草害进行了监测，进一步明确了麻类作物主要病虫草害的发生情况和流行规律，并通过不同品种抗病性筛选、环保型生物农药研发、不同药剂混配药效试验等，研发了一系列麻田专用植保药剂与技术。集成了苎麻炭疽病单项防控技术、苎麻根腐线虫绿色防控技术、苎麻花叶病绿色防控技术、亚麻白粉病防治技术、亚麻顶枯病防治技术、亚麻重大有害生物综合防控技术、黄/红麻主要虫害的防治技术、大麻灰霉病防治技术和剑麻叶斑病防治技术等，为提升麻类生产效率起到了重要作用。

随着麻类作物“三地”转移战略和饲料化等多用途技术研究的深化，相应病虫草害防控技术研发的重点也向多生态区域、食品安全等方面靠拢。针对苎麻饲料化、牧草化战略，研究了菊酯类农药在苎麻植株和土壤中残留消减动态和最终残留规律，建立了饲用苎麻农药残留的检测技术。

检测预警系统的建立，对麻类作物上的重大有害生物运用形态学、分子生物学等检测技术进行早期诊断及鉴定。如：对重要病原菌分离纯化后，运用形态学方法初步鉴定出多种病原菌：剑麻斑点病、剑麻茎腐病、红麻立枯病、红麻根腐病、红麻黑霉病、大麻棒孢霉、大麻尖孢镰刀菌、苎麻疫霉、苎麻链格孢、大麻灰霉病。

（五）麻类生产机械研究

1. 大型苎麻剥麻系统研究

在苎麻剥制中引进了剑麻大型剥麻系统，对剥制和传送系统进行改造，已进入试运行阶段。针对大型苎麻剥麻机生产线样机剥麻滚筒缠麻、匀麻机构设计不合理、剥好的苎麻纤维不能进入接麻绳、喂麻口发生堵麻、出麻渣口堵塞等问题，进行了样机的改进设计工作，通过加长接麻绳、改进导麻板等方法，解决了剥制好的麻纤维不能进入接麻绳的问题，减少了刮麻现象的发生。重点对苎麻剥制后输送过程中堵麻的装置和结构进行部分改进。将夹持带由原来的二次夹持输送变成一次输送，输送不畅的问题得到了有效解决。调整了两对剥麻滚筒的电机频率，改变了剥麻滚筒速度，并通过调整调节螺丝的长度，对剥麻间隙的大小进行了调整。对生产线局部结构进行调整后，其运行状态及剥麻效果得到明显改善，但仍然存在喂麻不畅、二次夹持不稳和缠麻等问题。改进后的大型剥麻机进行了剥麻剥验，整个生产线运转基本正常。目前，该机械能大大提高剥制效率，并能实现纤维与副产物一站式分离，为副产物的收集和利用提供了极大的便利。

2. 麻类剥皮机械研究

根据我国盐碱地、荒漠地大规模种植红麻的需求，开展大型红麻鲜茎分离机械的集成研究，完成样机改进工作，并绘制出图纸，试制出红麻鲜茎剥皮机样机 1 台，并在河南信阳等地进行了示范应用与改进。一是将第二对压辊轴承座装置改为只能上下移动的可调弹性装置，减少压辊之间的碰撞和摩擦；二是加大输出皮带支架的材料型号，提高其工作稳定性，避免工作过程中接麻皮带的跑偏现象发生；三是设计链条传动输送带进行麻皮输送试验，避免了输送带跑偏现象，经剥皮试验链条输送带输送麻皮效果较好。

该机剥净率≥ 90%，鲜皮含骨率 7.22%，鲜皮生产效率可达 1000kg/h 以上。同时为了规范黄、红麻剥皮机的作业质量，并为评价黄、红麻剥皮机作业性能提供技术参考，探讨了黄、红麻剥皮机作业质量指标及其检测方法和判定规则；研究结果亦可为大麻等麻类作物剥制机械作业质量评价提供参考。

为了减轻大麻收获劳动强度、提高大麻鲜皮剥制效率，根据大麻茎秆分枝多、皮骨结合紧密等特点，采取揉搓分离与梳理分离相结合的皮骨分离方法，设计出大麻鲜茎剥皮机。该样机主要由揉搓机构、梳理分离机构、纤维收集装置、传动系统、机架、行走装置等组成，样机有具体结构紧凑、移动方便、皮骨分离能力强等特点。样机的揉搓分离机构能够使大麻鲜茎破裂，皮骨初步分离；梳理分离机构能将揉搓后粘连在韧皮表面的大部分麻骨去除，起到梳理鲜皮上屑骨的作用。样机的鲜茎出皮率为 10.90% ~ 21.36%，剥净率为 61.50% ~ 78.33%，生产率为 108.67 ~ 174.22kg/h，纤维强度为 4.90 ~ 5.61cN/dtex，可实现大麻鲜茎的皮骨分离。

中国农业科学院麻类研究所设计了一种大型、高效、专用的横向喂入式苎麻剥麻机并进行了样机试制和剥麻试验，能够完成长度 800 ~ 2040mm 的苎麻茎秆剥制；其生产率达 131kg/h，鲜茎出麻率 4% ~ 14%。

3. 麻类收获机械研究

针对亚麻脱粒时的关键作业环节，重点研究了捡拾、脱粒、夹持、放铺、传动系统等主要工作部件的关键技术。通过优化结构和运动参数，研发出了 5TY—140 型牵引式亚麻脱粒机。5TY—140 型牵引式亚麻脱粒机填补了国内亚麻平铺脱粒机械的空白，解决了亚麻脱粒时遇到的问题。

为提高苎麻纤维剥制工效、减轻苎麻收获的劳动强度，开展了自动苎麻纤维分离机的研究与设计工作。样机采用横向喂入式剥麻方式，剥麻工效为 135kg/h，鲜茎出麻率为 4.78%（去梢部），苎麻含杂麻 1.09%，苎麻含胶率 23.28%，均满足纺织工业原料的质量要求。该机可基本满足长度为 800 ~ 1900mm 的苎麻茎秆纤维分离要求。

农业部南京农业机械化研究所进行了新一代履带自走式 4LMZ160 型苎麻联合收获机的研发设计。底盘采用液压无级变速行走装置，强化了行走履带防脱轨装置，采用双动刀切割形式提高了切割质量和刀片的耐磨性，采用双层强制性夹持输送提高了割台输送性能。研制出 4LMZ160 型、4LMZ160A 型苎麻收割机。根据农机与农艺相结合的思路，通过将种植方式改为畦作，有效地解决了垄高沟深的苎麻地的行走问题。切割和输送的基本流畅，取得了很大进展。武汉纺织大学设计了一种序批式苎麻分纤水洗机和一种自动苎麻表皮纤维拷麻机，均已申请国家发明专利。河南舞阳惠方现代农机有限公司设计了一款针对高茎秆类作物收割的双塔牌 GL—160/185 玉米胡麻（亚麻）收割机，农业部南京农业机械化研究所研究设计了与 50 马力级拖拉机配套的大麻收割机，还有待优化改进。湛江农垦第二机械厂生产出了配套动力为 40KW 的 YGL—120—1400MA—5 剑麻理麻机，该机可完成将已脱胶水洗后的剑麻纤维进行开松、梳理、牵伸、清除杂质等工序。

（六）麻类生物脱胶及纤维加工研究

在脱胶技术与工艺方面，主要开展了优良脱胶菌株的筛选与基础研究、脱胶工艺的研发、废水处理技术以及配套技术设备的创新等研究，并研发了果胶菌属 CXJU—120 菌株快速脱胶技术、苎麻脱胶过程与脱胶废水处理一体化方法、UV—冷冻—骤热脱胶（UVHF）工艺，水解酸化与膜生物反应器组合黄麻生物脱胶废水处理工艺，微波辅助加热、高温高压蒸煮剑麻叶片脱胶法等。

提纯复壮并保存常用高效菌株 500 拷贝。在模拟工厂化条件下，应用 DCE — 01 及其模式菌株对五种麻类纤维原料进行了生物脱胶试验。其中，大麻韧皮生物脱胶制成率 61.8%；红麻生物脱胶高浓度废水中 COD 约 4800mg/L，沉淀物约占污染物总量的 80%。胞外复合酶催化活性分析表明，DCE — 01 菌株 8H 纯培养液中果胶酶、甘露聚糖酶和木聚糖酶活性依次为其模式菌株的 4.4 倍、4.6 倍和 5.3 倍。"高效节能清洁型苎麻生物脱胶示范工程"在湖南、湖北、江西多家企业试验示范，年生产精干麻超过 30000t，增收节支效益超过 6 亿元，生物脱胶制成率达 70.5%，精干麻的残胶率为 4.8%。

麻纺市场的迅速回暖促进了麻类纤维加工技术的研发与应用，各项行业标准逐步出台。有关苎麻脱胶的研究涉及脱胶菌株的选育、生物脱胶工艺、化学脱胶工艺、复合方法脱胶工艺、生物脱胶工艺设备和脱胶废水治理方法等研究或发明。麻类研究所在模拟工厂化条件下试验，红麻生物脱胶高浓度废水中 COD 约 4800mg/L，沉淀物约占污染物总量的 80%；低浓度废水在 60mg/L 以下。筛选出碱性脱胶菌株 DA8，对亚麻具有较好的脱胶效果。并发现采用碱性果胶酶对亚麻原茎进行脱胶时，在脱胶温度为 40℃、加酶量为 1 ~ 10、pH 值为 9 ~ 8、加入尿素作为脱胶助剂时脱胶效果最好。麻类研究所完成了大麻韧皮工厂化生物脱胶中试，脱胶制成率达到 62% 以上。亚麻纤维精细化处理到产品加工已逐步形成生产链。亚麻棉精梳混纺纱和大麻棉精梳混纺纱标准的制定，已通过专家审定。

开展了纤维质能源菌株的选育工作，分离出 1 个具有一定酶活力的菌株（LY–4）。其纤维素酶活为 22.8IU/mL，木聚糖酶活为 442.6IU/mL。成功将植物源的木糖异构酶基因导入酿酒酵母 CEN.PK113–5D 中，并使获得的重组 C5D–W 菌株具备了较好的已糖木糖共酵能力，木糖利用率达到 52.3%。以快速腐烂的苎麻基质为对象进行了产酶菌的筛选，获得了 2 株具有较高酶活的菌株，并发现 0.4% 玉米粉和 0.4% 硝酸钾可提高 LY–4 菌的发酵酶活至 638.5U/mL。针对工程酵母菌株 C2X–PXYLB 进行木糖发酵条件优化，明确了木糖发酵优化参数，木糖的利用率大于 83.2%，糖醇转化率高于 0.44g/g。

（七）麻类多用途研究

初步形成了苎麻副产物青贮料栽培杏鲍菇技术，通过将苎麻副产物替代棉籽壳作为食用菌的栽培基质，显著降低了原料成本，其栽培的杏鲍菇生物学效率可提高 13 个百分点，且蛋白质含量提高，总糖与脂肪含量降低。此外，初步形成了苎麻副产物栽培平菇技术、红麻副产物栽培刺芹侧耳、金针菇、白掌、草菇技术、亚麻屑为基质主料栽培平菇（侧耳）技术及剑麻渣栽培食用菌技术等。

进一步优化了苎麻副产物饲料化与食用菌基质化高效利用技术，开展了肉牛养殖、食用菌栽培等试验示范工作。该技术通过青贮、制粒等方式，将苎麻麻骨、麻叶不经分离，直接转化为优质蛋白饲料与食用菌基质，资源利用率从 20% 增加到 80% 以上，实现了生物质资源的高效利用；通过拉伸膜包裹技术以及揉碎复配颗粒料技术的研发，青贮和苎麻嫩茎叶蛋白等关键营养指标分别达到 13% 和 20%，提高了青贮和颗粒饲料的营养价值；利用苎麻青贮饲料喂养奶牛、肉牛，在保持生产性能稳定的条件下，可替代 30% 的精饲料，每天降低饲料成本 6 ~ 7 元 / 头。在种养结合研究与示范的基础上，向湖南长沙、新晃、江永、沅江、张家界等地建立了副产物饲料化推广基地。同时还开展了黄麻嫩茎叶粉饲喂肉猪研究。初步结果表明，在生长阶段，5%、10% 的替代水平使得杜洛克生长猪的平均日增重显著增加，料肉比下降，对猪平均日采食量的影响不显著，从而降低了日粮饲料成本。此外，开发了红麻作为蛋白饲料的技术。

苎麻牧草与生态种养模式：以生长育肥期的鹅苗为适用对象，研发了以集约轮流放牧和减量补饲相结合为特点、生产生态产品的苎麻园生态肉鹅养殖技术模式。研究表明，该技术模式下苎麻种植过程不适用任何化学农药或化学生长调节剂，保障食品安全，改善鹅肉品质，提高高档鹅肉生产量；提高肉鹅抵抗力和对环境的适应力；节省粮食，提高苎麻园土地资源利用率；还可减少麻园生产人力投入，降低生产成本，促进苎麻产业和养鹅产业的共同发展，达到产业发展与环境保护的协调统一。

（八）多功能麻地膜研发及利用技术

为制成机插育秧麻纤维膜新产品，尝试采用天然胶黏剂明胶、阿拉伯胶、壳聚糖与合成胶黏剂 PVA 作为胶黏剂将缓释肥料黏附在未拒水麻纤维基布上或者将缓释肥量与水稻种子黏附到麻纤维基布上制成育秧基布。研究表明，3% 浓度 PVA 更适宜作为种子肥料的黏合剂；对于晚稻种子，先将多效唑喷洒在麻纤维基布上，然后再黏附缓释肥料或 / 和水稻种子。育苗麻纤维膜分别在浙江、湖北、湖南进行了在机插水稻育秧上应用的生产示范，取得了良好效果。麻纤维育苗基布良好的保湿和水分传导功能，使秧盘苗床水分分布均匀，秧苗出苗整齐；可提早 5 天进入机械适插期；秧盘根系盘结好，便于起秧和运输，提高工作效率；装秧过程不散秧，插秧效率高，机插漏秧率低；受雨天影响较小，雨天可照常插秧，不误农时。

二、麻类作物生产发展中存在的问题

（一）资源及品种选育存在的主要问题

1. 种质资源匮乏

虽然我国麻类保存有近万份种质资源，但优质和抗逆性强且产量高的资源缺乏。如苎麻需要纤维支数 2800 ~ 3000 支的品种才能纺高档纱，但缺乏此类资源。

2. 育种方式落后

我国麻类育种水平落后，育种方式仍以传统的杂交、辐射诱变育种为主，严重阻碍了优种和技术的推广应用，造成麻类生产品质不高，不能满足高档面料及纺织工业生产需求。种子收获损失率高达 50% 左右，严重影响了经济效益。品种质量不高。

3. 育种目标与生产实际脱离

目前的育种目标还是以高产、抗逆性强为主攻方向，没有适应用途多样化的需求。近年来，我国虽然已经选育出一大批高产、优质黄红麻新品种，但由于产品开发滞后和生产成本急剧提高，优质黄麻品种不多，而且对抗虫、抗旱、耐盐、耐涝品种的选育有待深入加强研究。在黄 / 红麻品种的选育上，也没有针对不同加工需求而培育不同的品种，加上黄麻纤维优质不优价，所以黄麻生产出现了大面积萎缩。

4. 优质品种缺乏

麻类种植多沿用原有品种，优质品种较少，苎麻主要栽培品种纤维支数在 1800 支左右，与国外优质品种能够达到 2200 支数仍有一定差距；亚麻品种与国外亚麻品种相比，存在长麻率低，质量不高等缺陷；剑麻至今仍然只有一个引进品种为当家品种。优良品种的缺乏导致下游麻纺企业收购国内自产原料的热情不是很高。

（二）麻类作物种植存在的主要问题

1. 种植区域分布比较分散，种植规模小

从我国麻类作物种植现状看，不同的麻类作物甚至同一麻类品种，种植区域分布较散，在地域上呈现点多面广的特征。除少量农场外，基本为一家一户分散的种植，种植规模较小，麻农呈分散经营状态。这就引发了一系列问题，如新产品的培育和种植栽培技术的推广受阻，麻农更换新产品的要求不高，麻农的销售渠道狭窄和销售能力不足等。

2. 种植栽培技术粗放，机械化程度低

传统种植技术严重制约麻类生产的发展，集中体现在：品种混杂；抗性差，出麻低；耕作栽培技术粗放。选地施肥不合理，田间保苗株数不足，种子的损失率 20% ~ 30%；收获靠人工手拔，劳动强度大，成本高；种子收获损失率高达 50% 左右，严重影响了经济效益。同时，麻类作物布局分散，经营规模小，不利于实用技术的推广。在科学技术工作上重理论研究，轻应用研究，没有形成一套适合当地的规范化栽培技术，加之技术服务体系不健全，导致一些成功的技术推而不广，难以在生产实践中发挥效益。

此外，麻农普遍采用常规的传统耕作方式，田间保苗株数不高，在施肥配比上没有按科学配比，任由麻类作物徒长，降低其纤维含量。

3. 我国麻类作物加工业存在的主要问题

一是剥制技术粗放，严重影响纤维品质。我国麻类原料加工方面存在许多问题，直接影响了麻类产品的质量。二是脱胶技术滞后，环境污染严重。化学脱胶过程中残留的酸、碱严重污染环境，能耗和成本均较高。目前发展的生物脱胶技术虽然在一定程度上会降低有机污染程度，但目前生物脱胶在产业化推广和应用上还存在较多问题。三是原麻纤维脱胶技术掌握不好，或脱胶不够，或脱胶不均匀，形成夹生、硬条、硬块；或过度脱胶、纤维受损严重、强力拉力下降等，直接影响到了麻类的产品质量。与国外的麻材料相比，目前我国的麻纺织材料还存在着差距，直接影响到产品的质量和市场竞争力。

三、我国麻类科技发展趋势与重点研究方向

（一）抗逆育种与轻简化栽培技术发展

品种繁育对于麻类种植和生产具有重要作用。麻类育种应根据不同生态区的气候特点、自然条件等选育适合该区种植的品种，并以高产、优质、抗病性强、抗倒伏等为原则。根据麻类纺织市场需求研究选育出纤维强度高、出麻率和长麻率高、分裂度高、梳成率高，能生产高质量产品和竞争力强的麻类新品种。现阶段应以科研育种单位为中心建立2～3处原种繁殖基地。为此建议主管部门要加大科技投入，从整个行业出发争取国家在资金上的支持。以抓种子为突破口，加速新品种的繁殖力度，从根本上杜绝种子的多、乱、杂现象；以条件好的乡、村或国有农场为良种繁育基地，采取一乡一种，一乡带三乡，三乡带全县的推广途径，加速新品种的推广。减少由于分片繁种、种子收购价格不同造成的人为混种现象。今后，应加大对麻类育种研究的支持力度，添置先进的仪器设备，提高研究水平和研究手段，广泛进行国际交流与合作，促进麻类育种科研发展。使我国的麻类育种达到国外发达国家的水平。同时，要建立健全良种繁育体系，加大对良种基地建设的投入，建立稳定的高产、稳产的优质麻类种子繁育基地。达到迅速推广良种、改变品种退化混杂的局面，促进亚增产增收和提高纤维品质。根据各地的不同情况，应成立由麻类种子公司为支撑、以科研育种单位为核心、以种子繁育基地为基础的良种繁育体系。同时，为保障麻类原料的有效供给，提高优质麻原料市场供应能力，必须依靠现代分子育种技术手段，挖掘现有优良种质的潜力，引进国外优良种质，选育优质高产麻类新品种。通过良种培育和推广高效种植技术，加大优质原料的生产，满足企业对优质原料的需求。

（二）农机与农艺融合技术发展

我国麻类种植机械化程度很低，仅剑麻达到了规模机械化收获的水平；苎麻收获绝大部分采用手工剥制，劳动强度大，工效低，其收获成本占整个产值的近1/2，而且收剥质量难于控制；亚麻打麻机械工效不高，打制质量不佳，与法国、比利时等西欧国家相比，我国亚麻束纤维强力低30%以上；大麻收获机械的设计还处于初级阶段，机械收获技术没有得到很好地推广。

在过去一段时间内，相对于农业其他作物领域，国家在麻类技术装备领域的投入偏低，农机科研经费严重短缺，整体科研能力偏低。因此，在麻类收获机械的科研、推广、产品质量鉴定等方面，国家应给予相应的政策扶持和规定，要加大投入力度，鼓励和扶持研发机构、企业研制麻类生产全程所需的机械，调动社会各方面的力量兴办麻类机械，减少农户麻类生产的人工投入，尤其是收获用的收割、剥皮、沤制、脱粒、打捆等劳动强度大的机械研制，促进麻类种植的机械化和规模化生产，减少种植的生产成本，降低农户的劳动强度，提高麻类种植的经济效益。着力推动麻类收获机械化，改变目前麻类作物以手

工收获为主的局面。提升麻类收获机械的原始创新、集成创新和引进创新能力。同时要对研发的麻类收获机具在推广时实行购置补贴，有利于调动植麻农民的积极性，不断促进我国麻类收获机械化的发展。强大的政策支持和巨额的财政资助，必将成为推进我国麻类收获机械化的重要保障。

（三）清洁化加工技术的发展

苎麻、红麻、大麻等麻类农产品必须剥离键合型非纤维素（果胶、半纤维素、木质素等），才能广泛用作纺织、造纸、现代生物质产业等制造业的基础材料，开发出替代石油、森林资源的纤维质产品。采用常规酸碱法等化学方法处理去除容易造成环境污染而导致相关产业发展受到严重限制。为破解传统脱胶方法对麻类产业发展的制约，需加强清洁型麻类工厂化生物脱胶技术研究。利用微生物分泌的胞外复合酶处理以麻类为主的草本纤维质农产品，从中剥离非纤维素而提取天然纤维，广泛用作传统纺织、造纸工业和现代生物质能源、材料产业等制造业的基础材料。清洁化加工技术重点包括选育高效菌株，研究该菌株用于麻类工厂化脱胶的生产工艺及其技术原理，从而取得技术原理、工艺流程、技术参数和工艺装备的重大突破，实现麻类脱胶方法由化学领域向生物领域跨越、生产方式由粗犷型沤麻向工厂化脱胶转变，破解原有脱胶方法制约麻类产业发展的科学技术难题。

（四）多用途产品的研发

随着近年来原麻市场价格持续走低，麻农种植积极性下降，种植面积锐减，严重影响我国麻类产业供应和植麻经济效益。当前，麻类作物仅收韧皮纤维，而占生物产量 85% 以上的麻骨、麻叶没有得到有效利用。充分利用麻类作物副产物，提高其资源利用率是提高植麻效益的保障。为此，需要重点加强以下四个方面的研究。

（1）加强麻类作物副产物饲料化研究。研究表明，苎麻嫩茎叶富含蛋白质、类胡萝卜素、维生素 B_2 和钙，其营养价值与苜蓿相近。目前中国农业科学院麻类研究所已经选育出了我国首个高赖氨酸饲料用苎麻品种中饲苎 1 号。同时，黄 / 红麻等作物的嫩茎叶蛋白含量水平均较高，具有成为蛋白饲料的潜力。今后，需要进一步加强苎麻、黄 / 红麻等用于饲料的研究，研制出市场更加认可和接受的产品。

（2）加强麻类作物副产物栽培食用菌技术研究。麻类作物副产物营养价值与棉籽壳相当，且质地疏松、吸水性极强、不板结、透气性较好，是优良的食用菌培养基质。进一步加强麻类副产物栽培食用菌技术的相关研究，利用麻类副产品栽培食用菌，既能有效提高麻农收入，促进麻类产业发展，又可有效解决食用菌栽培原料的严重短缺问题。

（3）加强麻类纤维加工副产物生产可降解麻地膜技术研究。目前，塑料地膜带来的“白色污染”越来越严重，造成作物减产和环境污染。利用麻纤维具有易生物降解，与环境和谐相处的特性，以麻纤维为基质制造可降解系列麻地膜产品，并在生产上推广应用，不仅能保护我国的土地生态环境，而且能提高作物产量。通过研制系列麻地膜环保产品，并适当改进配方，将麻地膜生产成本降低，使其能大规模在设施农业中推广应用。

（4）加强麻类纤维质燃料乙醇的开发。麻类纤维是葡萄糖基高度聚合的物质，通过生物降解纤维质生产成单糖或低聚糖，然后发酵可生产成燃料乙醇。麻类作物生物量大，如苎麻、红麻每公顷茎秆物质生产量可达 22.5t 以上。麻类纤维素含量高，其中苎麻原麻中含有 75% 以上的纤维，麻秆中也含有近 50% 的纤维素和半纤维素，只要经过筛选优异菌种，生产高效酶制剂，提高工艺技术水平，完全可能规模化生产纤维质燃料乙醇。

—— 参考文献 ——

[1] 熊和平. 麻类作物育种学 [M]. 北京：中国农业科学技术出版社，2009 .

[2] 熊和平，唐守伟. 2007—2009 国家麻类产业技术发展报告 [M]. 北京：中国农业科学技术出版社，2010.

[3] 许吉祥. 辉煌“十二五”：时常麻纺步入发展春天 [J]. 中国纺织，2015.

[4] 张中华，李世银，杨燕. 优质高产杂交苎麻新组合川苎 16 的选育及栽培技术 [J]. 种子世界，2015（4）：48-49.

[5] 朱涛涛，喻春明，王延周，等. 中苎 1 号和中苎 2 号苎麻营养价值的初步评价 [J]. 中国麻业科学，2014，36（3）：113-121.

[6] 李德芳，李建军，陈安国，等. 质核互作型红麻雄性不育系 LC0301A 的选育 [J]. 中国麻业科学，2013，35（4）：172-174.

[7] 李德芳，陈安国，李建军，等. 红麻雄性两用不育系的发现和初步研究 [J]. 中国麻业科学，2014，36（3）：166.

[8] 王玉富，贾婉琪，邱财生，等. 亚麻高效再生体系的优化研究 [J]. 中国油料作物学报，2014，36（5）：661-666.

[9] 赵东升，吴建忠，黄文功，等. 亚麻耐盐碱 ISSR 标记反应体系的建立 [J]. 中国麻业科学，2012，34（5）：201-204.

[10] 朱四元，刘头明，唐守伟，等. 连作苎麻的部分生理生态特征及细胞学观察 [J]. 湖南农业大学学报（自然科学版），2012，38（4）：360-365.

[11] 付莉莉，刘头明，朱四元，等. 冬培不同覆盖处理对苎麻生长的影响 [J]. 湖南农业科学，2013（3）：31-33.

[12] 巫桂芬，徐鲜均，徐建堂，等. 利用 SRAP、ISSR、SSR 标记绘制黄麻基因源分子指纹图谱 [J]. 作物学报，2015，41（3）：367-377.

[13] 陶爱芬，祁建民，粟建光，等. 黄麻种质资源遗传多样性的 SRAP 分析 [J]. 植物科学学，2012，30（2）：178-187.

[14] 黄思齐，陈艳翠，李建军，等. 红麻雄性不育相关基因 atp1 的表达初步分析 [J]. 中国麻业科学，2013，35（5）：221-225.

[15] 陈平，喻春明，王延周，等. 苎麻与大麻 CesA1 基因的生物信息学分析 [J]. 中国麻业科学，2013，35(3)：118-122.

[16] 张海军，郭丽，王明泽，等. 大麻基因组 DNA 提取方法的比较与优化 [J]. 中国麻业科学，2014，36（4）：188-191.

[17] 黄艳梅，杨志军，李娜，等. RAPD 和 ISSR 分子标记检测大麻的遗传多样性初 [J]. 中国法医学杂志，2013，28（2）：100-103.

［18］信朋飞，臧巩固，赵立宁，等. 大麻 SSR 标记的开发及指纹图谱的构建［J］. 中国麻业科学，2014，(36) 4：174–182.

［19］邹自征，陈建华. 应用 RSAP、SRAP 和 SSR 分析苎麻种质亲缘关系［J］. 作物学报，2012，38 (5)：840–847.

［20］杨峰，刘巧莲，代真真，等. 不同基本培养基和外植体对剑麻愈伤组织诱导及分化的影响［J］. 热带作物学报，2012，33 (3)：475–478.

［21］梁钾贤，揭进，刘伟清. 二氧化氯对剑麻外植体材料消毒的应用研究［J］. 热带作物学报，2012，33 (10)：1819–1823.

［22］付莉莉，刘头明，唐守伟，等. 苎麻 WRKY 转录因子的序列分析［J］. 中国麻业科学，2013，35 (3)：113–117.

［23］马渊博，崔国贤，白玉超，等. 水分胁迫对苎麻的影响及相关农艺措施研究［J］. 安徽农业科学，2014，42 (7)：1941–1942.

［24］康万利，揭雨成，邢虎成. 南方坡耕地种植苎麻水土保持机理研究［J］. 中国农学通报，2012，28 (9)：66–69.

［25］曹晓玲，黄道友，朱奇宏，等. 苎麻对镉胁迫的响应及其对其他重金属吸收能力的研究［J］. 中国麻业科学，2012，34 (4)：190–195.

［26］熊常财，曾粮斌，李景柱，等. 苎麻主要病害的发生及防治［J］. 中国麻业科学，2012，35 (5)：220–225.

［27］段盛文，刘正初，郑科，等. 从富集液中发掘麻类脱胶果胶酶基因的技术［J］. 中国生物工程杂志，2014，86–89.

［28］Gang Guo，Zhengchu Liu，Junfei Xu，et al. Purification and characterization of axylanase from Bacillus subtilis isolated from the degumming line［J］. Journal of Basic Microbiology，2012，52：419–428.

［29］成莉凤，刘正初，段盛文，等. 麻类脱胶高效菌株果胶裂解酶基因克隆与表达［J］. 微生物学通报，2013，40 (8)，1403–1413.

［30］谢纯良，严理，罗卫，等. 利用苎麻麻蔸栽培刺芹侧耳技术研究［J］. 食用菌学报，2014，21 (4)：31–34.

［31］杨飞，朱睿，林娜，等. 苎麻雄性不育相关基因 atp6 和 atp9RNA 干扰载体的构建［J］. 中国农学通报，2013，29 (21)：137–143.

［32］刘巧莲，朱军，高建明，等. 外植体和培养因子对剑麻不定芽诱导及植株再生的影响［J］. 热带农业科学，2014，34 (4)：42–45.

［33］戴志刚，粟建光. 我国麻类作物种质资源保护与利用研究进展［J］. 植物遗传资源学报，2012，9：714–719.

［34］王朝云，易永健，周晚来，等. 麻基膜水稻机插育秧研究初报［J］. 中国麻业科学，2013，35 (1)：19–21.

［35］王朝云，易永健，周晚来，等. 秧盘垫铺麻育秧膜对水稻机插秧苗根系发育及产量的影响［J］. 中国农机化学报，2013，6：84–88.

［36］龙超海，吕江南，马兰，等. 4HB—480 型黄、红麻剥皮机的研究与试验示范［J］. 中国麻业科学，2013，2：96–101.

［37］吕江南，龙超海，马兰，等. 大麻鲜茎剥皮机的设计与试验［J］. 农业工程学报，2014，30 (14)：298–307.

［38］沈旭，孙启国，白冬军. 大麻剥麻工艺参数分析及新型剥麻机的设计［J］. 机电产品开发与创新，2014，27 (5)：28–31

［39］苏工兵，陈海英，郭翔翔，等. 全自动苎麻茎秆分离机设计与实验［J］. 中国农机化学报，2013，34 (5)：119–123.

[40] 吕江南，龙超海，赵举，等. 横向喂入式苎麻剥麻机的设计与试验 [J]. 农业工程学报，2013，16：24-29.
[41] Touming Liu，Siyuan Zhu，Shpuwei Tang，et al. Denovo assembly and characterization of transcriptome using Illuminapaired-end sequencing and identification of CesA gene in ramie（BoehmerianiveaLGaud）[J]. BMC Genomics，2013，14：125.
[42] Touming Liu，Siyuan Zhu，Shouwei Tang，et al. Identification of drought stress-responsive transcription factors in ramie（BoehmerianiveaL.Gaud）[J]. BMC plant biology，2013，192：145-153.
[43] Touming Liu，Siyuan Zhu，Shouwei Tang，et al. Genome-wide transcriptomic profiling of ramie（BoehmerianiveaL. Gaud）in response to cadmium stress [J]. Gene，2015，558（1）：131-137.
[44] Touming Liu，Siyuan Zhu，Shouwei Tang，et al. Identification of 32 full-length NAC transcription factorsinramie. BoehmerianiveaL.Gaud）and characterization of the expression pattern of these genes [J]. Molecular GeneticsandGenomics，2014，289：675-684.
[45] Siyuan Zhu，Shouwei Tang，，Shouwei Tang，et al.Genome-wide transcriptional changes of ramie（BoehmerianiveaL. Gaud）in response to root-lesionnematode infection [J]. Gene，2014，552：67-74.
[46] T.Liu，S. Zhu，L. Fu，et al. Morphological and Physiological Changes of Ramie（.BoehmerianiveaL.Gaud）in Response to Drought Stress and GA3 Treatment [J]. Russia Journal of Plant Physiology，2013，60（6）：749-755.
[47] JiantangXu，Aiqing Li，Xiaofei Wang，et al..Genetic diversity and phylogenetic relationship of kenaf（HibiscuscannabinusL.）accessions evaluated by SRAP and ISSR [J]. Biochemical Systematics and Ecology，2013，46：94-100.
[48] Liwu Zhang，Aiqing Li，Xiaofei Wang，et al.Genetic Diversity of Kenaf（Hibiscuscannabinus）Evaluated by Inter-Simple Sequence Repeat（ISSR）[J]. Biochem Genet，2013，51：800 - 810.
[49] Chunsheng Gao，Pengfei Xin，Chaohua Cheng，et al. Diversity Analysis in Cannabissativa Based on Large-Scale Development of Expressed Sequence Tag-Derived Simple Sequence Repeat Markers [J]. plosone，2014，9：e110638.
[50] Jianshu Zheng，Chunming Yu，Ping Chen，et al. Characterization of aglutaminesynthetase gene BnGS1-2 from ramie（BoehmerianiveaL.Gaud）and biochemical assays of BnGS1-2-over-expressing transgenic tobacco [J]. Acta Physiologiae Plantarum，2014，37：1742-1751.
[51] Touming Liu，Shouwei Tang，Siyuan Zhu，et al.. Transcriptome comparison eveals the patterns of selection in domesticated and wild ramie（BoehmerianiveaL.Gaud）[J]. Plant Molecular Biology，2014，86：85 - 92.
[52] Touming Liu，Siyuan Zhu，Qingming Tang，et al. Development and characterization of 1827 expressed sequence tag-derived simple sequence repeat markers in ramie（BoehmerianiveaL.Gaud）[J]. Plos ONE，2013，8：e60346.
[53] Touming Liu，Shouwei Tang，Siyuan Zhua，et al. QTL mapping for fiber yield-related traits by constructing the first genetic linkage mapin ramie（BoehmerianiveaL. Gaud）[J]. Molecular Breeding，2014，34：883 - 892.
[54] Mingbao Luan，Zizheng Zou，Juanjuan Zhu，et al.. Development of acore collection for ramie by heuristicsearch based on SSR markers [J]. Biotechnology & Biotechnological Equipment，2014，28：798-804.
[55] Yongting Yu，Huiling Liu，Liangbin Zeng，et al. A New Record of Paratylenchuslepidus（Nematoda：Tylenchulidae）Associated with Ramie Root in Yuanjiang，HunanProvince，China [J]. Pakistan Journal of Zoology，2014，46：583-586.
[56] Shengwen Duan，Zhengchu Liu，Xiangyuan Feng，et al. Diversity and characterization of ramie-degumming strains [J]. Scientia Agricola，2012，69：119-125.
[57] Zhengchu Liu，Junfei Xu，Shenwen Duan，et al. Expression of modified xynA gene fragments from Bacillussubtilis BE-91 [J]. Annals of Microbiology，2014，64：139-145.
[58] Zhengchu Liu，Shengwen Duan，Qingxiang Sunet，et al. A rapid process of ramie bio-degumming by Pectobacteriumsp. CXJZU-120 [J]. Textile Research Journal，2012，82（15）：1553-1559.

撰稿人：熊和平　唐守伟　刘志远　陈继康　关凤芝
杨　明　方平平　李德芳　周文钊

甘蔗科技发展研究

2008—2009 榨季我国蔗糖产量达到 1379 万吨的高峰后，西南主产蔗区连续 3 年受到冰雪、干旱等自然灾害和品种单一化的影响，2010—2011 榨季蔗糖总产锐减至 966.04 万吨以下，直至 2013—2014 榨季才恢复到 1257 万吨。然而，由于近年国际糖价下降，进口糖量大幅攀升，2012—2014 年进口糖分别达 374.7 万吨、454.6 万吨和 348.6 万吨，使国内糖价跌入低谷，造成全行业亏损状态。国内原料甘蔗收购价降低，"白条"现象再出现，致使甘蔗种植面积下降，甘蔗生产失管，2014 年糖料种植面积降至 157.3 万公顷，较 2013 年降低 29.7 万公顷，降幅达 15.87%。甘蔗糖产量降 293 万吨，至 957.1 万吨。2014 年我国把食糖作为战略物资，提高了糖业的地位，但如何制定政策保护我国制糖产业，如何依靠科技提高国际竞争力，成为我国甘蔗产业发展的重要命题。

一、本学科近年的最新研究进展

（一）回顾、总结和科学评价

2012—2014 年是甘蔗产业体系成果研发、展示和推广的重要阶段，甘蔗产业体系主要围绕阶段性成果进行集中展示和推广，以提高甘蔗产量和产糖量，降低生产成本，提高我国甘蔗产业的国际竞争力。甘蔗科研在育种、栽培、植保、机械化生产及产后加工等方面都取得了阶段性研究成果，主要取得如下进展。

1. 品种选育

我国甘蔗育种在经过体系成立初期的育种规模大幅提高之后，近年的育种规模趋于稳定，年培育实生苗量在 80 万苗左右，参与杂交育种的单位有所增加，主产区的地区级研究所及热科院系统、农垦系统开始涉及常规育种。2012—2014 年选育了福农 38 号、福农 39 号、柳城 03-1137、云蔗 05-51、云蔗 06-407、赣南 02-70、粤甘 35 号、福农 41 号、福农 42 号、柳城 05-136、德蔗 03-83、闽糖 01-77、云蔗 06-80、粤糖 05-267 等 14 个品种通过国家鉴定。另外，广西壮族自治区还审定了桂糖 40 号、桂糖 41 号、桂糖 42 号、桂糖 43 号、福农 41 号、福农 39 号、福农 30 号、福农 02-3924、桂柳 05-136、粤糖 00-236、粤糖 03-393、云蔗 05-51、桂糖 21 号、桂糖 44 号、桂糖 45 号、柳糖 2 号等 16 个甘蔗新品种，云南审定了云蔗 01-1413、云蔗 04-621、云蔗 05-596 等 3 个品种。2014 年广西发布了甘蔗良种繁育推广体系建设品种推荐目录：桂柳 05136、桂糖 29 号、桂糖 31 号、桂糖 32 号、桂糖 40 号、桂糖 42 号、桂辐 98-296、福农 39 号 、粤糖 00/236、新台糖 22 号（脱毒种苗）。

美国、澳大利亚、巴西和印度等主产蔗糖国注册了一批甘蔗新品种。其中，澳大利亚为 Q244-Q253，巴西 CTC 公司推出了最新的糖用和糖能兼用甘蔗新品种 CT10、CT11、CT12、CT14 和 CT 15 等，生物量比对照高 20% 以上，而且高糖，估计增加效益 12.5% ~ 38%。

2. 种质创新

为选育突破性品种和多用途甘蔗新品种，各国都在利用甘蔗属内的新割手密，野生种近缘属植物斑茅、蔗茅、滇蔗茅、芒等与热带种或商业品种进行杂交利用，以拓宽甘蔗的遗传基础[1-2]。我国斑茅的杂交利用研究一直处于国际前沿，现已通过综合产量、糖分、抗性及实心、脱叶难易等性状的评价，从大量 BC_3 和 BC_4 材料中，筛选出崖城 07-71、崖城 07-65、崖城 04-55 和崖城 06-61 等作为商业杂交亲本[3]，供各育种单位广泛杂交利用，有望从它们后代中获得有希望成为品种的材料。

受我国在斑茅杂交利用上获得高代材料的鼓舞，澳大利亚、印度、巴西、日本也都加强了蔗茅属（*Erianthus*）各个种的杂交利用，特别是澳大利亚获得了 BC_2 和 BC_3 材料，并进行了染色体的遗传研究。日本利用芒属与甘蔗杂交，获得了经鉴定为真杂种的 F_1 和 BC_1。

3. 甘蔗分子生物技术

甘蔗分子生物学研究取得了较为明显的进展，克隆了甘蔗的一批重要基因，巴西、美国和法国都在应用各种方法构建基因图谱。甘蔗抗黑穗病的研究，福建农林大学甘蔗研究团队已经在世界上首次完成甘蔗黑穗病菌的全基因组测序及其致病机理的初步解析[4]。

4. 甘蔗生产机械化

澳大利亚、巴西和美国等国家早已实现甘蔗生产全程机械化，正朝着信息化、集约化方向改进，切段式收割机正向大型化、双行收割发展，并努力实现 GPS 田间规划和自动驾驶技术的应用[5-7]，致力于减少糖分损失、寻找含杂率与作业效率之间、行距与产量之间的平衡。种植机以蔗段种植机为主，实时切种式种植机主要应用在东南亚国家。

国产甘蔗种植机的推广应用较为成功，具有自动整秆蔗种喂入和匀量控制系统的实时切种式，集开沟、下种、覆土和盖膜一体化的甘蔗种植机在生产上得到快速推广，种植效率提高 4 ~ 6 倍，而且由于保水保温效果好，出苗率显著提高。机械收获推广仍缓慢，进口的大型收割机 CASE7000/8000 作业性能和作业效率仍受地形、地貌复杂，地块太小，经营体制、经营模式和农艺约束[8]，CASE4000 的稳定性较差，中国农机院正在研制采用 CLASS 330 物流方案的样机。这样，国产切段式甘蔗收割机将同时并存多种技术路线[6, 7]：CASE7000/8000 类，国产机代表厂家有广西云马缘泰、广西农机院和中信贵州现代农装；日本文明 HC—50NN 类，国产机代表厂家有广州科里亚机型，机动性较好，但效率略低；另外中国农机院 CLASS 330 类，华南农大自主研发的“短物流路径”类也都在生产试验中，虽然在收获面积上进展不大，但在相应机型的适宜操作条件和配套农艺的研究上已取得较大进展。

5. 植保

脱毒健康种苗的推广，使甘蔗宿根矮化病和病毒病研究受到空前的关注。宿根矮化病主要集中在利用血清学和 PCR 的方法，对甘蔗宿根矮化病的发生情况进行调查监测和品种抗性筛选。甘蔗病毒病的研究主要集中在病原的生物学鉴定和分子检测，甘蔗病毒蛋白与寄主蛋白之间互作关系研究等方面[9]，为进一步防治甘蔗病毒病提供理论基础。

甘蔗螟虫和蛴螬是世界性甘蔗重要害虫，各地因地制宜地采用以下三种方法防治。一是生物防治：如利用天敌（主要天敌为赤眼蜂、螟黄足盘绒茧蜂、大螟拟丛毛寄蝇、红蚂蚁、蜘蛛、蠼螋等）或昆虫病原微生物（苏云金芽孢杆菌、微孢子虫、白僵菌、绿僵菌、颗粒体病毒、核型多角体病毒和昆虫病原线虫等）防治甘蔗害虫。二是利用诱杀技术（如性诱剂、各种诱虫灯等）防治甘蔗害虫。三是利用化学杀虫剂防治甘蔗害虫。以上方法国内都有研究应用，但由于虫口密度大，户均植蔗面积小，以第三种防治方法为主，造成了一定的生态破坏与环境污染。

6. 栽培

国际上综合应用植物生理学、生态学等多学科方法，研究甘蔗氮素营养，精准施肥、减量施肥、提高肥料利用率及减少对生态环境的污染。开展甘蔗抗旱生理生态学研究，采用农业、农艺措施提高甘蔗抗旱能力，结合农田水利设施建设，推行喷灌、滴灌等节水灌溉工程，提高水资源利用率。推广应用蔗叶回田、滤泥和生物炭等非传统肥料。重视蔗田地力的提升，休耕地种植豆科作物或绿肥植物等农艺技术措施。开展甘蔗全程机械化保护性耕作技术研究，延长宿根年限，实现节本、增效，降低生产成本，提高蔗糖生产的国际竞争力。

（二）甘蔗研究最新进展在农业发展中的应用与成果

1. 新品种的选育与推广

近年来有 20 多个品种通过国家和省（区）鉴定，这些品种在区试点的平均公顷蔗茎产量和蔗糖含量都超过目前我国主栽品种新台糖 22 号，或产量与新台糖 22 号相当，但蔗糖分或抗性优于新台糖 22 号。这些新品种通过集成示范、健康种苗的繁殖推广，面积不断扩大，在局部蔗区成为主栽品种，如桂糖 29 号、福农 39 号在桂北的河池等蔗区，柳城

03-1137 和柳城 05-136 在柳城蔗区，福农 38 号在来宾的小平阳蔗区，特别是桂糖 32 号、桂糖 31 号、福农 41 号、粤糖 60 号和桂糖 29 号等新品种在广西农垦金光农场面积占到了 80% 以上，彻底改变了新台糖系列占主导的局面。这些都说明只要因地制宜示范推广近年选育的新良种，良种良法配套，就能做到品种多系布局，实现植蔗效益的提高。

2. 创新亲本的杂交利用

针对优异亲本缺乏问题，采用甘蔗属内的新割手密和近缘属斑茅、滇蔗茅与甘蔗品种杂交和回交[10-12]，创制了一批在产量、抗性等有较大突破的 BC_2、BC_3 和 BC_4 特异种质。在桂、滇、粤、闽四个生态点，采用经济遗传值评价和聚合选择技术，联合评价了具有新割手密（种间）或斑茅（属间）血缘的 BC_2、BC_3 或 BC_4 新亲本 25 份。从中筛选出崖城 06-166、崖城 04-55、云瑞 05-770、云瑞 06-4806 等 10 多个优异育种新材料，如利用斑茅杂交后代亲本选育出斑茅 BC_4 高代品系 YCE2010-8001、YCE2010-8002 和 YCE2010-8005 已进入预试阶段。

3. 家系选择及经济遗传值的应用

针对主栽品种遗传基础狭窄、育种效率低等问题，在桂、滇、粤、闽四个生态点，用经济遗传值评价和聚合选择技术，联合评价了 136 个亲本、256 个杂交组合，筛选出高经济遗传值母父本皆宜的福农 02-6427、桂糖 00-122、粤糖 00-319、粤糖 94-128、CP94-1100、LCP85-384、HoCP95-988 等亲本 10 个、父本 19 个、母本 18 个、组合 35 个，其中亲本桂糖 00-122、粤糖 00-319、桂糖 92-66 和 HoCP95-988，是能产生好组合的亲本，开创了我国甘蔗性状遗传改良与经济贡献相联系的探索。

4. 地膜覆盖技术的应用

地膜覆盖是常用技术，但近年制膜技术的提高，已发展成一系列的应用地膜。光降解除草地膜在蔗田的应用发挥了地膜保温保湿抗旱的作用，提高出苗率，使甘蔗早出苗，苗齐苗壮，达到增产增糖效果[13, 14]，又降低人工揭膜的费用和减少白色污染。黑膜、大膜的全年覆盖与缓控释肥结合技术的应用，节水节肥，减少中耕施肥等费用。仅 2014 年种植期光降解除草地膜推广超 1000 吨，应用面积达 45 万亩。根据广西、云南、广东蔗区多点调查显示，应用光降解除草地膜每亩减少人工投入成本约 120元，甘蔗平均每亩增产 1.3 吨以上，应用面积 45 万亩共增产糖料甘蔗 58 万吨，农民增收 2.8 亿元。全田宽膜宿根蔗除草地膜在云南省示范推广 7.5 万亩。比常规不盖膜栽培，新植蔗增产甘蔗近 2 吨 / 亩，宿根蔗增产达 3 吨 / 亩以上。采用全田覆盖除草地膜一次施肥栽培模式可降低人工管理成本 120 元 / 亩，甘蔗增产 2 吨 / 亩以上，农民增收 800 元 / 亩左右。

5. 甘蔗种植机械化关键技术应用

针对我国甘蔗种植机存在的技术问题，研制出蔗种下落检测与漏播标识系统，GPS 田间规划与辅助导航系统等关键装置，试制出 HN2CZQ—2 切种式甘蔗种植机，并实现机械化自动匀量播种。研制成功切种式甘蔗种植机自动控制系统，并应用于 2CZQ—2 型切种式甘蔗种植机，研发段种式甘蔗联合种植机，功能包括开行、施肥、下种、喷药（水）、覆土、盖膜、压膜等。农机农艺结合以适应机械化收获的需要，研发采用“一沟双行”（大小行）播种方案，大行距 1.45m、小行距 0.25m。这一系列的种植机械化关键技术的研发与应用推动了近年甘蔗机械化种植的快速发展[15, 16]。

6. 品种多系布局及其配套技术示范

针对我国甘蔗品种单一、遗传多样性不足，熟期过于集中、出糖率不高等关键问题，国家甘蔗产业技术体系设置了蔗区品种多系布局的关键技术研究与示范重大研究任务。在全国 15 个试验站、14 个区试点对 45 个新品系进行试验示范，筛选出 20 多个通过国家审（鉴）定或省（区）审定的新品种，产量和黑穗病抗性优于新台糖 22 号、稳定性好、宿根性和适应性强的新品种。其中粤糖 00–236、福农 39 号、云蔗 05–51、柳城 05–136 和福农 41 号，蔗茎产量增 7%，蔗糖产量增 3% ~ 11%；桂糖 29 号、福农 38 号、粤糖 03–393、柳城 03–1137、桂糖 31 号等，蔗茎产量和蔗糖产量比 ROC22 增 7.0% ~ 11.0 %，甘蔗蔗糖分提高 0.2 ~ 0.5 个百分点，平均蔗糖分 15.88%，最高蔗糖分 19.3%，接近发达国家澳大利亚水平，累计推广应用面积已达 480 万亩，粤糖 00–236、福农 91–4621、粤糖 93–159 达 300 万亩。

二、国内外研究进展比较

（一）野生种质杂交利用

甘蔗近缘属植物斑茅的杂交利用是近 30 年国际甘蔗种质研究的热点，我国最早获得 BC_1 材料，通过国际合作，澳大利亚从我国引进 F_1、BC_1、BC_2 无性系材料及花穗，现澳大利亚利用它们与商业品种杂交已获得了 BC_4 材料，与我国几乎处于同一阶段，都选育了一些有希望的高代材料，但都没有通过审（鉴）定或释放的品种。此外，印度、日本也都获得了斑茅 BC_1 材料，加强其杂交利用研究。由于斑茅的杂交利用“高贵化”进展不如预期快，广西农科院甘蔗所更新技术路线，以割手密为“桥梁”，斑茅先与割手密杂交，其 F_1 再与甘蔗热带种或商业品种杂交，获得较快的进展[18, 19]。此外，澳大利亚与日本也对蔗茅属的 *E.procerus* 进行研究与杂交利用，澳大利亚已获得 BC_1。日本出于能源和饲料作物的目的，利用芒属与甘蔗杂交，获得了经鉴定为真杂种的 F_1 和 BC_1。芒与甘蔗杂交较易获得后代，台湾曾利用芒与甘蔗杂交获得高代材料，国内也值得进行芒与甘蔗杂交利用，或作为其他属杂交利用的“桥梁”利用。

（二）自育品种待突破

前些年审定的品种如福农 28 号、粤糖 00–236、桂糖 02–901 和桂柳 1 号等品种的蔗糖分超过新台糖 22 号 0.5 个百分点以上，与世界最先进的澳大利亚品种的含量相近，产量相当，但适应性不如新台糖 22 号，因而推广范围不广。而近年审定通过的福农 41 号、福农 38 号、福农 39 号、桂糖 32 号、桂糖 29 号和粤糖 60 号等在产量、品质和抗性方面综合得较好，具有一定的推广前景，并在部分蔗区成为主栽品种。但这些品种与新台糖22号相比尚没有突破性的进展。寄希望于具有斑茅、新割手密的种质材料和新评价出的亲本的利用，选育出在产量、品质、抗性和适应性上全面超过新台糖22号的突破性品种。

（三）机械化生产配套技术待完善

澳大利亚、巴西等蔗糖生产先进国家由于长期都是全程机械化生产，不但其所育成的品种都是针对机械化生产，具有发芽率高、分蘖力强、宿根性好等特点。而且根据机械效能发挥最佳要求的行长和行距来规划农场，制定栽培技术措施。并且随着生产条件的变化、多年的试验结果再对机械进行改进，如随着品种的改良，劳动力成本的提高及试验结果进行评价后，改进收割机的适宜行距，提高收割机效率，降低生产成本，使收割机的适宜行距达1.3m、1.5m、1.8m，甚至2.1m，每小时收获量大幅提高。而我国由于立地条件差和户均规模小，地块小，与机械的配套性差，难以发挥机械的性能[5, 16]。除应加强土地流转，进行土地整治外，还应加强配套栽培技术的研究，提高收获效率，降低吨蔗收获成本，降低机械收获对宿根的影响。

三、甘蔗科技发展趋势及展望

（一）未来10年的发展目标和前景

1. 选育适宜全程机械化生产的品种

2013—2014榨季人工砍蔗收获成本上升到130元/吨，部分蔗区甚至达到150～170元/吨，占甘蔗生产成本的1/3以上，甘蔗收获机械化滞后已成为我国甘蔗生产的瓶颈问题，如不进行机械化生产甘蔗，我国的蔗糖产业将失去国际竞争力，也将在作物的比较效益中处于劣势，因而甘蔗生产的机械化将是我国甘蔗产业存在和发展的必由之路。这也对甘蔗新品种选育提出了新的要求，特别是要求选育出适应机械化生产的甘蔗新品种，在高产高糖的基础上，要求出苗率高、分蘖力强、生长整齐、抗倒伏、砍收不破裂、全程机械生产后宿根发株率高、对除草剂不敏感等。育种者将要从筛选具有这些性状的亲本开始，从亲本选配，组合评价，无性系评价和鉴定上都围绕这些要求来进行选择，并且要把选育的无性系材料尽早地在全程机械生产的条件下进行评判。采用经济遗传值来评价品种，使育成的品种对全产业的贡献大，适宜机械化品种的育成将会促进甘蔗生产机械化的进程，减少机械化生产因行距加大后产量降低的不利影响。

2. 推进甘蔗生产全程机械化

我国甘蔗竞争力差的根本原因在于原料蔗生产成本高，而造成高成本的主要原因在于甘蔗生产没有规模化、集约化、机械化（简称“三化”）。“三化”的关键在于机械化。要实现生产机械化需要国家大力支持并鼓励社会资金、金融资本参与土地流转、土地整理、水利和道路建设，有序地组织农业公司、各种生产合作社为甘蔗生产机械化推进铺平道路。国家和地方必须下决心、花大力气，从土地平整到地面设施、机具配套、农机农艺融合多方面支持甘蔗生产全程机械化、经营规模化、管理集约化的标杆示范企业，转变甘蔗糖业增长方式，逐步解决现代蔗糖业的共性技术、关键技术难题。

3. 推广环境友好轻减技术

除进行甘蔗种植、管理和收获的机械化，减轻劳动强度，降低成本外，还要减少化学肥料农药施用来提高效益和减少环境污染。我国甘蔗生产的肥料和农药施用量是国际的 2 ~ 3 倍，减施潜力很大，主要通过以下途径来实现：①蔗叶还田，必须做好蔗叶还田技术的研究，减少还田成本；②使用新型肥料与高效低毒农药，研制系列新型增效复混肥料、缓 / 控释肥料、稳定性肥料、水溶性肥料、微生物肥料、有机物料化肥、绿肥作物化肥替代技术以及高效生物固氮技术新模式；③做好化学农药减量控施机理与调控机制研究及耕地地力对化肥农药利用的机制研究，找出对策后再减施，以保证减施不减产；④研发化学农药替代技术及产品，研究 RNA 干扰调控技术与产品、天敌防控技术、微生物防控技术与产品、天然代谢产物防控技术与产品和物理诱杀技术与产品；⑤高效施肥、施药技术，研究基于现代信息技术的精准施肥技术，基于自动化监测的水肥药一体化技术，农机与农艺相结合的机械化施肥施药技术，液体肥药高效施用技术；⑥基于无人飞机或其他飞行器的高效施药技术；⑦推广健康种苗、清洁蔗园，减少病虫压力而减施农药。

（二）发展趋势预测

1. 甘蔗生产全程机械化

机械化是我国甘蔗发展的必然趋势，随着国家对蔗区“双高”农田基本建设投入的增加，土地流转工作的加强，通过引进与自主研发，各种机械的配套完善，甘蔗生产的专业化程度提高，适应机械化品种的选育和配套栽培技术的研究将促进我国甘蔗机械化进程的跨越式发展。

2. 拓宽遗传基础

利用生物技术促进甘蔗属间杂交的实现，在蔗茅属种质开发取得阶段性成果之后，抗逆性强、生物量高的近缘属植物的芒、狼尾草属、玉米等将是杂交利用的重点，通过研究杂交的分子基础和遗传规律，提高杂交和育种效率。随着生物技术水平的提高，克隆与鉴定的功能基因爆发式增长，通过基因转导，把甘蔗种质的优异基因或外源基因转入综合性状较好的品种，实现定向改良。

3. 多用途品种选育

生物质能源利用兴起，仍将刺激糖、能兼用甘蔗的发展[20]，巴西、泰国、印度等国都有大量可供能源甘蔗生产的土地资源。近年各甘蔗主产国都在学习巴西糖 – 酒联产经验，培育糖、能兼用甘蔗品种，利用糖、能兼用甘蔗发酵生产燃料乙醇。由于我国粮食安全的威胁主要来自饲料粮的不足，而甘蔗是优质的青饲料，利用甘蔗与野生种质杂交培育饲料蔗将是很有前景的方向。还要注意高纤维甘蔗的培育，用纤维造纸，或为纤维质乙醇的开发做准备，在不远的将来，纤维质乙醇的生产成本将显著下降，价格与汽油相比将具有市场竞争力。

（三）研究方向及重大发展项目建议

1. 高产优质抗倒适宜机械化品种选育

（1）外引适宜机械化生产材料的鉴定与杂交利用：加强从美国、巴西和澳大利亚等机械化收获甘蔗的国家引进种质的鉴定，对其中有直接栽培利用潜力的，可直接用于生产，填补适宜全程机械化品种的空白。适宜作亲本的则加大组合的配制数，以便加速选育出适于我国机械化生产的高产高糖宿根性强的品种。

（2）创新育种程序。针对我国育成品种在宽行距和机械化生产情况下，有效茎不足，宿根性差的问题，有必要在育种程序的早期阶段就在机械化生产条件下开展无性系评价，并加强对甘蔗无性系分蘖能力、宿根性的选择，建议杂种圃或选种圃留宿根选择，通过“定向”选择，避免优良基因型未能充分表现而被淘汰，让入选的材料在将来的机械化生产上表现良好，还可以在杂种圃宿根季中筛选不易开花和抗黑穗病的优良无性系。

2. 多用途种质创新与突破性品种的选育

制定基础杂交育种长期计划，充分利用资源创新种质，支持我国海南甘蔗育种场和云南瑞丽甘蔗育种站分工合作，开展资源评价和种质创新的研究工作。云南瑞丽甘蔗育种站以我国丰富的内陆型割手密种质为研究开发重点，海南育种场以斑茅种质创新为特色。此外，还要加强甘蔗与芒属、狼尾草属等高生物量材料的试探杂交，创制糖、能、饲、纤多用途种质，为甘蔗育种的长远发展打基础。继续对创制的甘蔗与新割手密、斑茅、蔗茅、滇蔗茅杂交后代进行回交，培育亲本和品种，重点对我国创制的斑茅高代亲本进行系统的评价，加大配制组合数，争取早日从中选育出高产高糖抗逆强宿根的突破性品种。

3. 现代育种技术平台建设

主要通过以下途径：①以国家甘蔗产业技术体系的数据库和数据管理系统为基础，建立全国性的数据采集、处理分析和跟踪平台，把全国各育种单位的亲本、家系的数据在同一个平台上分析，充分发掘信息，提高亲本、家系评价的准确性，提高育种效率。②加强我国甘蔗分子育种技术研究，建立高效、规模化的甘蔗转基因改良技术平台，扩大甘蔗转基因改良的规模。③建立新的评价体系，参考澳大利亚 SRA（原 BSES）及巴西等蔗糖生产发达国家的经验与技术，结合我国甘蔗生产实际，研究制定甘蔗选育种的评价指标，研究各主要性状的权重。育种单位则以提高产业整体效益的经济遗传值来评价亲本、家系和育种材料。

参考文献

[1] Mike Cox, Mac Hogarth, Grant Smith. Cane breeding and improvement, in Manual of Cane Growing [M]. Brisbane Australia: Fergies printers, 2000: 91-108.

[2] Wu J, Huang Y, Lin Y, et al. Unexpected inheritance pattern of Erianthus arundinaceus chromosomes in the intergeneric progeny between Saccharum spp. and Erianthus arundinaceus [J]. PLoS One, 2014, 9 (10): e110390.

[3] 李昱，李奇伟，邓海华，等. 我国能源植物概况与能源型甘蔗斑茅后代前景展望 [J]. 甘蔗糖业，2014（3）：51-58.

[4] Que YX, Xu P, Wu QB, et al. Genome sequencing of Sporisorium scitamineumprovides insights into the pathogenicmechanisms of sugarcane smut [J]. BMC Genomics, 2014, 15: 996http: //www.biomedcentral.com/1471-2164/15/996.

[5] 莫建霖，刘庆庭. 我国甘蔗收获机械化技术探讨 [J]. 农机化研究，2013（3）：12-18.

[6] 刘庆庭. 甘蔗机械化生产技术 [J]. 农民文摘，2014（7）：42-43.

[7] 李如丹，张跃彬，杨丹彤，等. 云南蔗区多样性地形发展甘蔗全程机械化潜力研究 [J]. 中国农机化，2012（4）：71-74，51.

[8] 黄勇. 崇左市甘蔗收获机械化现状及对策 [J]. 农业与技术，2015（8）：46-106.

[9] 林艺华，肖胜华，刘营航，等. 甘蔗黄叶病毒 P0 蛋白分子特性及其抑制 RNA 沉默活性 [J]. 中国农业科学，2014（23）：4627-4636.

[10] 黄永吉，吴嘉云，刘少谋，等. 基于 GISH 的甘蔗与斑茅 F1 染色体遗传与核型分析 [J]. 植物遗传资源学报，2014（2）：394-398.

[11] 林秀琴，陆鑫，毛钧，等. 甘蔗属热带种与滇蔗茅远缘杂交 F1 代 GISH 分析 [J]. 西南农业学报，2013（4）：1327-1331.

[12] 王先宏，李富生，何丽莲，等. 甘蔗与蔗茅杂交双亲染色体在 F1 及 F2 子代中的传递 [J]. 热带作物学报，2014（1）：7-11.

[13] 陈东城. 我国农用地膜应用现状及展望 [J]. 甘蔗糖业，2014（4）：50-54.

[14] 刀静梅，刘少春，张跃彬，等. 地膜全覆盖对旱地甘蔗性状及土壤温湿度的影响 [J]. 中国糖料，2015（1）：22-23，25.

[15] 张华，罗俊，袁照年，等. 甘蔗机械化种植的农艺技术分析 [J]. 中国农机化学报，2013（1）：78-81.

[16] 张华，林兆里，罗俊，等. 我国甘蔗生产全程机械化的农艺技术分析 [J]. 中国糖料，2012（4）：73-75.

[17] 高铁静，方锋学，刘昔辉，等. 甘蔗与斑茅割手密复合体杂交后代的分子标记鉴定 [J]. 植物遗传资源学报，2012，13（05）：912-916.

[18] 张革民. 甘蔗与斑茅割手密复合体杂交后代的分子标记鉴定 [J]. 植物遗传资源学报，2012，13（5）：912-916.

[19] 刘昔辉，方锋学，高铁静，等. 斑茅割手密杂种后代真实性鉴定及遗传分析 [J]. 作物学报，2012（5）：914-920.

撰稿人：邓祖湖　林彦铨

甘薯科技发展研究

我国是世界上最大的甘薯生产国，依据联合国粮农组织年报、《中国农业年鉴》和产业技术体系调查报告综合分析，近年来我国甘薯种植面积由占全球的80%减少到45%左右，种植面积稳定在450万hm^2左右，年度间变幅5%左右；鲜薯单产平均在22t/hm^2左右，单产由略低于世界水平，提高到现在相当于世界水平的1.67倍，总产量保持在1.0亿t左右，占世界总产量的75%以上。我国甘薯总产量在国内粮食作物中仅次于水稻、小麦和玉米和马铃薯，政策折粮2000万t以上，实际折粮3300万t以上[1][2][3]。

一、我国甘薯学科研发主要进展

（一）最新研究进展

1. 甘薯分子生物学研究进展

近年来中国农业大学、四川大学、广东省农业科学院、江苏徐州甘薯研究中心等单位在甘薯分子生物学研究领域取得较大进展。Chen et al.（2013）利用cDNA差减库鉴定高系14号与其突变体农大辐14中的基因差异表达[4]；通过NADPH氧化酶抑制剂二亚苯基碘和减少谷胱甘肽可以缓解甘薯叶片衰老，减少过氧化氢的积累，下调衰老相关基因表达[5]。Jiang et al.（2013）从甘薯中克隆了碳水化合物代谢相关基因*IbSnRK1*，并进行特性鉴定，表明转基因烟草的淀粉含量显著提高[6]。Wang et al.（2013）对甘薯耐盐相关*IbNFU1*基因进行了分子克隆和功能分析；利用圆叶牵牛花青苷合成基因*DFR*为探针，从cDNA文库中克隆到*IbDFR*，过表达互补拟南芥突变体，RNAi紫色甘薯后，降低花青苷合成量。Yu et al.（2013）对甘薯*IbLCYe*基因进行了克隆和功能分析。Qin et al.（2013）对甘薯淀粉分支酶*SBE1*、*SBE2*进行了特性鉴定及表达分析。四川大学分离出编码甘薯淀粉分支酶（SBE）的基因*Sbe1*和*Sbe2*，并研究这两个基因的表达模式。青岛农业大学扩增出 2 个与逆境胁迫有关的 *Ran* 基因和 ASR 基因，并对其同源性进行了分析。四川大学、中科院上海植生所等已克隆出甘薯糖代谢、耐盐、花青苷合成、类胡萝卜素合成、开花调节等相关基因并进行了功能分析[7][8][9]。

Zhao et al.（2013）构建了基于 AFLP 和 SSR 分子标记的甘薯高密度分子连锁图谱，并定位了与甘薯干物质含量相关的 QTLs[10]。刘庆昌等（2013）用覆盖甘薯不同连锁群的 7 对 SSR 引物构建了 202 个主要甘薯品种的 SSR 指纹图谱，可应用于甘薯品种鉴定；国内学者在与甘薯淀粉含量、块根产量等相关性状的 QTLs 定位和分子标记上有新的进展。Yu et al.（2014）定位了与甘薯淀粉含量相关的 QTLs，Li et al.（2014）定位了与甘薯块根产量相关的 QTLs。Deng et al.（2014）分析了中国四川甘薯羽状斑点病毒和病毒 G 的遗传多样性和系统发育关系[11][12]。Zhao et al.（2013b）开发了与甘薯茎线虫抗性基因相关的 SRAP 标记。李爱贤等（2014）构建了甘薯胡萝卜素含量相关的分子连锁图谱并检测到 17 个与甘薯 β- 胡萝卜素含量相关的 QTLs，该研究结果有助于甘薯胡萝卜素合成相关性状基因的克隆及分子标记辅助育种体系的建立。

罗忠霞等（2014）采用 EST-SSR 标记构建了国家种质广州甘薯圃中 52 份甘薯种质资源的 DNA 指纹图谱[13]。Tao et al.（2013）通过转录组分析，对甘薯花特有基因和开花相关调节基因进行鉴定。Yan et al.（2014）利用甘薯转录组测序来搜索转座子。Gu et al.（2014）利用高通量测序开发了甘薯多聚腺苷酸 RNA virome 并用 15 种甘薯病毒进行了验证。

Fan et al.（2015）通过 RNA 干扰技术获得了抗甘薯茎线虫病较好的植株[14]。Zhai et al.（2015）研究发现甘薯 *IbMIPS1* 基因过表达显著增加甘薯耐盐、耐旱和茎线虫病抗性。Chen et al.（2015）在甘薯中克隆了一个 *SPAP1* 基因，实验证明 *SPAP1* 是一个典型的天冬氨酸蛋白激酶基因，参加了乙烯利介导的叶片衰老调控。Yan et al.（2015）对甘薯叶绿体基因组进行测序，获得了 16.1Kbp 的环状 DNA 分子结构草图。这由四部分组成，有一堆倒入重复分成 LSC 和 SSC。甘薯叶绿体 DNA 含有 145 个基因，包括 94 蛋白编码基因，其中 74 个单拷贝和 11 个双拷贝基因。

2. 品种选育

近年来甘薯品种选育的重点为食用型品种和淀粉型品种，在食用型品种中紫薯占的比例较高。育成品种种类较多，基本上满足了产业发展的需要，我国甘薯育种整体水平居世界领先，但是育成品种在抗逆性上无突破性进展[3]。王钊等（2014）在创新应用重复嫁接蒙导开花技术的基础上，采用挂蔓、整枝、打杈、疏蕾、环割等养分有效控制技术，以及多量重复、一父多母等授粉技术，提高了杂交亲本结实率。王建玲等（2014）针对紫色甘薯的特殊遗传机理，研究了培育紫甘薯品种的亲本材料选择、优势组合选配、杂交方式方法及品种快速选拔技术。季志仙等（2014）通过育种实践的总结，提出一种高效的早熟优质迷你型甘薯的育种技术体系。后猛等（2014）研究食用型甘薯品质性状变化及其与农艺性状的相关性，为食用品种选育提出了参考指标[15]。唐忠厚等（2014）通过耐低钾和钾高效型甘薯品种（系）的筛选，提出了品种评价指标。柳洪鹃等（2015）对不同产量水平甘薯品种光合产物分配差异进行研究，并探索出其产生原因。沈升法等（2015）通过对紫肉甘薯部分营养成分与食味进行关联分析，发现花青素含量和熟薯可溶性糖含量是紫肉甘薯的重要食用品质指标，紫肉亲本与高糖非紫肉亲本杂交是食用紫肉甘薯常规杂交育种的最好方法。刘水英等（2015）分析了不同肉色甘薯块根中基本营养物质和功能成分的差异。后猛等（2015）对橘红肉甘薯块根膨大期主要营养成分的变化动态及其相互关系进行了初步研究[16]。

近3年国家鉴定通过了一批专用型甘薯新品种。2013年烟薯25号、万薯5号、苏薯17号、浙薯259、广薯205、桂粉3号、宁紫薯2号、渝紫薯7号、宁菜薯2号等9个品种通过国家鉴定；2014年商薯9号、济薯26、鄂薯11、烟紫薯3号、绵紫薯9号、广紫薯8号、福薯24号、宁菜薯3号等8个品种通过国家鉴定；2015年渝薯17、皖薯373、漯薯11号、苏薯24、广薯08-6、龙薯28号、泉薯12、济紫薯1号、漯紫薯1号、苏薯25、鄂薯12、衢紫薯57、宁紫薯3号、浙紫薯2号、福宁紫3号、莆紫薯3号、鄂薯13、福菜薯20号、广菜薯5号等19个品种通过国家鉴定。此外有一大批品种通过省（市、区）级审（鉴、认）定。

3. 甘薯营养施肥和耕作栽培

近年来，各地围绕甘薯生产中重氮、轻磷、少钾等直接影响甘薯的产量和品质的施肥问题开展了研究，关于氮素利用的报道较多。研究表明，在不同氮水平下，甘薯生长前期 ^{15}N 主要分配到地上部，之后大量转移到块根，适量施氮有利于提高叶片叶绿素含量、光合速率、气孔导度、干物质积累量、氮磷钾积累值和鲜薯产量；过多施氮会导致产量下降。单施硫酸钾的钾肥农学效率比单施氯化钾高，而产量无显著差异；与单施硫酸钾相比，氯化钾与硫酸钾配施显著提高了甘薯 N、P、K 养分利用效率。陈功楷等（2014）研究表明：增施氮素对甘薯叶片光合作用和 CO_2 的响应均有一定的影响作用[17]；陈娟等（2014）研究了氮肥用量对甘薯干物质积累和氮磷钾吸收的影响[18]；陈晓光（2013）的氮肥和多效唑对甘薯叶片生理功能和产量的影响，研究表明封垄后喷施多效唑的时间越早，对甘薯生长和产量的影响效果越明显[19]。高璐阳（2013）、陈晓光（2015）、王钊（2015）、杨国才（2015）等研究了施氮量对甘薯产量、品质及氮素利用的影响[20]；戚冰洁（2013）等研究了外源氯对甘薯幼苗生长及养分吸收的影响[21]；唐忠厚（2013）研究了甘薯光合特性与块根主要性状对氮素供应形态的响应[22]；魏猛（2014）研究了不同氮水平对叶菜型甘薯光合作用及生长特性的影响[23]；徐聪（2014）研究了不同施氮量对甘薯氮素吸收与分配的影响，朱绿丹（2013）等研究不同土壤水分条件下施用氮肥对甘薯干物质积累及块根品质的影响[24]；房增国（2015）研究了8个鲜食型甘薯品种的氮营养差异；吴春红等（2015）研究了氮肥对不同品种紫甘薯块根营养品质的影响。宁运旺（2015）、柳洪鹃（2015）就甘薯产量形成差异，源库关系建立、发展和平衡及对氮肥施用的响应开展了相关研究。曹炳阁（2013）等研究了两种地力条件下不同氮肥用量对甘薯产量、氮磷钾养分吸收规律和氮肥利用率、农学效率以及经济效益的影响[25]。张海燕（2013）、后猛（2015）等研究了氮磷钾不同配比对甘薯产量和品质形成的影响[26]。

基施或封垄期追施钾肥显著提高块根干物质积累量和淀粉产量，提高支链淀粉含量、降低直链淀粉含量；基施钾肥处理的大型淀粉粒体积百分数高，而高峰期施用钾肥处理的中小型淀粉粒体积百分数高。Liu et al.（2013）研究了钾肥对产量、光合产物分配、块根酶活性和 ABA 含量的影响[27]；周全卢等（2013）研究了钾肥施用量与秋甘薯性状及产量之间的关系[28]；曾荼秀（2015）研究了不同施钾量对龙薯 14 产量的影响；陈晓光等（2013）研究了施钾时期对食用甘薯光合特性和块根淀粉积累的影响[29]；梁金平等（2014）认为不同钾肥施用量对夏甘薯生长及产量会产生较大影响；柳洪鹃等（2014）研究了施钾时期对甘薯块根淀粉积累与品质的影响及酶学生理机制[30]；滕艳（2014）研究了钾肥基施不同用量对甘薯产量及农艺性状的影响。岳瑞雪等（2013）利用长期定位试验研究了施肥对甘薯品质、RVA 特性和乙醇发酵特性的影响及其相互关系[31]。侯夫云、戚冰洁、吴巧玉等（2013）还报道了甘薯遮阴、干旱、盐分胁迫、地膜覆盖对甘薯产量品质的影响。

在逆境胁迫上仍主要集中在盐胁迫和干旱胁迫，盐胁迫下叶片的总氮、叶绿素含量降低，游离氨基酸含量增加，脯氨酸迅速累积。靳容（2014）、龚秋等（2014）分别提出干旱胁迫下钾对甘薯幼苗光合特性及根系活力的影响和生理变化指标[32]。刘伟等（2014）研究表明盐胁迫下，甘薯叶片的总氮含量、叶绿素含量、DNA 含量、RNA 含量都降低，游离氨基酸含量增加，脯氨酸迅速累积。陈晓丽等（2015）研究认为过表达 *Ib0r* 基因可以有效减轻甘薯在水分胁迫条件下受损害程度。龚秋等（2015）利用 PEG-6000 模拟干旱胁迫，研究了紫甘薯幼苗生理生化指标的变化。陆燕元等（2014）采用盆栽实验，研究了重度干旱胁迫（土壤田间持水量的 35% ~ 40%）对甘薯光合响应特性的影响，结果表明：甘薯最大净光合速率、光饱和点和表观量子效率、暗呼吸速率在干旱胁迫条件下明显下降，复水后又逐渐增加。陈潇潇等（2014）通过比较甘薯植株根部接受同光质光照对其光合速率及蒸腾速率的影响发现，遮光对照组光合速率最大，黄光处理组的蒸腾速率最大，绿光处理组水分利用率最大。袁振等（2015）开展了甘薯耐旱性品种苗期筛选及耐旱性指标研究。王刚（2014）研究了甘薯幼苗对 NaCl 胁迫的生理响应及外源钙的缓解效应。

近年来对甘薯地膜覆盖、栽培模式进行的生长发育和生理特性进行了研究，从理论上进一步阐述。邓小燕等（2013）研究玉米 / 大豆和玉米 / 甘薯模式下玉米磷素吸收特征及种间相互作用[33]，肖关丽等（2013）做了甘薯间作的光合效应及产量研究，江燕等（2014）研究地膜覆盖对耕层土壤温度水分和甘薯产量的影响，梁金平等（2013）对地膜覆盖栽培对夏薯增产因素进行了探讨，王翠娟等（2014）研究了覆膜栽培对甘薯幼根生长发育、块根形成及产量的影响[34][35]，兰孟焦等（2015）等研究了不同地膜覆盖对土壤温度和甘薯产量的影响，王小春等（2014）研究了玉 / 豆和玉 / 薯模式下土壤氮素养分积累差异及氮肥对土壤硝态氮残留的影响[36]。

甘薯产业技术体系研究集成了不同薯区“一季薯干超吨”和“丘陵薄地产量倍增”栽培技术规程，为高产创建提供了技术支撑。研发筛选了不同薯区起垄、移栽、打蔓、收获等机具，提出了配套的作业技术规程。研究建立了不同薯区氮磷钾养分丰缺指标，提出了操作性强的配方施肥技术。

4. 甘薯病虫害防治研究取得较大进展

近年来甘薯病毒病在我国大面积发生，在甘薯病毒种类鉴定、快速检测技术研究、病毒基因组研究等方面取得了一些重要进展，缩短了与国外的差距[37-48]。许泳清等（2013）对甘薯羽状斑驳病毒（SPFMV）进行了 ELISA 鉴定并建立了 RT-PCR 检测方法，汤亚飞等（2013）对侵染广东甘薯的曲叶病毒进行了检测和鉴定[40]，何海旺等（2014）建立了 SPFMV 和 SPVG 的反向斑点杂交体系，该体系可用于甘薯脱毒组培苗的前期检测[41]。张希太等（2014）对传统指示植物法检测甘薯病毒的技术进行了改进，建立了“甘薯、巴西牵牛试管苗嫁接法”，该方法是一种操作简单、灵敏度高、成本低的新检测方法[42]。乔奇等（2014）以原核表达的甘薯褪绿斑病毒（SPCFV）CP 融合蛋白为抗原，制备了该病毒的抗血清，抗血清的工作浓度高达 1∶10000，可有效用于田间甘薯样品检测[43]；王丽等建立了 SPCSV-WA 高效的实时荧光定量 PCR 检测方法的建立及应用。Deng et al.（2014）建立了能同时检测甘薯病毒 G、甘薯羽状斑驳病毒、甘薯病毒 C 和甘薯褪绿斑病毒 4 种甘薯病毒的多重磁珠 RT-PCR 方法[44]。Bi et al.（2014）研究建立了 SPLCV-JS 侵染性克隆接种方法，加速了甘薯双生病毒的分子生物学研究和抗病毒病育种研究[45]。Qin et al.（2013）利用双生病毒的兼并引物（BM-V [5′-KSGGGTCGA CGTCATCAATG ACGTTRTAC-3′] 和 BM-C [5′-AARGAATTCATKGGGG CCCARARRGACTGG C-3′]）获得了甘薯卷叶 Georgia 病毒（SPLCGoV），是中国关于 SPLCGoV 的首次报道[46]。

病毒基因组学方面，秦艳红等（2013）克隆了甘薯褪绿矮化病毒（SPCSV）外壳蛋白（CP）基因，构建其原核表达载体，并在大肠杆菌中进行了诱导表达。Qin et al.（2014）利用 RT-PCR 和 RACE 的方法获得了 SPCSV 5 个中国分离物的基因组全长序列，这是首次从传毒介体烟粉虱中获得的 SPCSV 全序列[47]。基因组结构分析表明，中国分离物分为 WA 和 EA 两个株系，编码的蛋白分别与 WA-Can181-9 和 EA-m2-47 分离物相同。Zhang et al.（2014）首次在中国圆叶牵牛（*Ipomoea purpurea*）上发现了 *Sweet potato leaf curl Georgia virus*（SPLCGV）的侵染[48]。Liu et al.（2013）在中国四川省甘薯样品中获得一种新的单组份双生病毒 SC- 1，并测定了其全基因组序列。

其他病害研究方面，徐振等（2014）研究表明，线虫基数越大，栽种后甘薯发病越早、越重[49]。Xu et al.（2014）研究表明甘薯抗、感茎线虫病品种地下茎提取物及根系分泌物都对甘薯茎线虫具有显著的吸引作用，胶乳提取物均对甘薯茎线虫具有强烈的驱避作用。Gao，B. et al.（2014）首次发表了国内根结线虫侵染甘薯的报道。李云龙等（2013）探讨了蒸汽重蒸法在防治甘薯茎线虫病中的作用。徐振等（2015）研究了甘薯茎线虫对甘薯的定向行为进行了研究。褚凤丽等（2014）筛选出了高效低毒的茎线虫防治药剂，江苏徐州甘薯研究中心集成了甘薯茎线虫病“选、控、封、防”综合防控技术，并在商丘、济宁、泗县进行了较大面积的示范。孙厚俊等（2013）报道了甘薯黑斑病苗期抗性鉴定方法，为抗病品种的选育提供了理论依据[50]。Wang et al.（2014）报道了中国首例由腐皮镰刀菌造成的储藏甘薯块茎的根腐和茎溃疡。河北农科院、福建农科院、徐州甘薯中心报道了多种新发生病害的病原鉴定结果[51]。

甘林等（2013）进行 8 种杀虫剂防治甘薯小象甲的药效对比试验，毒死蜱 EC 处理的防效最佳，陈荣空（2013）进行噻虫啉 CS 防治甘薯小象虫田间药效试验，喷施 2% 噻虫对薯重损失防治效果可达 74% 以上，同时提高了甘薯品质。朱玉灵等（2013）研究表明，5% 甲拌磷颗粒剂和 5% 毒死蜱颗粒剂在起垄前一次性施用均可有效防治甘薯地下害虫，并且不会造成感受收获时的农药残留。明确了甘薯蚁象主要防治药剂施用剂量与持效期的关系。王容燕等（2014，2015）研究了甘薯蚁象在重庆的发生规律及成灾原因，明确了甘薯蚁象性诱剂诱芯 GC 含量在自然环境下的动态变化以及与诱集效果的关系，确定了适宜的使用技术[52]。叶明鑫（2015）调查了甘薯小象甲的发生特点，并对原因进行了分析。国内杂草方面的研究主要集中在除草剂的筛选方面，杨育峰等（2013）、胡启国等（2013）、黄艳岚等（2014）研究发现乙草胺、二甲戊乐灵和乙氧氟草醚对甘薯田杂草的防除效果较好[53][54]。

5. 甘薯产后加工

近年来国内甘薯加工技术领域主要涉及甘薯色素及抗氧化能力研究、甘薯深加工技术、甘薯的营养成分研究及药理作用。甘薯花青素仍是研究热点，包括花青素含量的测定方法优化、提取纯化、萃取技术及理化特性，花青素抗氧化、保护肝脏及大脑、对粥样动脉硬化、肿瘤及癌细胞的人体的药理作用和功能性作用，研究了作用机理[55-57]。Zhang et al.（2013）研究了紫甘薯色素减轻高脂饮食小鼠肝胰岛素抵抗及相关信号通路。Zhang et al.（2014）研究表明紫甘薯花青素具有抑制高脂诱导的 SD 大鼠营养性肥胖的功能活性，其生理机制是通过抵抗氧化应激，并激活下丘脑瘦素及其下游的信号通路，从而降低血糖和血脂水平，抑制脂肪堆积和体重增加。Sun et al.（2014）考察了紫甘薯花青素对小鼠急性和亚急性酒精肝损伤的保护作用。Xu et al.（2015）利用 HPLC、NMRS 等鉴定了紫甘薯花青素组分并分析其稳定性。Sun et al.（2015）研究了紫甘薯色素通过阻塞 NLRP3 炎症体抑制内皮早熟性衰老的作用机制。

国内学者在甘薯淀粉生产技术、物化特性和结构分析等方面取得一定进展。中国科学院成都生物研究所提出了甘薯淀粉滚筒式逆向提取设备、甘薯淀粉清洁生产技术及资源化利用技术（王丰等，2013）。天津科技大学提出了双频超声辅助酸水解加工多孔淀粉的方法（胡爱军等，2013）。中国农业科学院农产品加工研究所开展了不同品种甘薯淀粉成分、物化特性及相关制品研究（余树玺等，2015；邢丽君等，2015）。Huang et al.（2015）探讨了脱支化和湿热处理对甘薯淀粉的结构和消化特性的影响[58]。Zhao et al.（2015）利用

NMRS 技术研究交联和羟丙基化甘薯淀粉取代基的水平和位置。

在甘薯成分分析方面主要研究了甘薯中黄酮和多酚、矿质元素、香气成分、多糖、可溶性糖以及糖蛋白等。Huang et al.（2013）采用动态超高压技术提取甘薯叶黄酮类物质并研究其抗氧化活性。Zhang et al.（2015）比较了甘薯叶多酚不同提取方法并采用 HPLC-QTOF-MS 技术鉴定其抗氧化组分[59]。Wu et al.（2015）研究了紫甘薯多糖特性、抗氧化和抗肿瘤活性。

甘薯能源化利用方面报道了甘薯乙醇发酵新技术、甘薯淀粉加工废渣、废水乙醇发酵等。王丰等（2013）将甘薯作为生产燃料乙醇的能源作物进行研发和应用，在解析薯类原料黏度产生的生化基础、开发降黏技术、选育高效菌株、阐明菌株压力应答机制、开发发酵调控工艺、研发高传质低能耗生物反应器、系统集成与规模化示范等方面展开了系统研究[60]。Zhang et al.（2013）探讨了利用生甘薯发酵制备燃料乙醇的技术。

在甘薯膳食纤维方面主要涉及膳食纤维提取分离、改性、组成成分、化学结构及生理特性等。目前国内研究大多集中在甘薯膳食纤维提取方面，常见的提取方法主要有酶解法、超声波辅助法、发酵法等[61][62]，如孙健等（2014）采用超声波辅助酶法提取甘薯渣膳食纤维，田亚红等（2014）采用黑曲霉发酵提取甘薯渣中水不溶性膳食纤维。常用的甘薯原料有甘薯块根、甘薯茎叶、甘薯渣和甘薯酒精发酵醪渣等，如彭辉等（2014）利用甘薯茎叶提取可溶性膳食纤维，张庆等（2014）利用甘薯酒精发酵醪渣提取膳食纤维。而在甘薯膳食纤维改性、组成成分、化学结构及生理特性等方面研究较少。中国农业科学院农产品加工研究所采用超微粉碎技术改性甘薯膳食纤维并研究其物化特性变化（王晓梅等，2013；赵仕婷等，2014）。孙健等（2014）分析了甘薯膳食纤维组成成分并探讨其对乙醇发酵的影响[63]。王晓梅等（2013）开展了利用甘薯膳食纤维防治 Wistar 大鼠肥胖症作用效果的研究。在甘薯膳食纤维研究和利用方面，今后应充分利用甘薯加工废弃物如甘薯渣生产制备膳食纤维，重点解决高效、安全、价廉的甘薯膳食纤维改性技术，开展甘薯膳食纤维结构和功能特性的基础性研究，以期为高附加值的甘薯膳食纤维保健食品的开发利用打下基础。

（二）团队、平台建设

1. 团队建设

国家现代农业产业技术体系建设甘薯团队共有 20 位岗位科学家，25 个综合试验站，分设遗传育种、耕作栽培、病虫害防控和加工利用四个功能研究室，团队成员 182 人，技术推广骨干 375 人。体系协调 550 余人从事甘薯产业技术的研发和示范。体系重点任务设置为“甘薯一季薯干产量超吨技术研发集成及示范”“甘薯丘陵薄地薯干产量倍增技术”，甘薯产业技术体系已经成为我国甘薯学科最重要的研究力量。

另外涉及甘薯学科的团队包括中国作物学会甘薯专业委员会和中国淀粉工业协会甘薯专业委员会，两会密切合作从学科发展和产业发展不同的层面上促进科研与产业结合。

2. 平台建设

现有国家甘薯改良中心、农业部甘薯生物学与遗传育种重点实验室等研究技术平台。国家甘薯改良中心包括已经建立的国家甘薯改良南充分中心和规划建立的国家甘薯改良济南分中心。

服务国家特殊需求“国家甘薯产业技术体系遗传育种与生物技术”博士人才培养项目，于 2012 年获得国务院学位委员会批准，2013 年开始招生；建立起一流的甘薯生物学高层次人才培养基地，培养高水平创新型“政产学研用”一体化甘薯生物学各类人才是该博士点的主要任务。

（三）重大成果简介

2013—2014 年甘薯领域未获得国家级科技成果奖励。获得科技成果奖励 36 项次，其中省部级以上奖励 161 项次。浙江省农业科学院主持完成的甘薯优异种质创新及应用获浙江省科学技术奖一等奖，江苏徐州甘薯研究中心主持完成的高淀粉多抗甘薯品种徐薯 22 的选育和利用获中华农业科技奖一等奖。

（1）薯类原料高效乙醇转化技术，2012 年荣获四川省科技进步一等奖，第一完成单位：中国科学院成都生物所，第一完成人：赵海。

针对甘薯乙醇发酵效率低、能耗大、废水废渣量大的共性瓶颈问题——高黏度、大体积的传质传热与产物对菌种的反馈抑制，采用糖苷键单克隆抗体芯片技术阐明甘薯黏度成因，开发出具有自主知识产权的降黏酶系及工艺；通过模拟工业发酵压力条件，选育到高产物反馈抑制耐性菌株；系统集成并建立了甘薯乙醇高效发酵技术体系并成功应用于生产，实现高黏度原料发酵、鲜甘薯高浓度发酵、快速发酵三大突破，乙醇浓度由 5% ~ 6% 增至 10% ~ 12%，发酵时间由 60h 缩短至 30h，黏度由＞40000mPa·s 降到＜1000mPa·s，废水 COD 由 60000mg/L 降到 40000mg/L，产生显著的经济效益。对薯类乙醇技术进步、节能减排有重大推动作用。

（2）甘薯优异种质创新及应用，2013 年获浙江省科学技术一等奖，第一完成单位：浙江省农业科学院，第一完成人：吴列洪。

该成果构建了高干率高胡萝卜素品种选育和种质创制的育种技术，较好地解决了甘薯胡萝卜素/花青素、干率、糖度/甜度等主要品质和多抗性的聚合育种难题，创新种质（浙薯 81、浙薯 13、浙薯 132 和浙紫薯 1 号）具有优异的品质和抗性，被同行育种单位应用，育种成效显著。

通过引进和利用国外高胡萝卜素资源 Gem，采用早代病圃筛选技术，聚合了自然开花、高淀粉、多抗中间材料的优良性状，创制出长江中下游薯区自然开花性好的多抗高胡萝卜素的核心育种亲本浙薯 81，已育成专用甘薯新品种 11 个；建立了甘薯专用品种早代定向选育技术体系，提高了优质专用甘薯品种选育效率；提出甘薯的甜度主要来源于蒸煮过程中产生的糖分而非生鲜薯糖分，熟薯可溶性糖与甜度具有较高的相关性；提出品种干率是影响油炸甘薯片硬度（松脆度）和含油量的重要因素，薯块干率24% ~ 26%的品种适合作为常温油炸薯片专用品种；育成多抗高淀粉紫甘薯新品种浙紫薯1号；建立了甘薯新品种浙薯13、浙薯132、浙紫薯1号的高产高效栽培技术体系和新品种产后加工技术。

（3）高淀粉多抗甘薯品种徐薯22的选育和利用，2013年获中华农业科技奖一等奖，第一完成单位；江苏徐州甘薯研究中心，第一完成人：马代夫。

该成果选育成功广适多抗高淀粉甘薯品种徐薯22，研究了其生长发育和生理特点。该品种广泛适于北方薯区和长江中下游薯区种植，抗病毒（SPFMV、SPLV）、根腐病，较抗茎线虫、不抗黑斑病，淀粉含量比徐薯18高2个百分点，薯干平均比徐薯18增产13.5%，徐薯22鲜薯乙醇发酵效率81.48%，是生产乙醇的理想品种；创建了以农艺性状、品质性状和AFLP、ISSR等分子手段相结合的亲本评价体系，建立了动态核心亲本群和亲本组配技术理论；改进和完善甘薯病毒检测和品种耐性鉴定方法，证明徐薯22耐病毒性强。首次建立品种抗侵入性和抗扩展性甘薯茎线虫病抗性鉴定技术，获得国家发明专利。建立分子标记辅助育种技术；截至2011年累计推广2012.7万亩，新增社会经济效益29.25亿元。

二、国内外甘薯研究的比较分析

中国甘薯学科近年来发展较快，在基础研究方面国内研究重点在于基因组、转录组及功能基因组学方面。国外研究甘薯的国家和组织主要在日本、韩国、美国、比利时和国际马铃薯中心等，重点在于基因克隆、功能验证。在基因克隆方面，中国研究者侧重于淀粉合成、耐旱、耐盐和抗病方面的基因；国外研究者则关注于花青素合成调控、抗氧化等相关基因[64][65]。在基因组方面，中国研究者获得了甘薯叶绿体全基因组序列，日本研究者初步获得了一个甘薯近缘祖先种全基因组序列。中国研究者更加关注遗传图谱和QTL定位。在资源研究方面，中国研究者正在对国家入库资源进行DNA指纹图谱研究，国外研究者主要进行甘薯起源、传播途径和遗传多样性分析。

育种方面世界各国的甘薯育种目标略有不同，发达国家重视食用保健品质、抗病虫及适宜机械化操作等，强调在满足市场需求的同时减少农药施用量。胡萝卜素含量是食用甘薯营养品质的一个重要指标。美国较早地将提高胡萝卜素含量作为一个重要的育种目标，选育出一大批胡萝卜素含量在100 mg/kg以上的品种，如Centennial、Virginan等。日本育成了农林37、农林51等高胡萝卜素品种。国际马铃薯中心（CIP）选育出高胡萝卜素甘薯品种440138、440185等。高淀粉甘薯育种方面，日本早在20世纪60年代就开始了甘薯高淀粉育种，先后育成南丰、金千贯、农林34等高淀粉品种，淀粉含量达28% ~ 30%。紫肉甘薯中花青素具有很强的抗氧化性，能有效地防止衰老和提高人体的免疫力。日本在20世纪80年代开始进行高花青素甘薯品种的筛选和改良，先后育成了山川紫、Ayamura-saki等品种。韩国也于1998年育成了适合食品加工用的紫心甘薯品种Zami。国内甘薯育种目标正向多样性方向发展，各育种单位越来越重视专用型品种的选育，以适应甘薯产业发展和人民消费观念改变的需求。在淀粉型甘薯方面，先后育成商薯 19、徐薯 22 等多个品种；育成维多丽、徐 22–5、岩薯 5 号等胡萝卜素含量较高的甘薯品种（系）；紫心甘薯品种济紫薯 1 号花青素含量高，适合食品和全粉加工，宁紫薯 1 号，成为国家甘薯区试特用组的对照品种；福薯 7–6 等菜用型品种的育成，以满足普通市民的多种需求。

甘薯耐逆性研究一直是国内外研究的热点问题。近年来，国内学者陆续开展了甘薯耐旱性、耐盐性的研究，但研究结果多集中在逆境条件下甘薯生长发育状况、耐逆性指标、产量等生理生化指标的研究。国外学者除关注逆境条件下生理指标的变化外，利用分子生物学手段，逐渐挖掘出一批耐旱、耐盐基因，并逐步转导到植株中，获得了一些优异的基因表达材料，并逐步开始运用到育种中。

国内学者就甘薯氮磷钾养分吸收状况；氮肥、钾肥施用量及其运筹，氮磷钾配施对甘薯生长发育特点、叶片光合能力、块根形成和膨大、产量和品质的影响开展了大量的研究，并注重对其影响甘薯产量和品质形成的生理生化机制方面的研究，也取得了较大的进展。但缺乏对施肥影响甘薯块根产量和品质形成的分子机制方面的研究。国外学者就氮磷钾营养对甘薯产量和品质形成方面的研究相对较少。

国内学者近年来对甘薯真菌性病害、细菌性病害、病毒病、虫害及草害进行了大量的研究，研究主要集中在病虫草害的发生规律、病原鉴定、防治技术、抗病基因分子标记等方面。同时，国内近年来甘薯病毒病发生较重，国内学者对病毒的检测技术、病毒种类鉴定、病毒病原学、病毒基因组学等进行了大量的研究，并取得了较大的进展，缩小了与国外甘薯病毒学研究的差距。国外学者关于甘薯病虫害的研究报道多集中于甘薯病毒病的研究，包括病毒分类、种类鉴定、病毒间互作、基因沉默等[66–68]。关于真菌病害和虫害的研究相对较少。对病虫害的防治以生物防治为主。国内病虫害研究的种类较多，多集中于发生规律、防治技术，对致病机理、分子机制等方面的研究较少，研究的深度有所欠缺。且防治技术更偏重于以农药为主的化学防治。国外研究甘薯病虫害种类较少，多集中于病毒病的研究，随着国内病毒病研究取得较大进展，与国外甘薯病毒学研究的差距在逐渐缩小。

三、战略需要和研究方向

1. 加强应用基础和基础研究

对国家甘薯基因库的种质资源全面鉴定和评价，建立国家甘薯核心种质。与国际马铃薯中心深入合作，全面研究和引进全球甘薯核心种质。

甘薯全基因组测序及全基因组选择育种：在当前国际合作基础上，与美国深入合作建立两个二倍体祖先种的高质量全基因组图谱，与日本、韩国共同建立甘薯全基因组草图。在此基础上进行全基因组选择育种。

甘薯储藏根膨大机理：甘薯产量形成是储藏器官发育膨大和淀粉合成与存储的同步过

程。深入研究糖信号如何驱动储藏根发育及淀粉积累。

基因组编辑技术在甘薯上的建立与应用：实现在生物体基因组水平上进行精确地敲除、插入或置换。

借助先进的分子生物学和蛋白质组学等技术和方法，从植物内源激素代谢、次级信号转导、激素间信号互作等不同层次上，研究如何优化逆境条件下甘薯根系建成和对环境适应性的分子机制。

2. 构建生物育种技术体系，加强专用型品种选育

利用基因工程和分子标记等高科技手段，克服常规育种过多依赖表型选择、耗时费力、变异难以控制等缺点，以缩短育种年限，提高育种效率，使甘薯育种上升到一个新的台阶。

优质专用型品种是发展甘薯产业的基础。要针对不同需求，开发相应的优质专用型甘薯品种；随着环境条件不断恶化和耕地面积的限制，甘薯愈来愈多地被种植在丘陵、山坡等土壤条件比较贫瘠的地区，耐盐、耐旱甘薯的培育将成为育种家们未来育种的一个重要目标。

3. 轻简化栽培技术

围绕化肥农药减施，多学科合作，结合甘薯生长发育特点，构建合理、高效的配套技术措施。

4. 病虫害防控机理与综合防治技术

加大对甘薯病毒病的致病机理、减产机制、抗（耐）病品种选育等研究，降低病毒病对甘薯造成的危害，保证甘薯产业的健康发展。

针对“北病（虫）南移，南病（虫）北迁”的现象，加强对不同薯区病虫害发生风险的研究。同时，应加强对新发病害如紫纹羽病、白绢病、黑痣病等发生规律、致病机理、分子机制、防治技术等的研究。

筛选甘薯专用型除草剂：随着劳动力的迁移，省工省时栽培将成为未来农业发展的方向，甘薯田如何安全、有效地进行杂草防除是急需解决的一个问题。

—— 参考文献 ——

[1] 联合国粮农组织（FAO）. 农业生产年报 2001—2013.http://www.fao.org/home/en/.

[2] 中国农业年鉴编辑委员会. 中国农业年鉴 2000—2012 [M]. 北京：中国农业出版社，2000—2012.

[3] 农业部科技教育司，财政部科教文司. 中国农业产业技术发展年报 [M]. 北京：中国农业出版社，2012—2014.

[4] Chen W，Zhai H，Yang Y J，et al. Identification of differentially expressed genes in sweetpotato storage roots between Kokei No. 14 and its mutant Nongdafu 14 using PCR-based cDNA subtraction [J]. JOURNAL OF INTEGRATIVE AGRICULTURE，2013，12 (4)：589-595.

[5] Chen，H. J.，Huang，Y. H.，Huang，G. J.，et al. Sweet potato SPAP1 is a typical aspartic protease and partici-

pates in ethephon-mediated leaf senescence[J]. J Plant Physiol，2015，180：1–17. doi：10.1016/j.jplph.2015.03.009.

[6] Jiang T，Zhai H，Wang F B，et al. Cloning and characterization of a carbohydrate metabolism-associated gene IbSnRK1 from sweetpotato [J]. SCIENTIA HORTICULTURAE，2013，158：22–32.

[7] Wang H X，Fan W J，Li H，et al. Functional characterization of dihydroflavonol-4-reductase in anthocyanin biosynthesis of purple sweet potato underlies the direct evidence of anthocyanins function against abiotic stresses [J]. PLOS ONE，2013，8 (11)：e78484.

[8] Qin H，Zhou S，Zhang Y Z. Characterization and expression analysis of starch branching enzymes in sweet potato [J]. JOURNAL OF INTEGRATIVE AGRICULTURE，2013，12 (9)：1530–1539.

[9] Tao X，Gu Y H，Jiang Y S，et al. Transcriptome analysis to identify putative floral-specific genes and flowering regulatory-related genes of sweet potato [J]. BIOSCIENCE，BIOTECHNOLOGY，AND BIOCHEMISTRY，2013，77 (11)：2169–2174.

[10] Zhao N，Yu X X，Jie Q，et al. A genetic linkage map based on AFLP and SSR markers and mapping of QTL for dry-matter content in sweetpotato [J]. MOLECULAR BREEDING，2013，32：807–820.

[11] Deng X G，Zhu F，Li J Y，et al. Genetic diversity and phylogentic analysis of sweet potato feathery mottle virus and sweet potato virus g in Sichuan，China [J]. JOURNAL OF PLANT PATHOLOGY，2014，96 (1)：215–218.

[12] Zhao N，Zhai H，Yu X X，et al. Development of SRAP markers linked to a gene for stem nematode resistance in sweetpotato，Ipomoea batatas (L.) Lam [J]. JOURNAL OF INTEGRATIVE AGRICULTURE，2013，12 (3)：414–419.

[13] 罗忠霞，房伯平，李茹，等. 基于 EST-SSR 标记的甘薯种质资源 DNA 指纹图谱构建 [J]. 植物遗传资源学报，2014 (4)：810–814.

[14] Fan，W.，Wei，Z.，Zhang，M.，et al. Resistance to Ditylenchus destructor Infection in Sweet Potato by the Expression of siRNAs targeting unc-15，a movement-related gene [J]. Phytopathology，2015，doi：10.1094/PHYTO-04-15-0087-R.

[15] 后猛，张允刚，王欣，等. 食用型甘薯品质积累规律及其与农艺性状相关性 [J]. 江苏农业学报，2014，30 (1)：31–36.

[16] 后猛，等. 橘红肉甘薯块根膨大期主要营养成分的变化动态及其相互关系 [J]. 江西农业学报，2015，27 (2)：22–25.

[17] 陈功楷，李红，孙娟，等. 增施氮素对甘薯叶片光合作用和 CO_2 的响应 [J]. 浙江农业学报，2014，26 (5)：1164–1170.

[18] 陈娟，曲明山，郭宁，等. 氮肥用量对甘薯干物质积累和氮磷钾吸收的影响 [J]. 农学学报，2014，3：35–38.

[19] 陈晓光，史春余，李洪民，等. 氮肥和多效唑对甘薯叶片生理功能和产量的影响 [J]. 西北农业学报，2013，2：71–75.

[20] 高璐阳，房增国，史衍玺 . 施氮量对鲜食型甘薯产量、品质及氮素利用的影响 [J]. 华北农学报，2014，29 (6)：189–194.

[21] 戚冰洁，曹月阳，张珮琪，等，外源氯对甘薯幼苗生长及养分吸收的影响 [J]. 江苏农业学报，2014，30 (1)：80–86.

[22] 唐忠厚，李洪民，张爱君，等. 甘薯光合特性与块根主要性状对氮素供应形态的响应 [J]. 植物营养与肥料学报，2013，19 (6)：1494–1501.

[23] 魏猛，唐忠厚，陈晓光，等. 不同氮水平对叶菜型甘薯光合作用及生长特性的影响 [J]. 江苏农业学报，2014，30 (1)：87–91.

[24] 朱绿丹，张珮琪，陈杰，等. 不同土壤水分条件下施氮对甘薯干物质积累及块根品质的影响 [J]. 江苏农业学报，2013，29 (3)：533–539.

[25] 曹炳阁，张辉，张永春，等. 不同地力条件下苏薯 8 号的养分吸收与氮肥推荐研究 [J]. 土壤，2013，

45（4）：598-603.

［26］后猛，李强，辛国胜，等．甘薯块根产量性状生态变异及其与品质的相关性［J］．中国生态农业学报，2013，21（9）：1095-1099.

［27］Liu H J，Shi C Y，Zhang H F，et al. Effects of potassium on yield，photosynthate distribution，enzymes activity and ABA content in storage roots of sweet potato（Ipomoea batatas Lam.）［J］．Australian Journal of Crop Science，2013，796：735-743.

［28］周全卢，杨洪康，李育明，等．不同钾肥处理对秋甘薯性状产量的影响［J］．福建农业学报，2013，28（1）：33-36.

［29］陈晓光，史春余，李洪民，等．氮肥和多效唑对甘薯叶片生理功能和产量的影响［J］．西北农业学报，2013，22（2）：71-75.

［30］柳洪鹃，姚海兰，史春余，等．施钾时期对甘薯济徐 23 块根淀粉积累与品质的影响及酶学生理机制［J］．中国农业科学，2014，47（1）：43-52.

［31］岳瑞雪，孙健，钮福祥，等．长期定位施肥对甘薯品质、RVA 特性和乙醇发酵特性的影响及其相互关系［J］．江苏农业学报，2013，29（1）：87-92.

［32］靳容，张爱君，史新敏，等．干旱胁迫下钾对甘薯幼苗光合特性及根系活力的影响［J］．江苏农业学报，2014，5：992-996.

［33］梁金平．地膜覆盖栽培对夏薯龙薯 24 号增产因素的探讨［J］．福建农业学报，2013，28（4）：324-329.

［34］邓小燕，王小春，杨文钰，等．玉米 / 大豆和玉米 / 甘薯模式下玉米磷素吸收特征及种间相互作用［J］．作物学报，2013，39（10）：1891-1898.

［35］王翠娟，史春余，王振振，等．覆膜栽培对甘薯幼根生长发育、块根形成及产量的影响［J］．作物学报，2014，40（9）：1677-1685.

［36］王小春，杨文钰，邓小燕，等．玉 / 豆和玉 / 薯模式下土壤氮素养分积累差异及氮肥对土壤硝态氮残留的影响［J］．水土保持学报，2014，28（3）：197-203，221.

［37］Y. P. Xie，J. Y. Xing，X. Y. Li，et al. Survey of sweetpotato viruses in China［J］．Acta virologica，2013，57：81-84.

［38］王丽，乔奇，张振臣．甘薯羽状斑驳病毒实时荧光定量 PCR 检测方法的建立［J］．沈阳农业大学学报，2013，44（2）：129-135.

［39］乔奇，张振臣，秦艳红，等．甘薯褪绿矮化病毒西非株系 RT-LAMP 检测方法的建立［J］．中国农业科学，2013，46（18）：3939-3945.

［40］汤亚飞，何自福，韩利芳，等．侵染广东甘薯的甘薯曲叶病毒分子检测与鉴定［J］．植物保护，2013，39（4）：25-28.

［41］何海旺，何虎翼，谭冠宁，等．反向斑点杂交法快速检测甘薯羽状斑驳病毒和甘薯 G 病毒［J］．南方农业学报，2014，45（1）：43-48.

［42］张希太，张彦波，肖磊，等．指示植物检测甘薯病毒技术的改进研究［J］．西南农业学报，2014，27（4）：1509-1513.

［43］乔奇，张振臣，秦艳红，等．甘薯褪绿斑病毒外壳蛋白基因的分子变异及其抗血清制备［J］．植物病理学报，2014，44（6）：634-640.

［44］Deng X G，Zhu F，Li J Y，et al. Genetic diversity and phylogentic analysis of sweet potato feathery mottle virus and sweet potato virus g in Sichuan，China［J］．JOURNAL OF PLANT PATHOLOGY，2014，96（1）：215-218.

［45］Bi Huiping，Zhang Peng. Agroinfection of sweet potato by vacuum infiltration of an infectious sweepovirus［J］．Virologica Sinica，2014，29：148-154.

［46］Y Qin，Z Zhang，Z Qiao，et al. First Report of Sweet potato leaf curl Georgia virus on sweet potato in China［J］．plant disease，2013，97（11）：1388.

［47］Qin Yanhong，Wang Li，Zhang Zhenchen，et al. Complete genomic sequence and comparative analysis of the genome segments of Sweet potato chlorotic stunt virus in China［J］．PLoS ONE，2014，9，doi：10.1371/journal.

pone.0106323.

[48] Zhang S B, Du Z G, Wang Z, et al. First Report of Sweet potato leaf curl Georgia virus infecting Tall Morning Glory (Ipomoea purpurea) in China [J]. Plant Disease, 2014, 98: 1588.

[49] 徐振，赵永强，孙厚俊，等. 甘薯生长期及茎线虫种群基数对茎线虫病发病程度的影响 [J]. 西南农业学报，2014，27（4）：1505-1508.

[50] 孙厚俊，赵永强，谢逸萍，等. 一种甘薯黑斑病苗期抗性鉴定方法 [J]. 徐州工程学院学报,2013,28(3): 77-84.

[51] 黄立飞，罗忠霞，房伯平，等. 甘薯茎腐病的研究进展 [J]. 植物保护学报，2014，41（1）：118-122.

[52] 王容燕，李秀花，马娟，等. 应用性诱剂对福建甘薯蚁象的监测与防治研究 [J]. 植物保护,2014,40(2): 161-65.

[53] 杨育峰，李君霞，代小冬，等. 5 种除草剂对甘薯田间杂草的防除效果 [J]. 河南农业科学,2013,42（7）: 88-90.

[54] 胡启国，王文静，杨爱梅. 甘薯田间杂草高效除草剂筛选试验 [J]. 山西农业科学，2013，41（7）：735-737.

[55] Jianteng Xu, Xiaoyu Su, Soyoung Lim, et al. Characterisation and stability of anthocyanins in purple-fleshed sweet potato P40 [J]. Food Chemistry, 2015, 186 (1): 90-96.

[56] Qun Shan, Yuanlin Zheng, Jun Lu, et al. Purple sweet potato color ameliorates kidney damage via inhibiting oxidative stress mediated NLRP3 inflammasome activation in high fat diet mice [J]. Food and Chemical Toxicology, 2014, 69: 339-346.

[57] 孙梦茹，朱大伟，姚忠，等. 耐盐紫甘薯花色苷组分分析和抗氧化性研究 [J]. 天然产物研究与开发，2014（6）：935-942.

[58] Tingting Huang, Danian Zhou, Zhengyu Jin, et al. Effect of debranching and heat-moisture treatments on structural characteristics and digestibility of sweet potato starch [J]. Food Chemistry, 2015, 186 (1): 90-96.

[59] Lu Zhang, Zongcai Tu, Hui Wang, et al. Comparison of different methods for extracting polyphenols from Ipomoea batatas leaves, and identification of antioxidant constituents by HPLC-QTOF-MS2 [J]. Food Research International, 2015, 70: 101-109.

[60] 王丰，靳艳玲，方扬，等. 甘薯乙醇发酵新技术研究 [J]. 农业工程技术（农产品加工业），2013（11）: 55-57.

[61] 孙健，钮福祥，岳瑞雪，等. 超声波辅助酶法提取甘薯渣膳食纤维的研究 [J]. 核农学报，2014，28（7）: 1261-1266.

[62] 田亚红，常丽新，贾长虹，等. 黑曲霉发酵提取甘薯渣中水不溶性膳食纤维的工艺研究 [J]. 粮油食品科技，2014，22（4）：86-88.

[63] 孙健，钮福祥，岳瑞雪，等. 甘薯膳食纤维构成及对乙醇发酵的影响 [J]. 中国粮油学报，2014，29（5）: 18-21.

[64] Kim S H, Ahn Y O, Ahn M J, et al. Cloning and characterization of an Orange gene that increases carotenoid accumulation and salt stress tolerance in transgenic sweetpotato cultures [J]. PLANT PHYSIOLOGY AND BIOCHEMISTRY, 2013, 70: 445-454.

[65] Kim Y H, Jeong J C, Lee H S, et al. Comparative characterization of sweetpotato antioxidant genes from expressed sequence tags of dehydration-treated fibrous roots under different abiotic stress conditions [J]. MOLECULAR BIOLOGY REPORTS, 2013, 40: 2887-2896.

[66] Mingqiang Wang, Jorge Abad, Segundo Fuentes, et al. Complete genome sequence of the original Taiwanese isolate of sweet potato latent virus and its relationship to other potyviruses infecting sweet potato [J]. Archives of Virology, 2013, 158 (10): 2189-2192.

[67] Swapna Geetanjali, S. Shilpi, Bikash Mandal, et al. Natural association of two different betasatellites with Sweet

potato leaf curl virus in wild morning glory（Ipomoea purpurea）in India［J］. Virus Genes，2013，47（1）：184-188.

［68］Joao De Souza，Segundo Fuentes，Eugene I. Savenkov，et al. The complete nucleotide sequence of sweet potato C6 virus：a carlavirus lacking a cysteine-rich protein［J］. Archives of Virology，2013，158（6）：1393-1396.

撰稿人：马代夫　曹清河　后　猛　陈晓光　孙厚俊　孙　健
李　强　唐　君　李洪民　谢逸萍　钮福祥

马铃薯科技发展研究

马铃薯（*Solanum. tuberosum* L.）在全世界范围内一直是重要的粮食作物，其营养全面、产量高、种植区域广。中国目前是全球最大的马铃薯生产国，栽培面积和总产量均居世界第一位。马铃薯栽培区域广泛，从高海拔的山区到平原，从南到北、从东到西，一年四季均有种植，因其具有耐旱、耐寒、耐贫瘠、适应性广等特点，成为贫困地区促进粮食生产和脱贫致富的优势农作物，也是南方冬作区有较高种植效益的新作物。近年来，经国家马铃薯产业技术体系专项经费的支持，在资源创新与遗传育种、栽培技术研究与推广、病虫草害防治、种薯生产、田间机械、贮藏加工及产业经济等领域均获得了较大的科技进展。

一、本学科近年的最新研究进展

（一）资源创新与遗传育种

马铃薯资源创新与遗传育种的研究一直是国内马铃薯研究的主要领域，随着生物技术的飞速发展，研究的手段和技术有了较大程度的改善，育种理论和技术的深入研究为新品种的选育提供了有力的保障和技术支撑。

1. 种质资源研究

马铃薯重要性状的基因定位和基因发掘是这几年遗传资源改良和创新研究的重点，研究的领域主要集中在以下方面：抗旱、耐低温和耐盐等抗逆境遗传图谱的构建、基因定位及功能分析；品质相关基因的定位及功能分析；抗病关键基因的研究。代表性的研究结果有：①从马铃薯基因组中筛选并克隆了抗逆相关的 *StSnRK2* 基因家族序列，研究了该基因的组织表达特性和不同逆境胁迫下基因家族的表达与生理特性，初步揭示了马铃薯 *StSnRK2* 基因家族成员的功能、表达模式及可能参与的抗逆信号途径[1]。②从耐冻性不同的各马铃薯野生种中分离了不饱和脂肪酸合成途径中的关键脱氢酶基因 *SAD* 和 *FAD2*

基因，开发了 *SAD* 基因的 CAPS 标记并进行了耐冻相关性验证，明确了该基因在低温调控中的功能及其作用[2]。③以 PHU-STN 杂种无性系材料，通过 SSR 和 AFLP 分子标记技术构建马铃薯分子遗传图谱，对马铃薯耐盐相关形态性状进行初步定位，为马铃薯耐盐基因的精细定位和克隆提供理论与材料基础[3]。④对 2 个在抗低温糖化马铃薯野生种 *S. berthaultii* 块茎低温贮藏早期上调表达的基因 *SbTRXh1* 与 *Sb14-3-3* 进行了克隆与分析，研究了其在马铃薯植株生长与块茎贮藏过程中的表达情况，以及表达量变化对块茎低温糖化的影响，并对块茎低温贮藏期间与两个蛋白互作的蛋白质进行了分离与鉴定[4]。⑤利用 RACE 方法结合 PCR 技术，从水平抗性材料 386209.10 中克隆了一个小 G 蛋白基因，命名为 *StRab*。序列分析表明，该基因具有家族所特有的保守区域，进一步证明其为 Rab 基因家族的成员。该基因超量表达后对晚疫病抗性有显著作用，而抑制表达后则没有差异[5]。

结合抗旱棚内人工灌溉和田间自然降水鉴定，创制了抗旱资源 12 份、抗病资源 48 份、抗寒资源 4 份、早熟资源 3 份，创制高铁、高锌、高蛋白和和高维生素 C 等育种材料 7 份，从 *S. pinnatisectmum* 和 *S. microdontum* 筛选出 6 份抗甲虫材料。

2. 育种理论与技术研究

马铃薯育种理论与技术研究有了一定的进展，开展了较多的关于资源材料的低温保存技术研究[6]，建立了高效广谱的马铃薯茎尖超低温保存技术体系；分析茎尖超低温保存过程中茎尖细胞的组织学伤害，超微结构变化，冰晶伤害、氧化伤害和超低温保存可能造成的再生植株遗传变异；建立了二倍体马铃薯组培再生体系及叶片和悬浮细胞原生质体培养体系[7, 8]，对块茎部分品质性状建立了无损快速、高效的近红外分析模型[9]，建立了实验室内 PEG-8000 模拟干旱的评价体系和电导率法进行抗寒性鉴定的实验方法[10, 11]。

建立了一套能同时检测与 PVY 抗性连锁的 *RYSC3* 标记和与 PVX 抗性连锁的 *Rxsp* 标记的多重 PCR 体系，可以应用于种质资源育种和育种后代的抗病毒分子标记辅助选择[12]。建立了病毒诱导的基因沉默技术，可在本氏烟草中对马铃薯抗病相关基因的功能进行初步的快速鉴定[13]。

克隆了广谱性晚疫病抗性基因 *RD*、耐寒相关基因 *SAD2* 和 *FAD2*、抗晚疫病相关基因 *StBCE2*，并分析了这些基因的表达，构建了马铃薯 *StTOM1* 和 *StTOM3* 双干扰植物双元表达载体并进行了转化验证；研究了马铃薯蛋白激酶基因 *StPki* 的遗传转化及表达；明确了富利亚和窄刀薯杂种无性系（*S.phureja-S.stenotomum*）是改良马铃薯块茎铁和锌含量宝贵的资源材料；定位了 11 个与试管苗抗旱相关的 QTLs；建立了 PVX 和 PVY 抗性分子标记辅助选择技术体系和抗青枯病分子标记辅助选择体系。

3. 新品种选育

马铃薯品种选育重点是专用品质好、薯形美观、芽眼浅、高产、抗病抗逆等，北方一作区以中熟和晚熟品种为主，中原二季作区以早熟或结薯早、薯块膨大快的品种为主，西南一二季作混作区的高海拔地区主要是高抗晚疫病的中晚熟和晚熟品种，而中低海拔地区为抗晚疫病、病毒病的中熟和早熟品种，南方冬作区则需要抗晚疫病和耐湿耐寒耐弱光的中、早熟品种。从专用性上，马铃薯品种选育主要分为鲜薯食用品种、淀粉加工品种、油炸食品加工和全粉加工品种、特色品种等类型。

2012—2014 年共审定马铃薯品种 87 个，申请品种权 7 个。通过国家级审定的品种 10 个，通过省级审定的品种 77 个。其中有食品加工品种 3 个，高粉品种 12 个，彩色马铃薯品种 4 个，品种类型更加丰富，亲本来源多样化。

（二）高效栽培技术研究与推广

随着马铃薯栽培区域的逐年扩大，已越来越成为各产区农民增加收入的重要作物，丰产高效栽培技术的研究逐渐深入，推广应用范围越来越广，不同区域的主要栽培模式包括：

1. 全程机械化栽培

在马铃薯主产区的东北、华北以及西北地区，由于栽培面积较大、播种收获时期相对集中，为了节约劳动力成本和提高生产效率，全程机械化栽培的生产方式发展迅速。专业合作社、家庭农场和马铃薯生产企业多采用这个生产模式。新疆等马铃薯生产新区也开始采用全程机械化栽培模式进行马铃薯生产，可大大降低生产成本，使当地的马铃薯种植规模有继续扩大的可能，以满足本地及出口马铃薯市场的需求。

2. 旱地覆膜节水栽培

马铃薯主产区旱作覆膜节水栽培技术研究日渐深入，应用范围逐渐扩大。宁夏、甘肃、内蒙古和云南等无灌溉条件的旱作区根据当地的气候特点和栽培模式，开展相关研究，研究内容包括起垄方式、覆膜方式、覆膜时期以及施肥的影响[14, 15]，探索出了适宜不同地区各具特色的覆膜节水栽培技术。

3. 集雨补灌栽培

在北方一季作产区的干旱地区，开展了集雨以及补灌的栽培技术研究。其中高垄覆膜滴灌栽培就是一种新型的栽培模式，其将覆膜种植与水肥一体化相结合，成为内蒙古干旱地区马铃薯增产节水的有效措施[16]。宁夏干旱地区采用微集流集雨灌溉的方式，利用马铃薯种植的沟垄集雨带型比，充分利用自然降雨达到马铃薯增产的目的[17]。地膜覆盖垄上微沟集雨技术[18]和垄膜沟植的集雨栽培是甘肃和内蒙古阴山北麓旱作区着力推广的马铃薯栽培新模式，具有增温保墒、集纳降水的作用，增加植株微环境内的土壤水分含量，从而获得稳产高产。

4. 间作套种栽培

间作套种栽培成为中原二季作地区和西南山区马铃薯生产的主要模式。四川西南山区海拔 1800 ~ 2000m 的区域和海拔 2500m 以上的山区，分别采用马铃薯和玉米 2∶2 间套作以及马铃薯与蔬菜间套作带状种植模式，集约利用土地和有效的生长季节，明显减轻晚疫病的发生[19, 20]。在安徽濉溪采用豌豆 + 甜瓜 / 马铃薯 + 玉米—胡萝卜一年五熟的高效间套种模式，净收入约 6.5 万元 / 公顷，经济效益是小麦—玉米和小麦—大豆等传统种植模式的 2 ~ 3 倍[21]。云南海拔 1400 ~ 2400m 的区域内马铃薯与其他作物间套作是主要的栽培模式，1400m 以下地区的冬作马铃薯可采用甘蔗和马铃薯套作的模式[22]。

5. 高垄栽培

高垄栽培是近年来有一定应用的新的栽培模式，该模式的应用区域有两个，一个是北方一季作旱作区，一般采用高垄双行地膜覆盖的方式进行马铃薯生产，覆膜的方式有全膜和半膜，高垄。二是中原二季作区和南方冬作区，能增加田间通风透光，提高光能利用率，从而提高单位面积产量。

6. 冬作栽培

南方冬作区马铃薯栽培面积迅速扩大，科学研究的领域逐渐拓宽，研究内容逐渐深入。进行了稻草覆盖量对产量及贮藏的影响[23, 24]，施肥方式对马铃薯生长的影响和不同营养元素的吸收积累特性的研究[25]，低温冻害的防寒减灾措施及高效栽培技术，提出了在冬作区利用 SPAD 值快速进行氮素营养诊断的方法[26]。

（三）病虫草害防治

1. 真菌病害

在连翘中发现一类与木质素合成相关的 *Dirigent* 基因，通过 PR–PCR 和 RACE 技术获得了 cDNA 序列，该基因在致病疫霉诱导下可上调表达，基因在马铃薯根组织中的表达量最高，揭示了致病疫霉与寄主植物马铃薯的侵染应答的相关性[27]。从组织化学层面探究了 β- 氨基丁酸（BABA）诱导马铃薯晚疫病抗性过程的防卫反应极相关信号途径，发现 BABA 能够从多个层面诱发马铃薯基础防御反应，从而提高马铃薯对晚疫病的抗性，这种诱导抗性依赖水杨酸信号传导途径[28]。利用 AFLP 技术揭示出了黑龙江和河北省马铃薯早疫病菌丰富的遗传多样性，早疫病菌 AFLP 基因型与地理来源存在着密切的相关性[29]。在不同区域集成了晚疫病和早疫病综合防控技术并进行了示范和辐射。

2. 细菌病害

发现柠檬酸可通过直接抑菌和诱导抗性来减轻马铃薯干腐病的发生。证明拮抗放线菌 JY–22 对马铃薯干腐病菌 *F. solani* 菌丝生长和孢子萌发均有很强的抑制作用[30]。崔岩等研究发现一种新的木霉菌对干腐病具有拮抗作用。陈淑琴等研究发现放线菌 D01 对马铃薯干腐病菌、黑痣病菌、炭疽病菌和早疫病菌均表现显著的拮抗作用，其中对马铃薯干腐病菌和黑痣病菌的持续抑菌作用最强。确定引起甘肃省马铃薯黑痣病的优势融合群 AG–3，病原菌产生的粗毒素可能是导致黑痣病发生的主要原因之一。发现枯草芽孢杆菌菌株 XC5 对马铃薯黑痣病的防效最高，其抗菌活性物质具有挥发性。鉴定对马铃薯黑痣病具有显著拮抗效果的类芽孢杆菌菌株 G1，其对马铃薯立枯丝核菌有良好的抑制效果。系统地研究了马铃薯抗黑痣病鉴定技术，确定了与黑痣病抗性相关的形态、生理及其他相关指标[31]。鉴定疮痂病拮抗菌株 ZWQ–1 为枯草芽孢杆菌，其对 4 种不同的马铃薯疮痂病菌均有一定的拮抗作用[32]。

3. 其他

用 RT–PCR 结合 RACE 的方法从马铃薯腐烂茎线虫（*Ditylenchus destructor*）中克隆了 1 个类毒液过敏原蛋白新基因 *Dd-vap-1*，该基因可能在马铃薯腐烂茎线虫侵染甘薯的早期阶段起重要的作用。发现 2–cysteine 型过氧化物还原酶（2–Cys Prx）在抵抗外源性 ROS 保护植物线虫表皮免受氧化性损害以及线虫生长发育方面具有重要作用[33]。

（四）种薯生产

1. 病毒病害的分子检测

建立了用实时荧光 PCR 技术检测马铃薯 A 病毒的新方法[34]。利用多重 RT–PCR 技术同时进行多种马铃薯病毒病害快速检测的技术[35]。在马铃薯上首次检测到马铃薯 H 病毒，是 *Betaflexiviridae* 科 *Carlavirus* 属的新成员，其在国内马铃薯产区分布广泛。

2. 种苗脱毒及快繁

种苗的脱毒与快繁是马铃薯原原种生产的基础，进行了不同品种茎尖脱毒技术的研究，不同浓度 CPPU 与 6–BA 对不同品种马铃薯组培苗不定芽的影响研究，马铃薯试管薯壮苗与诱导结薯培养基组合筛选，以及针对紫色马铃薯品种紫云 1 号进行的离体培养及试管薯诱导的研究[36]。随着新品种的不断育成，此类研究工作始终在进行。检测超低温脱除马铃薯卷叶病毒（PLRV）和马铃薯 Y 病毒（PVY）的效果；探究超低温脱毒的机理和提高超低温疗法效率的方法和手段。进行了马铃薯组培苗培养中 LED 光源和培养基组合的优化。

3. 脱毒种薯高效生产

马铃薯脱毒种薯的生产技术一直以来都是研究较为集中的领域，不同的种薯生产区域针对各自的生态环境、气候特点开展了大量因地制宜的技术研发。如宁夏的宁南山区、甘肃的天水和会川、四川凉山进行的原原种生产技术研究，甘肃秦王川总结的盐碱地日光温室微型薯生产关键技术，以及湖北恩施、陕西汉中和云南会泽进行的种薯标准化生产技术研发。形成了不同种薯产区各具特色的种薯繁育体系。

（五）田间机械

据统计，全国申报马铃薯机械专利共计 15 项，其中播种机械专利 4 项，收获机（挖掘机）10 项，茎叶切碎机实用新型 1 项。马铃薯种植机械采用了 GPS（卫星定位系统），进行马铃薯整地和播种作业，实现无人驾驶，并向精准农业发展。研究了马铃薯播种机双轮盘排种器相位调整机构，实现了马铃薯播种机双轮盘排种器的左、右排种轮盘之间投种相位角的调节，提高了作业速度和作业精度。植保机械开发了一种农田信息采集无线传感器网络，可采集田间数据直接传回操作系统。开发作物识别系统，采用视觉识别系统，可进行马铃薯或其他作物株间、行间机械除草。我国应用的喷灌设备国产化程度很低，关键部件及控制系统仍需从国外进口。因此，核心技术及系统控制技术尚需深入创新研究。国内马铃薯收获机专利研发一种防堵机构：由前导轮、压草轮、挖掘铲分石栅、升运链和仿形压垄轮共同组成，解决了马铃薯收获机作业过程中易产生堵塞、壅土作业阻力大等技术难题，作业效率比以前提高 1.5 倍。

（六）贮藏与加工

公开了一种调控马铃薯贮藏窖内温湿度的压差式通风系统[37]。在甘肃新建 6341 座小型马铃薯贮藏窖，新增贮藏能力 13.8 万吨，研制出贮藏强制通风的自控系统 4 台。利用无线传感器网络技术的监控系统对贮藏环境进行监控。研制马铃薯抑芽保鲜剂 1 种。

马铃薯加工领域研究取得了较大进展。设计了马铃薯机器视觉分级系统和机械损伤检测方法[38, 39]，建立了一系列与加工和营养相关的品质指标的快速检测方法，进行了加工污染物处理及副产品加工的相关技术研究[40]。试制并配套形成了半成品净菜的加工生产线，在多家企业安装了马铃薯淀粉加工分离汁水的蛋白提取装置。

（七）阶段性重要成果

1. 优质、多抗、广适专用马铃薯品种选育与推广应用

建立了密切合作的育种生态点网络，运用包括分子标记辅助育种技术等综合育种方法，结合高代品系产量鉴定、主要病（逆）抗性鉴定和品质测试分析等同步进行，育成了几十个集薯形外观品质好、商品性高、丰产潜力大、多抗性突出、适应性广等特性于一体的新品种，丰富了品种类型，大部分品种在生产上已经大面积种植，新育成品种年种植面积 500 万亩左右，加快了我国马铃薯品种更新换代速度。年新增社会效益约 100 亿元。

2. 马铃薯覆膜抗旱高产栽培技术

西北华北的十年九旱、西南的春旱成了严重影响我国马铃薯生产的主要限制因素，体系研发的旱作雨养农业区利用研发的各种垄沟覆膜（全膜垄播、全膜侧播、半膜侧播、秋覆膜、顶凌覆膜和平播后起垄）栽培技术，显著阻碍了土壤水分蒸发，更好地集留住大量无效降雨，土壤贮水量保持较高水平，满足植株生长发育所需，使植株开展度、株高及全株和根系干物质含量显著提高，特别是生长后期，膜覆盖模式的干物质积累量较其他模式高出 64.82% ~ 231.6%，产量增幅高达 36.29% ~ 86.75%。

3. 早熟马铃薯防寒高效生产技术

近 10 年来我国早中原二季作区和南方冬作区早熟马铃薯种植为了追求早上市、高效益，过度施用化肥农药，并易遭受低温冷害，导致重大损失。体系经过联合研究，建立了快速简便准确的马铃薯耐冻性鉴定技术，筛选及选育出 20 余份抗寒早熟品种，制订春作多膜覆盖、控水减肥减药高效种植、南方冬闲田双膜覆盖、马铃薯套种甘蔗和病害防控技术等操作规程 10 余套；集成二季作防寒早熟高效生产综合技术 10 余套，累计推广新品种 1285 万亩、新技术 1131.6 万亩，总增产鲜薯 767.5 万吨、增效 96.3 亿元。

4. 马铃薯早疫病基础性研究及综合防控技术

近年早疫病在我国发生明显加重，造成植株提早枯死，严重减产，而生产上缺乏有效综合防控技术。经过几年研究，完成了早疫病菌（*Alternaria solani*）全基因组测序，利用开发的 SSR 引物对野生和突变菌株后代进行等位基因分析，明确了准性生殖为早疫病菌变异的主要途径。建立了早疫病菌分离、纯化和保存技术。制定了马铃薯对早疫病的抗性鉴定技术规程。建立了以抗病品种为基础化学防控保障的早疫病综合防控技术体系，并在重发区进行了示范推广。

二、国内外研究进展比较

（一）国外的研究概况

1. 遗传育种

国外马铃薯育种研究主要集中在抗旱、抗病、块茎形成调控和品质相关基因的定位及遗传图谱的构建上。荷兰定位了二倍体群体的 28 个抗旱相关、17 个恢复能力相关和 2 个水胁迫相关的 QTLs，构建了 2 个广谱性晚疫病抗性基因 *Rpi-cap1* 和 *Rpi-qum1* 的高密度遗传图谱[41]；波兰将晚疫病抗性基因 *Rpi-rzc1* 和 *Rpi-mch1* 分别定位于 10 号和 7 号染色体上[42]；发现了 1 个影响熟期和诱导块茎形成的核心调控子基因，其等位变异使马铃薯能在长日照下结薯并在不同纬度地区广泛栽培[43]；开发了多个影响块茎淀粉含量和产量、炸片品质的亮氨酸氨基肽酶 SNP 标记[44]；鉴定了在块茎形成的早期阶段起重要作用、影响介导激素分配的跨膜蛋白基因 *StPIN*[45]。在育种技术方面，利用 BLUP（best linear unbiased prediction）预测方法，在掌握育种材料系谱信息的基础上，可较准确的评估低遗传力性状的育种值，大大提高育种后代的选择效率[46]；并将抗马铃薯 PVY 和金线虫的分子标记应用于育种进程中。

2. 栽培

国外栽培研究集中的领域是水肥供给和逆境对植株生长、产量和品质的影响。发现块茎产量与基根长度成负相关、与基根重量成正相关，温室试验结果与田间一致，可利用温室中的测量来预测块茎的田间产量[47]；叶柄磷含量可以作为追施磷肥的依据[48]；指出高温反应与植株发育阶段相关，越早遇到高温，植株生长越不正常；发现有机栽培模式下块茎维生素 B_1 含量高；美国建立了水分胁迫下根生长和水分吸收模型，可为水分吸收提供预测、为栽培决策提供支持；报道了栽培条件对马铃薯油炸薯片中丙烯酰胺前体物质含量的影响，氮肥施用量的增加会提高天冬酰胺含量，油炸薯片中丙烯酰胺含量也会相应增加。

3. 田间机械

马铃薯田间机械的研究以美国和德国较为领先。美国将基于声波的智能系统用于联合收获机自动分离系统，可快速区分块茎和土块，使 1 台马铃薯收获机的效率可达 20t/h，并达约 97% 的准确性[49]；并首次研发用线性电机驱动茎叶切碎设备。德国 Grimme 公司生产了具有仿形挖掘机构的新型收获机，能根据地面情况自动控制挖掘深度，避免了因垄型高低不同造成的切薯现象。研制了气吸式马铃薯播种机，具有作业速度高（10km/h）、精量播种（株距的均匀性可达人工播种的精确度）、性能可靠、集机电液在线监测与遥感技术、航天表面处理技术于一体等优点，使得航天材料表面处理技术首次应用于农业机械领域，解决了播种机核心部件——旋转配气阀的气密性与耐磨性的矛盾。研制了一种新型的种薯切块机械，包括切块装置、传输装置和输送装置。

4. 植保技术

国外发现了多种新的病原菌和病害，开发了多种病虫害快速评价鉴定体系，发掘了一些抗病新基因以及明确了一些基因调控的抗病机制，并开展了应用生物制剂进行病虫害防治的研究。英国科学家发现欧洲晚疫病菌群体内出现新的 Blue13_A2 菌系，且逐渐成为优势菌群；在印度发现了由花生芽坏死病毒引起的马铃薯茎坏死病；在美国首次发现马铃薯斑马条斑病（*Candidatus* Liberibacter solanacearum）；发现了两种新型的 PVY 株系 PVY-AGA 和 PVY-MON，是以 PVY-NTN 和 PVY-NE-11 作为亲本重组结合产生，可以克服抗性基因而侵染马铃薯。荷兰开发了一种快速、灵敏、经济的马铃薯孢囊线虫生存能力评价方法。美国科学家发现大豆疫霉的两个效应因子通过阻遏 sRNA 合成抑制植物的 RNA 沉默，实现自身防御；发现靶定真菌细胞色素基因 *CYP51* 的寄主诱导性基因沉默能够有效抑制镰刀菌对植物的侵染；发现黑痣病 *AG-3PT* 和 *AG-2-1* 结合群 rDNA - IGS1 区域序列变异很大，*AG-2-1* 侵染力强感染匍匐茎引起薯块畸形；爱尔兰科学家发现 2 个马铃薯囊线虫抗性位点（GpaIVsadg 和 Gpa5）对 Pa2/3 型囊线虫具有叠加效应；基于代谢组学发现了马铃薯与晚疫病抗性相关的代谢途径与基因[50]；发现 Pili 相关基因参与了青枯菌对马铃薯的早期侵染。发现绿原酸能够有效抑制 PVX 的侵染；研究了用天然植物成分控制马铃薯采后黑斑病、银腐病和软腐病；用 1 种病毒生物杀虫剂控制安第斯马铃薯块茎蛾。

5. 贮藏与加工

国外马铃薯贮藏与加工领域的研究比较深入，特别是提高品质的原料分级及加工方法以及加工副产物的处理研究。日本采用具有高吸水性的聚合物与活性炭袋状垫子，吸收薯块呼吸作用释放的水分、乙烯等，防贮藏结露。美国公布了在流水线上用 350 ~ 450nm 的光束照射产品分拣不合格马铃薯的方法和装置，并能通过荧光分拣出表皮发绿、龙葵素含量高的块茎[51]；开发了基于计算机快速、准确的机器视觉系统用于不规则块茎的检测系统，针对不同尺寸和颜色马铃薯的分级系统，准确率为 96.82%[52]。报道了薯片中丙烯酰胺的含量与生产工艺的关系，并建立了相应的数学模型；研究了肥料中的氮元素和硫元素对加工产品中丙烯酰胺的含量有影响。在淀粉深加工领域研究了微波辅助制备化学改性淀粉的流变学性质，淀粉颗粒大小和制备过程中的 pH 对变性淀粉的理化性质、形态学、热性质和糊化特性的影响。在微波和超声波同时辅助作用下用硫酸水解马铃薯淀粉工业的废弃物——薯渣生产还原糖，获得了天然活性马铃薯蛋白的分离提取方法的专利，美国将

Vitreoscilla hemoglobin（VHb）改造的基因工程菌 *E. coli* 用于发酵马铃薯加工废水中的糖生产酒精，瑞典在淀粉分离汁水中添加甘油对高细胞密度发酵生产丙酸[53]。

（二）国内外研究情况的比较

国内马铃薯资源及育种研究紧跟国际前沿，与国外的研究领域较为接近，近年来在抗病、抗逆等重要性状的基因定位和基因发掘方面进行了大量的研究工作，并取得了较大的进展，但尚缺乏有效的分子辅助育种技术在实践中加以应用，这是国内外研究的差距。另外，国内针对品质性状改良方向的研究相对缺乏，且研究尚不够深入。栽培领域的研究差别更大，国内的栽培研究主要集中在模式的创新、技术的集成及应用；国外则更加关注环境及栽培措施对生长过程、产量及品质形成的影响机理，研究更加偏重于机理和机制。马铃薯机械的研究国内相对比较落后，尚处于对国外先进技术的学习和消化吸收阶段，研发水平提升的空间较大。关于马铃薯的病虫害防治及健康种薯生产，国内较多的是在不同的区域内开展有区域特色的病害防控技术研究及集成应用，并进行适宜的种薯生产技术研发；国外偏重于致病机理和病原菌的研究，以及抗病基因的发掘。国外的马铃薯贮藏和加工研究已经非常深入，这是国内与之差距较大的领域之一，面对马铃薯主食化的发展方向，这一领域的研究亟待加强。

（三）国内与国际的主要差距

种质资源缺乏，种质创新和品种选育技术差距明显。全世界已育成 4500 多个品种，做到了品种专用化、优良性状明确、商品性好、适合不同的市场要求。我国育成品种仅 430 余个，且性状单一、商品性差，严重缺乏各类专用品种、特用型品种和多抗品种。

脱毒种薯繁育技术和质量控制体系与先进国家差距大。北美和欧洲有完善的种薯繁育技术体系，种薯生产标准化、规范化，脱毒种薯应用率在 90% 以上，而我国种薯繁育缺乏标准化，脱毒种薯应用率不到 25%。

栽培技术研究落后 10 ~ 15 年。先进国家马铃薯都是规模化、机械化和标准化生产，成为精准农业的重要组成部分。我国缺乏作物生理、高效水肥利用、丰产形成机制机理和栽培管理研究，生产上缺乏因地制宜的优质高效大田生产栽培技术。

机械化严重落后。先进国家基本上实现全程自动化、精准化、标准化、机械化作业，水肥药机一体化，我国 2014 年马铃薯机械化程度约为 28%，以中小型机械 + 人工作业为主，既与国外先进水平相差甚远，也远比其他主要粮食作物的机械落后。

病虫害防控技术基础薄弱，与国际水平差距巨大。先进国家进行了系统的研究，在全国范围内建立了健全的马铃薯晚疫病、蚜虫的测报和联防系统，而我国研究系统性较差，缺乏系统的预测预报技术、综合防控技术研究，农药使用基本靠公司推荐，造成病原菌抗药性、生产成本高、环境污染等问题。

产后贮藏保鲜研究起步晚，差距大。国外先进国家马铃薯储藏基本实现设施化，有专门研究人员对贮藏生理、贮藏病害、贮藏环境控制进行研究，储藏损失不高于8%。在我国贮藏条件差、供应周期短、贮藏损失高达15%以上。

三、学科发展趋势及展望

（一）未来5年的发展目标

1. 品种的多样化及合理布局

随着马铃薯产业发展的需求以及人们消费习惯的改变，对马铃薯品种的需求已经不再是单一的丰产和抗病，多元化的食品加工、营养需求以及主食化消费的需求要求品种要更加多样化。不同产区应根据自己的实际情况谋划产业布局，合理选择应用不同类型的品种，以保证当地马铃薯产业的健康可持续发展。

2. 完善的优质种薯供应体系和质量监控体系

随着马铃薯产区的全国化趋势，要逐渐改变多北方种薯产区长距离调运种薯的习惯。有种薯繁育条件的产区，要发挥自身的优势，因地制宜地实现区域化的种薯供应，节约成本的同时能更好地利用当地的自然生态条件，形成良性区域化种薯供应体系，以保证当地马铃薯产业发展的安全。

3. 普及节水栽培技术

我国的大部分马铃薯产区处于干旱半干旱地区，非旱区也会在马铃薯生长季节遭遇季节性干旱的胁迫，对马铃薯生产影响巨大。因此，要在未来加快普及节水栽培技术，应用抗性好的品种，配套节水栽培技术，提升主产区马铃薯生产水平，获得合理的收益。

4. 提升病虫害的综合防控能力

影响马铃薯生产的重要病虫害较多，如晚疫病、早疫病、黑痣病、疮痂病、黑胫病等是不同马铃薯产区均有发生的主要病害。未来要应用抗病品种、农艺措施和病害防控技术等综合的技术体系，全面提升马铃薯生产对病虫害的综合防控能力。

5. 合理施肥以保持环境友好

在中原二季作和南方冬作区，由于马铃薯生产的效益较好，导致为了获得较高的产量而大量施用化学肥料。在未来要对化肥实行减控，加大生物肥和有机肥源的使用，在安全生产的同时保持环境友好。

6. 完善贮藏加工技术

随着主产区马铃薯生产的稳步增长，以及栽培水平的逐年提升，马铃薯贮藏量逐年加大，迫切需要完善相关的设施和技术，以减少贮藏的损失。加工业的发展，马铃薯主食化战略的提出，使得加工产品的研发越来越成为产业发展的重要组成部分，要加快该领域的研发进度，加快提升该领域技术的国产化水平。还要注重加工副产物的综合利用，减少加工业对环境的不良影响。

（二）发展趋势预测

1. 专用、特用品种成为主流

马铃薯专用和特用品种将逐渐增加，生产上栽培的普通品种将逐渐被替代，这些专用和特用品种主要用于各类食品加工以及特色鲜薯食用。专用品种包括已有的用于油炸薯片、冷冻薯条和全粉加工的品种，还要选育适合中国式主食消费的品种类型，以及满足其他消费方式品种的需求。

2. 特色栽培技术快速发展

不同地区根据各自的生产实际和栽培优势，开展独具特色的、差异化的栽培技术研究和应用，发挥不同产区的特点，更好地利用生态环境和区域特色发展马铃薯生产。

3. 合格种薯应用面积进一步扩大

随着合作组织、家庭农场等新型种植主体的逐渐介入，将会改善主产区以往一家一户分散种植时存在的留种年限长、种薯更换不及时的问题，马铃薯合格种薯的应用比例会有很大提高。

4. 抗逆、节水技术应用

针对马铃薯主产区存在的干旱、盐碱、低温等问题，越来越多相应的栽培技术将会在生产上推广应用，以解决生产上集中出现的各类逆境。特别是干旱和半干旱地区发展马铃薯生产面临的严重干旱和水资源短缺问题，节水灌溉技术的应用将会越来越普及。

5. 贮藏、加工技术研发

随着马铃薯主食化战略的提出，会有越来越多的研究团队，针对我国马铃薯产业发展的实际，研发适宜国情的贮藏和加工设施与技术，减少贮藏损失，增加加工产品的种类，提高附加值，开发更具中国特色的主食产品并尽快市场化，增加马铃薯在食物中的消费比例。

（三）研究方向及重大项目建议

（1）系统的种质资源评价、鉴定和利用，优异育种材料、重要性状的基因资源挖掘和利用。

（2）以传统杂交育种技术为基础，以倍性育种技术和分子育种技术为突破口，建立高效育种技术体系，为新品种选育提供技术支撑，使生物技术更多地在传统杂交育种中应用。

（3）选育优质、丰产、抗病、抗逆、广适新品种，尤其是加工和早熟新品种的选育。

（4）马铃薯作物生理、高效水肥利用、全程机械化、丰产栽培管理技术，集成适用优质高效种植技术、农机农艺融合、节水节肥的综合种植技术。

（5）完善种薯繁育技术、种薯质量检测和控制技术，增加繁殖系数、规范种薯生产，降低生产成本，提高种薯质量。

（6）病虫害综合防控，尤其是晚疫病和土传病害，减少农药用量。

（7）营养安全、加工新产品研发，加工副产物综合利用和污染控制。

参考文献

[1] 毛娟. 马铃薯抗逆相关基因 SnRK2 家族的克隆与功能分析 [D]. 兰州：甘肃农业大学，2014.

[2] 李飞. 马铃薯耐冻相关基因克隆与功能分析 [D]. 北京：中国农业科学院，2013.

[3] 赵明辉. 二倍体马铃薯的耐盐碱性及耐盐形态性状的 QTL 定位 [D]. 哈尔滨：东北农业大学，2014.

[4] 陈霞. 马铃薯野生种 *Solanum berthaultii* 抗低温糖化基因的分离及表达特征分析 [D]. 武汉：华中农业大学，2012.

[5] 高文. 马铃薯晚疫病水平抗性相关的小 G 蛋白基因克隆与功能分析 [D]. 武汉：华中农业大学，2012.

[6] 王彪. 马铃薯茎尖超低温保存与伤害解析及其脱毒效应研究 [D]. 杨凌：西北农林科技大学，2014.

[7] 王宪. 二倍体马铃薯再生体系建立及耐盐愈伤组织的筛选 [D]. 哈尔滨：东北农业大学，2012.

[8] 陈鹏. 马铃薯叶片和悬浮细胞原生质体的分离与培养 [D]. 兰州：甘肃农业大学，2014.

[9] 张良. 马铃薯部分品质性状近红外模型的建立及育种应用 [D]. 哈尔滨：东北农业大学，2014.

[10] 邓珍. 二倍体马铃薯组培苗耐旱性相关性状 QTLs 定位与分析 [D]. 北京：中国农业科学院，2014.

[11] 魏亮. 中国主要马铃薯品种抗寒性鉴定及抗寒相关基因表达分析 [D]. 呼和浩特：内蒙古农业大学，2012.

[12] 赵兴涛. 马铃薯抗 PVY 和 PVX 病毒分子标记辅助育种的建立及应用 [D]. 北京：中国农业科学院，2012.

[13] 李亚军，田振东，柳俊，等. 利用病毒诱导的基因沉默（VIGS）技术快速鉴定两个马铃薯晚疫病抗性相关 EST 片段 EL732276 和 EL732318 的功能 [J]. 农业生物技术学报，2012，20（1）：16–22.

[14] 金龙，杜建民，李海洋. 马铃薯旱地覆膜免耕种植水氮补施效应研究 [J]. 宁夏农林科技，2012，23（12）：96–98.

[15] 夏芳琴，姜小凤，董博，等. 不同覆盖时期和方式对旱地马铃薯土壤水热条件和产量的影响 [J]. 核农学报，2014，28（7）：1327–1333.

[16] 陈建保，张祚恬，郝伯为，等. 乌兰察布地区旱地覆膜马铃薯不同种植模式分析 [J]. 内蒙古农业科技，2013（2）：47–49.

[17] 白榆平. 旱地马铃薯不同覆膜集雨栽培技术研究 [J]. 宁夏农林科技，2012，53（11）：68–70，73.

[18] 井涛，秦永林，樊明寿，等. 高垄覆膜滴灌下水氮互作对马铃薯水分利用特性的影响 [J]. 内蒙古农业大学学报（自然科学版），2012，33（5–6）：41–45.

[19] 李佩华. 川西南山地区马铃薯 + 玉米高产高效种植模式研究 [J]. 西南农业学报，2013，26（6）：2247–2252.

[20] 李艳，余显荣，罗成品，等. 西昌市马铃薯与蔬菜间套作带状种植模式 [J]. 中国农业信息，2014（9）：47.

[21] 李彦博，张存岭，纪永民. 豌豆 + 甜瓜 / 马铃薯 + 玉米 – 胡萝卜高效间套种模式 [J]. 安徽农学通报，2012，18（1）：79–80，116.

[22] 李婉琳，周俊，郭华春，等. 云南省马铃薯不同种植模式的产量及效益分析 [J]. 中国马铃薯，2014，28（2）：78–82.

[23] 唐洲萍，李文娟，何新民，等. 不同稻草覆盖量和栽培方式对广西冬作马铃薯产量的影响 [J]. 中国马铃薯，2012，26（3）：147–154.

[24] 米超. 免耕稻草覆盖对马铃薯生长、贮藏效应及土壤的影响 [D]. 南宁：广西大学，2012.

[25] 张新明，陈洪，全锋，等. 平衡施肥与常规施肥对冬作马铃薯肥效的比较 [J]. 热带作物学报，2013，34（4）：475–479.

[26] 官利兰，伏广农，徐鹏举，等. 养分胁迫对冬作马铃薯 SPAD 值及矿质养分的影响 [J]. 广东农业科学，2014（11）：14–19.

[27] 张洪伟，李继刚，郑建坡，等. 马铃薯晚疫病抗性相关基因 StDIR1 的克隆与表达 [J]. 华北农学报，2012，27（2）：23-29.

[28] 王静，王海霞，田振东. β-氨基丁酸诱导马铃薯对晚疫病的抗性组织化学及信号传导途径分析 [J]. 中国农业科学，2014（13）：2571-2579.

[29] 张福光，杨志辉，朱杰华，等. 河北省马铃薯早疫病菌群体遗传结构的研究 [J]. 菌物学报，2012（1）：40-49.

[30] 孙现超，彭健芳，张宁，等. 马铃薯干腐病菌拮抗放线菌 JY-22 的抑菌作用及菌株鉴定 [J]. 植物保护学报，2013，40（1）：38-44.

[31] 张笑宇. 马铃薯抗黑痣病鉴定技术及其抗病机制研究 [D]. 呼和浩特：内蒙古农业大学，2012.

[32] 李勇. 马铃薯疮痂病菌拮抗菌的鉴定及抑菌药剂室内筛选 [D]. 保定：河北农业大学，2012.

[33] 何旭峰，彭焕，彭德良，等. 马铃薯腐烂茎线虫 2-Cys 型过氧化物还原酶基因的克隆及低剂量杀线虫剂对其表达的影响 [J]. 农业生物技术学报，2013，21（6）：698-706.

[34] 张京宣，梁炜，耿金培，等. 双引物探针 RT-Realtime PCR 检测马铃薯 A 病毒 [J]. 植物检疫，2012，26（1）：26-28.

[35] 陈阳婷，桑有顺，冯焱，等. 双重 RT-PCR 法快速检测多种马铃薯病毒的研究 [J]. 西南农业学报，2012，25（1）：179-182.

[36] 周芳芳. 紫色马铃薯“紫云 1 号”离体培养及试管薯诱导的研究 [D]. 南宁：广西大学，2014.

[37] 李守强，田世龙，程建新，等. 自主研发强制通风自控仪在新型农户马铃薯贮藏窖中的初步应用效果研究 [M] // 屈冬玉，陈伊里. 马铃薯产业与小康社会建设. 哈尔滨：哈尔滨工程大学出版社，2014：382-388.

[38] 周竹，黄懿，李小昱，等. 基于机器视觉的马铃薯自动分级方法 [J]. 农业工程学报，2012（7）：178-183.

[39] 汪成龙，李小昱，武振中，等. 基于流形学习算法的马铃薯机械损伤机器视觉检测方法 [J]. 农业工程学报，2014（1）：245-252.

[40] 周添红，史永勤，耿庆芬，等. 马铃薯加工淀粉废水回收蛋白酸水解制备复合氨基酸 [J]. 食品科技，2013（10）：197-201.

[41] Verzaux E., van Arkel, G., Vleeshouwers, et al. High-resolution mapping of two broad-spectrum late blight resistance genes from two wild species of the solanum circaeifolium group [J]. Potato Research, 2012, 55 (2): 109-123.

[42] Douches D., Hirsch C. N., Manrique-carpintero N., et al. The contribution of the solanaceae coordinated agricultural project to potato breeding [J]. Potato Research, 2014, 57 (3-4): 215-224.

[43] Kloosterman B., Abelenda J.A., Gomez M. d. M. C., et al. Naturally occurring allele diversity allows potato cultivation in northern latitudes [J]. Nature, 2013, 495 (7440): 246-250.

[44] Fischer M., Schreiber L., Colby T., et al. Novel candidate genes influencing natural variation in potato tuber cold sweetening identified by comparative proteomics and association mapping [J]. BMC Plant Biology, 2013, 13: 113.

[45] Roumeliotis E., Kloosterman B., Oortwijn M., et al. Down regulation of StGA3ox genes in potato results in altered GA content and affect plant and tuber growth characteristics [J]. Journal of Plant Physiology, 2013, 170 (14): 1228-1234.

[46] Slater A. T., Wilson G. M., Cogan N. O., et al. Improving the analysis of low heritability complex traits for enhanced genetic gain in potato [J]. Theoretical and Applied Genetics, 2014, 127 (4): 809-820.

[47] Wishart J., George T. S., Brown L. K., et al. Measuring variation in potato roots in both field and glasshouse: The search for useful yield predictors and a simple screen for root traits [J]. Plant and Soil, 2013, 368 (1-2): 231-249.

[48] Rosen C. J., Kelling K. A., Stark J. C., et al. Optimizing phosphorus fertilizer management in potato production [J].

American Journal of Potato Research，2014，91（2）：145–160.

[49] Taheri S.，& Shamabadi Z. Effect of planting date and plant density on potato yield，approach energy efficiency [J]. International Journal of Agriculture and Crop Sciences，2013，5（7）：747–754.

[50] Pushpa D.，Yogendra K. N.，Gunnaiah R.，et al. Identification of late blight resistance–related metabolites and genes in potato through nontargeted metabolomics [J]. Plant Molecular Biology Reporter，2014，32（2）：584–595.

[51] Ortega F.，Lopez–vizcon C. Application of molecular marker–assisted selection（MAS）for disease resistance in a practical potato breeding programme [J]. Potato Research，2012，55（1）：1–13.

[52] Hasankhani R.，Navid，H. Qualitative sorting of potatoes by color analysis in machine vision system [J]. Journal of Agricultural Science，2012，4（4）：129–134.

[53] Wang T.，Ma X.，Du G.，et al. Overview of regulatory strategies and molecular elements in metabolic engineering of bacteria [J]. Molecular Biotechnology，2012，52（3）：300–308.

撰稿人：金黎平　石　瑛

甜菜科技发展研究

甜菜作为糖料作物开展研究，始于18世纪后半叶。我国于1906年开始引入糖用甜菜种子试种，1908年建立第一座甜菜机制糖厂。20世纪50年代开始甜菜育种及生产技术研究工作，经过几十年的发展，甜菜种植面积已由初期的2万多亩发展到1991年的1000余万亩，甜菜制糖企业近90家，年生产食糖120万~180万吨，约占全国食糖总产量的25%。我国甜菜种植主要分布在西北、东北和华北等3大产区的8个省（区），甜菜生产对发展地方经济起到了重要作用。在今后的一段时间里，伴随我国农业种植结构的调整，甜菜面积将会稳定在400万亩左右。因此，今后甜菜生产和科学研究发展的重点将是提高单位面积产量、提高产品品质和降低生产成本。

本专题报告仅从近几年（2010—2014）学科发展现状、国内外比较及发展趋势和对策等三方面做以阐述，明确我国甜菜生产、科研工作与国外的差距和今后工作重点，为今后我国甜菜科研与生产的发展提出合理建议。

一、我国甜菜科技发展背景与特点

我国甜菜研究工作起源于1949年以后，主要开展甜菜育种、栽培等应用技术研究和种质资源等方面的基础性研究工作。由于我国甜菜研究基础薄弱，加之投入的资金少、研究力量不足，致使该学科与国外同行业及国内其他学科比较相对滞后。进入21世纪，国家加强了对国家糖料改良中心、分中心等基础性平台建设，启动了国家甜菜现代产业技术体系，使甜菜研究基础设施和科研经费支持得到了根本性的改善，甜菜学科研究也取得了较大进展。

（一）我国甜菜生产的现状

欧美等发达国家在20世纪六七十年代甜菜生产基本实现全程机械化，技术先进、产量高、品质好，成为集成现代农业产业化技术的标志性作物。我国甜菜种植生产机械化水平不高，单产水平和品质也相对较低。20 世纪 90 年代，国内开始大批量引进国外单粒型甜菜品种和甜菜生产机械设备，学习国外甜菜生产先进经验，逐渐改变传统的甜菜种植模式，并向现代农业生产过渡，从而大幅度的节省了人工、降低了劳动强度[1, 2]。

目前，我国生产上使用的品种主要是来自欧洲等甜菜生产发达国家的丸粒化的单胚品种，田间生产也逐渐过渡到全程机械化作业半机械化作业。

（二）我国甜菜科技的发展特点

我国甜菜的科学研究在新中国成立 60 余年里所做的主要工作，是在广泛搜集了品种资源的基础上，进行整理、鉴定和改良，编目入库；选育出一批适合我国生产及生态条件的新品种（主要是多胚型甜菜品种）；推广了一批丰产高糖栽培技术等。但是，随着生产力水平的不断提高，农业生产机械化水平的不断推进，甜菜多胚型品种已不适合现代农业发展的需要，取而代之的单胚型甜菜品种被生产广泛应用。因此，甜菜学科今后的发展，要适应生产发展的需要，培育适合当地生态环境、抗逆性强的单胚甜菜品种，突破解决种子丸粒化加工上的瓶颈问题。同时，研究完善新型农机具在甜菜机械化生产中的组装与配套，建立适合我国农业生产特点的甜菜丰产高糖栽培模式。

近年来，甜菜科学研究与技术发展形势同其他作物一样发生了较大变化，生物技术和信息技术向作物科学领域迅速渗透与转移，高新技术与传统技术相结合，促进了甜菜科学与技术的迅速发展。我国甜菜科学研究工作，利用现代技术与手段，以甜菜品种改良和栽培技术创新为突破口，促进传统技术的跨越升级，使甜菜科学研究工作上升到了一个新阶段。

二、近年（2010—2014）的研究进展

（一）我国甜菜遗传育种研究进展

我国甜菜育种从引进、搜集、整理到对甜菜种质进行改良杂交经历了不同的阶段；先是用二倍体和四倍体杂交而成三倍体为主，到后来应用雄性不育系作为母本以提高杂交后代的杂交率并提高杂交种的纯度；在这一过程中，开始是选育优良雄性不育系，然后以雄性不育系为母本，优良的多胚授粉系为父本进行杂交选育品种，这一时期主要以选育多胚雄性不育品种为主，也有少量的单胚雄不育品种；后来基本以培育单胚雄不育品种为主[3]。

目前分子标记技术在甜菜遗传育种上成了研究的热点，利用此技术可以构建甜菜遗传图谱，借助甜菜遗传图谱，为甜菜育种和基因克隆提供了方便，同时，还为甜菜早期选择、提高选择效率、缩短选育周期提供依据。甜菜遗传图谱的构建相对于大田作物较晚，甜菜最早的图谱是利用形态学标记和同工酶标记，后来开始使用 RFLP 标记，随着分子标记技术的发展，很多研究者也开始使用 RAPD、AFLP、SNP 以及 EST 等方法构建甜菜的

遗传图谱。目前我国甜菜研究者还没有构建出一张甜菜的遗传连锁图谱；国内目前分子标记技术仅用于品系的亲缘关系的鉴定[4]。另外在甜菜育种的一些基础理论研究上，缺乏系统性和完整性，与国外同行业相比差距很大。

黑龙江大学利用野生甜菜种，*B. Maritima* L.（滨海甜菜）与糖用甜菜杂交；利用野生甜菜种 *B. patula* Air.（岔根甜菜）与糖用甜菜杂交，通过核代换和分离选择的方法，在杂交后代中分离筛选得到含有野生甜菜细胞质的雄性不育系，经多代改良，现已育成具有野生甜菜 *B.Maritima* L 细胞质的单粒种细胞质雄性不育系（M-CMS）和具有野生甜菜 *B.patula* Ait. 细胞质的单粒种细胞质雄性不育系（P-CMS）。采用新的不育系（M-CMS）配制的杂交组合经田间试验，其抗线虫、黄化病比国外 S-CMS 杂交种具有较强的优势，采用新的不育系（P-CMS）配制的杂交组合经田间试验，其抗褐斑病比国外 S-CMS 杂交种具有较强的优势。根据研究数据，这两种新型细胞质雄性不育系不育率都接近 100%，已达到了国际使用标准。利用不育系 P-CMS 培育的单胚型甜菜杂交品种 HDTY02，于 2014 年 3 月通过品种审定委员会审定命名。

（二）我国甜菜分子生物学研究进展

近年来我国甜菜分子生物学研究已经取得可喜的进步。王茂芊等[4]利用 56 对 SRAP 引物组合和 20 对 SSR 引物，对 F_2 作图群体进行 PCR 扩增和遗传连锁分析，初步构建了一张包含 9 个连锁群、141 个（123 个 SRAP 和 18 个 SSR）标记位点的甜菜遗传连锁图谱。该图谱覆盖长度为 1399.88 cM，平均图距 9.92 cM。乌日汗等[5]克隆甜菜细胞质雄性不育相关，线粒体 atpA 基因和 orf187 片段，并对其表达进行研究，推测 atpA 和 orf187 的结构变异及异常表达与甜菜细胞质雄性不育有着密切关系。吴则东等[1]利用 SSR 标记构建了 32 份引进甜菜品种的指纹图谱并进行了遗传多样性分析。从 101 对 SSR 引物中筛选出了 21 对谱带清晰、易于识别的引物，这 21 对引物共检测出 127 个等位位点，其中多态性位点为 107 个，多态性比率为 83.6%，每对 SSR 引物扩增出的等位位点数为 2 ~ 11 个，平均每对引物扩增出 6.1 个基因型，扩增的条带大小在 90 ~ 500bp。利用 3 对引物 SB04、S6 和 S7 的引物组合构建的指纹图谱就能够区分 32 个品种。利用 SSR 分子标记，可以快速鉴定甜菜品种及对重要农艺性状进行分子标记[6-10]。在基因克隆方面，已经克隆了甜菜蔗糖磷酸合成酶基因、抗除草剂基因、抗甜菜黄化病相关基因的片段并开展相应的遗传转化研究。在细胞工程研究领域，未授粉胚珠培养技术已经发展成熟并成功应用到甜菜纯和品系培育，叶片、叶柄培养、叶芽繁殖在保存甜菜种质材料、快速繁殖上得到初步应用[11-12]。

（三）我国甜菜品种资源研究进展

我国从 20 世纪 50 年代开始进行甜菜种质资源的收集、研究等工作，先后从苏联、波兰、美国、日本等国引进大量甜菜种质资源。这些引进的甜菜种质资源有的直接用于甜菜生产，有的被作为育种材料用于培育甜菜新品种。从第七个五年计划开始进行的甜菜种质资源的综合评价和创新研究，鉴定筛选出一大批丰产、高糖、抗病、优质的甜菜优异种质资源编目并入库保存。迄今，中国甜菜种质资源已有近 1400 份合格种子送入国家种质库长期保存[13]。

为了探讨我国甜菜育种骨干材料在地区之间以及与国外品种之间存在的差异，利用 SRAP 分子标记对全国主要产区的 250 份甜菜材料进行了遗传多样性分析。结果表明：国外与国内材料的遗传基础存在一定差异，但生产应用的甜菜品种间亲缘关系较近、遗传基础较窄。我国三大产区的供试材料各有特色，华北和西北产区供试材料主要表现为根产量较高、抗丛根病性较强；东北产区供试材料主要表现为含糖率较高、抗褐斑病性较强，供试材料遗传多样性丰富，为国内育种家进一步的合作提供了基础[14-16]。

甜菜丛根病是一种发生在世界主要糖甜菜种植地区的土传病害，在缺乏有效控制的情况下会引起甜菜严重的产量损失。甜菜丛根病是由甜菜坏死黄脉病毒（BNYVV）侵染，以甜菜多粘菌（polymyxa betae）为传播介体的一种土传病毒病。目前在内蒙古、甘肃、宁夏、新疆、黑龙江等主要甜菜产区都有不同程度的发生，其中内蒙古、新疆、宁夏是甜菜丛根病的重病区。目前，可行的甜菜丛根病防治措施中，科学工作者公认抗病毒育种是最有希望的途径。国内外育种工作者正在致力于这一研究，并选育出一些不同程度抗丛根病的品种用于病区。由于高抗丛根病的抗性资源缺乏和甜菜优良性状基因在遗传过程中的复杂性，制约了常规抗甜菜丛根病育种工作的进展。随着植物基因工程技术的日臻成熟和完善，为进行甜菜丛根病抗病毒基因工程育种提供了良好的基础和前景[17]。我国在甜菜坏死黄脉病毒（Beet necrotic yellow vein virus，BNYVV）的基因组结构、BNYVV 的分类及与其他甜菜土传病毒的关系、丛根病的检测方法、丛根病的控制策略等方面开展了研究工作，并取得突破性进展。目前，在内蒙古自治区农牧业科学院院内试验区建立了抗丛根病 RNA5 品种抗性鉴定圃。利用上述甜菜室内早期抗病筛选鉴定技术，结合 RNA5 重病圃的进一步筛选鉴定，可以明确甜菜不同品种或亲本材料的抗丛根病性能，缩短育种时间，为甜菜抗丛根病育种快速、准确地提供稳定、优良的抗丛根病亲本材料，为选育优质抗丛根病新品种奠定了基础[18]。

近年选育出优良品系或资源 22 个，创新优质、抗病、高产型甜菜亲本及种质 22 份，目标性状突出，综合性状优良，并可用于新品种选育研究。其中：高糖亲本材料 5 份，其中单胚雄性不育系及○型系 1 对，二倍体和四倍体多胚授粉系 4 份；丰产亲本材料 5 份，其中单胚雄性不育系及○型系 1 对，二倍体和四倍体多胚授粉系 4 份；多抗亲本材料 5 份，其中单胚雄性不育系及○型系 1 对，二倍体和四倍体多胚授粉系 4 份；优质高产多抗型材料 7 份，其中单胚雄性不育系及○型系 1 对，二倍体和四倍体多胚授粉系 6 份。其中四倍体品系 4N227、4N209、4N408、4N204、4N334-5、4N408-2、4N425-3、4N426-4；二倍体品系 2B039 、2B051、2B018、2B011、2B807、2B034、2B030、2B036；单胚二倍体品系 JV85 与 JV86、JV71 与 JV72，JV19 与 JV20、JV45 与 JV46。以上这些品系表现良好，根产量 45348.5 ~ 50757.6kg/hm^2，产糖量 9360.6 ~ 9393.9kg/hm^2，含糖率 17.0% ~ 19.8%。

（四）我国甜菜栽培技术研究进展

1. 甜菜生产机械化研究进展

我国对甜菜机械化的研究起步晚，技术发展速度缓慢。目前国内甜菜机械化播种采用的方式主要有移栽和直播。干旱地区采用移栽播种方式，有利于提高甜菜苗的成活率[19]。甜菜收获多为分段式收获机械，联合收获机多为国外引进设备，自主研发的甜菜收获机多为分段式收获。将打叶、切顶、挖掘、清理、输送和装车等作业按照作业顺序分别完成。该收获机体积较小、结构简单、维护方便、制造成本低，可与农民现有的主流拖拉机配套，节省购机费用，动力利用率高。甜菜联合收获是将打叶、切顶、挖掘、清理、输送和装车等作业由一台联合收获机一次全部完成。联合收获机具有械化程度高、生产效率高的特点。

2. 栽培方式、播种密度、肥料使用等方面研究进展

地膜覆盖、膜下滴灌、纸筒育苗移栽等栽培方式应用面积扩大。延长块根糖分增长期，形成适宜的根冠比，块根产量较露地直播产量高出 8678.75kg/hm^2，产糖量高出 1854.75kg/hm^2[20]。地膜覆盖结合膜下滴灌甜菜含糖量较露地滴灌甜菜提高 17%[21]。纸筒育苗移栽技术水平不断提高，延长育苗期间、早播种、早移栽，从而为高产高糖打下良好基础。育苗期间喷施壮苗剂和断根处理，可以控制幼苗徒长，使幼苗生长健壮，移栽到大田后抗逆能力增强，移栽大田后可增加块根产量 14.2%[22][23]。

研究表明：在东北区氮磷对产量限制显著，硼对产量和钾对含糖的限制作用在所有试验区域均有不同程度表现，东北、西北、华北 3 个生态区，甜菜产、质量主要限制因子的顺序依次为 N ＞ P ＞ K ＞ B ＞ Zn。针对甜菜需肥特点以及土壤养分丰缺程度研制出了具有配方合理、养分齐全、针对性强，高肥料利用率等优点的甜菜专用肥，在甜菜生产中应用增加，并获得一定的经济效益[24]。

播种时期适当提前可以提高块根产量和产糖量。每早播 10 天块根产量平均可提高 13.4% ~ 20.6%；产糖量均随播期拖后而降低。在密度研究上发现甜菜株高、鲜重冠根比随着种植密度的增加而增加；根粗、块根鲜重、叶鲜重随着种植密度的增加而降低。甜菜生长期适期适量喷施生长调节剂，总体上具有增加块根产量和含糖率的双重功效。尤其是封垄前期，叶面喷施矮壮素 1000 倍液，具有极显著的增加产糖量的作用[25]。

三、甜菜学科国内外研究进展比较

（一）国外甜菜研究发展现状和趋势

国外甜菜研究工作发展迅速，首先是重视种质资源的研究，然后以常规育种为基础，以杂种优势利用为重点；多学科协作共同攻关广泛建立国际协作网并且进行严格的异地选育和多点鉴定；国外甜菜研究也经历了不同的阶段，开始进行自交系的选育，而随着杂种优势育种的深入发展，为了提高杂交率，各国很快进入了雄性不育系的选育和利用研究阶段；然后单倍体甜菜育种技术、光温诱导育种技术及微繁殖育种技术等多种方法的技术应运而生，现在分子标记技术是国外甜菜育种的主要应用手段。国外目前已经将很多分子标记技术应用于甜菜遗传图谱的构建、QTL 定位、目的基因的克隆，等等，甜菜数量性状位点（QTL）研究在国外也比较多，国外有研究者利用 110 个 AFLP 标记和 25 个 RFLP 标记发现了 5 个抗甜菜褐斑病的 QTL 位点分别位于甜菜第 1、2、3 和 9 连锁群上；后来又有人利用 QTL 作图，发现在甜菜 3、4、7 和 9 号染色体上有抗褐斑病的位点；也有研究者利用表达序列标签以及少量的 AFLP 以及 RFLP 对甜菜与含糖、产量以及品质相关的性状进行了 QTL 定位；还有人对甜菜抗白粉病的基因进行 QTL 定位，发现了单基因抗性位点[26][27]；总之利用高新技术作为育种的手段已经成为了各国研究发展的趋势。

国外学者 Piergiorgio Stevanato 等利用单核苷酸多态性（SNP）标记技术采用限制性位点相关测序技术（RAD–Seq）得到 7241 个 SNPs，在 384 个候选 SNPs 中鉴定出一个 SNP 位点（SNP192）与抗甜菜线虫基因 *HsBvm-1* 紧密连锁。Diana D. Schwegler[28-29] 等采用 3 个甜菜分离群体进行产量、钾、钠含量的 QTLs 分析，并绘制 QTLs 图谱。Salah F[30] 对甜菜当年抽薹基因 B 进行了位点鉴定。Yasuyuki Onodera[31] 开展了甜菜 CMS 线粒体进化研究，发现不同的 CMS 线粒体 DNA 具有极高的相似度。Jelena M[32] 对抗虫甜菜中丝氨酸蛋白酶抑制因子基因的表达进行研究。

国外在生产技术研究方面，对甜菜收获机械的研究起步早、发展快，主要为分段收获和联合收获。法国、美国、德国、英国、俄罗斯、捷克等国家普遍采用联合收获方式。其特点是切削彻底干净，效率高、尾根长、土杂少，对甜菜损伤少、收获速度快、可大大减轻劳动强度；设备坚固耐用、维护方便且性价比高。目前，国外甜菜生产机械装备已逐步融合了现代信息技术、微电子、仪器与控制技术等先进技术，甜菜生产机械装备逐步高效率、大型化和向智能化方向发展。自走式甜菜生产机械装备和拖拉机上已开始采用机器视觉系统、田间自动导航系统等相关研究成果，甜菜生产机械装备正逐步实现高效率、高质量、低成本的特点，同时操作的安全性与舒适性也得以改善，逐步向人性化方向发展。专业化的生产机具和复式作业机具的协调发展、作业速度的加快以及自动化程度的提高，为先进技术在甜菜生产机械装备中的推广应用和劳动生产成本的进一步降低创造了有利条件，也为社会化服务水平的提高拓展了空间[2]。

国外病虫草害综合防治理念为以防为主，防重于治，主要内容如下[33]。a）农业技术措施包括：①实行合理的轮作制，②实行合理的耕作制，③适时播种和收获，④及时灭草，⑤科学施肥；b）生物防治：①利用天敌赤眼蜂，②利用微生物菌剂和农用抗生素；c）培育和利用抗、耐病虫品种；d）化学药剂防治：①利用经济阈值确定施药时间，②改进施药技术③合理使用和更换农药品种；e）研究新型喷药机械。

国外肥料施用研究最普遍应用的是土壤营养诊断[34]，并根据甜菜对营养的需求、变化规律、肥料种类、营养状况信息来确定施用肥料。施用大量营养元素的同时注重微量元素使用。微量元素肥料种类可分为 3 种基本类型：①单纯微量元素肥料；②含微量元素的复合肥料；③工矿废物微量元素肥料。施用微量元素方法有 3 种：①与大量元素一起施用；②同拌种剂一起配合进行播种前种子处理；③根外追肥。

（二）我国甜菜研究水平与国外研究对比分析

资源与育种：我国的甜菜遗传和育种事业与国外发达国家比较起来相差甚大，无论是基础性的研究还是分子标记辅助育种方面都要落后于国外，目前国产品种基本退出甜菜品种市场就说明了这一点。过去我国曾在甜菜的花药培养、未授粉胚珠培养等方面居于国际领先水平，但是后来由于种种原因，基础研究处于停滞不前的状态，与国外相比严重滞后；很多分子标记技术应用与国外相比也相差甚远；在甜菜遗传图谱的构建、QTL 定位、目的基因的克隆等方面，国外也大大领先于国内；国外已经利用未授粉胚珠构建了甜菜的 DH 群体，用于遗传图谱以及 QTL 的构建，而国内目前还没有搞清影响未授粉胚珠成活的因素；国内目前分子标记技术仅用于品系的亲缘关系鉴定。另外在育种的很多基础理论研究上国内也都严重滞后，如国外的品种一般都表现为叶片较窄，不同的叶片均有较高的光合效率，因此具有更高的产量，而国内的品种叶片肥大，光合作用效率较低。另外，在不育系的选育、品种丸粒化以及包衣处理等方面，国内都没有形成一套可行的技术，究其原因是复杂的，研究经费不足是其主要方面，缺少科研工作的总体设计和规划，低水平的重复现象严重。因此，我国要想在甜菜遗传和育种方面迎头赶上国外发达国家的水平，还有相当长的路要走。

甜菜栽培技术、病虫害防治等方面与国外比较，我国甜菜生产中主要存在施肥不当、种植模式的落后、田间管理缺乏科学性等问题。例如，我国甜菜病虫害主要以药物防治为主，缺少生物防治等多种防治措施，极大影响了甜菜产量和含糖率。国内甜菜平均栽培密度为 4000 株 / 亩，而国际标准是 5000 株 / 亩；耕深为 20cm，部分甜菜产区低于国际标准的垄距；肥料利用率低，有机肥施用少，化肥施用过量，导致土壤板结，降低土壤生产力。甜菜产区综合抗灾能力低下，影响了甜菜生产持续稳产高产。我国机械化水平相对落后，甜菜在整地、压地、播种、采收等方面仍然是使用钉齿耙、镇压器、小型播种机等简单低效机械，而美国、德国、法国等甜菜大国则采用联合整地机、旋耕机、气吸式精密播种机等可以一次完成深施肥、开沟、播种、覆土、施肥及镇压等作业的先进大型器械。我国甜菜收获机以中小型分段式收获机械为主，清理输送装置简单；挖掘器以铧式、叉式和（或）组合式为主；切顶机构多采用平直切刀切削装置和圆盘式仿形切顶机构，总体技术水平远低于国外同类机型。由于以上这些落后原因，我国甜菜单产水平仅为世界平均值的 60%，亟待迅速提升[19]。

四、甜菜学科发展趋势及展望

追踪世界甜菜研究新理论与技术发展方向，学习和借鉴国外同类技术研究的科学方法与理念，努力提高和完善我国甜菜科技水平，力争使我国甜菜科学研究工作整体水平在未来5年有较大发展。

（一）甜菜学科未来5年的发展战略需求

1. 加强基础设施建设和人才队伍的培养

由于甜菜学科相对较小，国家投入科研单位的基础建设资金不足，设备老化落后；在发达国家，甜菜产业研发队伍由农业管理部门、大学、制糖公司和种植者共同组成强大的技术研发力量，队伍相对稳定。我国长期缺少对甜菜技术研发的经费支持，政策调整频繁，从事甜菜研究的科技人员较少且分散，希望国家制定甜菜科技发展长远规划，建立稳定的条件管理、人员管理和支持政策，为甜菜科技发展提供基本保障。

2. 加强国际交流与合作、设立专门的国际合作基金

甜菜育种合作与交流将会成为21世纪我国甜菜育种工作新的重要特征之一。国内以及国际各甜菜育种机构之间的甜菜育种材料、技术方法、资料信息的交流将以各种方式不断拓宽领域；各方之间的合作育种工作将会在已有的基础上增加更多的具有实际意义的内容。加强与世界先进国家（如德国、荷兰、比利时、美国、地中海周边国家、俄罗斯、日本等）的合作，建立专门的合作基金，支持产业加强与国际甜菜种子资源合作组织之间的联系，主要目的是引进和丰富甜菜资源材料、提高我国研究的技术和理论水平，逐步缩小与国外先进国家的差距。

3. 现代生物技术与常规育种方法相结合

作为农作物遗传改良的高新手段之一，在现代农业的发展中，现代生物技术是维持高产、培育品质优良、营养价值高、抗病虫、抗逆的优良品种的技术基础。随着甜菜育种技术的发展、高新技术与常规育种的密切结合，产业化与基础研究并重，成熟技术尽快产业化，甜菜生物技术育种作为传统育种技术的发展和补充，有可能解决传统技术无法解决的问题，其在创制甜菜新种质、提高甜菜育种水平、发展我国甜菜制糖工业等方面必将发挥重要作用。

4. 加强协作与交流

开展国内科研单位协作与交流，通过全方位合作，发挥各自优势，使甜菜研究的先进技术与我国甜菜的生物材料和地缘生态优势相结合，以切实解决我国甜菜科研和生产中存在的问题，快速提升我国甜菜产业发展的技术水平。

5. 学习国外甜菜生产技术提高我国甜菜生产力水平

我国甜菜收获机械的技术水平还很低，投入的人力和研发资金还很不足，生产过程中缺乏相应的专用生产机械，特别是甜菜联合收获机械等关键技术装备还完全依赖进口，因而建立健全产、学、研相结合的技术创新体系，加强国外甜菜收获机械装备的引进吸收和自主创新能力，以改善甜菜收获机的性能，提高甜菜收获效率，降低甜菜收获产量损失[35]。随着我国经济的迅速发展和农业产业结构调整步伐的加快，国家对农业机械化的

重视程度越来越高，各种优惠政策相继出台，但在甜菜生产方面，我国至今没有实行国家补贴。近年来，甜菜生产成本的增加和甜菜生产比较效益低的问题日益突出，导致下游甜菜生产制糖企业的生产成本不断增加。因此，建议政府在甜菜主产区域或甜菜制糖生产企业，对甜菜的机械化生产、收获进行应有的政策扶持。

借鉴国外先进经验，以利于机械收获作业为目标，选育品种，改进和规范栽培技术，例如实现种植密度适中，垄距、行距适宜，区域化统一种植；研究制定规模化、标准化且适宜于机械化收获的甜菜生产农艺技术规程，加快农机与农艺的有效融合，为研制和推广甜菜收获机械创造有利的先决条件[35-37]。积极推进土地流转政策，鼓励适度规模经营，力争把甜菜优势产区的产业做大做强。

目前我国甜菜种植田块小、种植经营较分散，严重制约了甜菜机械化收获的发展。因此，应积极推进土地流转政策，对细碎种植区进行规划组合，加强田头机行道等基础建设，使之适宜于甜菜机械化收获作业，力争将甜菜优势产区的产业做大做强。

（二）甜菜学科未来 5 年的发展趋势及发展策略

1. 深入开展甜菜种质资源研究和新品种选育

品种资源研究是甜菜育种的前期基础性工作。甜菜品种资源的搜集与研究历来被世界上甜菜生产先进国所重视，并建立协作网开展工作，品质育种在国外早已被列入育种目标，从亲本材料选育的早期阶段就对品质性状加以选择，育成具备高品质的品种已成为许多育种研究机构的一大特色。育种目标中虽提及优质，但对品质性状没有规定明确的指标和相应衡量办法，因此有害非糖物质的含量还没有在育种中作为一项重要指标加以选择，这远不能满足当前制糖业在降低成本方面对原料加工品质的需要。鉴于此，各育种单位应加强协作，将已汇集整理并具有优良性状的育种材料相互交流，共同开发，利用其优良种质育成生产上急需的品种并加以推广利用。该项研究是近年来甜菜育种工作新的有益的尝试，与过去相比，不仅耗时较短，而且效果明显。通过对育种材料的抗病性在病地及病圃进行的强化筛选，所育成的品种不仅有明显的增产、增糖效果，而且品质好、抗病性强、效果稳定。该项研究对种质资源材料所进行的品质测定分析和所育出的高品质品种是该成果的创新点。积极筹措经费，不断扩大种质资源，并进行更深入细致的研究。在广泛搜集、研究国内散落的甜菜品种资源并妥善保存、定期繁殖、更新的基础上，还应加强同国外育种机构的联系与合作，不断引入新的甜菜种质资源，为选育抗逆、优质品种提供新的优良基因型，为今后育种工作中选育出更多的优质品种创造条件。

2. 加强国际合作与交流，创建本学科的竞争优势

以生物育种技术与常规育种技术并重，在种子加工技术上紧跟外国先进技术，以甜菜生产的需要为依据，加强种子加工机械的研制开发，提高我国甜菜种子加工质量和商品竞争力。甜菜生产形成规模种植，规范管理，扩大甜菜种植规模，提高机械化程度。推广无公害、标准化甜菜种植技术；完善甜菜信息管理系统并借鉴其他作物已成型的信息管理系

统（如玉米、小麦），完善甜菜的管理系统；全国有关甜菜所有部门提供并及时更新甜菜在科研、种植和制糖等方面的进展情况及生产数据，全方位促进甜菜产业快速发展。建立稳定的投入机制，加大科技研发力度，开发甜菜利用价值，建立甜菜收购优质优价政策，建立国家级和省级无公害甜菜商品基地，建立科学的管理和检测网络体系，充分挖掘甜菜固有的特性，加强甜菜育种和栽培技术的研发力度，进一步拓展甜菜的发展空间，深入研发甜菜相应的系列产品。

3. 提高机械化程度，全面推进规模化种植与收获

目前大型国有农场及制糖企业自建农场规模较大，实现了甜菜的规模种植、集约化经营以及机械化作业。但大部分甜菜种植户，种植面积小、分散、不成规模，机械化程度低，收获基本靠人工。所以，要研究整体的、科学的甜菜生产规划，尽快研制和筛选适宜甜菜生产所需的配套农机具，培育适合我国土地气候条件的优良品种，组织农户科学规模种植，在优势地区建立甜菜产业集群。建立甜菜糖厂与农业合作社进行合作模式，形成利益共同体，实现甜菜收获机械化，提高甜菜糖业的行业竞争力[35]。完善实施按质论价方案、形成优质优价的价格机制。利用高效、公开的含糖检测方式，配备高素质的检测队伍，严格保障采购质量。根据不同含糖率给予甜菜农不同的采购价格，同时奖励优质种植户，形成有效的激励约束机制。保证收购原料甜菜的品质，从根本上解决甜菜含糖低的问题，促进甜菜生产向高产和高糖并重的甜菜生产方向发展。

4. 加大科技研发力度，开发甜菜利用价值及其成果推广

加大甜菜主产区内各科研部门的甜菜业务经费及相关技术力量的投入，调动大学、科研单位甜菜科技人员的研究力量，解决生产遇到的问题，加强与主要制糖公司的密切合作，从甜菜育种、栽培、耕作到植保各领域，开展全面深入研究，加大甜菜科技成果的推广。加强再生能源的开发利用，充分挖掘甜菜的能源使用价值及其副产品的利用价值，实现甜菜产业的可持续发展。

参考文献

[1] 陈连江，陈丽. 我国甜菜产业现状及发展对策[J]. 中国糖料，2010（4）：62-68.

[2] 潘智，杨枝煌. 中国甜菜糖业现状及其应对[J]. 中国糖料，2014（1）：68-73.

[3] 李满红. 新时期我国甜菜育种及良种繁育发展策略[J]. 中国甜菜糖业，2007（2）：14-18.

[4] 何群，朱东顺，崔自友，等. 促进我国糖甜菜产业发展的科技措施[J]. 中国糖料，2015，37（1）：64-66.

[5] 王茂芊，李博，王华忠. 甜菜遗传连锁图谱初步构建[J]. 作物学报，2014，40（2）：222-230.

[6] 吴则东，王茂芊，王华忠，等. 利用SSR快速鉴定甜菜品种纯度和真实性的研究[J]. 中国农学通报，2014，30（31）：214-218.

[7] 吴则东，倪洪涛，王茂芊，等. 适合于甜菜品种鉴定的ISSR核心引物的筛选[J]. 中国农学通报，2015，31（17）：48-52.

[8] 吴则东，王茂芊，马龙彪，等．适于甜菜品种鉴定的 SSR 核心引物的筛选［J］．中国农学通报，2015，31（15）：165–169.

[9] 代培红，腊萍，郭长奎，等．甜菜 SSR 反应体系优化及重要农艺性状分子标记［J］．新疆农业科学，2013，50（7）：1199–1205.

[10] 吴则东，王茂羊，马龙彪．甜菜多重 SSR–PCR 体系的建立和优化［J］．中国农学通报，2014，30：160–164.

[11] 付增娟，白晨，张惠忠，等．单倍体诱导技术在甜菜育种中的应用［J］．农业科技通讯，2014，3：192–195.

[12] 吴则东，王华忠．组织培养技术在甜菜上的应用及未来展望［J］．中国糖料，2012，3：72–76.

[13] 崔平．甜菜种质资源遗传多样性研究与利用［J］．植物遗传资源学报，2012，13（4）：688–691.

[14] 王华忠，吴则东，王晓武，等．利用 SSR 及 SRAP 标记分析不同类型甜菜的遗传多样性［J］．作物学报，2008，34（1）：37–46.

[15] 王茂芊，吴则东，王华忠．利用 SRAP 标记分析我国甜菜三大产区骨干材料的遗传多样［J］．作物学报，2011，37（5）：811–819.

[16] 鄂圆圆，白晨，等．华北区甜菜种质资源的收集、鉴定、评价［J］．内蒙古农业科技，2015，43（1）：17–18.

[17] 吴永英，史淑芝，等．甜菜坏死黄脉病毒（BNYVV）研究进展［J］．中国甜菜糖业，2005，4：32–35.

[18] 吴则东，张文斌，等．甜菜丛根病研究进展［J］．中国农学通报，2012，28（16）：131–137.

[19] 王申莹，胡志超，张会娟，等．国内外甜菜生产与机械化收获分析［J］．中国农机化学报，2013，34（3）：20–25.

[20] 白晓山，李承业，刘华君，等．不同种植方式对甜菜主要农艺性状、产量和含糖率的影响［J］．新疆农业科学，2015，52（4）：601–606.

[21] 樊华．地膜覆盖对滴灌甜菜生育进程及产量的影响［J］．新疆农业科学，2014，51（4）：633–638.

[22] 樊华，耿青云，帕尼古丽，等．灌水量对滴灌甜菜干物质积累以及产量的影响［J］．新疆农业科学，2014，51（12）：2157–2161.

[23] 韩秉进，朱向明，杨骥，等．甜菜育苗期防徒长技术试验研究［J］．土壤与作物，2013，2：84–87.

[24] 周建朝，王孝纯，胡伟．中国甜菜产质量主要养分限制因子研究［J］．中国农学通报，2015，31（1）：76–82.

[25] 闫志山，范有君，张金海，等．甜菜叶面喷施生长调节剂试验［J］．中国糖料，2013，3：45–46.

[26] 刘巧红，程大友，杨林，等．甜菜品种（系）的 ISSR 标记数字指纹图谱构建及聚类分析（英文版）［J］．农业工程学报，2012，28（S2）：280–284.

[27] 杨姗姗，吴大军．分子标记技术及其在甜菜遗传资源研究上的应用［J］．安徽农业科学，2012，40（35）：17022–17025.

[28] Diana D. Schwegler，Manje Gowda，Britta Schulz，et al. Genotypic correlations and QTL correspondence between line per se and testcross performance in sugar beet（Beta vulgaris L.）for the three agronomic traits beet yield，potassium content，and sodium content［J］. Mol Breeding，2014，34：205–215.

[29] Mari Moritani，Kazunori Taguchi，Kazuyoshi Kitazaki，et al. Identification of the predominant nonrestoring allele for Owen–type cytoplasmic male sterility in sugar beet（Beta vulgaris L.）：development of molecular markers for the maintainer genotype［J］. Mol Breeding，2013，32：91–100.

[30] Salah F，Abou–Elwafa，Bianca Bu ttner，et al. Genetic identification of a novel bolting locus in Beta vulgaris which promotes annuality independently of the bolting gene B［J］. Mol Breeding，2012，29：989–998.

[31] Yasuyuki Onodera，Takumi Arakawa，Rika Yui–Kurino，et al. Two male sterility–inducing cytoplasms of beet（Beta vulgaris）are genetically distinct but have closely related mitochondrial genomes：implication of a substoichiometric mitochondrial DNA molecule in their evolution［J］. Euphytica，2015，6：1–15.

[32] Zahra Abbasi, Mohammad Mahdi Majidi, Ahmad Arzani, et al. Association of SSR markers and morpho-physiological traits associated with salinity tolerance in sugar beet (Beta vulgaris L.) [J]. Euphytica, 2015, 3: 785-797.
[33] 卢秉福，耿贵，周艳丽. 甜菜块根收获机械化技术 [J]. 中国糖料，2013，3：65-69.
[34] 王申莹，胡志超，张会娟. 国内外甜菜生产与机械化收获分析 [J]. 中国农机化学报，2013，34（3）：20-25.
[35] 韩长杰，尹文庆，等. 甜菜机械化收获方式分析与探讨 [J]. 中国农机化学报，2012，1：71-74.
[36] 刘金锁，姜贵川，等. 甜菜收获机现状与发展趋势 [J]. 农业机械，2012，26（9）：13-15.
[37] 贾晶霞，李建东，杨薇. 糖料甜菜机械化生产农艺规范 [J]. 农业工程，2014，4（6）：15-17.

撰稿人：陈连江　杨　骥　奚红光　白　晨
王维成　李红侠　马龙彪　丁广洲

ABSTRACTS IN ENGLISH

Comprehensive Report

Advances in Crop Science

Crop science is one of the core subjects of agricultural science and main component of agriculture production system. It is the basis foundation requirement for study agriculture science and necessary to advance agricultural production and national food security. The progress of crop science directly affects human living and social-economical development. The secondary discipline of crop science are crop breeding and crop production science. The goal for these subject discipline are breeding good variety and improving cultivation management to get high yield with good quality and high water-nutrition-efficiency, ecological safety. The development of two disciplines are important component for crop science study and agricultural production.

Recently, China government have made promoting modern agriculture as first goal for social development. In China, grain production increased year after year, the progress of crop science and technology for grain production has played decisive role. For make progress of crop science, we need to find out the law of plant growth and development, the relationship between plant yield and quality, know plant important genetic traits, and relationship of plant growth and ecological environment. The researcher of crop science study genetic modification method and technology, breeding new supervisor variety, integrated innovating cultivation management for high yield with high quality and efficiency. With these above research tasks, the study of crop science help to advance progress of modern agriculture.

This report is the review report on progress and advance in crop science in recent years. It summary in the past two years, our country has carried out many major projects as transgenic special, the national grain bumper science and technology project, high yield creating and so on. They have boosted the innovation, development of crop science and significantly increased the level of technology and theory of crop subject and play a crucial role in high yield. Crop Science consists of two main secondary discipline, crop breeding and crop cultivation and physiology. The progress and technology development for rice, corn, soybean, barley, oats, buckwheat, millet, hemp, cane, sugar beet, potato and other crops were summarized in this report. The report introduced new great progress and comparison between home and abroad, forecasted the development trend in the next five years (2016-2020) and research direction.

From 2012 to 2014, we have gained many breakthroughs on crop breeding and cultivation management, achieved good economic benefit and social benefit. Moreover, they have promoted the progress and development of crop subject. For the research area of crop science, it have been awarded more than 30 national grade rewards, made many good progress and breakthrough.

Through the penetration, exchange and integration during the related subjects, a variety of modern biological breeding technology develop rapidly and we gained new development and achievement in new crop varieties breeding, genetic theory and breeding technique and the formation of great achievement. They provide support for the crop breeding industry development and promote progress of agricultural science and technology. Around the new challenge of biological seed industry, many new variety which play a significant role in product have been selected.

The new species mainly on character improvement flow out continuously. The specific yield, quality and resistance of the new variety increased significantly.

Our country's crop breeding has made new breakthrough in heterosis use of technology, crop cell engineering breeding technique, crop molecular marker breeding technique and transgenosis breeding technique. The gap of new technology of biological breeding with international forefront is narrowing. The biological breeding technology has become the primary approach to increase yield and quality. Great achievements have been gained in crop cultivation management and physiology.

From recent years, we have carried out the research of crop cultivation management and physiology to increase grain yield and production efficiency, and have got remarkable achievement. Great achievements in cultivation management, mechanized production, high efficient utilization of water and nutrient resources and adverse resistance management have been gained. With the progress and modern management, we have created new record for rice, maize and wheat production.

Science and Technology Project for Food Production is driven effectively grain production. We further tap the potential of grain production centering on the energy-efficient of crop resource improving resource utilization and anniversary yield of crop efficiently.

As the research of growing process, population dynamic index, exact quantitative cultivation technique moved forward, we promote the quantification and precise of scheme design of cultivation and growth trends diagnosis.

The research level on key technology and theory of crop cultivation elevated significantly, and the super-high-yield records have constantly been overreached, which provides the continuous production technical support and reserve for crops to increase production in China. 11 key technologies, such as application of the high yield and good quality rice variety "Chunyou84" and "Chunyou927", "ridged field" wet rice cultivation technology, and rice soilless seedlings for machinery transplants have been integrated. The results showed that, the average yield of "Chunyou84" increased by 100 kg/mu (15%) at the "one thousand mu" demonstration field, the irrigation water have been saved by about 150 tons, the application of fertilizer and pesticides reduced by 5% and 30%, respectively. The total cost reduced by 100 Yuan, and the benefits increased by 400 Yuan (20%). "Study and demonstration on technology model with high yield and high efficiency of winter wheat-summer maize" was success, the average annual yield of winter wheat-summer maize at demonstration field with 100000 mu was 1517.5 kg/mu, with 657.2 kg/mu of wheat, 860.3 kg/mu of maize, the annual income increased by 1200 Yuan/mu, implements the "Green production".

Compared with the European and North American countries, China is a country with low average farmland and limited resource. Increasing yield per unit is the inevitable choice to resolve the contradiction between the increasing population size and reduced land area.

There is obvious gap in crop breeding research between China and some developed countries. First, there are few genes with our independent intellectual rights. Secondly, the innovations of crop breeding technique remains to be further strengthened. Third, the breeding objective can't meet diversified demand of China market. Fourth, China is short of the companies that have international competition ability in crop breeding area.

Recently in China, the crop cultivation technique has got a quick development, but is still far behind the developed countries such as European countries and America in mechanization, standardization mainly on information, quantification, large-scale intensive cultivation, facility agriculture cultivation, and water and nutrient use efficiency is still low.

Thus, crop science in China has great potential and development space about the obvious gap between China and some developed countries in crop breeding and crop cultivation subject. We should strengthen and expand the research team and improve the level of scientific research. Crop breeding subject in China should use the research methods in advanced countries to improve the level of scientific research. Crop cultivation subject in China should enhance the technical reserve, condense technological feats and strengthen the technical extension system. Crop subject in China should stand in the forefront of the world crop science field to play a stronger role in national food security.

Molecular breeding of crop should be based on satisfying the country food security and agricultural sustainable development, make full use of the broad gene resource of crop and focus on basic research of gene resource of crop and the heredity of important characters formation and based theoretical research to realize the breakthrough of molecular breeding of crop. By integrating science and technology resource, we would carry out large-scale discovery of new gene. By original innovation of molecular breeding technology, we would build the system of crop molecular breeding system. We will achieve a breakthrough on creating material, variety breeding and industrialization facilitating continuous improvement of molecular breeding technique and industry.

To meet the needs of sustainable growth of quality and safe agricultural products and environmental improvement, crop cultivation subject should focus on “high yield, high quality with high efficiency, ecology, security” to strengthen research strength and depth and improve the level of achievement. Now, crop cultivation science should strengthen the research of crop production management to get high yield, high quality and resource efficiency. In the future, crop management should be simplified, mechanization, stable, lower consumption, and at the same time, we should develop modern technology of agricultural cultivation management.

In summary, in the next years and future, the research for crop science will get rapid development and progress.

Written by Zhao Ming, Ma Wei, Xu Li

Reports on Special Topics

Advances in Crop Breeding and Genetics

From 2013 to 2014, great progresses have been made in the discipline construction, talent team and basic research platform of crop genetics and breeding in China, and have formed a modern crop discipline system intersecting with genetics, genomics, germplasm resources, breeding and bioinformatics. The integrated crop germplasm resource system was established including collection and conservation, propagation and renewal, evaluation and innovation, with 450 thousands accessions of germplasm resources safely storied. Molecular basis on formation of important traits in terms of crop yield, plant types, quality, resistance, fertility and etc. in main crops were analyzed, and discovered more than 300 new genes. Transgenic breeding system in cotton, rice, corn, wheat, soybean and other major crops were developed, with the international leading level in rice and wheat genetic transformation technology. A serious new achievements were also made in transgenic crops including insect resistant cotton, transgenic phytase corn, insect resistant rice, insect resistant maize, herbicide resistant soybean and drought resistant wheat. The major crop molecular breeding technology system was established through combination of molecular marker assisted selection and multi crosses, and creating more than 600 new breeding materials, in which rice molecular breeding technology is in the international leading level. Technique system of maize haploid breeding technique, microspore culture, somatic cell fusion, anther culture was optimized, and obtained 210 new elite germplasm. Hybrid rice breeding for strong heterosis, Honglian type hybrid rice breeding technology and two line hybrid wheat breeding technologies have achieved a breakthrough and in the international leading level. There were more than 1000 new varieties in main crops were examined and approved in national or provincial level and disseminated in large areas, effectively supporting the sustainable development of agricultural production. In the past two years, there were one First Prize of National Award for Progress in Science and Technology, eight Second Prizes of National Award for Progress in Science and Technology and one Second Prize of National Award for Technology Innovation and a large number of Provincial and Ministerial level achievement awards.

International development trend analysis showed that identification for important traits in both germplasm resources and breeding materials will be more "large scale, high efficient and high accurate". Mics research has made new progress. The application of information technology resulted in the whole intelligent crop breeding. Crop variety development was in diversified targets. In contrast, the main problems in China are: 1) Limited in the width and depth of germplasm resources and in absent of originally created genetic resources and valued germplasm; 2) Relatively weak in basic research as a whole, and insufficient in combination among new technology, new theoretical research and breeding; 3) insufficient of current crop variety in meeting the needs of transformation and development of agricultural production; and 4) Crop breeding research and sharing platform are still need to improve.

In the next five years, basic research and theoretical innovation in the discipline of crop genetics and breeding should focused on deepening mining and utilization of crop germplasm resources, crop functional genomics and molecular variety design, and crop synthetic biology breeding technology . In key technology and great product development, crop molecular breeding, new green variety breeding, crop cell engineering, induced mutation breeding, strong heterosis breeding and crop breeding response to climate change should be emphasized.

Written by Wan Jianmin, Liu Luxiang, Li Xinhai, Ma Youzhi

Advances in Crop Cultivation Discipline

In the background of continuous increase in grain production and rapid change of crop production mode, the developmental characteristics of crop cultivation science and technology were analyzed in the aspects of specialization, intensification, mechanization, scale production, and efficient utilization of resources in our country during 2012—2014.The key developments and symbolic achievements of crop cultivation were reviewed in the following ten aspects, including super-high-yielding crop cultivation theory and technology, accurate and standardized cultivation technology, mechanization and light-duty cultivation technology, efficient utilization technology of fertilizer and water, clean production (ecological security) technology, crop cultivation using information and intelligence technology, facility and industrialized cultivation, conservation tillage and straw returning, stress-resistance and disaster reduction, and yearly production mode with the characteristics high yield and efficiency and its regional integration application.The research progresses in crop production at home and abroad were compared in the aspects of efficient utilization of resources, potential yield, scale production and technical service, and application of biotechnology and information technology. The gap between China and foreign countries were also analyzed in these aspects. The authors put forward the following proposals to promote the comprehensive level of crop production in China: To adapt actively to the new demands of developing modern agriculture in China; follow the main principal of changing developmental mode; to promote the integration of agricultural machinery with agriculture, quality seeds with fine production technology, administration with scientific research, as well as the integration of production, research, and technological extension; to break through the bottlenecks of production technology,to integrate and extend standardized technology that is regionally appropriate; to improve land productivity, resource utilization, and labor productivity. Looking into the developmental demands of crop production and the developmental trends in crop production discipline in next five years, the authors listed eight areas of research on crop production, including super-high-yielding cultivation, safety and high quality cultivation, mechanization and light-duty cultivation, efficient utilization of water and fertilizer, stress-resistance and disaster-reduction cultivation, informational and intelligent cultivation, yield and quality forming and its mechanism, and the integration, innovation and demonstration of regional cultivation technological system.

Written by Dai Qigen, Zhang Hongcheng

Advances in Rice Science and Technology

This paper reviewed the advance in rice science and technology in China from 2012 to 2014, covering a wide range of research in genetics and breeding, cultivation technique, germplasm resource and molecular biology, while provided comparison with the corresponding research abroad; the paper also presented rice research trend and prospect in the future. In the year of 2012, 2013 and 2014 respectively, China developed 400, 418 and 486 new rice varieties with provincial approval or national approval for commercial application, which showed increased grain yield potential. Many promising indica-japonica hybrid varieties, such as Yongyou 6, Yongyou 12, Zheyou 12 and Chunyou 927, were developed, and a series of new germplasms were also created, such as new male sterile lines and restorer lines, and new breeding materials with resistance to Nilarparvata lugens or blast disease, or with high yielding potential, cold tolerance, good quality, ideal plant type, high utilization of nitrogen and phosphorus, or low accumulation in cadmium. Hybrid performances of possible 21945 hybrids were predicted using optimum genome linear estimates in rice whole genome selection technology. After RICE6K breeding chip was designed and produced in 2012, whole genome of RICE60K breeding chip with wide SNP tag distribution density were developed, which is capable of predicting gene types more accurately. High yielding demonstration cultivation for new rice varieties achieved breakthrough with grain yield of 900kg/mu in large scale in 2012, and 1026.70kg/mu for YLY900 in 6.7hm^2 in 2014, and >1000kg/mu for Yongyou 12 in Zhejiang province. Based on the traditional cultivation criterion of high quality seed, good cultivation and quantificational techniques, a lot of new cultivation techniques, including rice precise quantificational cultivation, mechanization production (such as rice pot-mat seedling and potted seedling and their mechanized transplanting technology), highly efficient utilization for fertilizer and water, disaster prevention and reduction, gained more development and application. Molecular technology has been widely used in rice germplasm research, and more evidences for rice origin in China have been identified. Rice genetic diversity and variety evolution become well understood, and novel gene identification by correlation analysis has been established and applied rapidly. Evaluation technique for important characteristics has been improved. In rice molecular biology, scientists in China gained a series of important and original achievements, such as the mechanism for hormone information transduction in rice plant type regulation, for Mg^{2+} information transduction in cold tolerance regulation of japonica rice, for genetic modulating of rice fertility, for G protein involved in modulating of high effective utilization of nitrogen fertilizer and grain type, and for applied genomics with the development of whole genome sequencing technology.

Written by Cheng Shihua, Hu Peisong, Cao Liyong, Zhu Defeng, Wei Xinghua, Guo Longbiao, Pang Qianlin

Advances in Maize Science and Technology

Maize is the most important cereal crops in China. In 2013, maize planting areas reached to 36.13 million hectares, and total output was 218 million tones, both of which were listed as number one. Under the support of national research projects, a series of progresses was made in maize genetics and breeding researches, development of breeding technology, and tillage and cultivation from 2012 to 2014, in which, about 800 new hybrids were released, including more than 20 of national registered hybrids. The standards of describing and collecting maize germplasm were building up and more than 1000 unique materials were selected. Yield record of 1511.74 kg per mu was created and 3 national science and technology awards were also won. Some high quality research papers were published submitted by Chinese scientist in the international peer review journals. Great progresses were achieved on maize genetics and genomic areas, the technology of molecular breeding and double hybrids, and cultivation theory such as technology of complete mechanization in China.

In this report, situation and gaps between China and developed countries was compared on maize genetics and genomics, development of breeding technology and breeding, and maize high yield theory and key techniques and integration. In the nearly future, with the further development of maize genomics, a new peak is coming for maize genetics and functional genomics. CRISPR/Cas9 technique will be widely used in maize genomic researches and breeding. With the quickly development of technology, double hybrids will further promote the breeding procedure. With the transformation of family farms, cooperatives and other management methods, land transfer, scale, intensive and mechanized production will become the mainstream mode of future production of maize in China. The corresponding high yield and high efficiency cultivation, mechanization, efficient use of resources, and disease and pest prevention and control technology will be widely used. When Chinese ecological development enters to a new normal stage, breeding new hybrids that are adapted to agricultural mechanization and integrating and extending complete mechanization technology will be major targets for maize breeding and cultivation in order to reduce production cost and raise farmer benefits. The main measures are to develop new hybrids adapting to high planting density and to increase planting density. Drought is a major factor that causes the grain yield variation in China, development of hybrids with drought tolerance and highly resource use efficiency and construction of cultivation technology for efficient use of water and fertilizer resources, stress resistance and stable production will be major breeding and cultivation targets. Under the guideline of national innovation drive strategy, enhancing innovational capacity for crop science, and raising scientific and technology level will make a great contribution to modern agriculture in China.

Written by Li Xinhai, Wang Tianyu, He Yan, Pan Guangtang, Tang Jihua, Chen Shaojiang, Zhao Jiuran, Li Shaokun, Zhao Ming, Li Jiansheng

Advances in Wheat Science and Technology

Progress in wheat science can be summarized in four aspects. Wheat genomic sequences have been completed and published, and efficient transformation mediated by Agrobacterium tumefaciens was achieved by Japan Tobacco Inc. and was widely adopted in various countries including China. Wheat Initiative was established as a platform to provide updated information on global wheat science and project development. The World Wheat Book, a History of Wheat Breeding Volume II and III have been published with comprehensive information on wheat breeding in all countries. International Wheat Yield Partnership was established to support research on yield improvement. Dr Sanjaya Rajaram, internationally well-known wheat breeder and former breeder and director of CIMMYT wheat program, was selected to receive World Food Prize in 2014.

Head scab has been well established in the Yellow and Huai Valley, with very serve epidemics in 2012, and it was also significant in 2014 and 2015, largely due to climate change, continuous employment of wheat/maize rotation with maintaining of maize residues in the field, and high susceptibility of current cultivars. Thus, scab is the most serious disease in China, and a proposal has been developed. Adult-plant resistance has been characterized in Chinese wheat through field testing and QTL mapping, and germplasm with resistance to yellow rust, leaf rust, and powdery mildew conferred by genes such as Yr 18/Lr 34/Pm 38 have been developed. The broad adaptation of this technology will significantly benefit Chinese wheat breeding program.

Written by He Zhonghu

Advances in Soybean Science and Technology

Soybean is not only an important food crop in China, and also an important oil crop and forage crop. China is one of the major soybean producing countries in the world, the areas and outputs rank fourth. Soybean is the agricultural product which is the most open to world market in our country at present, domestic soybean industry development is influenced by the international soybean market greatly. To compare the trend of the development of the world soybean production with high-speed, our country soybean acreage has fell sharply for six years since 2009. In 2014, China's soybean planting areas of 640 ~ 650 million hm^2, 7.1% ~ 8.6% lower than last year, to its lowest level since the founding of the People Republic of China. The annual yield of soybean in China hit a record high, about 1843 kg/hm^2, 3.2% higher than that of 2013, but due to large acreage reduction, the annual national soybean output about 5.6% lower than last year and fell to about 11.8 million tons. Soybean imports in 2014 reached 71.4 million tons, 83.5% of China's soybean import dependency by 2013 further rise to 85.6% by 2014. At the same time, China has imported 5.92 million tons of edible vegetable oil, in which, soybean oil 1.13 million tons. Impacting of soybean imports and a slowdown in planting comparative benefits, the enthusiasm of farmers planting soybeans declined, soybean industry is facing a very serious test. Thus, improving production capacity of soybean and increasing the effective supply of soybean is an important task of ensuring food security and agricultural sustainable development in China. Due to the expansion of soybean acreage potential is limited, further improving the soybean yield, reducing the production cost is the fundamental way out for development of soybean production. This article summarized the main advances in science and technology in China in recent years and the role of soybean production in China.

Written by Wu Cunxiang, Han Tianfu, Zhou Xin'an, Wang Shuming, Qiu Lijuan, Hu Guohua, Wang Yuanchao, Liu Lijun, Chen Haitao, He Xiurong

Advances in Barley Science and Technology

The present situations of barley production and consumption, especially as well as barley science development in China were comprehensively summarized in this article. The recent research progresses and stage scientific and technology achievements having been obtained by China since 2011 in such concrete barley scientific fields as germplasm resources, genetics and breeding, physiology and cultivation, diseases, pests, and harmful grasses controls, and new product development were introduced. The gap in barley scientific development between China and aborad was compared and analyzed, and a countermeasure was suggested.

Written by Zhang Jing, Guo Ganggang

Advances in Oat and Buckwheat Science and Technology

Oat and buckwheat are native food crops in China. They are characterized by short growing period, resistance to drought and adaptation to poor environments. Oat and buckwheat contains rich proteins, amino acids and microelements as well as healthy factors such as glucan in oat and rutin in buckwheat. In last several years, the research and development of oat and buckwheat attracted great attention from research organizations and companies. Research progress has been made in various areas: 1) More than 1000 accessions of oat and buckwheat collected and conserved in national genebank and useful materials including those with high yielding, resistance to drought and tolerance to salt were identified and provided to breeders and other users; 2) the sterile lines of oat were used for gene transferring and new variety development, interspecific crosses were widely used to develop new varieties, and SNP markers were identified for marker-assistant selection; 3) Models for integrating planting density, fertilizer and water were developed, the patterns for rotation with other crops were promoted; 4) Nutritional analysis on oat and buckwheat were carried out, the roles of healthy factors were demonstrated on mice; 5) AFLP, SSR markers were used assess genetic diversity of oat and buckwheat collections, several genetic linkage maps were developed on oat and buckwheat for identifying QTLs of important traits of buckwheat and oat; 6) the role of national research programmes on oat and buckwheat have been strengthened, more and more research organizations were involved in research and development of oat and buckwheat. Based on above research development, the hot points, trends and challenges on oat and buckwheat research and development were identified and comparison analysis on technical development between China and other countries were carried out. To narrow the gaps and meet the challenges, the priority areas for future research and development of buckwheat and oat have been proposed: 1) Strengthen germplasm basic work; 2) Develop new breeding technologies and new varieties; 3) Develop new cultivation tools and technologies; 4) Improve processing technologies and new products. For achieving objectives of proposed activities, it is also necessary to have effective measurements and mechanisms, including setting up research platform and programmes supported by governments, putting forward favorite policies for seed subsidization to encourage farmers to grow oat and buckwheat, and making public awareness on benefits of oat and buckwheat.

Written by Zhang Zongwen, Zhao Wei, Wu Bin

Advances in Oil Crops Science and Technology

Oilseed crops, primarily grown for the oil and protein, are important raw materials for industrial purposes as well as crucial world sources of edible vegetable oils and proteins for daily consumption. The major oilseed crops grown in China are rapeseed, soybean, peanut, sesame, sunflower, flax, and castor bean, which have been playing essential roles in promoting agricultural production and improving national economy in China. The expanding adaptable areas and the quality-improved varieties have made rapeseed, soybean, peanut, sesame, sunflower and flax become the major edible oilseed crops in China. For the past two years, genome sequencing along with functional genomics on major oilseed crops such as brassica, oleracea, napus, sesame and peanut have been initiated or evenly completed in China. Simultaneously, elite cultivar developing, cultural practices on integrated producing technology, plant protection, weeds control, farm mechanization, agrotechnology, and quality control and technique development have scored tremendous progresses as well, resulting in multiple sources of oilseed crops and enhanced absolute oil supply. Oilseeds processing industries in China benefit fantastically from these achievements. Further research efforts with advanced technology would invest to genetic improvement for high yield, high oil content, multi-resistance, nutrient efficiency and great production efficiency of these major oilseed corps in China. Especially, mechanized production technology combined with improved agronomic approaches for these major oilseed crops would be closely focused and gradually strengthened for labor- and cost-saving production, leading to increased self-supply of edible oil or oilseeds in China.

Written by Yu Shanlin, Zhang Haiyang, An Yulin, Dang Zhanhai, Huang Yi, Liao Boshou, Wang Guangming, Tan Deyun, Zhang Baoxian

Advances in Millet Crops Science and Technology

Scientific and technological progress and innovation on germplasm management,molecular biology,cultivar breeding,cultivation,and food processing of millet crops in China in the past three years, including foxtail millet and proso millet, were reported in the review. Population structures of Chinese green foxtail, landrace and cultivars were analyzed by SSR markers and a clear map of genetic relation of those lines were figured out, which will greatly contributed to the germplasm management and breeding. Resequencing of 916 foxtail millet core collection was performed and GWAS of 47 morphological and agricultural characters in five environments identified 512 QTLs. The development of Yugu18 and other cultivars providedfoundation for millet grain production. Several products of food processing developed in the past 3 years were also put into market. The First International Setaria Conference, which was held in March 2014, in Beijing, promoted Setaria as an emerging model for C4 photosynthesis and the grass family. All those progress gave us and outfit that great progress has been made in the field of millet crops in China.

Comparison between researches abroad and that domesticated in millet crops were also reported in this review, prospective and future direction in millet crops were also discussed.

Written by Cheng Ruhong, Diao Xianmin, Jia Guanqing

Advances in Cotton Science and Technology

Cotton is the key economic crops, agricultural commodities and raw materials of textile industry. In this article, we summarized the main science and technology progress in cotton during 2011-2015. Main results were as follows: We continued to collect germplasm resources from domestic and overseas and stored 9734 germplasm in national genebank, which was the third in the world. And the new progress had been made in phenotypic and molecular characterization of excellent traits.

We sequenced the diploid cotton (Gossypium raimondii, D genome and Gossypium arboretum, A genome) and allotetraploid upland cotton TM-1 (AD genome), which obtained more than 98% of the genetic information and explored the important genes related to yield, fiber quality, resistance and other agronomic traits. Moreover, we put forward clearly regulatory mechanism between the fiber quality genes and hormone ethylene, IAA, differentially expressed protein of induced Verticillium wilt, and cloned and functionally analyzed the WRKY transcription factors related to resistance to Verticillium wilt. There were 53 national authorized varieties and 28 commercial released varieties, for example, conventional variety zhongmiansuo 49, lumianyan 28, xinluzhong 36 and xinluzao 50, and hybrid variety zhongmiansuo 63 and lumianyan 24. Rapid progress has been made in utilization of hybrid heterosis. According to the data of monitoring and early warning about China's cotton production, the area of hybrid variety are 1.395 and 1.719 million hectares in 2012 and 2013, accounting for 27.5% and 35.1% of the total planting area, respectively. However, the problem of "chaos,miscellaneous"still existed for the variety. There were 10 main released technologies. The significant achievements had made in the introduction of mechanized harvesting and innovation of seedling transplanting, which greatly reduced labor intensity and labor cost, improved production efficiency by more than 80%, met the new demand of labor transfer, improved the level of cotton scientific farming and enhanced competitiveness of domestic cotton, and agricultural science and technology in this prospective study. There were 4 national prizes for progress science and technology and natural science. 7 papers were published in Nature Genetics, Nature Biotechnology , Nat.Com and other international authoritative magazines; and published important academic works, such as *Chinese cotton cultivation*, *cotton molecular breeding*, and the related 5 series of works, such as cotton industry and Chinese cotton business report. Two platforms for light seedling and growing monitoring and early warning were set up to provide technical support for the industry development. Academically, cotton breeding and cultivation discipline in China are the world's leading level.Currently, agriculture and cotton industry are shifting from the quantity to quality benefit. It relies firmly on the science and technology to promote the domestic competitiveness of raw cotton, which requires strong support from the cotton genetics and breeding, cultivation technology, germplasm resources technology and biological technology.

Written by Mao Shuchun, Du Xiongming, Sun Junling, Yuan Youlu, Chen Tingting, Fan Shuli, Wei Hengling, Li Yabing

Advances in Seeds Science and Technology

High quality seeds are critical to agricultural production, supplying high quality seeds for agricultural production is the main task of seed science research. Theoretical research content of seed science major contains seeds morphology, seed mature, seed longevity, seed dormancy and germination, seed vigor, etc, the applied technologies of seed science major contains seed production, seed processing (cleaning, drying, conditioning and coating), seeds testing, seed storage, seed management and other ranges. This report briefly describes the contents and development of the seeds disciplines; focuses on the research progress from the aspects of seed biology, seed production, seed conditioning, seed testing, seed subject conditions, personnel training respectively in the past five years; and compares the difference in research progress in seed science discipline between domestic and other countries from seed production technology, seed quality testing, seed conditioning and seed quality improvement respectively; analyzes the research trends and prospects of seed science discipline in the next five years.

Written by Wang Jianhua, Sun Qun, Yin Yanping, et al

Advances in Fiber Science and Technology

Bast fiber crops are important characteristic economic crops in China. Struck by various factors at home and abroad, the development and production of bast fiber crops have been seriously hindered. How to boost its production and how to improve famers' incomes are critical to the sustainable development of this crop in long term. With the support of National Agro-Industry Technology Research System for Crops of Bast and Leaf Fiber, great progress has been made in the field of bast fiber crops. This section mainly introduced the research development of bast fiber crops discipline from the aspects of genetics and breeding of bast fiber crops, physiology and cultivation of bast fiber crops, soil remediation and stress-resistance cultivation technology of bast fiber crops, pest and disease control of bast fiber crops, production machinery research, and bio-degumming and fiber processing, diversity usage of bast fiber crops, research and development of multi-purpose bast fiber film and so on. It summarized the mainly problems existed in the fields of screening and breeding of germplam and varieties, planting and harvesting technology, processing industry. It also elaborated the key research field and development prospects of bast fiber crops technology, including stress resistance breeding, light and simple cultivation technique development, the integration of agricultural mechanical and agronomy, cleansing processing technology, research on diversity usage production and so on, which has significant value to promote the research and progress of bast fiber crops in the future.

Written by Xiong Heping, Tang Shouwei, Liu Zhiyuan, Chen Jikang, Guan Fengzhi, Yang Ming, Fang Pingping, Li Defang, Zhou Wenzhao

Advances in Sugarcane Science and Technology

Sugarcane growing area declined in our country due to the impacting of natural disaster and imported sugar, domestic sugar price fell into low ebb, and whole cane sugar industry appeared defective in 2013-2014. Sugar is a kind of strategic materials, how to formulate policy to protect sugar industry in our country and how to rely on science and technology to enhance international competitiveness, which became important issues for the development of sugarcane industry in our country.

In recent years, the amout of seedling cultivated was stable at about 800 thousand in China. In recent three years 23 sugarcane varieties with high yield and high sugar have passed the national or provincial identification, these varieties possess better yield and smut resistance than ROC22, fine stability and strong ratoon ability and adaptability, and have been popularized and applied in sugarcane production, in part cane growing areas they have become main cultivars. From the materials of BC3 and BC4 derived from sugarcane crossed with related genus Erianthus, YCE 07-71 and other progenies were selected as commercial cross-parents and provided to various breeding units for wide range hybridization. Fujian Agricultural and Forestry University has first finished the whole genome sequencing of sugarcane smut bacterium in the world and preliminary analysis on its pathogenesis. Whole course mechanization for sugarcane plough, planting, management and harvesting developed from nothing, the techniques were continuous improvement and machine planting especially made big progress. Although the areas of machine harvesting were not big, but the research on suitable operating conditions and mating agronomy for corresponding types have been made larger advance. The popularization and application of whole plastic cover on dry land sugarcane and weeding degrading plastic cover have increased the yield and decreased raw cane material cost. The future development direction is that broaden genetic basis to select multipurpose varieties, to realize whole course mechanization for sugarcane production, popularize simple cultivation techniques of environmentally friendly and to decrease the use of chemical fertilizer and pesticide to improve economic performance. Sugarcane breeding for high yield and high quality, lodging resistance and suitable mechanization, germplasm innovation for multipurpose and selection for breakthrough varieties, platform construction of modern breeding techniques are measures and projects needed to support especially in order to improve international competitiveness and sustainable development for sugarcane industry in our country.

Written by Deng Zuhu, Lin Yanquan

Advances in Sweetpotato Science and Technology

This paper briefly introduces the basic development situations of sweetpotato industry in China, including sweetpotato biotechnology, breeding, fertilization and cultivation, diseases and pests prevention and control, and post-harvest processing. In recent years, the domestic sweetpotato research in molecular biology have made great progress, in which some studies have reached or exceeded the leading level in the world. Genes related to carbohydrate metabolism, salt resistance, anthocyanin synthesis, carotenoid synthesis, regulation of flowering have been cloned and their functional analysis has also been done. The related QTLs of dry matter content, starch content and tuber yield were analyzed on the base of high-density molecular linkage map of sweet potato with AFLP and SSR molecular markers. The high-throughput transcriptome sequencing of the several different sweetpotato cultivars were also investigated. Sweetpotato breeding focused on table-type varieties and starch-type varieties. Purple sweetpotato accounted for a higher proportion of edible varieties, met the needs of industrial development. Overall level of China sweetpotato breeding was higher in the world, but stress-resistant breeding made no breakthrough. In the progress of fertilization and cultivation, we investigated the direct effects of nitrogen, phosphorous and potassium on the yield and quality of sweetpotato. Stress research was still mainly concentrated on salt and drought stresses. The growth & developmental and physiological characteristics of sweetpotato with plastic film mulching and cultivation mode were further clarified in theory. Sweetpotato industry technology system integrated "Dry matter over one ton in a growth season" and "Barren hills yield doubling" cultivation techniques from different sweetpotato areas, to provide technical supports for high yield. Sweetpotato virus diseases happened in large swcetpotato planting areas of our country. we have made significant progress on virus identification, rapid detection technology, viral genome research, which reduced the gap with foreign advanced countries. We have reported several new disease pathogens being identified.Domestic sweetpotato processing technologies mainly related to deep processing techniques, nutrition content, pigments, antioxidant activity and pharmacological study. Sweetpotato anthocyanin was still the hot topic, including optimization of determination method of anthocyanin extraction, purification, physical-chemical properties, pharmacological and functional mechanism.

This article also introduced the domestic team and platform construction of sweetpotato. The China Agricultural Research System (CARS) has become the most important research strength of the sweetpotato discipline in China. In recent years, we have achieved a number of Provincial and Ministerial Awards, however, State-level science and technology achievement has not yet been made.

Sweetpotato researches between domestic and foreign groups were compared and analyzed in this article. We proposed the strategic demands and research directions, i.e. strengthening the applied basis and fundamental research, building bio-breeding technology system, strengthening special-type varieties breeding, focusing on developing light –simplifiedcultivation techniques, strengthening studies on mechanism and systematic prevention and control system of plant diseases and pests, carrying out basic work on identification and physiological functions of sweetpotato anthocyanins, polyphenols, proteins and other functional components, laying the foundation for the development and utilization of high value-added of health-care and functional food from sweetpotato.

Written by Ma Daifu, Cao Qinghe, Hou Meng, Chen Xiaoguang, Sun Houjun, Sun Jian, Li Qiang, Tang Jun, Li Hongmin, Xie Yiping, Niu Fuxiang

Advances in Potato Science and Technology

Potato (*S. tuberosum L.*) is an important food crop around the world, and it has comprehensive nutrition, high yield, wide planting area. At present, China is the largest country in potato production all over the world, and the cultivated area and total yield are biggest. In recent years, potato research have significant progress, research fields include: germplasm resources innovation and genetic breeding, cultivation technology research and extension, control technology of caterpillar fungus disease, seed potato production, field equipment, storage and process, and economics of industry. Germplasm resources innovation and genetic breeding research is always the main potato research field, for the rapid development of biotechnology, the research methods and technology have a greater degree of improvement. Gene mapping of important traits and gene discovery has been emphasis on the study of genetic resources improvement and innovation. Study on drought resistance, low temperature resistance and salt tolerance, such as the construction of genetic map, gene localization and function analysis; the analysis of the location and function of quality related genes and disease-resistance of key gene, etc. Research of potato breeding theory and technology also has some progress; during 2012-2014, 87 potato varieties passed certification, 7 varieties for the new plant variety right. With the extension of potato cultivation area, in the different region formed a distinctive pattern of cultivation, includes: the completely mechanical production, dry land water saving cultivation, rainwater irrigation cultivation, inter-planting cultivation, high ridge cultivation and winter crop cultivation. Carried out in different regions with regional characteristics of disease prevention and control technology research and application integration, also for potato production technology research and development. Potato machinery research is still in the learning from foreign advanced technology and digestion and absorption phase, got more phased research results, part of the machinery of localization is realized. Facing the development direction of the potato staple food, research in the field of storage and processing also need to be further strengthened. Industrial economy research is mainly based on the investigation and statistics, quantitative reveal the characters of potato market price fluctuations and the spatial pattern of evolution in China; result show that potato industry in China to follow the strategy of "moderate development, production and demand in the tight balance state", will sustainable development.

Written by Jin Liping, Shi Ying

Advances in Sugarbeet Science and Technology

As other subjects, the researches on sugarbeet (*Beta vulgaris L.*) have acquired remarkable achievements in recent five years, particularly in collection, arrangement and identification of sugarbeet germplasms,and also in new variety breeding and new techniques on high yield. At present, about 1400 materials have been preserved in National Long-term Genus Bank; Via molecular marker technique,construction of the Genetic Linkage Map for sugarbeethas made new progress;several genetic monogerm sugar beet hybrids which are suitable to seedling transplanting and with machinery precision drill are used in production in succession; centering on the researches about mechanized manufacturing technology and transplanting beet seedling techniquein paper pots, many high yield and high sugar contentCulture Technique Modes fordifferent ecological environments are widely used. But compared with researches on sugarbeet abroad or other crops studies in china, our studies arerelatively backward, have no breakthrough not only in basic research but also in application research. In future 5 years, researches of sugar beet subject will trace the trends of new theory and technology of the world; learn and use scientific methods and ideas in the same field abroad, strive to improve technological level, in order to make disruptive achievementson sugarbeet in China.

Written by Chen Lianjiang, Yang Ji, Xi Hongguang, Bai Chen, Wang Weicheng, Li Hongxia, Ma Longbiao, Ding Guangzhou

附录

2012—2014年度作物学科重要科技成果奖目录

序号	奖项	奖级	年份	项目名称	主要完成单位	主要完成人
1	国家科学技术进步奖	一等奖	2012	广适高产优质大豆新品种中黄13的选育与应用	中国农业科学院作物科学研究所	王连铮等15人
2	国家科学技术进步奖	二等奖	2012	杂交水稻恢复系的广适强优势优异种质明恢63	福建省三明市农业科学研究所	谢华安等10人
3	国家科学技术进步奖	二等奖	2012	优质早籼高效育种技术研创及新品种选育应用	中国水稻研究所等	胡培松等10人
4	国家科学技术进步奖	二等奖	2012	抗除草剂谷子新种质的创制与利用	河北省农林科学院谷子研究所等	王天宇等10人
5	国家科学技术进步奖	二等奖	2012	超高产稳产多抗广适小麦新品种济麦22的选育与应用	山东省农业科学院作物科学研究所	刘建军等10人
6	国家科学技术进步奖	特等奖	2013	两系法杂交水稻技术研究与应用	湖南杂交水稻研究中心等	袁隆平等50人
7	国家科学技术进步奖	一等奖	2013	矮秆高产多抗广适小麦新品种矮抗58选育及应用	河南科技学院等	茹振钢等15人
8	国家科学技术进步奖	二等奖	2013	棉花种质创新及强优势杂交棉新品种选育与应用	华中农业大学等	张献龙等10人
9	国家科学技术进步奖	二等奖	2013	长江中游东南部双季稻高产高效关键技术与应用	江西省农业科学院等	谢金水等10人
10	国家科学技术进步奖	二等奖	2013	辽单系列玉米种质与育种技术创新及应用	辽宁省农业科学院	王延波等10人
11	国家科学技术进步奖	二等奖	2013	滨海盐碱地棉花丰产栽培技术体系的创建与应用	山东省棉花研究中心	董合忠等10人
12	国家科学技术进步奖	二等奖	2013	保护性耕作技术		李洪文等10人

续表

序号	奖项	奖级	年份	项目名称	主要完成单位	主要完成人
13	国家科学技术进步奖	二等奖	2014	优质强筋高产小麦新品种郑麦366的选育及应用	河南省农业科学院等	雷振生等10人
14	国家科学技术进步奖	二等奖	2014	小麦种质资源重要育种特性的评价与创新	中国农业科学院作物科学研究所等	李立会等10人
15	国家科学技术进步奖	二等奖	2014	豫综5号和黄金群玉米种质创制与应用	河南农业大学等	陈彦惠等10人
16	国家科学技术进步奖	二等奖	2014	超级稻高产栽培关键技术及区域化集成应用	中国水稻研究所等	朱德峰等10人
17	国家科学技术进步奖	二等奖	2014	花生品质生理生态与标准化优质栽培技术体系	山东省农业科学院	万书波等10人
18	国家科学技术进步奖	二等奖	2014	非耕地工业油料植物高产新品种选育及高值化利用技术	湖南省林业科学院	李昌珠等10人
19	国家自然科学奖	二等奖	2012	水稻复杂数量性状的分子遗传调控机理	中国科学院上海生命科学研究院	林鸿宣等5人
20	国家自然科学奖	二等奖	2013	水稻质量抗性和数量抗性的基因基础与调控机理	华中农业大学	王石平等5人
21	国家自然科学奖	二等奖	2014	水稻重要生理性状的调控机理与分子育种应用基础	中国科学院上海生命科学研究院等	何祖华等5人
22	国家技术发明奖	二等奖	2012	水稻两用核不育系C815S选育及种子生产新技术	湖南农业大学	陈立云等6人
23	国家技术发明奖	二等奖	2012	小麦-簇毛麦远缘新种质创制及应用	南京农业大学	陈佩度等6人
24	国家技术发明奖	二等奖	2012	基于胺鲜酯的玉米大豆新调节剂研制与应用	中国农业大学等	段留生等6人
25	国家技术发明奖	二等奖	2013	水稻胚乳细胞生物反应器及其应用	武汉大学等	杨代常等6人
26	国家技术发明奖	二等奖	2013	水稻抗旱基因资源挖掘和节水抗旱稻创制	上海市农业生物基因中心等	罗利军等6人
27	国家技术发明奖	二等奖	2013	高产高油酸花生种质创制和新品种选育	山东省花生研究所等	禹山林等6人
28	国家技术发明奖	二等奖	2013	油菜联合收割机关键技术与装备	江苏大学等	李耀明等6人
29	国家技术发明奖	二等奖	2014	水稻籼粳杂种优势利用相关基因挖掘与新品种培育	南京农业大学等	万建民等6人
30	国家技术发明奖	二等奖	2014	油菜高含油量聚合育种技术及应用	中国农科院油料作物研究所等	王汉中等6人
31	国家技术发明奖	二等奖	2014	花生低温压榨制油与饼粕蛋白高值化利用关键技术及装备创制	中国农科院农产品加工研究所等	王强等6人

索　引

G

H

J

K

L

M

N

P

Q

S

T

W

X

Y

Z